U0385543

教育部高等学校电子信息类专业教学指导委员会规划教材
高等学校电子信息类专业系列教材·新形态教材

MATLAB/Simulink 实用教程

编程、计算与仿真

薛定宇 著

清华大学出版社
北京

内容简介

本书系统地介绍科学研究与工程应用领域使用广泛的 MATLAB 语言，全面介绍其基本编程方法，包括数据结构、语句结构、流程控制、函数编写、图形绘制与面向对象编程技术等，并介绍 MATLAB 语言在微积分、线性代数、代数方程、微分方程、最优化与数据处理领域的问题求解方法；本书还介绍基于 Simulink 的系统建模与仿真方法。

本书适合理工科各专业本科生、研究生以及工程技术人员学习 MATLAB 语言，并利用 MATLAB 语言解决科学运算、系统建模与仿真方法等问题。

图书在版编目(CIP)数据

MATLAB/Simulink 实用教程：编程、计算与仿真/薛定宇著.—北京：清华大学出版社，2022.1(2024.8重印)
高等学校电子信息类专业系列教材·新形态教材
ISBN 978-7-302-58880-1

Ⅰ.①M… Ⅱ.①薛… Ⅲ.①自动控制系统－系统仿真－Matlab 软件－高等学校－教材
Ⅳ.①TP273-39

中国版本图书馆 CIP 数据核字(2021)第 159790 号

责任编辑：盛东亮　钟志芳
封面设计：李召霞
责任校对：时翠兰
责任印制：沈　露

出版发行：清华大学出版社
网　　址：https://www.tup.com.cn，https://www.wqxuetang.com
地　　址：北京清华大学学研大厦 A 座　　**邮　　编：**100084
社 总 机：010-83470000　　**邮　　购：**010-62786544
投稿与读者服务：010-62776969，c-service@tup.tsinghua.edu.cn
质量反馈：010-62772015，zhiliang@tup.tsinghua.edu.cn
课件下载：https://www.tup.com.cn，010-83470236
印 装 者：三河市龙大印装有限公司
经　　销：全国新华书店
开　　本：185mm×260mm　　**印　张：**20.25　　**字　　数：**495 千字
版　　次：2022 年 1 月第 1 版　　**印　　次：**2024 年 8 月第 3 次印刷
印　　数：2801～3600
定　　价：69.00 元

产品编号：092965-01

前言

MATLAB语言是学术界与很多工程领域使用广泛的专业计算机语言。对理工科学生而言，尽早学习、掌握这样的主流计算机语言，才能有机会提早在课程学习与课外活动中使用MATLAB语言，更好地解决学习、实践中遇到的问题。例如，在传统课程的学习中，至少可以从一个新的视角审视学习的内容，探讨利用计算机解决实际问题的方法，甚至创造性地解决前人没有解决的问题。

在总结多年实际教学经验的基础上，我曾在首届MathWorks亚洲研究教育峰会（2014年11月，东京）上提出了科学运算问题的“三步求解方法”。第一步是用简单的语言理解要求解数学问题的物理意义；第二步是用计算机能接受的方式将数学问题输入计算机；第三步是调用恰当的函数将数学问题的解求出来。有了这样的思路，普通研究者就可以直接利用计算机工具在短时间内解决已经学习过甚至从未接触过的科学运算问题。本书涉及大量科学运算问题的求解实例，基本采用的就是这样的“三步求解方法”。

我于1988年在英国Sussex大学读博士时开始接触MATLAB语言，并用MATLAB语言开发了用于反馈控制课程实验的Control Kit软件，用于该校的实际教学实践，该软件后来成为英国Rapid Data公司的商品软件。1993年我回东北大学任教，将MATLAB语言引入实际教学，并在1996年由清华大学出版社出版《控制系统计算机辅助设计——MATLAB语言与应用》，该书被认为是国内较早系统介绍MATLAB语言的著作，后来被评为国家级精品教材，以其为基础的“控制系统仿真与CAD”课程被先后评为国家级精品课程、首批国家级精品资源共享课程。

随着MATLAB功能的日益强大，各个专业的师生都普遍使用MATLAB解决实际问题，我认为有必要开设一门专门的课程，不但介绍MATLAB的基本使用方法，更应该广泛介绍利用MATLAB语言求解与各门数学课程相关的问题，全面提升学生解决实际科学运算问题的水平。2002年，我在东北大学开设了自动化专业本科生的必选课程“MATLAB语言与科学运算”，并于次年将该课程扩展为面向全校研究生的选修课程。2004年我在清华大学出版社出版《高等应用数学问题的MATLAB求解》，以其为教材的课程“现代科学运算——MATLAB语言与应用”于2020年入选首批国家级一流本科课程。

经过30年教学与科研的积累，我在清华大学出版社出版了系列著作《薛定宇教授大讲堂》（共6卷），专门介绍MATLAB、Simulink的编程与建模基础，并针对若干个数学主题，深入研究如何用MATLAB直接求解数学问题。为了使理工科各专业本科生和研究生能够更好地学习使用MATLAB语言，解决实际的科学研究问题，特将该系列著作的基础内容浓缩成现在的《MATLAB/Simulink实用教程——编程、计算与仿真》一书，在此特别感谢清华大学出版社计算机与信息分社盛东亮主任的建议。

本书的写作经历了“从薄到厚，再从厚到薄”的演变过程。经过十几年的努力，从最初2004年400多页的教材扩展成1700多页的系列著作，再浓缩成这部300多页的教材。本书兼顾MATLAB编程、科学运算和系统仿真三方面的内容。与早期教材相比，本书大篇幅增加了介绍MATLAB编程方面的内容，在充分介绍传统编程方法之外，还介绍了面向对象的编程技术，弱化了科学运算问题求解的内容，但保留了传统的科学运算问题的主线，保留了很多原创的内容，更有效地求解各个数学分支的科学运算问题。本书增加了Simulink建模与仿真的内容，为读者开展系统仿真研究奠定必要的基础。

在本书的基础上，我准备了全套的交互式PPT教学材料和其他教学资源，适合读者学习。此外，我录制的国家级一流本科课程“现代科学运算——MATLAB语言与应用”的教学视频同样适合本教材的线上学习。书中还给出了对应知识点视频的二维码，便于读者自学。

本书即将出版之时，特别感谢我的导师任兴权教授和Derek Atherton教授，是他们将我引入系统仿真与MATLAB编程的乐园，开始了饶有兴趣且富有挑战的学术、教学生涯。感谢前辈同事徐心和教授的提携、关照与具体指导，并为我后来的自主发展提供了宽松的条件，使我能够将大量时间用于教学探讨与教材建设。

特别感谢团队的同事潘峰博士在课程建设、教材建设与教学团队建设中的出色贡献和所做的具体工作。感谢美国加利福尼亚大学Merced分校的陈阳泉教授二十多年来的真诚合作及对诸多问题的有意义的探讨。我几十年来与同事、学生、同行甚至网友有益交流，其中有些内容已经形成了本书的重要素材，在此一并表示感谢。本书的出版还得到了美国MathWorks公司图书计划的支持，在此表示谢意。

最后但同样重要的，我衷心感谢相濡以沫的妻子杨军教授，她数十年如一日的无私关怀是我坚持研究、教学与写作的巨大动力。感谢女儿薛杨在文稿写作、排版与视频转换中给出的建议和具体帮助。

薛定宇
2021年8月11日

目 录

第1章 MATLAB语言简介

CHAPTER 1

科学运算问题是科学研究中不可避免的问题。研究者通常将自己研究的问题用数学建模的方法建立数学模型，然后通过求解数学模型的方法获得所研究问题的解。建立数学模型需要所研究领域的专业知识，而有了数学模型则可以采用本书介绍的通用数值方法或解析方法直接求解。本章将首先对计算机数学语言进行简单介绍，并介绍MATLAB语言的发展概况。1.1节通过实例介绍为什么需要学习计算机数学语言，并通过例子演示传统科学运算问题手工求解的困难，以及MATLAB这类专业语言为科学运算问题求解带来的方便。还通过例子演示常规计算机语言在科学运算问题求解中的积极性。1.2节介绍MATLAB语言发展状况及主要功能。1.3节介绍并演示科学运算问题求解的三步求解策略。1.4节给出本书的基本结构和内容提要。

1.1 科学运算与仿真问题演示

求解科学运算问题时，手工推导当然是有用的，但并不是所有的问题都是能手工推导的，故需要借助计算机完成相应的任务。用计算机求解的方式有两种：其一是用成型的数值分析算法、数值软件包与手工编程相结合的求解方法；其二是采用国际上有影响力的专门的计算机语言求解问题，这类语言包括MATLAB、Mathematica[1]、Maple[2]等，本书统称为"计算机数学语言"。

1.1.1 科学运算问题求解

在系统介绍MATLAB编程与应用之前，先演示几个利用传统的手工运算无法解决、但利用MATLAB这样的专业语言可以轻而易举地获得结果的问题。

例1-1 考虑一个"奥数"类题目：2017^{2017}的最后一位数是什么？

解 如果不借助计算机工具，数学家用纸笔能计算出来的只有这个数的个位了。事实上，这样的解在现实生活中没有任何意义和价值，因为一个很昂贵的物品人们不会纠结其售价的个位数是1还是9，还是其他的什么数，人们更感兴趣的是这个数有多少位，其最高位是几，每位数是什么等。而对这些问题的求解，数学家是无能为力的，只能借助于专用的计算机工具求解。借助下面的MATLAB语句，可以直接得出该数的精确值是390657···8177，共6666位数，该数可以充满本书的两页多篇幅。

```
>> a=sym(2017)^2017, vpa(a)
```

例1-2　你会求解下面两个方程吗？

$$\begin{cases} x+y=35 \\ 2x+4y=94 \end{cases} \qquad \begin{cases} x+3y^3+2z^2=1/2 \\ x^2+3y+z^3=2 \\ x^3+2z+2y^2=2/4 \end{cases}$$

解　第一个方程是鸡兔同笼问题，即使不使用计算机也可以直接求解。如果使用MATLAB语言，即使不了解底层的求解方法，仍可以用下面的命令直接求解该方程：

```
>> syms x y; [x0,y0]=vpasolve(x+y==35,2*x+4*y==94) %直接解方程
```

有了MATLAB这样的高水平计算机语言，求解第二个方程与鸡兔同笼问题一样简单，只须将方程用符号表达式表示出来，就可以由vpasolve()函数直接求解，得出方程的全部27个根。将根代入方程，则误差范数达到10^{-34}级。第二个方程的求解代码如下：

```
>> syms x y z;  %用符号表达式表示方程，更利于检验
   f1(x,y,z)=x+3*y^3+2*z^2-1/2; f2(x,y,z)=x^2+3*y+z^3-2;          %描述方程
   f3(x,y,z)=x^3+2*z+2*y^2-2/4; [x0,y0,z0]=vpasolve(f1,f2,f3) %求解方程
   size(x0), norm([f1(x0,y0,z0) f2(x0,y0,z0) f3(x0,y0,z0)])   %检验结果
```

如果没有计算机和强大的计算机数学语言，则不可能求解第二个方程。

例1-3　大学的高等数学课程介绍了微分与积分的概念和数学推导方法，实际应用中也可能遇到高阶导数的问题。已知$f(x)=\sin x/(x^2+4x+3)$这样的数学函数，如何求解出$\mathrm{d}^4f(x)/\mathrm{d}x^4$？

解　这样的问题用手工推导是可行的，由高等数学知识可以先得出函数的一阶导数$\mathrm{d}f(t)/\mathrm{d}x$，对结果求导得出函数的二阶导数，对结果再求导得出三阶导数，继续进一步求导就能求出所需的$\mathrm{d}^4f(x)/\mathrm{d}x^4$，重复此方法还能求出更高阶的导数。这个过程比较机械，适合用计算机实现，用现有的计算机数学语言可以由一行语句求解问题：

```
>> syms x; f=sin(x)/(x^2+4*x+3); %用简洁易懂的方式描述原函数
   y=diff(f,x,4)                  %调用diff()函数直接求导
```

上述语句得出的结果为

$$\begin{aligned}\frac{\mathrm{d}^4f(x)}{\mathrm{d}x^4}=&\frac{\sin x}{x^2+4x+3}+4\frac{(2x+4)\cos x}{(x^2+4x+3)^2}-12\frac{(2x+4)^2\sin x}{(x^2+4x+3)^3}\\&+12\frac{\sin x}{(x^2+4x+3)^2}-24\frac{(2x+4)^3\cos x}{(x^2+4x+3)^4}+48\frac{(2x+4)\cos x}{(x^2+4x+3)^3}\\&+24\frac{(2x+4)^4\sin x}{(x^2+4x+3)^5}-72\frac{(2x+4)^2\sin x}{(x^2+4x+3)^4}+24\frac{\sin x}{(x^2+4x+3)^3}\end{aligned}$$

显然，若依赖手工推导，得出这样的结果需要很繁杂、细致的工作，稍有不慎就可能得出错误的结果，所以应该将这样的问题推给计算机去求解。实践表明，利用著名的MATLAB语言，在3s左右就可以精确地求出$\mathrm{d}^{100}f(x)/\mathrm{d}x^{100}$。

例1-4　许多课程要用到的应用数学分支，如线性代数、积分变换、复变函数、微分方程、数据插值与拟合、概率论与数理统计、数值分析等，课程考试之后在学习和工作中再遇到这些问题，还记得如何求解吗？本书将介绍全新的求解方法。

1.1.2　常规计算机语言的局限性

在系统学习MATLAB语言之前，有的读者可能学习、使用过其他计算机语言，如C语言、Fortran语言等。毋庸置疑，这些计算机语言在数学与工程问题求解中起过很大的作用，

而且它们曾经是实现MATLAB这类高级语言的底层计算机语言。然而，对于一般科学研究者来说，利用C这类语言去求解数学问题是远远不够的。首先，一般程序设计者无法编写出符号运算和公式推导类程序，只能编写数值计算程序；其次，常规数值算法往往不是求解数学问题的最好方法；另外，除了上述的局限性外，采用底层计算机语言编程，由于程序冗长难以验证，即使得出结果也不敢相信与依赖该结果。本节将给出两个简单例子演示C语言的局限性。

例1-5 意大利数学家Fibonacci在1205年提出了一个问题："一个人将一对兔子放到一个封闭的围墙内，并假设每对兔子每个月都繁殖出一对兔子，且新生兔子从第二个月开始有繁殖能力，那么一年以后这个封闭的围墙内会有多少对兔子？"[3]。这个问题的数学模型称为Fibonacci序列，其前两个元素为$a_1=a_2=1$，随后的元素可以由$a_k=a_{k-1}+a_{k-2}$, $k=3,4,\cdots$递推地计算出来。试用计算机列出该序列的前120项(10年后的兔子总对数)。

解 C语言在编写程序之前需要首先给变量选择数据类型，此问题需要的是整数，所以很自然地选择int或long表示序列的元素，若选择数据类型为int，则可以编写出如下C程序。

```
main()
{  int a1, a2, a3, i;
   a1=1; a2=1; printf("%d %d ",a1,a2);
   for(i=3; i<=120; i++){a3=a1+a2; printf("%d ",a3); a1=a2; a2=a3;
}}
```

只用了上面几条语句，问题就看似轻易地被解决了。然而该程序是错误的！运行该程序会发现，得出的序列显示到第24项突然出现负数，而再显示下面几项会发现时正时负。显然，上面的程序出了问题。问题出在int型变量的选择上，因为该数据类型能表示数值的范围为$(-32767,32767)$，超出此范围则会导致错误的结果。即使采用long整型数据定义，也只能保留31位二进制数值，即保留9位十进制有效数字，超过这个数仍然返回负值。可见，采用C语言，如果某些细节考虑不周，则可能得出完全错误的结论。因此，C这类语言求解科学运算问题得出的结果有时不大令人信服。

用MATLAB语言则不必考虑这些烦琐的底层问题，利用下面的语句可以直接计算Fibonacci序列的前120项。

```
>> a=[1 1]; for i=3:120, a(i)=a(i-1)+a(i-2); end; a(end)
```

事实上，上面的程序也有瑕疵。由于MATLAB默认的double型数据结构只能保留15位有效数字，如果得出的结果位数超出此范围，则精度将存在局限性。采用MATLAB的符号运算则可以避免这类问题，只须将第一个语句修改成a=sym([1,1])，就可以得出a_{120}的精确值为5358359254990966640871840，该结果是在double型数据结构下采用任何数值运算方法都无法得出的。如果每对兔子质量为1kg，总质量已接近地球的质量！

例1-6 编写两个矩阵$\boldsymbol{A}$和$\boldsymbol{B}$相乘的C语言通用程序。

解 如果$\boldsymbol{A}$为$n\times p$矩阵，$\boldsymbol{B}$为$p\times m$矩阵，则由线性代数理论，可以得出$\boldsymbol{C}$矩阵，其元素为

$$c_{ij}=\sum_{k=1}^{p}a_{ik}b_{kj},\ i=1,2,\cdots,n,\ j=1,2,\cdots,m$$

分析上面的算法，容易编写出C语言程序，其核心部分为三重循环结构：

```
for (i=0: i<n; i++){ for (j=0; j<m; j++){
   c[i][j]=0; for (k=0; k<p; k++) c[i][j]+=a[i][k]*b[k][j];
}}
```

看起来这样一个通用程序通过这几条语句就解决了。事实不然，这个程序有个致命的漏洞，就是没考虑两个矩阵是不是可乘。通常，两个矩阵可乘时，$\boldsymbol{A}$矩阵的列数应该等于$\boldsymbol{B}$的行数，所以很自然地想到应该加一个判定语句：

if $\boldsymbol{A}$的列数不等于$\boldsymbol{B}$的行数，给出错误信息

其实，这样的判定语句将引入新的漏洞。因为若$\boldsymbol{A}$或$\boldsymbol{B}$为标量，在数学上$\boldsymbol{A}$和$\boldsymbol{B}$无条件可乘，而增加上述if语句反而会给出错误信息。这样，在原来的基础上还应该再增加判定$\boldsymbol{A}$或$\boldsymbol{B}$是否为标量的语句，并做相应的处理。

即使考虑了上面所有的内容，程序还不是通用的程序，因为并未考虑矩阵为复数矩阵的情况。如果要处理复数矩阵，则需大幅度修改程序结构。

从这个例子可见，用C这类语言处理某类标准问题时需要特别细心，否则难免会有漏洞，致使程序出现错误，或其通用性受到限制，甚至可能得出有误导性的结果。在MATLAB语言中则没有必要考虑这样的琐碎问题，因为$\boldsymbol{A}$和$\boldsymbol{B}$矩阵的积由$\boldsymbol{C}=\boldsymbol{A}*\boldsymbol{B}$直接求取。若可乘则得出正确结果；若不可乘则给出出现问题的原因。

从上面例子可以看出，底层计算机语言在求解科学运算问题中可能存在诸多隐患，所以应该采用更可靠、更简洁的专门计算机数学语言（如MATLAB语言）进行科学研究，因为这样可以将研究者从烦琐的底层编程中解放出来，更好地把握要求解的问题，避免“只见树木、不见森林”的认识偏差，这无疑是受到更多研究者认可的方式。

1.2 MATLAB语言

MATLAB语言是科学运算、自动控制与系统仿真领域应用最广的计算机语言，本节主要介绍MATLAB的发展概况，然后介绍MATLAB语言的特色。

1.2.1 MATLAB的出现与发展

MATLAB这类交互式计算机语言出现之前，科学运算问题的求解主要靠Fortran计算机语言调用数学软件包的方式实现。当时可以使用的软件包包括EISPACK（矩阵特征值问题软件包）[4,5]、LINPACK（线性代数运算软件包）[6]、NAG（数值算法组软件包）[7]等。

1978年，美国New Mexico大学计算机科学系的主任Cleve Moler教授认为，用当时最先进的EISPACK和LINPACK软件包求解线性代数问题过程过于烦琐，所以构思并实现了一个名为MATLAB（Matrix Laboratory，矩阵实验室）的交互式计算机语言[8]。

MATLAB出现以后，首先引起自动控制领域的学者与工程技术人员的兴趣，控制系统工程师Jack Little与Cleve Moler等成立了MathWorks公司，专门开发MATLAB及系列产品，并于1984年12月底在IEEE决策与控制年会上正式推出了MATLAB 1.0版本。该语言的出现正赶上控制界基于状态空间的控制理论蓬勃发展的阶段，所以很快就引起了控制界学者的关注，出现了用MATLAB语言编写的控制系统工具箱，在控制界产生了巨大的影

响，很快就成为控制界的标准计算机语言。后来由于控制界及相关领域提出的各种各样要求，MATLAB语言得到了持续发展，使得其功能越来越强大。可以说，MATLAB语言是由计算数学专家首创的，但是由控制界学者首先"捧红"的新型计算机语言。

MATLAB已经成为很多领域的首选计算机语言，在其发展过程中出现了很多里程碑式的成果，包括1990年推出了Simulink仿真工具，1992年推出了MATLAB 4.0版本，并于1993年推出了其PC版，充分支持在Microsoft Windows中进行界面编程。1996年12月推出的MATLAB 5.0版支持了更多的数据结构，如单元数组、数据结构体、多维数组、对象与类等，使其成为一种更方便、完美的编程语言。2004年6月推出的MATLAB 7.0版引入的多领域物理建模仿真策略为提供了全新的仿真理念和平台。2012年推出的MATLAB 8.0版（R2012b）改进了MATLAB界面，并支持APP编程与应用。2016年推出的MATLAB 9.0版（R2016a）推出了全新的实时编辑器。随着MATLAB的发展，其编程功能越来越完善，覆盖的领域也越来越广泛。现在，MATLAB每年推出两个版本，3月推出a版，9月推出b版。当前最新的版本是2021b版，对应的传统版本号为9.11版。

1.2.2 MATLAB语言的特色

MATLAB语言是一种通用的程序设计语言。与其他程序设计语言相比，MATLAB语言有如下优势：

（1）简洁高效性。MATLAB程序设计语言的集成度高、语句简洁。一般用C或Fortran等程序设计语言编写的数百条语句，用MATLAB语言一条语句就能解决问题。其程序可靠性高、易于维护，可以大大提高解决问题的效率和水平。

（2）科学运算功能。MATLAB语言以复数矩阵为基本单元，可以直接用于矩阵运算。另外，最优化问题、数值微积分问题、微分方程数值解问题、数据处理问题等都能直接用MATLAB求解。

（3）绘图功能。MATLAB语言可以用最直观的语句将实验数据或计算结果用图形的方式显示出来，并可以将其他计算机语言难以显示处理的隐函数直接用曲线绘制出来。MATLAB语言还允许用户用可视的方式编写图形用户界面，用户可以很容易地利用该语言编写通用程序。

（4）庞大的工具箱与模块集。MATLAB在应用数学及控制工程领域等几乎所有的研究方向均有自己的工具箱，而且这些工具箱都是由专业领域内知名专家编写的，可信度比较高。随着MATLAB的日益普及，在其他工程领域也出现了工具箱，这也大大促进了MATLAB语言在诸多领域的应用。

（5）强大的动态系统仿真功能。Simulink提供的面向框图的仿真及物理仿真功能，使得用户能容易地建立复杂系统模型，准确地对其进行仿真分析。Simulink的物理仿真模块集允许用户在一个框架下对含有控制环节、机械环节、电子和电机环节的机电一体化系统进行建模与仿真，这是目前其他计算机语言无法做到的。

1.3 科学运算问题的三步求解方法

本书作者提出并倡导一种科学运算问题的三步求解方法[9]，这三个步骤分别为“是什么”“如何描述”和“求解”。在“是什么”步骤中，侧重于数学问题的物理解释和含义。即使使用者没有学习过相关的数学分支，也可能通过简单的语言叙述大致理解问题的物理含义。在“如何描述”步骤中，用户应该知道如何将数学问题用MATLAB描述出来。在“求解”步骤中，用户应该知道调用哪个MATLAB函数将原始数学问题直接求解出来。如果有现成的MATLAB函数，则应该调用相应函数直接求解出问题；如果没有现成函数，则编写出通用程序得出问题的解。

下面通过两个实际例子演示三步求解方法。首先演示线性规划问题的求解，然后介绍基于人工神经网络的数据拟合问题。

例1-7 用三步求解方法求解下面的线性规划问题。

$$\min \quad -2x_1 - x_2 - 4x_3 - 3x_4 - x_5$$
$$\boldsymbol{x}\ \text{s.t.} \begin{cases} 2x_2+x_3+4x_4+2x_5 \leqslant 54 \\ 3x_1+4x_2+5x_3-x_4-x_5 \leqslant 62 \\ x_1,x_2 \geqslant 0,\ x_3 \geqslant 3.32,\ x_4 \geqslant 0.678,\ x_5 \geqslant 2.57 \end{cases}$$

解 有的读者很可能没有系统地学习过最优化等相关的课程。不过不要紧，即使没有学习过相关的理论知识，也可以通过下面的三步求解方法得出问题的解。

(1)“是什么”。本步先理解每个数学问题的物理含义。在这个具体问题中，读者可以将原始问题从字面上理解为：在满足下面联立不等式约束

$$\begin{cases} 2x_2 + x_3 + 4x_4 + 2x_5 \leqslant 54 \\ 3x_1 + 4x_2 + 5x_3 - x_4 - x_5 \leqslant 62 \\ x_1, x_2 \geqslant 0,\ x_3 \geqslant 3.32,\ x_4 \geqslant 0.678,\ x_5 \geqslant 2.57 \end{cases}$$

的前提下，怎么发现一组决策变量 x_i 的值，使得目标函数 $f(\boldsymbol{x}) = -2x_1 - x_2 - 4x_3 - 3x_4 - x_5$ 的值为最小。所以，即使没有学习过最优化课程的读者也不难从字面上理解该问题的数学公式。

(2)“如何描述”。读者将学会如何将数学问题用MATLAB函数描述出来，通过几分钟线性规划问题求解的学习，就可以用下面的方法建立一个变量 P 描述整个数学问题：

```
>> clear; P.f=[-2 -1 -4 -3 -1];                         %目标函数
   P.Aineq=[0 2 1 4 2; 3 4 5 -1 -1]; P.Bineq=[54 62]; %约束条件
   P.solver='linprog'; P.lb=[0;0;3.32;0.678;2.57];     %下边界
   P.options=optimset; %将整个线性规划问题用结构体变量P描述出来
```

(3)“求解”。调用线性规划求解函数linprog()直接求解问题，得出问题的解为 $x_1 = 19.785$，$x_2 = 0, x_3 = 3.32, x_4 = 11.385, x_5 = 2.57$。

```
>> x=linprog(P) %调用linprog()函数求解数学问题
```

例1-8 人工神经网络是近年来应用较广泛的智能类数学工具，擅长于数据拟合与模式分类等运算。假设由下面的语句生成样本点数据：

```
>> x=0:0.1:pi; y=exp(-x).*sin(2*x+2);
```

试利用样本点建立人工神经网络模型，并绘制函数曲线。

解 如果不想花时间或没有时间学习人工神经网络的系统理论，只想使用神经网络解决本例的数据拟合问题，则可以考虑利用前面介绍的三步求解方法，花几分钟了解神经网络基本概念与使用方法，就能利用人工神经网络求解数据拟合问题。回到前面提及的三步求解方法：

(1)什么是人工神经网络。其实没有必要去了解人工神经网络的技术细节，只须将人工神经网络看作一个带有可调参数的信息处理单元，它接受若干路信号进行处理，得出输出信号。

(2)如何将神经网络的数学模型建立起来。选择fitnet()函数建立带有5个节点的空白神经网络模型，用train()训练神经网络，调节神经网络的内部参数，更好地适应样本点。由下面的命令就可以得出所需的人工神经网络模型，如图1-1所示。

```
>> net=fitnet(5); net=train(net,x,y), view(net)
```

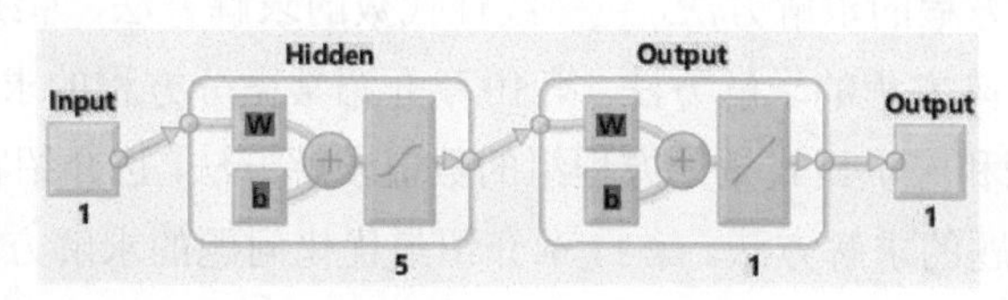

图1-1 人工神经网络的结构

(3)求解曲线拟合问题。使用神经网络绘制曲线，并与理论值比较，如图1-2所示。可见，即使不系统学习人工神经网络，也可以直接利用人工神经网络解决实际问题。用户还可以调整神经网络的结构参数，如修改节点个数等，通过实践观察和比较不同参数下曲线拟合的效果。

```
>> t0=0:0.01:pi; y1=net(t0); y0=exp(-t0).*sin(2*t0+2);
   plot(t0,y0,t0,y1,'--',x,y,'o') %比较理论值与拟合结果
```

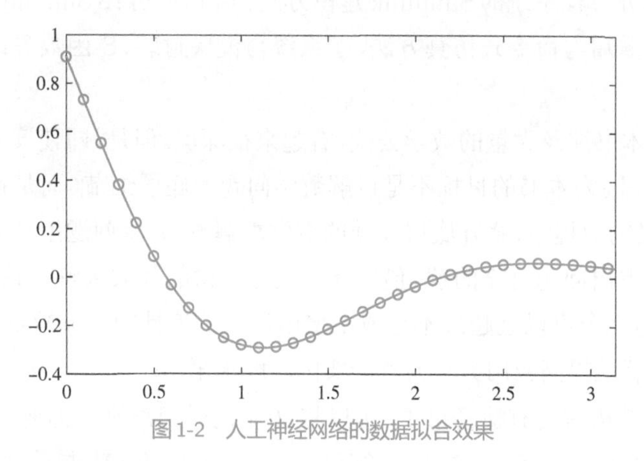

图1-2 人工神经网络的数据拟合效果

1.4 本书的结构

本书主要分为三部分：第一部分介绍MATLAB编程的基本知识；第二部分介绍基于MATLAB的科学运算问题的求解方法；第三部分介绍基于Simulink的系统仿真。

第一部分介绍MATLAB程序设计的方法，为学习MATLAB与应用奠定基础。第1章简单介绍MATLAB的发展过程和特色，介绍并演示科学运算问题的三步求解方法。第2章介绍MATLAB的编程基础，包括基本数据结构和语句结构、MATLAB的基本运算与文件操作等方面问题的解决方法。第3章介绍MATLAB的流程结构，包括循环结构、转移结构、开关结构和试探结构，并介绍向量化编程方法。第4章介绍MATLAB的主流编程结

构——MATLAB函数的编写方法，并介绍编程技巧与程序编辑器的使用方法。第5章介绍MATLAB的图形绘制方法，介绍由数据和数学表达式绘制二维、三维图形的方法，并介绍二维、三维隐函数图形的绘制方法。第6章介绍面向对象的程序设计技术，首先介绍类的生成与编程方法，然后介绍图形用户界面与应用程序设计方法。

第二部分介绍基于MATLAB的科学运算问题求解方法，深入探讨若干数学分支典型问题的计算机求解。第7章介绍微积分问题的求解，包括极限、微分、积分和级数展开的问题求解，也包含积分变换与数值微积分问题的求解方法。第8章介绍线性代数问题的计算机求解方法，包括矩阵的基本分析方法、简单矩阵变换与分解方法和矩阵函数的计算方法。第9章介绍各种代数方程的求解方法，包括线性代数的求解方法、非线性方程的求解方法，还介绍多解非线性矩阵方程的求解方法。第10章介绍常微分方程的求解方法，包括线性微分方程的解析解方法和一阶显式微分方程组的数值求解方法，也介绍特殊微分方程的求解方法，还介绍边值问题的求解方法。第11章介绍最优化问题的求解方法，包括无约束最优化问题的求解方法和有约束最优化问题的求解方法，还介绍智能优化方法的求解方法，特别地，介绍一般最优化问题的全局最优解方法。第12章介绍数据处理方法，包括已知数据的插值运算和函数逼近方法，还包括数据的统计分析方法。

第三部分介绍基于Simulink的建模与仿真方法，为系统仿真做必要的准备。第13章介绍Simulink建模与仿真的基础知识，包括常用模块的介绍与基本建模方法和模型参数的设置方法，还包括微分方程系统的Simulink建模方法。第14章介绍Simulink建模与仿真的高级知识，包括快速重启与命令式仿真方法、子系统与模块封装、S-函数等比较专业的建模与仿真方法。

从表面上看，本书涉及大量的数学公式，看起来很深奥。但是，即使读者的数学基础不是很好，也不要畏惧，因为本书的目标不是讲解数学问题的底层细节，而是帮助读者在大概理解该问题物理含义的前提下，绕开底层烦琐的数学求解方法，将问题用计算机能理解的格式推给计算机，直接得出问题可靠的解。借助计算机能提供的强大求解工具，读者求解实际应用数学问题的能力完全可以远超过不会或不擅用计算机工具的一流数学家。通过学习本书的内容，读者能显著地提高应用数学问题的实际求解水平。

学好MATLAB语言没有捷径可走，可以将30字的学习准则作为座右铭，即“要带着问题学，活学活用，学用结合，急用先学，立竿见影，在用字上狠下功夫。”学习MATLAB的最关键环节是“用”，通过实际使用积累经验，提高MATLAB的编程与应用水平。

如果想更深入、系统地学习某个具体方面的内容，可以参阅文献[10~16]。

1.5 习题

1.1 例1-3给出了求导命令，试在计算机上运行100阶导数的运行命令，观察耗时。

1.2 你能猜出例1-5语句中 a(end) 命令的含义吗？

1.3 试由Fibonacci序列计算出13年后有多少对兔子。假设一对兔子平均质量为1kg，试求这些兔子的总质量，并和太阳质量做一下类比（太阳质量1.989×10^{30} kg）。再计算一下20年后总共会有多少对兔子。

1.4 试比较π值(MATLAB 常数 pi)和连分数 $3+\cfrac{1}{7+\cfrac{1}{15+\cfrac{1}{1+\cfrac{1}{292}}}}$ 值的大小。

1.5 试求解下面的代数方程,并验证结果。

$$\begin{cases}\dfrac{1}{2}x^2+x+\dfrac{3}{2}+\dfrac{2}{y}+\dfrac{5}{2y^2}+\dfrac{3}{x^3}=0\\ \dfrac{y}{2}+\dfrac{3}{2x}+\dfrac{1}{x^4}+5y^4=0\end{cases}$$

1.6 试求出下面给出函数的二阶导数。

$$f(x)=\frac{\sin x}{\cos^2 x}+\frac{1}{2}\ln\left|\tan\left(\frac{x}{2}+\frac{\pi}{4}\right)\right|$$

1.7 MATLAB 提供了 int() 函数,其调用格式与 diff() 函数相仿,该函数可以直接计算给定函数的不定积分。试对例 1-3 的结果连续调用四次 int() 函数,看能否还原例 1-3 中的原函数 $f(x)$。

1.8 已知隐函数为 $x^2\mathrm{e}^{-xy^2/2}+\mathrm{e}^{-x/2}\sin xy=0$,你能绘制出它在 $-2\pi\leqslant x,y\leqslant 2\pi$ 区间内的曲线吗?如果采用其他的语言,你有如何绘制隐函数曲线的思路吗?MATLAB 提供了 fimplicit() 函数,可以直接绘制隐函数的曲线。在计算机上运行下面的命令并观察结果。你能猜出来这段命令的作用是什么吗?

```
>> syms x y;
   f1=x^2*exp(-x*y^2/2)+exp(-x/2)*sin(x*y);
   f2=y^2*cos(y+x^2)+x^2*exp(x+y);
   fimplicit([f1,f2],[-2*pi,2*pi])
```

第2章 MATLAB的编程基础

CHAPTER 2

MATLAB语言是当前国际上自动控制领域的首选计算机语言，也是适合很多理工科专业的计算机数学语言。本书以MATLAB语言为主要计算机语言，系统、全面地介绍在数学运算问题中MATLAB语言的应用。掌握该语言不但有助于更深入地理解和掌握科学运算与系统仿真问题的求解思路，提高求解问题的能力，而且还可以充分利用该语言进行编程，在其他专业课程的学习中得到积极的帮助。

2.1节介绍MATLAB环境的基本操作方法，介绍必要的MATLAB界面简单操作和设置。2.2节侧重介绍科学运算与仿真领域常用的双精度数据结构与符号型数据结构，并简单介绍其他数据结构，还介绍各种矩阵的输入法。2.3节介绍MATLAB的基本语句结构，并介绍冒号表达式与子矩阵提取方法。2.4节介绍MATLAB语言的算术运算、逻辑运算与比较运算，并介绍字符串运算与符号表达式运算方法。2.5节介绍MATLAB中文件读写的基本方法以及MATLAB与Microsoft Excel的信息交换方法。

2.1 MATLAB的基本操作

与很多计算机语言相比，MATLAB的使用相对简单，其绝大多数功能都可以由MATLAB函数和命令直接调用，与MATLAB的操作界面关系不大。本节简单地介绍MATLAB界面的操作方法。

2.1.1 MATLAB主界面

正常安装MATLAB后，桌面窗口会出现一个MATLAB图标。双击该图标就可以打开默认的MATLAB主窗口，如图2-1所示。在默认的窗口上部有MATLAB的工具栏。MATLAB窗口的下部有四个分区，分别标注为“当前文件夹”“详细信息”“命令行窗口”和“工作区”。其中，命令行窗口是必须打开的，其余可以根据需要关闭。命令行窗口中的>>标记，是MATLAB的提示符。MATLAB的所有命令均需要在提示符下给出。

“当前文件夹”窗口显示当前文件夹内所有的文件列表，如果选择了其中一个文件，则该文件的类型等信息将在“详细信息”窗口列出。右侧的“工作区”窗口显示MATLAB工作空间现有的变量列表。在“名称”栏目显示变量名，在“值”栏目显示变量的值。

MATLAB命令窗口工具栏的左半部分在图2-1中给出，右半部分处于关闭状态。展开窗口，则展开的右半部分工具栏如图2-2所示。可以看出，当前的工具栏有“文件”“变量”“代码”、SIMULINK、“环境”和“资源”6个分区。“文件”分区提供了文件操作的按钮，“变量”分区提供了变量操作的按钮，这些按钮的功能显而易见，本书不详细介绍。其实，工具栏中的所有按钮除了通过单击选择之外，也可以通过相应的函数或MATLAB命令直接访问。

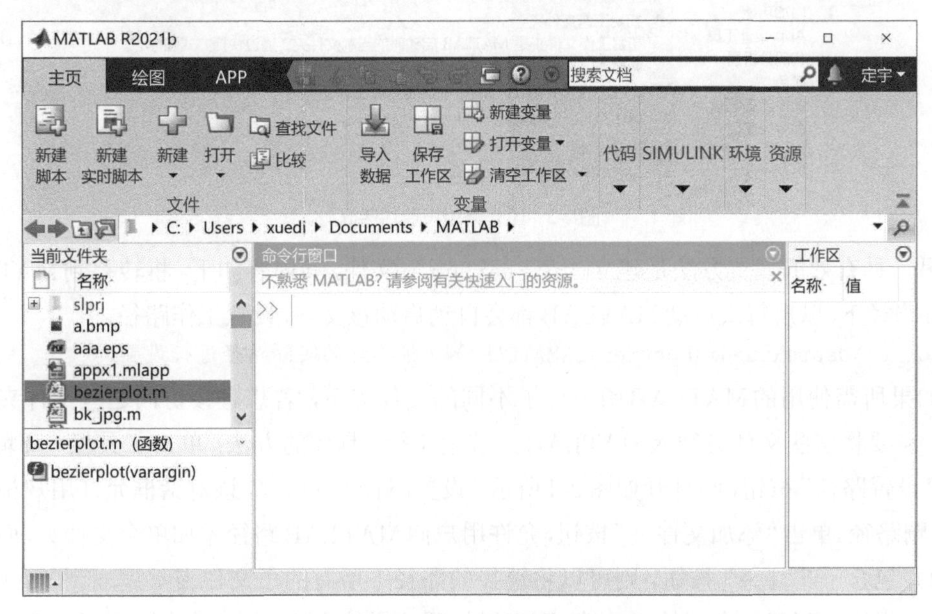

图2-1 MATLAB主窗口

图2-2 MATLAB的工具栏的右半部分

“代码”分区提供了与代码有关的一系列按钮，单击“分析代码”按钮，则将对当前文件夹的程序进行自动分析，观察代码有无错误，或值得改进的建议。单击“清除命令”按钮，则将清除当前命令窗口所有的命令显示，相当于给出 `clc` 命令。“运行并计时”按钮可以对选择的MATLAB代码进行剖析。该程序会自动指出剖析的代码哪段比较耗时，提示用户去进一步修改代码，提高代码的运行效率，其作用相当于 `profile` 命令。

SIMULINK分区提供了Simulink按钮，允许用户启动、使用Simulink环境，进行系统的建模与仿真分析，具体内容详见本书的第三部分。

“环境”和“资源”分区提供了一些MATLAB环境与帮助信息的常用功能，其中若干按钮的作用与应用，后面遇到时再专门介绍。

2.1.2 MATLAB工作路径

正常安装MATLAB后，MATLAB的默认路径是MATLAB根目录下的bin文件夹。该文件夹是只读的，使用起来极不方便，所以建议将其设置为“我的文档”下的MATLAB路径。具体的设置方法：单击工具栏（见图2-2）中的“预设”按钮，在打开的对话框左侧的列表中选择“当前文件夹”，则在右侧区域选择“初始工作文件夹”，则可以按图2-3所示的方法设置工作路径(working path)。

图2-3　工作路径设置对话框

另一种有效的设置方法是建立一个startup.m文件，其内容如下。将转移到MATLAB的bin路径下，以后每次启动MATLAB都会自动启动该文件，设置工作路径。

```
cd('c:\Users\xuedi\Documents\MATLAB') %根据你的实际路径进行设置
```

如果所需使用的MATLAB函数位于不同的文件夹下，若想直接访问这些文件夹中的函数，需要将这些文件夹纳入MATLAB的搜索路径。具体的方法：单击工具栏“环境”分区的“设置路径”按钮，则打开如图2-4所示“设置路径”对话框，该对话框允许用户根据需要，增删路径。单击“添加文件夹”按钮，允许用户向MATLAB路径添加单个文件夹，而单击“添加并包含子文件夹”按钮，则可以将选择的路径下所有的子文件夹都添加到MATLAB路径。如果用户下载一个新的工具箱，则可以依照这样的方法将其路径添加到MATLAB路径下，以便直接访问其中的文件。还可以由pathtool命令直接打开图2-4中的对话框。

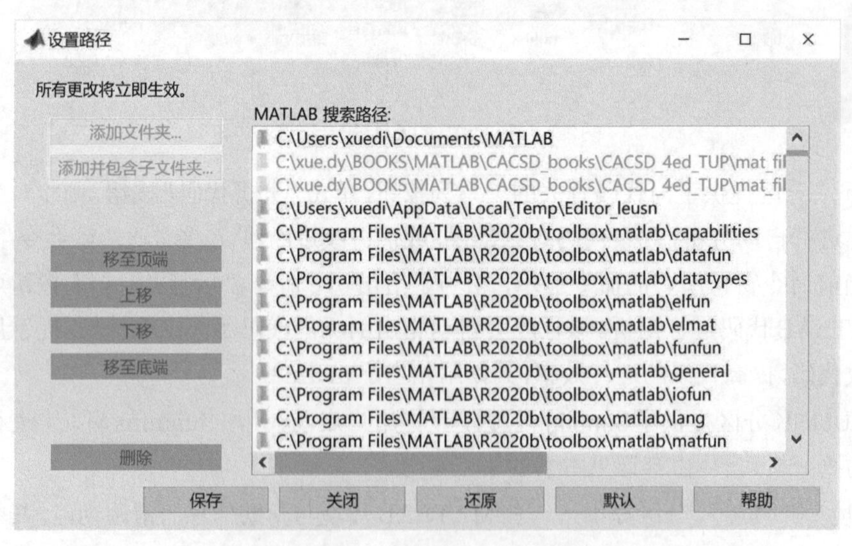

图2-4　MATLAB搜索路径设置对话框

2.1.3　MATLAB联机帮助系统

MATLAB提供了功能强大的联机帮助系统(on-line help system)，用户可以通过工具栏中的“帮助”按钮访问联机帮助系统。

本书建议通过help␣*函数名*命令直接获得具体函数的帮助信息，其中，␣符号表示空格键。如果未知函数名，但想查找与某个关键词相关的MATLAB求解函数的函数名，还可以使用lookfor␣关键词命令进行查找。MATLAB还提供了which␣函数名命令，用来搜索某个函数所在的路径。默认情况下，该命令找到第一个匹配的函数就停止搜索，直接显示其所在位置；如果搜索路径下有多个同名文件，则可以采用which -all␣函数名命令列出所有同名函数所在的位置。

2.1.4 MATLAB的显示格式

在默认设置下，MATLAB采用的是short的显示格式，通常显示到小数点后4位有效数字；如果想显示更多位有效数字，则可以采用long格式，通常可以显示小数点后15位有效数字，设置语句是format long；若想恢复成短型格式，则给出format short命令。除了这两个选项之外，MATLAB支持的其他选项在表2-1中给出。值得指出的是，format命令并不能改变计算的结果，它改变的只有显示的格式，一般情况下用户可以根据需要自行选择有利的显示格式。

表2-1 MATLAB常用的显示格式选项

格式选项	支持的格式
loose	宽松格式（默认设置），在显示变量时，变量名的前后各加一个空行，然后显示变量的值
compact	紧凑格式，和loose选项相反，在显示变量内容时，不显示多余的空行
rat	用有理式近似的形式显示变量的值
long e	科学记数法显示数值，除了常规的15位有效数字之外，还显示3位指数位；类似地，还支持short e选项，科学记数法保留5位有效数字

例2-1 若圆半径$r=5$，试计算圆周长和面积，并求出其有理近似。

解 由下面语句可以计算圆周长与面积，并选择long选项，显示精确的计算结果。这里，pi为MATLAB保留的常数，存储圆周率π。这里，%引导注释语句，用语言解释语句的含义，但不执行。

```
>> format long, r=5; L=2*pi*r, S=pi*r^2   %计算圆周长和面积
```

得出的结果为$L=31.415926535897931$，$S=78.539816339744831$。

如果想得出其有理近似，则可以将显示形式设置为rat：

```
>> format rat, L, S, format short            %设置有理近似的显示格式
   e1=3550/113-2*pi*r, e2=8875/113-pi*r^2 %计算有理近似的误差
```

这样可以得出$L=3550/113$，$S=8875/113$，还可以得出周长与面积的有理近似误差分别为$e_1=2.6676\times10^{-6}$，$e_2=6.6691\times10^{-6}$。

还可以使用get(0,'Format')命令读取当前的显示形式。

如果单击MATLAB命令窗口工具栏中的“预设”按钮，则打开如图2-5所示的对话框，在该对话框左侧的列表中选择“命令行窗口”，则在右侧区域修改“数值格式”和“行距”下拉式列表框中同样设置显示格式。从该对话框可见，除了数值结果的显示格式之外，还可以设置日期等信息的显示格式。

如果已知变量a，还可以使用disp(a)将变量a在MATLAB命令窗口中直接显示出来，其中a为MATLAB支持的任何数据结构。

图2-5　命令行窗口显示设置对话框

2.1.5　MATLAB的工作空间与管理

MATLAB的工作空间(workspace)是MATLAB存储变量的场所，读者可以使用下面的命令管理或处理工作空间的变量：

(1)显示变量。用who命令将显示出当前工作空间中所有的变量名，而whos命令将显示出所有的变量名及其数据结构、占用空间等信息。

(2)清除变量。如果想清除工作空间的所有变量，则可以给出clear命令。如果想清除工作空间中的某几个变量，在clear命令后列出这些变量名即可，注意这些变量名之间用空格分隔。与之相近，clearvars命令允许清除若干个变量，该命令还允许使用-except选项列出需要保留的变量名，该命令将清除这些变量以外的所有变量。

(3)读、存变量。save和load这一对命令可以存储或读入某些变量或全部变量。正常情况下对应的文件名是以mat为后缀名的，存储文件的格式也是二进制格式的。

(4)工作空间变量。还可以直接给出workspace命令，直接打开图2-1主窗口的“工作区”子窗口，用户可以从中选择并处理相应的变量。

2.1.6　MATLAB的其他辅助工具

本节将介绍MATLAB编程与命令窗口使用中的一些技巧，包括耗时检测、历史命令查询与代码分析等，以便读者能更高效地使用MATLAB语言，解决自己的问题。

(1)箭头键的使用。按上箭头键可以回滚给出以前的命令，所以查找以前的命令可以使用上箭头；如果想找出一条以a开始的命令，则输入a再按上箭头回滚寻找以前的命令。

(2)命令历史信息窗口。单击图2-2工具栏中的“布局”按钮，则可以选择“命令历史信息”，打开历史信息窗口，从中选择以前给出的命令，双击则可以再次执行这些命令。这样的方式有时比箭头方式更实用。

(3)测耗时。MATLAB提供了两套程序耗时计时方法，一套是采用tic、toc命令对，在程序执行前调用tic命令启动秒表，程序执行后，调用toc命令读耗时；另一套命令是采用读取CPU时间的方法实现的，程序执行前调用t_0=cputime存储当前的CPU时间，程序执行后，由cputime$-t_0$命令测得执行时间。这两种计时方法各有特点，计时结果相差不大。

(4)代码分析。单击图2-2工具栏中的“分析代码”按钮，则将打开如图2-6所示的界面，对当前路径下的MATLAB程序进行检验，给出修改或优化建议。例如，该窗口对bk_jpg.m函数提出三条建议，用户可以根据需要决定是否依照建议修改自己的程序。

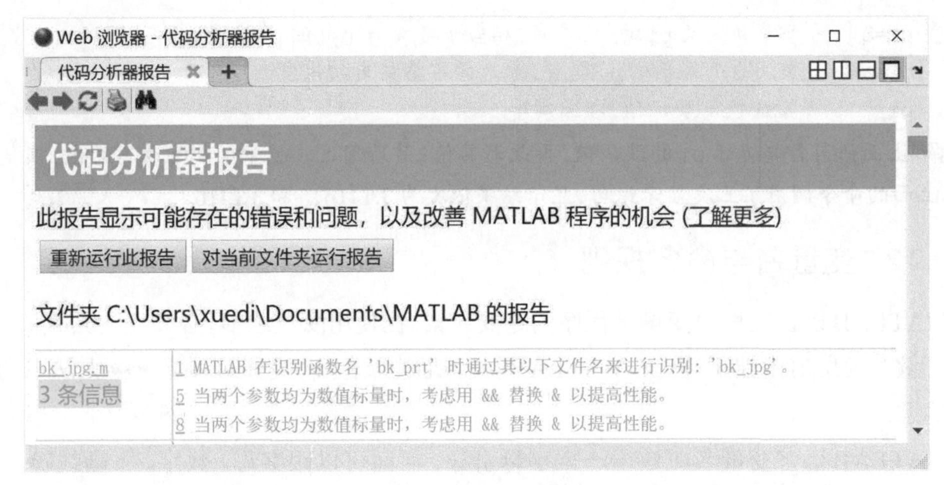

图2-6 代码分析器界面

2.2 MATLAB数据结构

程序设计中很关键的内容是数据结构。本节将首先介绍MATLAB提供的常量，并介绍MATLAB变量名的命名规则，然后介绍两类科学运算中常用的数据结构——数值型数据结构与符号型数据结构以及其他的数据结构。

2.2.1 保留的常量

为计算方便起见，MATLAB提供了若干保留的常量。例如，圆周率π可以由常量pi直接表示。常用的常量在表2-2中给出。这些常量是可以重新定义的，但每次启动MATLAB时，这些常量将恢复默认的常数值。如果某个常量被改写，则可以使用`clear`命令清除被改写的值，恢复其默认值。

表2-2 常用常量表

常量名	常量的含义
eps	机器的浮点运算误差限。PC上eps的默认值为2.2204×10^{-16}，即2^{-52}，若某个量的绝对值小于eps，则可认为这个量为0
pi	圆周率π的双精度浮点表示，保留数位为3.141592653589793
NaN	不定式(not a number)，通常由0/0运算、Inf/Inf、0*Inf及其他可能的运算得出。NaN是一个很奇特的量，如NaN与Inf的乘积仍为NaN
inf、Inf	无穷大$+\infty$的MATLAB表示，也可以写成Inf。同样地，$-\infty$可以表示为-Inf。在MATLAB程序执行时，即使遇到了以0为除数的运算，也不会终止程序的运行，而只给出一个“除0”警告，并将结果赋成Inf，这样的定义方式符合IEEE的标准。从数值运算编程角度看，这种实现形式明显优于C语言这样的非专业计算机语言
i、j	若常量i或j未被改写，则它们都表示纯虚数量$j=\sqrt{-1}$。但在MATLAB程序编写过程中经常可能改写这两个变量，如在循环过程中常用它们表示循环变量，则应确认使用这两个变量时没有被改写。如果想恢复该常量，则可以用语句i=sqrt(−1)或i=1i重新设置
true、false	逻辑变量，表示“真”或“伪”，又表示为逻辑1或逻辑0

例2-2 试观察下面命令执行后pi值的变化。

```
>> pi          %显示pi的默认值，支持情况下该值即圆周率
```

```
pi=5       %重新定义pi的值,这时,相当于定义一个新的pi变量
clear pi %清除改写后的pi变量,原来的常量被自动恢复
pi         %pi恢复默认值,即圆周率
```

解 上面语句首先显示pi的默认值，再改写其值，最后用clear命令删除改写的值，恢复其默认值。上面的命令调用了三次显示语句，显示结果依次为3.1416、5和3.1416。

2.2.2 变量名与命名规则

MATLAB语言编程中变量是程序的重要元素。在使用变量之前，必须先为其赋值。如果一个变量在使用前未被赋值，则MATLAB执行机制会给出“变量或函数 *** 无法识别”的错误信息。

MATLAB语言变量名应该由一个字母引导，后面可以跟字母、数字、下画线等。例如，MYvar12、MY_Var12和MyVar12_ 均为有效的变量名，而12MyVar和 _MyVar12为无效的变量名。在MATLAB中，变量名是区分大小写的(case sensitive)，也就是说，Abc和ABc两个变量名表达的是不同的变量，在使用MATLAB语言编程时一定要注意。

另外一点值得注意的是，如果不小心使用了一个与MATLAB已有函数同名的变量名，则有可能屏蔽掉原来的函数，导致错误的结果，所以在使用变量名前应该避开已有的变量名，例如，先用which命令查一下有没有这样的函数名。

另一种测试某名字是否被占用的方法是使用key=exist('name')函数，其中，要测试的名字为name，key为检测结果，若key为1表示MATLAB当前工作空间中存在一个名为name的变量名；为2则表示MATLAB路径下存在name.m文件；为3则表示在MATLAB的路径下存在一个name.dll文件；为4则表示存在一个Simulink文件；为5则表示存在一个内核的MATLAB函数name()；为6则表示在MATLAB路径下存在伪代码文件name.p；为7则表示在MATLAB路径下存在一个name文件夹，所以变量命名时这些都是需要避开的。

2.2.3 双精度数据结构

强大方便的数值运算功能是MATLAB语言最显著的特色之一。为保证较高的计算精度，MATLAB语言中最常用的数值量为双精度（double precision）浮点数（floating-point number），占8字节(64位)，遵从IEEE记数法，有11个指数位、52位尾数及1个符号位，值域的近似范围为$-1.7\times10^{308}\sim1.7\times10^{308}$，其MATLAB表示为double()。

在极个别的场合，可能会使用到单精度数据结构。该数据结构为32位二进制浮点数，一般能保留小数点后7位有效数字，其MATLAB转换命令为single()。

MATLAB中最基本的数据结构是双精度复数矩阵，这里将通过例子演示一般实数、复数矩阵的输入方法。

例2-3 试在MATLAB工作空间中输入矩阵。

$$\boldsymbol{A}=\begin{bmatrix}1&2&3\\4&5&6\\7&8&0\end{bmatrix}$$

解 在MATLAB语言中表示一个矩阵是件很容易的事，可以由下面的MATLAB语句将该矩阵直接输入工作空间：

```
>> A=[1,2,3; 4 5,6; 7,8 0]    %矩阵的直接输入语句
```

为阅读方便，本书不给出MATLAB格式的实际显示结果，而直接给出数学格式的显示。矩阵的内容由方括号括起来的部分表示，在方括号中的分号或回车符号表示矩阵的换行，逗号或空格表示同一行矩阵元素间的分隔。给出了上面的命令，就可以在MATLAB 的工作空间中建立一个$\boldsymbol{A}$矩阵了。

还可以在已知$\boldsymbol{A}$矩阵的基础上，按照MATLAB允许的行列格式规则，给出下面的语句，动态地调整矩阵$\boldsymbol{A}$的维数。

```
>> A=[[A; [1 2 3]], [1;2;3;4]] %矩阵维数的动态变化
```

例2-4 试在MATLAB环境中输入复数矩阵。

$$\boldsymbol{B}=\begin{bmatrix}1+9\mathrm{j} & 2+8\mathrm{j} & 3+7\mathrm{j}\\ 4+6\mathrm{j} & 5+5\mathrm{j} & 6+4\mathrm{j}\\ 7+3\mathrm{j} & 8+2\mathrm{j} & 0+\mathrm{j}\end{bmatrix}$$

解 复数矩阵的输入同样也是很简单的，在MATLAB环境中定义了两个记号`i`和`j`，可以用来直接输入复数矩阵。这样可以通过下面的MATLAB语句对复数矩阵直接进行赋值，其中，在单独表示j时，建议使用`1i`或`sqrt(-1)`，不建议使用`i`或`j`。

```
>> B=[1+9i,2+8i,3+7j; 4+6j 5+5i,6+4i; 7+3i,8+2j 1i]
```

2.2.4 符号型数据结构与符号函数

MATLAB还定义了符号型(symbolic)变量，以区别于常规的数值型变量，可以用于公式推导和数学问题的解析解法。进行解析运算前需要首先将采用的变量声明为符号变量，这需要用`syms`命令实现。该语句具体的用法为

```
syms␣变量名列表␣变量集合
```

其中，“变量名列表”给出需要声明的变量列表，可以同时声明多个变量，中间只能用空格分隔，而不能用逗号或其他符号分隔。

如果需要，还可以进一步声明变量的“变量集合”，可以使用的集合为`positive`(正数)、`integer`(整数)、`real`(实数)、`rational`(有理数)等。如果需要将a、b均定义为符号变量，则可以用`syms a b`语句声明，该命令还支持对符号变量具体形式的设定，如`syms a real`可以将变量a设置为实数。如果将“变量集合”设置为`clear`，则将清除变量的集合设定，将其还原为一般符号变量。

符号变量的类型可以由`assumptions()`函数读出，例如，若用`syms a real`语句声明变量a，则`assumptions(a)`将返回`in(a,'real')`。

MATLAB符号运算工具箱还提供了`x=symvar(f)`函数，可以从符号表达式f中提取符号变量列表$\boldsymbol{x}$，所有符号变量都在向量$\boldsymbol{x}$中返回。

符号型数值可以通过变精度算法(variable precision arithmetic)函数`vpa()`以任意指定的精度显示出来。该函数的调用格式为`vpa(A)`或`vpa(A,n)`，其中A为需要显示的表达式或矩阵，n为指定的有效数字位数，前者以默认的32位十进制位数显示结果。

例2-5　如何用计算机描述1/3？简单的算术运算 $1/3\times0.3-0.1=?$

解　常规计算机语言采用双精度数据结构，计算机数学语言则支持符号型数据结构。在表示数值上符号型数值与双精度数值有什么区别呢？双精度数据结构是不能存储1/3的，只能存储成0.3333333333333333，后面的各位都被截断了。而符号型的 sym(1/3) 全程存储和参与运算的都是1/3，没有误差。很显然，在数学上 $1/3\times0.3-0.1=0$，在符号型数据结构下也确实如此。现在看在双精度数据结构下会出现什么现象：可以给出下面的语句，从得出的结果可见，二者之间是有误差的，误差为 -1.3878×10^{-17}。

```
>> 1/3*0.3-0.1 %期望的差是0,但双精度数据结构下不是0
```

例2-6　试显示出圆周率π的前100位有效数字。

解　使用符号运算工具箱中提供的vpa()函数可以按任意精度显示符号型变量的值，故题中要求的结果可以用下面语句实现：

```
>> vpa(pi,100)  %显示圆周率π的前100位,还可以选择更多的位数
```

这样可以显示出π的值为3.141592653589793238462643383279502884197169399375105820974944592307816406286208998628034825342117067。若不指定位数 n，则 vpa(pi) 命令将得出结果为π=3.1415926535897932384626433832795。用户还可以将显示位数设置成更大的值，如1000、10000或更大的数。

值得指出的是，由vpa()函数最多只能显示32766个字符，如果想显示更多位，则可以参考后面给出的方法分行显示(参见例3-4)。

例2-7　试显示无理数e的前50位数字。

解　若想得出e的前50位数，可以尝试 vpa(exp(1),50) 命令，不过该命令会先在双精度框架下得出e，再显示其前50位，所以显示的结果是不精确的。正确的方法是应该在符号型运算的框架下计算e，使用的语句应该为 vpa(exp(sym(1)),50)，得出的精确结果为2.7182818284590452353602874713526624977572470937。

符号变量的属性还可以由assume()与assumeAlso()函数进一步设置。例如，若 x 为实数，且 $-1\leqslant x<5$，则可以用下面的MATLAB语句直接设定：

```
>> syms x real; assume(x>=-1); assumeAlso(x<5); %设定 -1≤x<5
```

调用 assumptions(x) 函数，则将显示出符号变量 x 为 [x<5, -1<=x]。

如果在MATLAB工作空间中已有 a 变量，则原则上可以通过 A=sym(a) 将其转换成符号变量，不过有时应该做特殊的处理，这里将通过下面的例子演示。

例2-8　试用符号型数据结构表示数值12345678901234567890。

解　这个问题看似很简单，可以尝试由命令 A=sym(12345678901234567890) 直接输入，不过读者可能对结果感到困惑不解，因为得到的是 $A=12345678901234567168$，显然这不是正确的。从MATLAB的执行机制看，该语句首先将数据转换成双精度结构，然后再转换成符号变量，从而出现偏差，所以，在数据类型转换时应该格外注意。正确的解决方法是用字符串表示多位的数字，然后再用sym()函数转换。下面的语句可以原封不动地输入50位整数。

```
>> B=sym('12345678901234567890123456789012345678901234567890')
```

例2-9 试将例2-4中的复数矩阵转换成符号型数据结构。

解 仍使用例2-4中的命令输入该矩阵，再调用sym()函数则可以将其直接转换为符号型矩阵，显示其结果比较两种数据结构显示格式上的差异。

```
>> B=[1+9i,2+8i,3+7j; 4+6j 5+5i,6+4i; 7+3i,8+2j 1i], B=sym(B)
```

在符号型数据结构的基础上还可以定义出符号型函数。符号型函数同样可以由syms命令直接声明，但符号型函数的数据结构类型为symfun。下面通过例子演示声明方法。

例2-10 试声明符号型函数$F(x)$、$G(x,y,z,u)$。

解 应该先将自变量声明为符号变量，然后再声明符号型函数$F(x)$与$G(x,y,z,u)$。

```
>> syms x y z u F(x) G(x,y,z,u) %声明符号型函数
   F(x,y)=x*y   %这句有错误，因为F已经声明为F(x)了，若想执行，先clear F
```

2.2.5 任意符号型矩阵的生成

MATLAB提供的sym()函数还可以用于任意矩阵的生成，例如，由命令

$\boldsymbol{A}$=sym('a',[n,m]), $\boldsymbol{B}$=sym('b%d%d',[n,m])

其中，n和m分别为矩阵的行数和列数。如果这两个值有一个为1，则可以定义任意向量。如果想生成一个方阵，则无须给出m的值。上面两个命令都可以生成任意矩阵$\boldsymbol{A}$与$\boldsymbol{B}$，不过其格式略有不同，$\boldsymbol{A}$矩阵的元素为ai_j，矩阵$\boldsymbol{B}$的元素为b_{ij}，所以不建议使用前者。

例2-11 试将下面的任意矩阵输入MATLAB工作空间。

$$\boldsymbol{A}=\begin{bmatrix} a_{11} & a_{12} & a_{13} & a_{14} \\ a_{21} & a_{22} & a_{23} & a_{24} \\ a_{31} & a_{32} & a_{33} & a_{34} \end{bmatrix}, \quad \boldsymbol{f}=\begin{bmatrix} f_1 \\ f_2 \\ f_3 \end{bmatrix}$$

解 由下面的语句可以直接生成矩阵$\boldsymbol{A}$和向量$\boldsymbol{f}$，其中，单下标的列向量无须指定下标形式，给出简单命令即可。

```
>> A=sym('a%d%d',[3,4]), f=sym('f',[3,1]) %构造符号矩阵
```

2.2.6 其他数据结构

因为本书的侧重点是科学运算与系统仿真，所以着重介绍了双精度数据结构和符号型数据结构。除了这些数据结构外，MATLAB还可以使用下面常用的数据结构：

（1）单精度数据结构。双精度数据结构由64位二进制数字组成，单精度数据结构由32位二进制数字组成，对应的数据结构类型为single。单精度数据结构可以节省一半的存储空间，但会牺牲计算精度。

（2）整型数据。在某些特定的场合下，还支持整型数据结构。例如数字图像处理领域，还支持无符号整型数。例如使用uint8()表示8位无符号整数，表示范围为$0\sim255$。支持的其他整型数据结构包括int8()、int16()、int32()、int64()、uint16()、uint32()、uint64()等。在数值运算与仿真领域，除非特别必要，不建议使用这些数据结构。

（3）逻辑型数据。MATLAB还提供了逻辑型的数据结构，只能取值0和1，其对应的转换函数为logical()，数据结构类型为logical。双精度或其他数据结构有时也可以起逻辑变量的作用，如果某双精度变量的值为0，则可以认为它为逻辑0，否则可以认为是逻辑1。

(4)字符串。字符串是由单引号括起的数据结构,例如,'Hello World',其数据结构标识为char。后面将单独介绍字符串的运算,这里不过多解释。

(5)结构体。数据结构体可以包含下一级信息,例如,$A.b$在结构体数据结构A下表示下一级成员变量b。一个结构体数据可以带有多个成员变量,而每个成员变量可以为任意的数据结构。结构体的标识为struct。

(6)多维数组。向量是一维数组,矩阵是二维数组。除此之外,MATLAB还支持多维数组。如果想描述一个单色的图像,可以将其分成网格,每个网格称为一个像素(pixel)。这样,用矩阵就可以描述每个像素的灰度值。如果想表示彩色图像,则需要用三个这样的矩阵,分别表示每个像素的红色、绿色和蓝色分量。如果将这三个矩阵摞在一起,形成三层的立体结构:第一层表示红色分量,第二层表示绿色分量,第三层表示蓝色分量,这样就可以构造三维数组。其中,$\boldsymbol{A}$(:,:,1)表示红色分量。类似地,还可以将三维数组的概念拓展到更多维。

(7)单元数组。仍以矩阵$\boldsymbol{A}$为例,矩阵中的每个元素是数值。如果每个矩阵的元素允许使用不同的数据结构,例如,$a_{1,1}$为矩阵,而$a_{1,2}$为字符串,则矩阵型数据结构无能为力,需要拓展这样的结构。如果将$a_{i,j}$想象成独立的单元,则可以表示这样的数据结构。这就是"单元"数据结构,其标识为cell,MATLAB的表示为

```
>> A{1,1}=[1 2 3; 4 5 6; 7 8 1i]; A{1,2}='Hello World'
```

(8)其他数据结构。如表格数据、类与对象等,本书不涉及表格等特殊数据结构,有兴趣的读者可以参阅其他文献,如文献[11]。第6章将介绍类与对象的使用与编程方法。

2.2.7 数据结构的识别

若已知变量A,则其数据结构可以由class(A)提取出来。例如,对例2-3中的$\boldsymbol{A}$矩阵使用class()命令,则返回的结果为double;对例2-10中的变量x和F调用class()函数,则返回的数据结构分别为sym和symfun。

对例2-3中的$\boldsymbol{A}$矩阵还可以使用isa()函数判定其数据类型,例如,可以使用命令key=isa(A,'double')判定A变量是不是双精度数据结构,如果是则返回1,否则返回0。

除此之外,还可以使用isnan()、isfinite()等函数判定一个变量是不是满足条件。例如,v_1=isnan(v)命令可以对向量$\boldsymbol{v}$的各个元素逐一测试,返回一个与$\boldsymbol{v}$等长的逻辑向量$\boldsymbol{v}_1$。对应$\boldsymbol{v}$值为NaN项返回1,否则为0。

2.3 MATLAB语句结构

MATLAB的语句主要有赋值语句和函数调用语句两种结构。本节首先介绍这两种语句结构,然后介绍一种特殊的冒号表达式,并介绍基于冒号表达式的子矩阵提取方法。

2.3.1 基本赋值语句

基本赋值语句的结构很简单,a=表达式,等号左端的a是返回的变量名,它可以是任意合法的变量名;等号右侧的表达式可以是任意复杂的表达式,包含已知变量的数学运算。表达式通过运算之后,会自动赋给左端的变量名。这个变量就会在MATLAB工作空间中自动

建立起来。如果这个变量已经存在，则会被新的值覆盖。其实，前面的例子中已经多次使用了这种简单的赋值语句，这种赋值语句结构是很直观的。如果赋值语句以分号结束，则赋值的结果不在MATLAB命令窗口显示，否则将显示赋值结果。

对一般简单运算而言，$a=$是可以忽略的，这时，表达式的运算结果将直接由保留的ans变量名返回。

例2-12 若$f(x)=x^2-x-1$，试求$F(x)=f(f(f(f(f(x)))))$。如果结果是多项式，多项式的最高阶次是多少？

解 最简单的方式是由符号函数格式描述$f(x)$，这样，看起来比较复杂的复合函数可以由下面的直接嵌套方法求出来。得出的多项式可以由expand()函数展开：

```
>> syms x; f(x)=x^2-x-1;                    %定义原函数
   F(x)=f(f(f(f(f(x))))), F1=expand(F) %复合函数的嵌套与展开
```

展开的多项式如下，可见该多项式是32次多项式。

$$\begin{aligned}F_1(x)=x^{32}&-16x^{31}+96x^{30}-200x^{29}-444x^{28}+2968x^{27}-3052x^{26}-11804x^{25}\\&+30944x^{24}+9832x^{23}-112076x^{22}+68760x^{21}+216048x^{20}-279328x^{19}\\&-218500x^{18}+525046x^{17}+47653x^{16}-591744x^{15}+164520x^{14}\\&+416864x^{13}-232442x^{12}-175256x^{11}+154806x^{10}+35134x^{9}-58854x^{8}\\&+1496x^{7}+12614x^{6}-2044x^{5}-1382x^{4}+300x^{3}+69x^{2}-9x-1\end{aligned}$$

2.3.2 函数调用

函数调用格式是另一种MATLAB语句格式，且MATLAB函数是MATLAB的主流编程方式。函数调用的基本结构为

```
[返回变元列表]=fun_name(输入变元列表)
```

其中，fun_name为函数名，其命名的要求和变量名的要求是一致的，一般函数名应该对应于MATLAB路径下的一个文件。例如，函数名my_fun应该对应于my_fun.m文件。当然，还有一些函数名需对应于MATLAB内核中的内核函数(built-in function)，如inv()函数等。

“返回变元列表”和“输入变元列表”均可以由若干个变量名组成，变量名之间应该分别用逗号分隔。返回变元还允许用空格分隔，例如[U S V]=svd($\boldsymbol{X}$)，该函数对给定的$\boldsymbol{X}$矩阵进行奇异值分解，所得的结果由$\boldsymbol{U}$、$\boldsymbol{S}$、$\boldsymbol{V}$这三个变量返回。

MATLAB语言提供了灵活的执行机制，允许用户用不同的格式调用相同的函数。例如，MATLAB提供了内核函数d=eig($\boldsymbol{A}$)，可以直接计算给定矩阵的特征值向量$\boldsymbol{d}$；如果使用调用格式[$\boldsymbol{V}$,$\boldsymbol{D}$]=eig($\boldsymbol{A}$)，则除了返回特征值$\boldsymbol{D}$之外，还将返回特征向量矩阵$\boldsymbol{V}$；如果函数调用格式改为eig($\boldsymbol{A}$,$\boldsymbol{B}$)，则将求解广义特征值问题。

除此之外，MATLAB在不同的工具箱中提供了同名的eig()函数，例如符号运算工具箱提供的eig()函数可以求取符号矩阵特征值的解析解，控制系统工具箱提供的eig()函数可以求出线性系统的极点。MATLAB语言有比较好的执行机制，在调用这些同名函数时不会出现混淆。在此执行机制下，先识别输入变元是什么数据类型，然后调用相应数据类型下的eig()函数，得出对应的结果。

MATLAB函数的格式、编写方法、技巧与调试方法将在第4章中详细介绍。

2.3.3 冒号表达式

冒号表达式(colon expression)是MATLAB中很有用的表达式,在向量生成、子矩阵提取等很多方面都是特别重要的。冒号表达式的格式为$v=s_1:s_2:s_3$,该函数将生成一个行向量$\boldsymbol{v}$,其中s_1为向量的起始值,s_2为步距,该向量将从s_1出发,每隔步距s_2取一个点,直至不超过s_3的最大值就可以构成一个向量。若省略s_2,则步距取默认值1。

例2-13 试探不同的步距,从$t\in[0,\pi]$区间取出一些点构成向量。

解 先试一下步距0.2,这样可以用下面的语句生成一个向量:

```
>> v1=0:0.2:pi  %注意,最终取值为3而不是π,因为下一个点3.2大于π
```

该语句将生成行向量$\boldsymbol{v}_1=[0,0.2,0.4,0.6,0.8,1,1.2,1.4,1.6,1.8,2,2.2,2.4,2.6,2.8,3]$。

下面还将尝试冒号表达式不同的写法,并得出如下的结果:

```
>> v2=0:-0.1:pi, v3=0:pi, v4=pi:-1:0 %对照结果理解不同的冒号表达式
```

产生的$\boldsymbol{v}_2$向量为1×0空矩阵,$\boldsymbol{v}_3=[0,1,2,3]$,$\boldsymbol{v}_4=[3.1416,2.1416,1.1416,0.1416]$。

从上面的例子可见,建立的向量$\boldsymbol{v}_1$不包括期望的终点π。如果想包括终点,则可以采用如下两种解决方法:

(1)冒号表达式。将步距设置成π/N,其中N是整数,由v=0:pi/N:pi生成行向量。

(2)函数调用。使用linspace()函数,由v=linspace(0,pi,$N+1$)命令生成行向量。这两个语句生成的$\boldsymbol{v}$向量是完全一致的。

例2-14 试找出1~1000内所有能被13整除的整数。

解 如果逐个数去判定每个数是不是能被13整除需要循环运算,比较麻烦。解决这样的问题还可以换一个思路:第一个能被13整除的是多少呢?显然是$a_1=13$,第二个呢?$a_2=a_1+13$。以后的各个数分别是$a_3=a_2+13,a_4=a_3+13,\cdots$,显然,这些数是从13开始,以13为步距生成的一组数,由冒号表达式可以直接生成这些数据,所以可用下面的MATLAB命令直接解决问题:

```
>> A=13:13:1000 %生成等间距的行向量,步距为13
```

2.3.4 子矩阵的提取

提取子矩阵的具体方法是$\boldsymbol{B}=\boldsymbol{A}(\boldsymbol{v}_1,\boldsymbol{v}_2)$,其中$\boldsymbol{v}_1$向量表示子矩阵要保留的行号构成的向量,$\boldsymbol{v}_2$表示要保留的列号构成的向量,这样从$\boldsymbol{A}$矩阵中提取有关的行和列,就可以构成子矩阵$\boldsymbol{B}$了。若$\boldsymbol{v}_1$为:,则表示要提取所有的行,$\boldsymbol{v}_2$亦有相应的处理结果。关键词end表示最后一行(或列,取决于其所在位置)。

如果想删除矩阵的第i行元素,可以给出简单的命令$\boldsymbol{A}(i,:)$=[],i可以为向量。

例2-15 下面列出若干命令,并加以解释,读者可以自己由结果体会这些子矩阵提取语句。

```
>> A=[1,2,3; 4 5,6; 7,8 0]; B1=A(1:2:end,:) %提取全部奇数行、所有列
   B2=A([3,2,1],[1,1,1])     %提取A矩阵3、2、1行,由首列构成矩阵
   B3=A(:,end:-1:1)          %将A矩阵左右翻转,即最后一列排在最前面
   A(2,:)=[]; A(:,3)=[]      %删除A矩阵的第2行第3列
```

上述语句将生成下面的各个矩阵：

$$\boldsymbol{B}_1=\begin{bmatrix}1&2&3\\7&8&0\end{bmatrix},\ \boldsymbol{B}_2=\begin{bmatrix}7&7&7\\4&4&4\\1&1&1\end{bmatrix},\ \boldsymbol{B}_3=\begin{bmatrix}3&2&1\\6&5&4\\0&8&7\end{bmatrix},\ \boldsymbol{A}=\begin{bmatrix}1&2\\7&8\end{bmatrix}$$

2.3.5 MATLAB的人机交互函数

MATLAB提供了人机交互(interactive)的函数，在命令行下可以给出 r=input(提示)命令，可以给出提示，用户可以在提示符下输入数值 r(包括向量或矩阵)；如果允许用户输入字符串，则应该给出 r=input(提示,'s') 命令。

此外，还提供了menu() 函数，显示菜单。其调用格式为

key=menu(菜单标题字符串,提示1,提示2,⋯,提示n)

用户可以从菜单中选择一个选项，选项的序号在key变量则返回。

例2-16 这里给出几条人机交互命令，用户可以自行将其输入MATLAB环境中，观察并结合注释信息理解这些语句的运行结果。

```
>> r=input('输入圆半径') %可以回复5,或由向量[1,2,3]表示一组圆半径
   str=input('输入名字','s')                      %输入一个字符串
   key=menu('请选择颜色','红色','绿色','蓝色') %从菜单中选择颜色
```

2.4 MATLAB基本运算

MATLAB支持各种变量、矩阵的运算，本节主要介绍矩阵的算术运算、超越函数运算、逻辑运算和比较运算，并介绍字符串的运算和符号表达式的运算。

2.4.1 算术运算

变量之间的有限次加、减、乘、除、乘方、开方等运算称为算术运算(arithmetic operation)。算术运算是MATLAB科学运算领域很有特色的一类运算。表2-3中列出了MATLAB支持的常用矩阵算术运算符或函数。

例2-17 观察两个简单的变量如下，它们的和 $\boldsymbol{A}+\boldsymbol{B}$ 是多少？

$$\boldsymbol{A}=\begin{bmatrix}5\\6\end{bmatrix},\ \boldsymbol{B}=\begin{bmatrix}1&2\\3&4\end{bmatrix}$$

解 在数学上这两个矩阵是不可加的，早期版本如果做加法也将得到错误信息，在新版本下可以尝试下面的加法运算：

```
>> A=[5;6]; B=[1 2; 3 4]; C=A+B, D=B-A'
```

实际应用中可以定义出一种有意义的“加法”：因为 $\boldsymbol{A}$ 是列向量，所以将其遍加到 $\boldsymbol{B}$ 矩阵的两列上，可以得出“加法矩阵”如下。另外由于 $\boldsymbol{A}^{\mathrm{T}}$ 为行向量，$\boldsymbol{D}$ 矩阵等于 $\boldsymbol{B}$ 矩阵每行遍减 $\boldsymbol{A}^{\mathrm{T}}$ 得出的矩阵。

$$\boldsymbol{C}=\begin{bmatrix}6&7\\9&10\end{bmatrix},\ \boldsymbol{D}=\begin{bmatrix}-4&-4\\-2&-2\end{bmatrix}$$

例2-18 考虑例2-4中的复数矩阵 $\boldsymbol{B}$，试提取矩阵的实部与虚部矩阵。

$$\boldsymbol{B}=\begin{bmatrix}1+9\mathrm{j}&2+8\mathrm{j}&3+7\mathrm{j}\\4+6\mathrm{j}&5+5\mathrm{j}&6+4\mathrm{j}\\7+3\mathrm{j}&8+2\mathrm{j}&\mathrm{j}\end{bmatrix}$$

表2-3 MATLAB算术运算符与函数

名称	运算命令	运算的解释
转置	`A'`	矩阵的Hermit转置(transpose),即共轭转置,数学上记作 A^{H};如果只转置不共轭,则可以用 `A.'` 命令。其实,这也是一种点运算。后者数学上记作 A^{T}
加法	`A+B`	A、B 矩阵相应元素相加,一般情况下要求两个矩阵维数相同,但有两种情况属于特例:若其一为标量,则将其遍加到另一个矩阵上;若其一是行(列)向量,则将其遍加到另一个矩阵的各行(列)。加法运算可以用于多维数组
减法	`A-B`	A、B 矩阵相应元素相减
乘法	`A*B`	A、B 矩阵相乘,要求两个矩阵满足可乘条件
左除	`A\B`	方程 $AX=B$ 的解 X:若 A 为非奇异方阵,则 $X=A^{-1}B$;若 A 矩阵奇异或为长方形矩阵,则得出方程的最小二乘解
右除	`A/B`	方程 $XB=A$ 的解
乘方	`A^p`	矩阵的 p 次方,要求 A 为方阵,p 为任意标量值,甚至可以是复数
点乘	`A.*B`	A、B 矩阵相应元素相乘,要求两个矩阵维数相同,或其一为标量。除了点乘之外,还可以使用其他运算,如 `A.^B`、`A./B` 等
翻转	`fliplr(A)`	矩阵的左右翻转(flip),从效果上等同于前面介绍的 `A(:,end:-1:1)`;矩阵的上下翻转可以由 `flipud(A)` 命令实现
旋转	`rot90(A)`	将 A 矩阵逆时针旋转90°。还可以使用 `rot90(A,k)` 命令,其中,k 为整数,负整数表示顺时针旋转
展开	`A(:)`	将矩阵元素按列展开,展成列向量。该命令也适用于多维数组
变维	`reshape(A,[n,m])`	将 $p\times q$ 矩阵 A 变换成 $n\times m$ 矩阵,前提条件为 $pq=nm$,否则给出错误信息。具体处理方法是将 A 矩阵按列展开,然后按列截成新的矩阵。该函数也适用于多维数组
共轭	`conj(Z)`	生成共轭矩阵。还可以由 `real(Z)`、`imag(Z)` 命令提取复数矩阵的实部和虚部,或由 `abs(Z)`、`angle(Z)` 提取复数矩阵的幅值、相位,相位单位为弧度
最大	`[a,k]=max(A)`	对矩阵 A 每一列求取最大值,在向量 a 中返回,每列最大值的位置在向量 k 中返回。整个矩阵的最大值可由 `max(A(:))` 得出。`min()` 函数可以求最小值
排序	`[a,k]=sort(A)`	对矩阵 A 各列以升序排序,返回的结果和下标在两个向量 a、k 返回;若想降序排序,可以使用 `[a,k]=sort(A,'descend')`
取整	`round(A)`	对 A 中每个元素找出最近的整数。除了这个函数之外,还可以使用 `floor()`、`ceil()`、`fix()` 函数,按不同的规则取整

解 可以先输入复数矩阵,然后提取其实部与虚部矩阵,代码如下:

```
>> B=[1+9i,2+8i,3+7j; 4+6j 5+5i,6+4i; 7+3i,8+2j 1i];
   R=real(B), I=imag(B) %提取复数矩阵的实部和虚部
```

实部与虚部矩阵分别为

$$R=\begin{bmatrix}1&2&3\\4&5&6\\7&8&0\end{bmatrix},\ I=\begin{bmatrix}9&8&7\\6&5&4\\3&2&1\end{bmatrix}$$

表2-3中提供的绝大多数运算在数学上都有唯一解,矩阵开方运算可能是一个例外。考虑 $\sqrt[3]{-1}$,其一个根是 -1,对该根在复数平面内旋转120°可以得到第二个根,再旋转120°则可以得出第三个根。怎么实现旋转120°呢?可以将结果乘以复数标量 $\delta=\mathrm{e}^{2\pi\mathrm{j}/3}$ 实现。如果想开 m 次方,则可以将结果 `A^(1/m)` 乘以 $\delta_k=\mathrm{e}^{2k\pi\mathrm{j}/m}$,其中,$k=1,2,\cdots,m-1$,得出矩阵开方的全部结果。

例2-19 重新考虑例2-3中的 A 矩阵,试求出其全部三次方根并检验结果。

解 由^运算可得出原矩阵的一个三次方根,命令如下:

```
>> A=[1,2,3; 4,5,6; 7,8,0];
   C=A^(1/3), e=norm(A-C^3)                        %求三次方根并检验结果
```

结果具体表示如下,经检验误差范数为$e = 1.0145\times10^{-14}$,比较精确。

$$\boldsymbol{C} = \begin{bmatrix} 0.7718+\mathrm{j}0.6538 & 0.4869-\mathrm{j}0.0159 & 0.1764-\mathrm{j}0.2887 \\ 0.8885-\mathrm{j}0.0726 & 1.4473+\mathrm{j}0.4794 & 0.5233-\mathrm{j}0.4959 \\ 0.4685-\mathrm{j}0.6465 & 0.6693-\mathrm{j}0.6748 & 1.3379+\mathrm{j}1.0488 \end{bmatrix}$$

事实上,矩阵的三次方根应该有三个结果,而上面只得出其中的一个。对该方根进行两次旋转,即计算$\boldsymbol{C}\mathrm{e}^{\mathrm{j}2\pi/3}$和$\boldsymbol{C}\mathrm{e}^{\mathrm{j}4\pi/3}$,则将得出另外两个根。

```
>> j1=exp(sqrt(-1)*2*pi/3); A1=C*j1, A2=C*j1^2 %通过旋转求另外两个根
   e1=norm(A-A1^3), e2=norm(A-A2^3)            %矩阵方根的直接检验
```

这样可以得出另外两个根如下,误差都是10^{-14}级别。

$$\boldsymbol{A}_1 = \begin{bmatrix} -0.9521+\mathrm{j}0.3415 & -0.2297+\mathrm{j}0.4296 & 0.1618+\mathrm{j}0.2971 \\ -0.3814+\mathrm{j}0.8058 & -1.1388+\mathrm{j}1.0137 & 0.1678+\mathrm{j}0.7011 \\ 0.3256+\mathrm{j}0.7289 & 0.2497+\mathrm{j}0.9170 & -1.5772+\mathrm{j}0.6343 \end{bmatrix}$$

$$\boldsymbol{A}_2 = \begin{bmatrix} 0.1803-\mathrm{j}0.9953 & -0.2572-\mathrm{j}0.4137 & -0.3382-\mathrm{j}0.0084 \\ -0.5071-\mathrm{j}0.7332 & -0.3085-\mathrm{j}1.4931 & -0.6911-\mathrm{j}0.2052 \\ -0.7941-\mathrm{j}0.0825 & -0.9190-\mathrm{j}0.2422 & 0.2393-\mathrm{j}1.6831 \end{bmatrix}$$

还可以考虑在符号运算的框架下由变精度算法计算已知矩阵的立方根,误差将达到7.2211×10^{-39},远低于双精度框架下的计算结果。

```
>> A=sym([1,2,3; 4,5,6; 7,8,0]); C=A^(sym(1/3)); %符号运算框架下求解
   C=vpa(C); norm(C^3-A)                           %求高精度解并重新检验精度
```

例2-20 矩阵$\boldsymbol{A}$的逆矩阵在数学上记作$\boldsymbol{A}^{-1}$,并可以由inv($\boldsymbol{A}$)函数直接计算。试求例2-4的复数矩阵的-1次方,看是不是等于$\boldsymbol{B}$矩阵的逆矩阵。

解 为保证计算精度,这里的计算在符号运算框架下实现,代码如下:

```
>> B=[1+9i,2+8i,3+7j; 4+6j 5+5i,6+4i; 7+3i,8+2j 1i];
   B=sym(B); B1=B^(-1), B2=inv(B), C=B1*B          %inv()函数求逆矩阵
```

由上面语句可以立即看出二者是相等的,且是正确的。

$$\boldsymbol{B}_1 = \boldsymbol{B}_2 = \begin{bmatrix} 13/18-5\mathrm{j}/6 & -10/9+\mathrm{j}/3 & -1/9 \\ -7/9+2\mathrm{j}/3 & 19/18-\mathrm{j}/6 & 2/9 \\ -1/9 & 2/9 & -1/9 \end{bmatrix},\ \boldsymbol{C} = \begin{bmatrix} 1 & 0 & 0 \\ 0 & 1 & 0 \\ 0 & 0 & 1 \end{bmatrix}$$

例2-21 求例2-20中$\boldsymbol{B}$矩阵的逆矩阵,并保留其两位小数,赋给矩阵$\boldsymbol{A}$。

解 对矩阵保留几位小数,涉及矩阵的取整运算。如果想保留两位小数,则需要使得$100\boldsymbol{B}^{-1}$为整数,所以应该给出下面的语句。

```
>> B=[1+9i,2+8i,3+7j; 4+6j 5+5i,6+4i; 7+3i,8+2j 1i];
   A=0.01*round(100*inv(B))  %保留两位小数:乘以100取整,结果再乘以0.01即可
```

得出的结果为

$$\boldsymbol{A} = \begin{bmatrix} 0.72-0.83\mathrm{j} & -1.11+0.33\mathrm{j} & -0.11 \\ -0.78+0.67\mathrm{j} & 1.06-0.17\mathrm{j} & 0.22 \\ -0.11 & 0.22 & -0.11 \end{bmatrix}$$

2.4.2 超越函数运算

超越函数(transcendental function)通常指变量之间的关系不能用有限次算术运算表示的函数,例如指数函数、对数函数、三角函数等。表2-4列出了常用超越函数的MATLAB

计算函数，其中，输入变元$\boldsymbol{x}$可以是标量，也可以是向量或矩阵，甚至多维数组。注意，这里的超越函数运算是面向$\boldsymbol{x}$各个元素单独计算的，类似于前面介绍的点运算。下面通过例子演示超越函数的计算方法。

表2-4 常用超越函数

超越函数	调用格式	函数运算的解释
指数函数	`exp(x)`	指数函数$e^{\boldsymbol{x}}$计算
对数函数	`log(x)`	自然对数函数$\ln\boldsymbol{x}$可以由`log(x)`函数直接计算；常用对数$\lg\boldsymbol{x}$和以2为底的对数$\log_2\boldsymbol{x}$可以用`log10(x)`和`log2(x)`直接计算；以a为底的任意对数$\log_a\boldsymbol{x}$可以由换底公式直接计算，`log(x)/log(a)`
三角函数	`sin(x)`	正弦、余弦、正切、余切这些三角函数的MATLAB函数分别为`sin()`、`cos()`、`tan()`、`cot()`；正割、余割函数可以由`sec()`、`csc()`函数计算；双曲正弦$\sinh x$、双曲余弦$\cosh x$函数可以由`sinh()`、`cosh()`函数直接计算。三角函数默认的单位是弧度，若使用角度单位，可以由单位变换公式`y=pi*x/180`进行转换，还可以使用`sind()`这类函数
反三角函数	`asin(x)`	在各个三角函数名前加a，则可以计算反三角函数

例2-22 试用MATLAB语言证明著名的恒等式$e^{j\pi}+1=0$。

解 这个公式被称为史上最漂亮的数学方程，涉及了无理数π、虚数j，经过超越函数运算之后结果竟然是-1。如何证明这样的恒等式呢？其实在符号运算框架下将式子左侧输入给计算机后将立即得出结果为0，由此可以证明该恒等式。

```
>> exp(sym(pi)*1i)+1 %符号运算可以直接证明结果
```

例2-23 试化简对数计算表达式。

$$f=\log_3 729+\frac{4\ln e^3}{\lg 5000-\lg 5}\log_2 17-\log_2 83521$$

解 这样的问题可以直接输入计算机，让计算机去计算表达式的结果。在计算中可以使用相应的对数求解函数与换底公式，得到的符号运算结果为$f=6$。

```
>> f=log(729)/log(3)+4*log(exp(sym(3)))/...          %...为续行符号
     (log10(5000)-log10(5))*log2(17)-log2(83521) %函数直接调用
```

例2-24 试计算下面的三角函数。

$$T=\frac{4}{3}\cos\frac{7\pi}{3}+3\tan^2\frac{11\pi}{6}-\frac{1}{2\cos^2(17\pi/4)}-\frac{1}{3}\sin^2\frac{\pi}{3}$$

解 可以根据给出的公式输入下面的语句，得出结果为$T=5/12$。这里建议使用符号型数据结构作三角函数计算，如果使用符号型数据结构，只须把式子中的一个量由符号数据结构表示出来，则整个式子将在符号型数据结构框架下计算，得出原式的精确的结果。

```
>> T=4/3*cos(7*sym(pi)/3)+3*tan(11*pi/6)^2-1/(2*cos(17*pi/4)^2)...
    -1/3*sin(pi/3)^2                          %复杂数学公式的直接计算
```

例2-25 试计算三角函数。

$$T=\frac{\cos 40^\circ+\sin 50^\circ\left(1+\sqrt{3}\tan 10^\circ\right)}{\sin 70^\circ\sqrt{1+\cos 40^\circ}}$$

解 由于这里给出的单位为度，不是默认的弧度，所以可以使用两种方式计算这个三角函数表达式：第一种是使用单位变换公式$x_1=\pi x/180$将自变量变换成弧度再计算；另一种是直接使用`sind()`等函数计算。

```
>> T1=(cosd(40)+sind(50)*(1+sqrt(3)*tand(10)))/...
      sind(70)/sqrt(1+cosd(40))      %直接以度为单位计算
   p=sym(pi)/180;                    %单位变换
   T2=(cos(40*p)+sin(50*p)*(1+sqrt(3)*tan(10*p)))/...
      sin(70*p)/sqrt(1+cos(40*p))    %采用弧度单位计算
   vpa(T2-sqrt(2))                   %比较结果
```

上述代码得出的数值结果为$T_1=1.414213562373095$，接近$\sqrt{2}$。如果采用符号运算方法则得出一个表达式，但也不能化简为$\sqrt{2}$，不过由vpa()函数可见二者误差为0。

例2-26 在人们的印象中应该有$|\cos x|\leqslant 1$性质，事实果真如此吗？

解 满足$|\cos x|\leqslant 1$应该有个前提条件：x为实数。如果x为虚数或复数，仍可以由下面的语句直接计算余弦函数的值，得出$a_1=3.7622, a_2=2.0327-3.0519\mathrm{j}, a_3=2.0327+3.0519\mathrm{j}$，得出的每个值的模都大于1，且$a_2$、$a_3$共轭。

```
>> a1=cos(2i), a2=cos(1+2i), a3=cos(1-2i) %复数的三角函数
```

如果超越函数中$\boldsymbol{x}$为方阵，还可以使用面向整个矩阵的超越函数运算，这种运算称为矩阵函数，这里暂不介绍，第8章将专门介绍矩阵函数的计算方法。

2.4.3 逻辑运算

假设矩阵$\boldsymbol{A}$和$\boldsymbol{B}$均为$n\times m$同维数矩阵，或其一为标量，则MATLAB下支持的逻辑运算（logic operation）在表2-5中给出。注意，逻辑运算是矩阵相应元素之间的运算，类似于前面介绍的点运算。如果两个矩阵维数不匹配，则无法进行逻辑运算。

表2-5 矩阵的逻辑运算

逻辑运算	逻辑运算的解释
$\boldsymbol{A}$ & $\boldsymbol{B}$	矩阵$\boldsymbol{A}$、$\boldsymbol{B}$相应元素的与运算。若两个矩阵相应元素均非零则该结果元素的值为1，否则该元素为0。如果$\boldsymbol{A}$和$\boldsymbol{B}$都是标量，则建议采用运算符“&&”
$\boldsymbol{A}$ | $\boldsymbol{B}$	$\boldsymbol{A}$、$\boldsymbol{B}$的或运算。如果两个矩阵相应元素存在非零值，则该结果元素的值为1，否则该元素为0。如果$\boldsymbol{A}$和$\boldsymbol{B}$都是标量，则建议采用运算符“||”
~$\boldsymbol{A}$	矩阵的非运算。若矩阵元素为0，则相应的结果元素为1，否则为0
xor($\boldsymbol{A}$,$\boldsymbol{B}$)	矩阵的异或运算。若相应的两个数一个为零，一个为非零，则结果为1，否则为0

2.4.4 比较运算

MATLAB语言定义了各种比较关系，如C=A>B，当$\boldsymbol{A}$和$\boldsymbol{B}$矩阵满足$a_{ij}>b_{ij}$时，$c_{ij}=1$，否则$c_{ij}=0$。MATLAB语言还支持“等于”关系（用“==”表示），还支持“不等于”关系（用“~=”表示）。除此之外，可以使用的比较运算符还包括“<”“>=”“<=”等，其意义是很明显的，可以直接使用。

2.4.5 字符串运算

字符串是程序设计中的常用数据结构，很多输入、输出应用都需要借助于字符串实现。本节将介绍字符串的表示方法，并介绍字符串查找、字符串比较等一般处理方法，最后将介

绍字符串的读写与转换方法。

MATLAB支持字符串变量,可以用它存储相关的文字信息。其实,例2-8已经介绍了字符串的一种应用。由下面的语句可以直接将一个字符串输入计算机。

```
>> strA='Hello World!'
```

例2-27　多个字符串的串接(concatenation)与其他处理方法演示。

解　字符串中可以使用中文。如果有多个字符串,可以按照向量构造的形式把它们串接起来,形成一个更长的字符串,例如

```
>> strA='Hello World!'
   strB='␣三个字符串串联␣␣'; strC=[strA, strB, strA]
```

该语句得出一个更长的字符串,是由这三个字符串串接而成,结果如下:

```
'Hello World!␣三个字符串串联␣␣Hello World!'
```

MATLAB还可以将若干个不同长度的字符串处理成字符串“列向量”,可以采用MATLAB中提供的str2mat()函数实现。

```
>> strD=str2mat(strA,strB,strA) %三个字符串形成字符串矩阵
```

前面语句生成的是3×12的字符串数组,结果如下:

```
'Hello World!'
'␣三个字符串串联␣␣'
'Hello World!'
```

若想提取出第1行的字符串,需要使用strD(1,:)命令提取整行字符串,而不能使用strD(1)命令,否则只能提取第一行的第一个字符。函数strvcat()的作用与str2mat()函数完全一致。

例2-28　字符串变量是由单引号括起来的,如何在一个字符串中表示单引号呢?

解　字符串中的单引号应该由两个接连的单引号表示。这样就不难理解由下面的字符串赋值语句得出的结果了。

```
>> strE='In this string, single quote '' is defined.'
```

MATLAB提供了常用字符串处理函数,在表2-6中列出。下面将通过例子演示字符串的处理方法。

例2-29　如果strA变量存储了字符串'Hello World!',试找出字母o所在的位置。该字母出现几次?

解　如果想找出其中的'o'字符,则需给出下面的命令:

```
>> strA='Hello World!'; k=findstr(strA,'o'), length(k)
```

得出的结果为向量$\boldsymbol{k}=[5,8]$,说明字符串的第5个字符和第8个字符为字母o,该字母出现了两次。如果将findstr()函数的两个变元变换次序,得出的$\boldsymbol{k}$是空矩阵。若想将o全部替换为OK,则可以给出下面的语句,得出的结果为HellOK WOKrld!。

```
>> str=strrep(strA,'o','OK') %字符串替换
```

例2-30　试将'Hello World!'字符串转换成ASCII码形式。

解　先将字符串输入MATLAB工作空间,然后调用double()函数,代码如下:

```
>> strA='Hello World!'; v=double(strA), s1=char(v)
```

表2-6 常用字符串处理函数

函数调用格式	函数解释
k=strcmp(str_1,str_2)	可以由函数完成两个字符串的比较，若两个字符串完全相同，则返回的k为1，否则为0
k=findstr(str_1,str_2)	用来找出一个字符串在另一个字符串中出现处的下标，此函数将返回str_2字符串在str_1字符串中出现的下标位置，如果str_2不在str_1中出现，则返回一个空矩阵
str=strrep(str_1,str_2,str_3)	字符串替换，将str_1原字符串中的str_2替换成str_3，替换后的最终结果在str字符串中返回
str1=deblank(str)	删除字符串str尾部的空格
k=length(strA)	测出字符串中字符个数，在k中返回
str=num2str(v,n)	将其转换成字符串，允许用户指定n选择有效数字位数；若想将整数转换成字符串，则可以调用int2str()函数
v=double(str)	将字符串每个字符转换成ASCII码，构成v向量；若已知ASCII向量v，则可以由char(v)还原字符串
str=sprintf(格式,a_1,a_2,$\cdots$,a_m)	由指定格式写字符串str，其中“格式”为读写格式控制字符串，'%d'表示输出整数，'%f'表示输出浮点数，'%s'表示输出字符串
eval(str)	执行用字符串str表示的MATLAB命令
feval(fun,p_1,p_2,$\cdots$,p_n)	执行fun()函数，其效果等同于fun(p_1,p_2,$\cdots$,p_n)

得出对应ASCII码为$\boldsymbol{v}=[72,101,108,108,111,32,87,111,114,108,100]$，每一个数字对应相应的字符。如果对结果运行char()函数，则将还原回原来的字符串。

例2-31 试观察双精度下的1/3到底在MATLAB下表示成什么值。

解 如果想观察该值的精确结果，则可以将其转换成字符串，多显示几位。由下面的语句可见，1/3在双精度数据结构下存储为0.333333333333333314829616256247，只有前16位是准确的，16位后的其余数字是MATLAB双精度数据结构由某种规则自动生成的不可靠的数字，可以忽略。

```
>> a=1/3; num2str(a,30)      %显示1/3的前30位数字
```

例2-32 试用更可读的格式显示例2-1得出的圆周长与面积。

解 例2-1使用直接显示变量的方法显示了得出的结果，这里考虑用带有格式的方法显示得出的结果，增加其可读性。可以给出下面的语句：

```
>> r=5; L=2*pi*r; S=pi*r^2; %计算周长与面积，但不显示
   str=sprintf('圆周长为%f,圆面积为%20.12f',L,S), disp(str)
```

这样得出的字符串str经过disp()函数处理，显示的结果如下。默认情况下显示6位小数，但用户可以在显示格式中自行指定小数的位数与总位数。

圆周长为31.415927，圆面积为␣␣␣␣␣78.539816339745

12位小数

含小数点20位

字符串的另一种表示方法是由双引号表示，其处理方法与单引号基本相同，但二者数据结构不一样，双引号构造的数据结构为string，单引号的为char。例2-27的字符串串接命令可以简化成strA+strB+strA。

2.4.6 符号表达式的处理

符号运算工具箱可以用于推导数学公式，但其结果往往不是最简形式，或不是用户期望的格式，所以需要对结果进行化简处理。MATLAB中最常用的化简函数是simplify()函数，调用格式为s_1=simplify(s)，该函数将自动对符号表达式s尝试各种化简函数，最终得出计算机认为最简的结果s_1。注意，早期版本的化简函数simple()已不能使用。除了函数simplify()外，符号运算工具箱还提供了常用符号表达式处理函数，如表2-7所示。

表2-7 常用符号表达式处理函数

函数调用格式	函数解释
[n,d]=numden(s)	提取符号表达式s的分子n与分母d
expand(s,fun)	表达式的展开，可以用于多项式的展开或三角函数的展开
collect(s,s_1)	按s_1表达式对原表达式s做同类项合并
v=factor(s)	对表达式s做因式分解，因子由向量$\boldsymbol{v}$返回。如果想得到因式分解的数学形式，则可以由prod(v)函数将因式相乘
subs(s,s_1,s_2)	将表达式s中的子表达式s_1替换成s_2。如果想同时替换多个子表达式，则可以使用命令subs(s,{x_1, x_2,$\cdots$,x_n},{y_1,y_2,$\cdots$,y_n})
rewrite(s,fun)	对表达式s做自定义改写，其中，fun为用户自选的改写方式，例如，'sin'表示化简结果中只含正弦函数、'sincos'（只含正弦和余弦函数）、'cos'（只含余弦）、'tan'（只含正切）等三角函数；也可以选择'exp'（指数）、'sqrt'（平方根）、'log'（对数）等超越函数；还可以选择为'heaviside'（Heaviside函数）、'piecewise'（分段函数）等选项

例2-33 试将$\tan(x+y)$表达式变换成只含有正弦函数的表达式。

解 可以重新获得展开的表达式，再做正弦变换，代码如下：

```
>> syms x y, F=tan(x+y), F1=rewrite(expand(F),'sin'), [n,d]=numden(F1)
```

得出的结果为

$$F_1=\frac{2\sin^2(x/2)\sin y-\sin y-\sin x+2\sin^2(y/2)\sin x}{\sin x\sin y+2\sin^2(x/2)+2\sin^2(y/2)-4\sin^2(x/2)\sin^2(y/2)-1}$$

例2-34 已知x为实数，$y=|2x^2-3|+|4x-5|$，试将其表示为分段函数。

解 可以用MATLAB直接表示原函数，然后调用rewrite()函数，使用'piecewise'选项，则可以将其改写为分段函数。代码如下：

```
>> syms x real; y(x)=abs(2*x^2-3)+abs(4*x-5);
   y1=rewrite(y,'piecewise')  %将结果变换成分段函数形式
```

得出的分段函数为

$$y_1(x)=\begin{cases}2x^2+4x-8, & 5/4\leqslant x\\ 2x^2-4x+2, & x\leqslant 5/4\text{ 且 }0\leqslant 2x^2-3\\ -2x^2-4x+8, & x\leqslant 5/4\text{ 且 }2x^2-3\leqslant 0\end{cases}$$

例2-35 考虑多项式$P(s)=(s+3)^2(s^2+3s+2)(s^3+12s^2+48s+64)$，试得到多项式的展开形式与因式分解。

解 先在符号运算框架下输入多项式，然后直接展开与分解多项式。

```
>> syms s z; P=(s+3)^2*(s^2+3*s+2)*(s^3+12*s^2+48*s+64); %输入多项式
   F1=expand(P), F2=prod(factor(P))                      %多项式展开与因式分解
```

得到的结果为 $F_1 = s^7 + 21s^6 + 185s^5 + 883s^4 + 2454s^3 + 3944s^2 + 3360s + 1152$，$F_2 = (s+1)(s+2)(s+3)^2(s+4)^3$。

例 2-36 考虑例2-35中的多项式 $P(s)$，试用 $s = (z-1)/(z+1)$ 对原式进行双线性变换(bilinear transform)，并化简得出的结果。

解 下面语句可以直接完成双线性变换，并得出结果的最简表达式。

```
>> syms s z; P=(s+3)^2*(s^2+3*s+2)*(s^3+12*s^2+48*s+64); %输入多项式
   P1=simplify(subs(P,s,(z-1)/(z+1)))                    %变量替换并化简
```

例 2-37 用MATLAB符号函数也可以直接进行变量替换，试利用符号函数实现例2-36的变量替换。

解 用下面的方式可以直接实现变量替换，得出一致的结果。

```
>> syms s z;
   P(s)=(s+3)^2*(s^2+3*s+2)*(s^3+12*s^2+48*s+64); %符号函数
   P1=simplify(P((z-1)/(z+1)))                    %直接替换变量
```

2.5 MATLAB的文件操作

MATLAB的使用场所是MATLAB工作空间，运行过程中的变量都存于MATLAB工作空间。用户可以建立工作空间和实体文件之间的关系，将结果存入文件，或由文件读入信息。本节将介绍MATLAB工作空间与纯文本文件、Microsoft Excel文件的信息交换方法，以及MATLAB底层文件操作命令。

2.5.1 MATLAB工作空间变量的存取

MATLAB提供了一对命令`save`和`load`，可以将MATLAB工作空间的变量存入数据文件，也可以由数据文件向工作空间读入变量。这两个命令的调用格式为

save␣文件名␣变量列表，　load␣文件名

其中，“变量列表”由空格分隔，则可以将选择的变量存入指定的文件。若“文件名”给出文件的后缀名，则直接使用该文件名；如果不给出后缀名，则自动添加后缀名`.mat`。默认的文件存储方式为二进制形式的，可以由`load`命令直接读入MATLAB工作空间。如果想以可读的形式存储变量，则在`save`命令后再加`-ascii`选项。如果`save`和`load`命令不给出文件名，则会使用默认的文件名`matlab.mat`。

2.5.2 文件读写函数

MATLAB提供了大量的文件读写命令，在表2-8中列出。其中，以`f`开头的命令是底层MATLAB命令，其格式与C语言同名函数比较接近，可以由这些命令直接操作文件。

例 2-38 试编写一个简易的MATLAB文件源代码显示器。

解 可以考虑由标准文件对话框打开一个`*.m`文件，然后利用`while`循环结构逐行读入文件，并由`disp()`函数显示。读文件完成后，循环自动停止，关闭文件。循环语句的程序结构与使用方法将在第3章专门介绍。

表2-8　文件读写命令

函数调用格式	命令解释
[f,p]=uigetfile(spec)	打开一个标准的文件名对话框，允许用户从中选择文件名。spec为文件名滤波器，例如，可以令其为'*.m,*.slx'。返回的f和p为字符串，表示选中的文件名与路径名。选中文件的绝对路径为[p,f]
h=fopen(文件名,opt)	打开文件，并将文件句柄（handle）赋给h。opt为文件类型，可取值为'r'（只读）、'n'（新文件）、'w'（新文件，如果该文件已存在则覆盖）等
str=fgetl(h)	在句柄为h的文件中读入一行信息，赋给字符串str
key=fclose(h)	关闭句柄为h的文件，正常关闭文件key返回0，否则返回−1
key=feof(h)	查看是否已经到达文件末尾，到达时key返回1，否则返回0
fprintf(h,格式,变量)	按照指定格式将变量写入文件h，参见表2-6中的sprintf()函数
其他底层命令	MATLAB还支持其他底层文件操作函数，如ferror()、fscanf()、frewind()、fread()、fseek()、ftell()、fwrite()等，读者可以查阅其具体帮助信息

```
>> [f,p]=uigetfile('*.m');     %打开文件名对话框,选择文件
   ff=[p,f]; h=fopen(ff,'r'); %生成文件名并以只读形式打开文件
   while ~feof(h), str=fgetl(h); disp(str); end %逐行读入并显示
   key=fclose(h);                              %完成后关闭文件
```

2.5.3 Microsoft Excel文件的操作

MATLAB提供的xlsread()函数可以直接从Microsoft Excel文件中提取数据，该函数的调用格式如下：

[$\boldsymbol{N}$,TXT,RAW]=xlsread(文件名,表单序号,范围)

其中“表单序号”为Excel工作表序号，如果不给出该序号，则采用其默认值1；“范围”为字符串，给出的是Excel格式的范围表示，比如，如果想将Excel文件的第B～F列、第3～20行范围内的数据读入MATLAB工作空间，“范围”可以设置为'B3:F20'。这时，该范围内的数值数据将由$\boldsymbol{N}$矩阵返回；如果需要，还可以返回其他变量，例如，Excel各个单元格的文本表示将由TXT返回，而Excel文件的原始信息将由RAW返回。

可以调用xlrwrite()命令将MATLAB工作空间中的变量直接写入Excel文件，该函数的调用格式为

xlswrite(文件名,变量名,表单序号,范围)

其中“变量名”为要写入的变量名，它可以是矩阵，也可以是二维常规的单元数组，“表单序号”与“范围”选项的定义与前面一致。另外，如果将“范围”选作'A1'表示从左上角写入，如果选作C2则表示从Excel工作表的第C列、第二行开始写入。如果从左上角写起，则在函数调用时可以略去后两个变元。

值得指出的是，如果要写入的文件处于打开状态，则xlswrite()函数调用将失败，并给出相应的错误信息。需要先关闭文件再写入。

例2-39　Microsoft Excel文件census.xls提供了某省的人口信息。如果用Excel打开该文件可见，该文件前4行为表头，第5～67行为1950～2011年人口信息。其中，第B列为年，第C列为人

口数。试利用MATLAB命令生成两个向量$\boldsymbol{t}$和$\boldsymbol{y}$，分别存储年和人口数。

解 从上面的叙述可知，有意义的信息存在Excel文件的B5:C67范围内。因此，可以由下面命令将有意义的信息一次性读入$\boldsymbol{X}$矩阵，然后分别提取其第一列与第二列信息，构造$\boldsymbol{t}$和$\boldsymbol{y}$向量。

```
>> X=xlsread('census.xls','B5:C67'); t=X(:,1); y=X(:,2);
```

例2-40 试将100×100的魔方矩阵的第2~33列存入Excel文件。

解 魔方矩阵可以由magic()函数输入MATLAB工作空间。利用xlswrite()函数就可以直接写入Excel文件。

```
>> A=magic(100); A=A(:,2:33); %提取魔方矩阵的2~33列
   xlswrite('myfile.xls',A)    %将矩阵整体写入Excel文件
```

2.6 习题

2.1 MATLAB默认的显示格式为loose，在显示变量时等号上下各空一行。如果不想要这些空行，则可以选择compact格式。试将默认格式设置为compact格式。如果想每次启动时自动设置为compact格式，应该如何实现？

2.2 如果用户想将f:\matlab_files路径设置成工作路径，应该如何实现？

2.3 图2-2的“预设”按钮允许用户设置自选的字体。试将命令窗口和MATLAB程序编辑器默认的字体设置为Monospaced粗体字，并设置字号为16pt。

2.4 用which命令查询现有MATLAB环境下所有的mtimes.m文件所在的位置。

2.5 试对任意整数k化简表达式$\sin(k\pi+\pi/6)$。

2.6 比较大小：2^{31}与3^{21}，并求出这两个数是什么。

2.7 试判定`a=5; key=isinteger(a)`语句的执行结果。key是什么？为什么？试在机器上运行该语句，观察结果是否与预测的一致。

2.8 试求出无理数$\sqrt{2}$、$\sqrt[6]{11}$、$\sin1^\circ$、e^2、$\ln(21)$、$\log_2(\mathrm{e})$的前200位有效数字。

2.9 如果想精确地求出$\lg(12345678)$，试判断下面哪个命令是正确的。

(1) `vpa(log10(sym(12345678)))`，(2) `vpa(sym(log10(12345678)))`

2.10 试证明恒等式$\dfrac{1-2\sin\alpha\cos\alpha}{\cos^2\alpha-\sin^2\alpha}=\dfrac{1-\tan\alpha}{1+\tan\alpha}$。

2.11 用MATLAB语句输入矩阵$\boldsymbol{A}$和$\boldsymbol{B}$

$$\boldsymbol{A}=\begin{bmatrix}1&2&3&4\\4&3&2&1\\2&3&4&1\\3&2&4&1\end{bmatrix},\ \boldsymbol{B}=\begin{bmatrix}1+4\mathrm{j}&2+3\mathrm{j}&3+2\mathrm{j}&4+1\mathrm{j}\\4+1\mathrm{j}&3+2\mathrm{j}&2+3\mathrm{j}&1+4\mathrm{j}\\2+3\mathrm{j}&3+2\mathrm{j}&4+1\mathrm{j}&1+4\mathrm{j}\\3+2\mathrm{j}&2+3\mathrm{j}&4+1\mathrm{j}&1+4\mathrm{j}\end{bmatrix}$$

前面给出的是4×4矩阵，如果给出$\boldsymbol{A}(5,6)=5$的命令将得出什么结果？

2.12 已知习题2.11中的$\boldsymbol{B}$矩阵，求出$\boldsymbol{C}=\boldsymbol{B}+\boldsymbol{B}^\mathrm{T}$，$\boldsymbol{D}=\boldsymbol{B}+\boldsymbol{B}^\mathrm{H}$，得出的$\boldsymbol{C}$与$\boldsymbol{D}$矩阵是对称矩阵吗？

2.13 反斜杠“\”的ASCII码是多少？5的ASCII码呢？试由ASCII码再转回原字符。

2.14 已知数学函数$f(x)=\dfrac{x\sin x}{\sqrt{x^2+2}(x+5)}$，$g(x)=\tan x$，试求出$f(g(x))$和$g(f(x))$。

2.15 由于双精度数据结构有一定的位数限制，大数的阶乘很难保留足够的精度。试用数值方法和符号运算的方法计算并比较 C_{50}^{10}，其中 $C_m^n = m!/\big(n!(m-n)!\big)$。符号运算工具箱还提供了函数nchoosek()，专门计算组合问题，其调用的格式为nchoosek(sym(m),n)。

2.16 试列出大于 -100 的所有可以被11整除的负整数，并找出[3000,5000]区间内所有可以被11整除的正整数。

2.17 判定并解释 $\boldsymbol{A}$=magic(3); $\boldsymbol{A}$($\boldsymbol{A}$>=5)=5语句的含义。

2.18 八大行星的一些参数在表2-9中给出，其中相对参数都是由地球参数换算的，半长轴的单位为AU(astronomical unit，天文单位，为149597870700 m $\approx 1.5\times10^{11}$ m)，自转周期的单位为天。试用MATLAB表示这些行星参数。提示，最合适的方法是使用table数据结构。

表2-9 八大行星的一些参数

名称	相对直径	相对质量	半长轴	相对轨道周期	离心率	自转周期	卫星个数	行星环
水星	0.382	0.06	0.39	0.24	0.206	58.64	0	无
金星	0.949	0.82	0.72	0.62	0.007	−243.02	0	无
地球	1	1	1	1	0.017	1	1	无
火星	0.532	0.11	1.52	1.88	0.093	1.03	2	无
木星	11.209	317.8	5.20	11.86	0.048	0.41	69	有
土星	9.449	95.2	9.54	29.46	0.054	0.43	62	有
天王星	4.007	14.6	19.22	84.01	0.047	−0.72	27	有
海王星	3.883	17.2	30.06	164.8	0.009	0.67	14	有

2.19 试对习题2.11给出的 $\boldsymbol{B}$ 矩阵计算 $\boldsymbol{B}^2$、$\boldsymbol{B}$.*$\boldsymbol{B}$ 与 $\boldsymbol{B}$.^2。

2.20 试提取习题2.11中 $\boldsymbol{B}$ 矩阵的实部与虚部，并计算其相位。

2.21 试求出习题2.11中 $\boldsymbol{B}$ 矩阵的全部四次方根，并验证结果的正确性。

2.22 试化简三角函数 $5\cos^4\alpha\sin\alpha - 10\cos^2\alpha\sin^3\alpha + \sin^5\alpha$。

2.23 试将字符串'Do you speak MATLAB?'中的'a'和'A'的位置都找出来，并改变其大小写。

2.24 观察并理解rat(sym(pi),1e-20)命令及结果。

2.25 如果 x、y 都是正整数，试想办法求解代数方程 $x^2+y^3=80893009$，并验证结果。另外，该方程的解唯一吗？

2.26 试将 501×501 魔方矩阵的后50行存入mytest1.xls文件。

第3章 MATLAB的流程结构

CHAPTER 3

前面介绍的程序语句是顺序执行的交互式编程方式，MATLAB运行机制按照给定的语句依次执行。在实际应用中，有时需要依照某些条件更改程序语句的运行顺序，或反复执行某一段代码，所以，需要引入基于流程结构的编程方式。

流程结构又称控制流程（control flow），是指计算机对语句运行顺序的控制方法。作为一种程序设计语言，MATLAB提供了循环语句结构、条件语句结构、开关语句结构以及与众不同的试探语句。本章将介绍各种各样的流程语句结构。

3.1节介绍两种不同的循环结构，并介绍迭代方法的循环结构实现与向量化编程的方法，后者的最终目标是以更高效的编程结构取代循环结构。3.2节介绍有条件的转移结构，还介绍分段函数向量化的处理方法，以便用高效的向量化编程取代转移结构。3.3节与3.4节分别介绍开关结构与试探结构。

3.1 循环结构

如果想反复执行一段代码，则需要使用循环（loop）结构。一般情况下，循环结构又分为两种形式：一种循环是事先指定次数n，然后反复n次执行一段代码，这里称其为`for`循环；另一种循环为条件循环，在给定的条件满足时反复地执行一段代码，称为`while`循环。本节将分别介绍这两种循环结构及其使用方法。本节还探讨向量化的编程方法，该方法可以作为循环结构的一种替代方法，可以提升程序运行效率。

3.1.1 for循环结构

`for`循环是最常用的一类循环结构，其一般结构为

for i=$\boldsymbol{v}$，循环结构体，end

在标准的`for`循环结构中，$\boldsymbol{v}$为一个向量，循环变量i每次从$\boldsymbol{v}$向量中依次取一个数值，执行一次循环体的内容，再返回`for`语句，将$\boldsymbol{v}$向量中的下一个分量提取出来赋给i，再次执行循环体的内容。这样的过程一次次反复执行下去，直至执行完$\boldsymbol{v}$向量中所有的分量，将自动结束循环体的执行。

如果$\boldsymbol{v}$是矩阵，则每次i从中取一个列向量，直至提取完矩阵的所有列向量。

例3-1　先考虑一个简单的例子，用循环结构求解$S=\sum\limits_{i=1}^{100} i$。

解　可以考虑用for循环结构求解这样的问题。将v向量设定为行向量$[1,2,\cdots,100]$,并设定一个初值为0的累加变量s。让循环变量每次从v向量中取一个数值,加到累加变量s上,这样可以写出如下的程序段,得出累加结果为$s=5050$。

```
>> s=0; for i=1:100, s=s+i; end, s  %简单的循环结构
```

事实上,前面的求和用sum(1:100)这样的简单命令就能够直接求解,得出完全一致的结果。这样做借助了MATLAB的sum()函数对整个向量进行直接操作,故程序更简单了。

如果用C这样的底层语言表示循环,则需要给出for (i=1; i<=100; i++)语句表示循环条件,故此要求循环条件满足有固定规律的演化过程。MATLAB循环语句中,向量$\boldsymbol{v}$为任意排列的给定向量。由此可见,这样的格式比C语言的相应格式灵活得多。下面将再给出一个例子演示for循环在迭代过程中的应用。

例3-2　假设序列第一项为$a_1=3$,第二项可以由第一项计算出来,$a_2=\sqrt{1+a_1}$,后续各项通过递推公式$a_{k+1}=\sqrt{1+a_k}$,$k=1,2,\cdots,m$计算出来,如何计算a_{32}呢?

解　这样逐项递推计算的过程可以通过一种称为迭代(iteration)的方法实现。迭代过程的计算机语言伪代码表示为$a=\sqrt{1+a}$,其含义是$\sqrt{1+a}\Rightarrow a$,亦即在当前的a值下计算$\sqrt{1+a}$的值,再更新a的值。令$a=3$,让循环变量k执行31次,则可以计算出最新的a。可以用循环结构求解:

```
>> a=3; format long                          %设置初值并设定显示格式
   for k=1:31, a=sqrt(1+a); disp(a), end %迭代计算,每步显示结果
```

从得出的结果看,在当前的显示状况下(显示从略,读者可以自己观察显示),最后两项都是1.618033988749895,在双精度意义下是完全一致的,再继续迭代下去结果也不会有变化,可以认为这样的迭代过程是收敛的,该收敛的最终结果又称为黄金分割数[3]。

如果从数学表达式角度理解这样的序列,则可以将其前几项写成

$$3,\sqrt{1+3},\sqrt{1+\sqrt{1+3}},\sqrt{1+\sqrt{1+\sqrt{1+3}}},\cdots$$

如果这样的序列收敛,并假设其收敛到x,则由迭代公式可以得出$x=\sqrt{1+x}$。求解该方程则可以得出$x=\left(1+\sqrt{5}\right)/2\approx 1.618033988749895$。

例3-3　已知Fibonacci序列可以由式$a_k=a_{k-1}+a_{k-2}$,$k=3,4,\cdots$生成,其中,初值为$a_1=a_2=1$,试生成Fibonacci序列的前100项。

解　由Fibonacci序列的生成公式可见,可以用向量描述该序列,并令初始值$a(1)=a(2)=1$,从第三项开始就可以用递推公式计算了,生成Fibonacci序列的命令如下:

```
>> a=[1 1]; for k=3:100, a(k)=a(k-1)+a(k-2); end, a(end)
```

不过,从得出的结果看,由于双精度数据结构只能保留15位有效数字,因此这样得出的序列数值可能不完全,说明双精度数据结构在这个问题上不适用,应该采用符号型数据结构。若想使用符号型数据结构,只须修改初始值即可。将其改成a=sym([1,1]),则可以得出精确的$a_{100}=354224848179261915075$。

例3-4　例2-6中曾经说过,由命令行显示的方式最多可以显示32766个字符,其余的不能显示出来,如何用MATLAB显示π的前1000000位数字呢?

解　由于不可能在一行显示全部内容,不妨考虑将全部数字用分行的方式显示,比如每行显示10000个字符。显然,需要使用循环方式分行显示,不过分行之前应该将得出的π值由数值型变量

转换成字符串型变量，然后给出下面命令分段显示。

```
>> P=vpa(pi,1000000); str=char(P); n=10000; %转换成字符串
   for i=1:n:length(str)                    %逐行显示
      disp(str(i:min(i+n-1,length(str)))); %用disp()函数显示结果
   end
```

上面语句可以将π的值分101行显示出来，最后一行只显示一位数字，因为实际转换出来的字符一共有1000001位(小数点占一位)。

for循环事先预定一个循环的执行条件，选择循环变量应该取得所有的值，然后开始循环过程，所以可以认为这样的循环是一种纯粹的循环或无条件的循环。下面将通过例子演示无条件循环的局限性。

例3-5 试求满足$S=\sum\limits_{i=1}^{m} i>10000$的最小$m$值。

解 前面介绍的求和计算是已知m的值，而这里的m值是未知的，无法事先建立$\boldsymbol{v}$向量，所以，for循环这种无条件循环是不可行的，需要引入有条件循环，如后面将介绍的while循环。

3.1.2 while循环结构

while循环是另一种常用的循环结构。与for循环这种无条件的循环相比，在while循环中允许条件表达式的使用，一旦条件表达式不成立，则自动终止循环过程。while循环的典型结构为

```
while (条件式), 循环结构体, end
```

while循环中，while语句的“条件式”是一个逻辑表达式，若其值为“真”则将自动执行一次“循环结构体”，执行后返回while语句，再判定其条件式的真伪，如果为真则仍然执行循环结构体，否则将退出循环结构。如果使用的不是逻辑变量，则若条件式非零可以认为条件式为真，否则为伪，可以终止循环。

循环结构可以由for或while语句引导，用end语句结束，在这两个语句之间的部分称为循环体。这两种语句结构的用途与使用方法不尽相同，下面将通过例子演示它们的区别及适用场合。

例3-6 用while循环结构重新计算$s=\sum\limits_{i=1}^{100} i$。

解 与for循环一样，仍然可以设定一个初值为零的累加变量s，同时，for循环中的i变量在这里也设置成一个单独的变量，并令其初值为零。while循环将判定i的值，如果$i\leqslant 100$，则将i的值累加到s上，其本身也自增1，然后返回while语句再判定条件式$i\leqslant 100$是否成立，如果成立就一直累加下去，如果不成立，就说明已经累加完100项了，程序就可以结束了。这样的思路可以由下面的MATLAB语句直接实现，得出累加的结果为$s=5050$，与前面得出的完全一致。

```
>> s=0; i=1;
   while (i<=100), s=s+i; i=i+1; end, s %不满足条件则结束循环
```

对这个具体问题而言，while循环要比for循环结构稍显麻烦。

例3-7 求出满足$s=\sum\limits_{i=1}^{m} i>10000$的最小$m$值。

解　此问题用for循环结构就不便求解了，因为在做加法之前事先并不知道加到哪一项，用for循环这样的无条件循环是不可行的。求解这样的问题应该用while结构来求出所需的m值，其思路是：一项项累加，在每次累加之前判定一下和s是否超过了10000，如果未超过则继续累加；如果超过则停止累加，终止循环过程。这里介绍的想法可以由下面的语句具体实现，得出的结果为$s = 10011, m = 141$，该结果也可以通过sum(1:m)命令检验。

```
>> s=0; m=0;                                              %设置初值
   while (s<=10000), m=m+1; s=s+m; end, s, m %和大于10000时终止循环
```

例3-8　例3-2中的问题采用32步迭代得出收敛的结果。如果未知迭代的步数，试用循环方式找到收敛的结果。

解　可以设置循环终止条件，如果新计算的a与前一步的a之差的绝对值小于eps，则可以终止循环。这样，由while结构很容易得出与例3-2一致的结果，且$k = 32$。

```
>> a0=4; a=3; k=0; format long               %设置初值并设定显示格式
   while abs(a-a0)>=eps                       %设置循环条件：如果误差大则继续循环
      a0=a; a=sqrt(1+a0); k=k+1; disp(a)  %迭代计算，每步显示结果
   end, k                                     %结束循环，显示迭代步数
```

例3-9　回顾例2-38中给出的MATLAB文件源代码显示器代码。为方便起见，这里重新列出该例的代码。学习了while语句，再理解该代码就容易了。程序的主体是由while循环构成的。循环的条件表达式为~feof(h)，表示文件未结束。如未结束，则由fgetl()读文件的下一行，直至读文件结束。

```
>> [f,p]=uigetfile('*.m');     %打开文件名对话框，选择文件
   ff=[p,f]; h=fopen(ff,'r'); %生成文件名并以只读形式打开文件
   while ~feof(h), str=fgetl(h); disp(str); end %逐行读入并显示
   key=fclose(h);                                  %完成后关闭文件
```

3.1.3　循环语句的嵌套

与其他编程语言一样，循环语句是可以嵌套的，即循环语句内部可以带有其他的循环结构。注意，每个循环引导词for或while都应该带有与其匹配的end语句，否则，MATLAB的执行机制将给出错误信息。当然，用这样的方式可以生成多重循环结构，也可以在循环结构中嵌入其他的流程结构，反之亦然。下面将通过例子演示循环语句的嵌套（nested）结构。

例3-10　Hilbert矩阵是一个常用的测试矩阵，其通项为$h_{ij} = 1/(i+j-1), i = 1, 2, \cdots, n$, $j = 1, 2, \cdots, m$。试用循环语句生成4×6 Hilbert矩阵。

解　可以建立双重循环（double loop），即在外循环内部嵌入内循环结构。所以，Hilbert矩阵可以由下面的嵌套循环结构实现。

```
>> n=4; m=6; %指定生成矩阵的行数与列数，用双重循环生成矩阵
   for i=1:n, for j=1:m, H(i,j)=1/(i+j-1); end, end, H
```

这样生成的Hilbert矩阵为

$$\boldsymbol{H} = \begin{bmatrix} 1 & 0.5 & 0.3333 & 0.25 & 0.2 & 0.1667 \\ 0.5 & 0.3333 & 0.25 & 0.2 & 0.1667 & 0.1429 \\ 0.3333 & 0.25 & 0.2 & 0.1667 & 0.1429 & 0.125 \\ 0.25 & 0.2 & 0.1667 & 0.1429 & 0.125 & 0.1111 \end{bmatrix}$$

3.1.4 向量化编程与循环结构

在MATLAB程序中，循环结构的执行速度较慢。所以在实际编程过程中，如果能对整个矩阵或向量进行运算时，尽量不要采用循环结构，应该采用向量化方法完成任务，这样可以提高代码的效率。

向量化编程（vectorized programming）是MATLAB程序设计中引人注意的问题，向量化编程的使用会使得MATLAB程序具有美感，而过多使用循环的程序会被业内人士认为代码质量不高。下面将通过例子演示循环与向量化编程的区别。

例3-11 假设有一组圆，其半径分别为$r=1.0, 1.2, 0.9, 0.7, 0.85, 0.9, 1.12, 0.56, 0.98$，试求这些圆的面积。

解 圆面积公式为$S=\pi r^2$，有C语言基础的MATLAB初学者可能给出下面命令：

```
>> r=[1.0,1.2,0.9,0.7,0.85,0.9,1.12,0.56,0.98];
   for i=1:length(r), S(i)=pi*r(i)^2; end, S %通过循环逐一计算
```

这些命令可以正确地计算出这组圆的面积，不过这不是地道的MATLAB编程。如果使用MATLAB的向量化编程结构，则上面一整行循环语句应该替换成如下的一条语句，得出的结果与前面是完全一致的，但程序漂亮得多。

```
>> S=pi*r.^2 %向量化编程，可以避免循环，结构更简洁
```

例3-12 求解级数求和问题$S=\displaystyle\sum_{i=1}^{10000000}\left(\frac{1}{2^i}+\frac{1}{3^i}\right)$。

解 对这个例子而言，可以仿照例3-1用循环语句直接实现，得出的和为1.5，总耗时为2.079 s。

```
>> N=10000000;
   tic, s=0; for i=1:N, s=s+1/2^i+1/3^i; end; toc %普通循环运算
```

如果构造一个i行向量，则$1/2^i$的数学表达式可以由点运算`1./2.^i`命令实现，结果仍然是一个行向量，同理可以将数学表达式$1/3^i$用向量`1./3.^i`表示。将得出的向量`1./2.^i+1./3.^i`逐项加起来，最简洁的方法是调用`sum()`函数。这样做就可以避开循环，由向量化的方式得出问题的解。这段代码得出的和仍然为1.5，耗时减为0.566 s。

```
>> tic, i=1:N; s=sum(1./2.^i+1./3.^i), toc %向量化编程
```

对这个例子而言，向量化编程的效率明显高于循环结构。其实，MATLAB新版本对循环结构的效率已经有了大幅提升，如果在早期版本下比较两种方法，差距将更为悬殊。

例3-13 MATLAB函数提供的`meshgrid()`函数可以生成二维甚至三维网格数据（mesh grid）。试观察该函数生成网格数据的形式。

解 假设横坐标设定为$\boldsymbol{v}_1=[1,2,4,3,5,7,9]$，纵坐标选作$\boldsymbol{v}_2=[-1,0,2]$，则由下面的语句可以调用`meshgrid()`函数，生成两个网格矩阵。

```
>> v1=[1 2 4 3 5 7 9]; v2=[-1 0 2]; %横坐标纵坐标划分
   [x,y]=meshgrid(v1,v2)             %直接生成网格，构造两个网格矩阵
```

得出网格矩阵如下。可以看出，这两个矩阵可以描述二维网格上每个网格点的坐标。

$$\boldsymbol{x}=\begin{bmatrix}1&2&4&3&5&7&9\\1&2&4&3&5&7&9\\1&2&4&3&5&7&9\end{bmatrix},\ \boldsymbol{y}=\begin{bmatrix}-1&-1&-1&-1&-1&-1&-1\\0&0&0&0&0&0&0\\2&2&2&2&2&2&2\end{bmatrix}$$

例3-14　例3-10介绍了Hilbert矩阵的生成。如果想生成50000×50的大型Hilbert矩阵，应该如何输入？

解　很显然，利用下面的双重循环就可以直接构造所需的矩阵，耗时35.52 s。

```
>> tic, for i=1:50000, for j=1:50, H(i,j)=1/(i+j-1); end, end, toc
```

现在考虑50000×500的矩阵，使用上面的方法过于耗时，是不能生成这样矩阵的。如果调换循环的次序，将大循环移入内层，则耗时降至0.334 s。可见，对同样的问题而言，可以将大循环移至内层，小循环移至外层，会使得效率大大地提高。

```
>> tic    %大循环移至内层重新运行
   for j=1:500, for i=1:50000, H1(i,j)=1/(i+j-1); end, end, toc
```

如果内层循环由向量化语句取代，则耗时会进一步减少至0.26 s。

```
>> tic, for j=1:500, i=1:50000; H2(i,j)=1./(i+j-1); end, toc
```

还可以由meshgrid()函数生成网格，再由向量化的方式取代双重循环，则耗时将减少至0.16 s。不过与循环相比，向量化更耗费存储资源（本例多生成两个大矩阵）。

```
>> tic, [i,j]=meshgrid(1:50000,1:500); H3=1./(i+j-1); toc
```

例3-15　如果x、y都是正整数，试求解代数方程$x^2+y^3=80893009$，并验证结果。另外，该方程的解唯一吗？（习题2.25）

解　在求解某些问题时，如果变换一个角度思考，则可能用简单方式得出问题的解。由于需要正整数解，即使y为1，x的最大值也不能超过$\sqrt{80893009}$，同理，y不能超过$\sqrt[3]{80893009}$。所以可以由meshgrid()函数构造所有可能的x、y组合。由下面的语句可以得出结论：$x=521$，$y=432$是方程的唯一正整数解。

```
>> N=80893009; [x y]=meshgrid(1:sqrt(N),1:N^(1/3)); %生成所有可能
   K=x.^2+y.^3; ij=find(K==N);                      %找出满足方程的全部组合
   x=x(ij), y=y(ij), x.^2+y.^3-N                    %方程解的检验
```

3.2 转移结构

条件转移结构（conditional transfer structure）是一般程序设计语言都支持的结构。通常条件转移语句通过判定条件决定到底执行哪个程序分支，在不同的条件下执行不同的任务。MATLAB下的最基本的转移结构是if⋯ end型的，也可以配合else语句与elseif语句扩展转移语句。本节将介绍各种条件转移结构，并通过例子介绍其应用方法。

3.2.1 简单的条件转移结构

最简单的条件转移结构为

```
if (条件表达式), 语句段落, end
```

其中“条件表达式（conditional expression）”是一个逻辑表达式。这种条件转移语句的物理意义为：如果条件表达式为真，则执行“语句段落”中的程序段，执行完成后，转移到end关键词的后面去继续执行。如果条件表达式不成立，则直接跳过语句段落后继续执行。

另一种简单的条件转移语句结构为

```
if (条件表达式), 段落1, else, 段落2, end
```

类似于前面的最简单结构，如果“条件表达式”为真，则执行“段落1”，之后完成此结构；如果“条件表达式”不成立，则执行“段落2”，执行完成后，转移到end关键词后继续执行。

3.2.2 条件转移结构的一般形式

除了前面给出的简单条件转移结构之外，MATLAB还支持一般的条件转移结构，其相应的语句格式为

```
if (条件1)         %如果条件1满足,则执行下面的语句组1
    语句组1        %这里也可以嵌套下级的if结构
elseif (条件2)     %否则,如果满足条件2,则执行下面的语句组2
    语句组2
    ⋮              %可以按照这样的结构设置多种转移条件
else               %上面的条件均不满足时,执行下面的语句组
    语句组n+1
end
```

3.2.3 其他流程控制命令

对循环结构而言，除了for和while语句之外，还可以使用break和continue等语句控制循环结构，其中，break语句强制中断上一层的循环；continue语句略去本次循环语句段剩余的部分，返回for或while引导语句。这些语句可以配合if或其他流程控制语句执行。下面将通过例子演示break语句的应用。

例3-16 用for循环和if语句的形式重新求解例3-7的问题。

解 例3-7中提及只用for循环结构不便于实现求出和式大于10000的最小m值，利用该结构必须配合if语句结构才能实现。其具体的思路是：让m在一个大范围内取值做for循环，将结果累加到s上，累加后判定和式是不是大于10000，若不是则继续循环；若是则给出break命令，强行退出循环结构，得出所需结果。求解问题具体的MATLAB命令如下：

```
>> s=0; for m=1:10000, s=s+m; if s>10000, s, m, break; end, end
```

可见，对本例而言这样的结构较烦琐，不如直接使用while结构直观、方便。

3.2.4 分段函数的向量化计算

考虑下面给出的典型一元分段函数（piecewise function）：

$$y=f(x)=\begin{cases} f_1(x), & x\geqslant 2 \\ f_2(x), & \text{其他} \end{cases}$$

如果自变量x是一个由数据点构成的向量$\boldsymbol{x}$，如何求出相应的函数值向量$\boldsymbol{y}$呢？对有C语言基础的MATLAB初学者而言，很自然会想到用循环结构处理每一个x_i值，再用if语句对其分类，得出函数的值。

其实，如果读者能理解$x>=2$这个语句是什么含义，则可以采用更简洁的方法处理这个分段函数。语句$x>=2$将生成一个与$\boldsymbol{x}$等长的向量，其元素为0和1，满足$x_i\geqslant 2$的一些点对

应的值标为1，其余的为0。除此之外，还需要确定性地表示出“其他”。从逻辑上理解，“其他”应该是不满足$x_i \geqslant 2$的条件，亦即$x_i < 2$。这两个条件可以看成两个事件，如果一个发生则另一个肯定不发生，且必须有一个发生，这样的关系称为互斥（mutual exclusive）。

有了互斥的逻辑条件，则可以用向量化方法计算出分段函数的值：

y=$f_1(x)$.*(x>=2)+$f_2(x)$.*(x<2)

这样做的好处是可以避免循环与条件转移语句，用简单的点乘运算就可以直接计算分段函数的值。这样的方法还可以直接用于多元分段函数的数值计算，不过计算之前一定要确认逻辑条件是互斥的，否则可能得出错误的结果。

此外，MATLAB提供的`piecewise()`函数可以在符号型数据结构框架下直接定义分段函数，该函数的调用格式为

f=piecewise(条件1, 函数1, 条件2, 函数2, $\cdots$, 条件m, 函数m)

其中“条件i”为第i段分段函数的条件表达式，“函数i”为其函数表达式，使用时需要确保条件与函数表达式成对出现，否则将给出错误信息。

例3-17 试用MATLAB表示饱和非线性函数$y=\begin{cases} 1.1\,\mathrm{sign}(x), & |x|>1.1 \\ x, & |x|\leqslant 1.1 \end{cases}$

解 如果$|x|\leqslant 1.1$在数学上表示成$-1.1\leqslant x\leqslant 1.1$，也可以将其理解成$x\geqslant -1.1$且$x\leqslant 1.1$，这时相应的符号表达式表示应该为abs($x$)<=1.1或$x$>=$-1.1$&$x$<=1.1。

若生成一个样本点向量$\boldsymbol{x}$，则可以由点运算的方式描述$\boldsymbol{y}$向量，由下面的语句计算出函数值：

```
>> x=-2:0.01:2; y=1.1*sign(x).*(abs(x)>1.1)+x.*(abs(x)<=1.1);
```

在符号运算的框架下也可以描述分段函数：

```
>> syms x    %在符号运算框架下输入分段函数
   f(x)=piecewise(abs(x)>1.1,1.1*sign(x),abs(x)<=1.1,x);
```

这里介绍的分段函数向量化表示方法同样适用于二维甚至多维$\boldsymbol{x}$变量的情形，下面将通过例子演示二维分段函数的计算方法。

例3-18 假设某联合概率密度函数由下面分段函数表示[17]：

$$p(x_1,x_2)=\begin{cases} 0.5457\mathrm{e}^{-0.75x_2^2-3.75x_1^2-1.5x_1}, & x_1+x_2>1 \\ 0.7575\mathrm{e}^{-x_2^2-6x_1^2}, & -1<x_1+x_2\leqslant 1 \\ 0.5457\mathrm{e}^{-0.75x_2^2-3.75x_1^2+1.5x_1}, & x_1+x_2\leqslant -1 \end{cases}$$

试在$-2\leqslant x,y\leqslant 2$范围内生成网格数据，并计算网格点上的函数值。

解 这个分段函数当然可以由双重循环描述，不过更简洁的方法是使用上面介绍的向量化方法描述，避免使用循环。虽然对小规模问题而言，这样的方法未必显著增加计算速度，但可以使程序结构显得更美观。

```
>> [x1,x2]=meshgrid(-2:0.1:2); %生成网格，两个坐标轴同样划分
   p=0.5457*exp(-0.75*x2.^2-3.75*x1.^2-1.5*x1).*(x1+x2>1)+...
     0.7575*exp(-x2.^2-6*x1.^2).*(-1<x1+x2 & x1+x2<=1)+...
     0.5457*exp(-0.75*x2.^2-3.75*x1.^2+1.5*x1).*(x1+x2<=-1);
```

3.3 开关结构

开关结构(switch structure)是一种重要的流程结构,其作用就像在电路中安装的多路开关一样。当开关拨至一个挡位时,其对应的回路接通,其他回路切断。

开关结构可以用if、elseif、end结构实现。例如,可以使用下面的语句:

```
if key==表达式1, 段落1; elseif key==表达式2, 段落2; ⋯, end
```

不过这样的语句可读性是比较差的,所以应该引入开关语句结构。典型的开关语句的基本结构为

```
switch 开关表达式
   case 表达式1,语句段1
   case {表达式2,表达式3,⋯,表达式m}, 语句段2
      ⋮
   otherwise, 语句段n
end
```

其中,开关语句的关键是对“开关表达式”值的判断,当开关表达式的值等于某个case语句后面的条件时,程序将转移到该组语句中执行,执行完成后程序转出开关体继续向下执行。

在使用开关语句结构时应该注意下面几点:

(1)当开关表达式的值等于表达式1时,将执行语句段1,执行完语句段1后将转出开关体,而无须像C语言那样在下一个case语句前加break语句,本结构与C语言是不同的。

(2)当开关表达式满足若干个表达式之一就执行某一程序段时,则应该把这样的一些表达式用花括号括起来,中间用逗号分隔。事实上,这种结构是单元数组表示。

(3)当前面枚举的各个表达式均不满足时,则将执行otherwise语句后面的语句段,此语句等价于C语言中的default语句。

(4)程序的执行结果和各个case语句的次序是无关的。当然,这也不是绝对的,当两个case语句中包含同样的条件时,执行结果则和这两个语句的顺序有关。

(5)在case语句引导的各个表达式中,不要用重复的表达式,否则列在后面的开关通路将永远也不能执行。

开关结构与条件转移结构从本质上看都属于条件转移结构——在满足条件的前提下转移到程序的某个模块去执行,它们之间又有什么区别呢?从满足的条件看,条件转移语句经常会以不等式作为条件,如if $x>0$,可以认为是连续的,而开关结构的所有表达式都是可枚举的离散点,所以在条件的表示上可见,二者的适用范围是不同的。

例3-19 试编写一个求圆(球)周长、面积和体积的程序。

解 可以用第2章介绍的input()函数输入圆的半径,然后,由menu()函数建立菜单,允许用户自行选择计算周长、面积还是体积。选择key之后,程序会根据选择作自动计算。由于使用了点运算,所以可以同时计算一组圆(球)的相应信息。

```
>> r=input('输入半径 r=');          %输入圆的半径
   key=menu('选择任务','计算圆周长','计算圆面积','计算球体积');
   switch key                       %根据key的值完成计算任务
      case 1, Result=2*pi*r         %圆的周长计算公式l = 2πr
      case 2, Result=pi*r.^2        %圆的面积计算公式S = πr^2
      case 3, Result=4*pi*r.^3/3 %球的体积计算公式V = 4πr^3/3
   end
```

3.4 试探结构

MATLAB语言提供了一种新的试探式(trial)语句结构，其调用格式如下：

try，语句段1，catch，语句段2，end

本语句结构首先试探性地执行“语句段1”，如果在此段语句执行过程中出现错误，则将错误信息赋给保留的lasterr变量，并终止这段语句的执行，转而执行“语句段2”中的语句；如果执行“语句段1”不出错，则执行完之后，整个结构就结束了，不再执行“语句段2”中的语句了。

试探性结构在实际编程中还是很实用的。例如，可以将一段不保险但速度快的算法放到try段落中，而将一个保险的但速度慢的程序放到catch段落中，这样就能保证原始问题的求解更加可靠，且可能使程序高速执行。该结构的另外一种应用是，在编写通用程序时，某算法可能出现失效的现象，这时在catch语句段说明错误的原因。此外，这种试探性结构还经常用于错误陷阱的设置与处理。

例3-20 如果MATLAB工作空间中有一个a变量，试判定该变量是否为数值。

解 MATLAB有两种表示数值a的方法：第一种是用双精度形式表示；第二种是用符号型表达式表示。MATLAB的isnumeric(a)是可以识别出来第一种表示形式的，如果一个数值是由符号型变量给出的，如sqrt(sym(2))，则isnumeric()将返回0，与所期望的相反。所以，用isnumeric()并不能作出正确判定。

为解决这个问题可以编写出一个MATLAB函数，其结构将在第4章中详细介绍。首先提取a的数据结构，如果为双精度变量，则令key为1后结束程序调用；如果a为符号型变量，则可以尝试对其作双精度转换。如果成功，说明a是数值型符号变量，令key为1后返回，否则，说明a不是数值型数据，执行double()函数将出错，转到catch语句后返回，将key置0；如果不是这两种数据结构，则置key为0。

```
function key=isnumber(a)
switch class(a)                %提取输入变元的数据结构
   case 'double', key=1; %若为双精度则置key为1
   case 'sym', try, double(a); key=1; catch, key=0; end
   otherwise, key=0;         %其他数据类型则置key为0
end
```

这里比较关键的一步是对符号变量调用double()函数，该函数调用有时不能成功。什么时候不成功的呢？如果a不是数值型变量，则调用double()函数时会出现错误，这时try结构将终止，转到catch段落执行，将key置为0，说明a不是数值型变量。

3.5 习题

3.1 试生成一个100×100的魔方矩阵,试分别用循环和向量化的方法找出其中大于1000的所有元素,并强行将它们置0。

3.2 例3-2循环固定执行31步。假设想让迭代循环在得到最精确结果时自动停止,可以设置停止条件,如迭代前后a值的差小于eps。试用语句实现这个想法。

3.3 试用循环结构由底层命令找出1000以下所有的质数。如果不采用底层的循环结构,还有什么解决问题的方法?

3.4 前面叙述中介绍过,for循环中的$\boldsymbol{v}$可以取作矩阵,试分析下面的语句,观察其执行结果,解释$\boldsymbol{v}$为矩阵时的执行过程。

```
>> A=magic(9) %生成并显示一个魔方矩阵
   for i=A, i, end
```

3.5 可以由$\boldsymbol{A}$=rand(3,4,5,6,7,8,9,10,11)命令生成一个多维的伪随机数(pseudo random number)数组。试判定一共生成了多少个随机数,这些随机数的均值是多少。

3.6 用数值方法可以求出$S=\sum\limits_{i=0}^{63}2^i=1+2+4+8+\cdots+2^{62}+2^{63}$,试不采用循环的形式求出和式的数值解。由于数值方法采用double形式进行计算,难以保证有效位数字,所以结果不一定精确。试采用符号运算的方法求该和式的精确值。

3.7 试构造符号表达式

$$f(x)=\sqrt{x+\sqrt{x+\sqrt{x+\sqrt{x+\sqrt{x+\sqrt{x+\sqrt{x}}}}}}}$$

如果根号重数增至30,试重新表示其表达式。

3.8 若$f(x)=x^2-x-1$,试求$F(x)=f(f(f(f(f(f(f(f(f(f(x))))))))))$。如果结果是多项式,多项式的最高阶次是多少?该结果过于冗长,用普通方法不能显示全部内容,试仿照例3-4,利用循环结构显示其全部内容。(提示,应该跳过vpa()函数,直接由char()函数将结果转换成字符串。)

3.9 给出阶次n,试将下面矩阵输入计算机。

$$\boldsymbol{A}=\begin{bmatrix}1 & -2 & 4 & \cdots & (-2)^{n-1}\\ 0 & 1 & -2 & \cdots & (-2)^{n-2}\\ 0 & 0 & 1 & \cdots & (-2)^{n-3}\\ \vdots & \vdots & \vdots & \ddots & \vdots\\ 0 & 0 & 0 & \cdots & 1\end{bmatrix}$$

3.10 已知某迭代序列$x_{n+1}=x_n/2+3/(2x_n)$,$x_0=1$,并已知该序列当n足够大时将趋于某个固定的常数,试选择合适的n,求该序列的稳态值(达到精度要求10^{-14}),并找出精确的数学表示。

3.11 n阶Pascal矩阵的第一行与第一列的值都是1,其余元素可以按照下式计算:

$$p_{i,j}=p_{i,j-1}+p_{i-1,j},\ i=2,3,\cdots,n,\ j=2,3,\cdots,n$$

试编写一段底层的循环程序生成任意阶的Pascal矩阵,并与pascal()函数得出的结果相比较,检验正确性及其执行效率。

3.12 下面对例3-7的语句稍加调整，试判定调整后该程序是否仍能得出正确的结果，为什么？

```
>> s=0; m=1;                                     %设置初值
   while (s<=10000), s=s+m; m=m+1; end, s, m %和大于10000时终止循环
```

3.13 已知某迭代公式为 $x_{k+1}=(x_k+2/x_k)/2$，任取一个初值 x_0，并设置一个停止条件结束迭代过程，试观察该迭代公式将收敛到什么值。

3.14 已知 $\arctan x = x - x^3/3 + x^5/5 - x^7/7 + \cdots$。取 $x=1$，则立即得出下面的计算公式：

$$\pi \approx 4\left(1-\frac{1}{3}+\frac{1}{5}-\frac{1}{7}+\frac{1}{9}-\frac{1}{11}+\cdots\right)$$

试利用循环累加的迭代方法计算出圆周率 π 的近似值，要求精度达到 10^{-6}。

3.15 试用下面的方法编写循环语句近似地用连乘的方法计算 π 值，当乘法因子 $|\delta-1|<\epsilon$ 时停止循环。选择精度 $\epsilon=10^{-15}$，试得出精确的 π 值并评价结果，并与习题3.14中的代码比较求解效率。

$$\frac{2}{\pi} \approx \frac{\sqrt{2}}{2} \times \frac{\sqrt{2+\sqrt{2}}}{2} \times \frac{\sqrt{2+\sqrt{2+\sqrt{2}}}}{2} \times \cdots$$

3.16 矩阵的正弦函数可以由幂级数展开式

$$\sin \boldsymbol{A} = \sum_{k=0}^{\infty}(-1)^k \frac{\boldsymbol{A}^{2k+1}}{(2k+1)!} = \boldsymbol{A} - \frac{1}{3!}\boldsymbol{A}^3 + \frac{1}{5!}\boldsymbol{A}^5 + \cdots \tag{3-1}$$

试用近似的方法求出给定方阵的正弦函数，如果累加项的范数小于 10^{-10} 即可以停止累加。提示，可以采用测试矩阵 $\boldsymbol{A}$=magic(5)，并与funm($\boldsymbol{A}$,@sin)命令的结果进行比较。

3.17 试求 $S=\prod_{n=1}^{\infty}\left(1+\dfrac{2}{n^2}\right)$，使计算精度达到 $\epsilon=10^{-12}$ 级。

3.18 试求出多项式 $\prod_{k=1}^{10}(x^k+2k)$，并得出其展开式。

3.19 假设已知乘积序列的通项为 $a_k=(x+k)^{(-1)^k}$，试求 $a_1a_2\cdots a_{40}$。

3.20 试计算扩展Fibonacci序列的前300项，其中 $T(n)=T(n-1)+T(n-2)+T(n-3)$，$n=4,5,\cdots$，且初值为 $T(1)=T(2)=T(3)=1$。

3.21 用MATLAB实现抛硬币实验，并由实验方法求出抛100000次硬币，正面朝上的概率。提示，由于硬币正、反两面朝上的概率均等，所以可以考虑生成100000个[0,1]区间均匀分布的为随机数，看有多少大于0.5的，将其设定为正面朝上。生成随机数等于0.5的概率微乎其微，可以忽略不计。

3.22 分形树(fractal tree)的数学模型：任意选定一个二维平面上的初始点坐标 (x_0,y_0)，假设可以生成一个在 $[0,1]$ 区间上均匀分布的随机数 γ_i，那么根据其取值，可以按下面的公式生成一个新的坐标点 (x_1,y_1) [18]；以其为初始点又可以生成新的坐标点。

$$(x_1,y_1) \Leftarrow \begin{cases} x_1=0, & y_1=y_0/2, & \gamma_i<0.05 \\ x_1=0.42(x_0-y_0), & y_1=0.2+0.42(x_0+y_0), & 0.05\leqslant\gamma_i<0.45 \\ x_1=0.42(x_0+y_0), & y_1=0.2-0.42(x_0-y_0), & 0.45\leqslant\gamma_i<0.85 \\ x_1=0.1x_0, & y_1=0.2+0.1y_0, & \text{其他} \end{cases}$$

试生成10000个坐标点，并判定这里的递推计算可以由向量化方法实现吗？为什么？

3.23 Lagrange插值算法是一般代数插值教材中经常介绍的一类插值算法[10]，对已知的x_i、y_i点，可以求出$\boldsymbol{x}$向量上各点处的插值为

$$\phi(\boldsymbol{x}) = \sum_{i=1}^{m} y_i \prod_{j=1,j\neq i}^{m} \frac{\boldsymbol{x}-x_j}{(x_i-x_j)}$$

试编写一段代码实现Lagrange插值（提示：下面给出了一段代码，可供参考）。

```
>> ii=1:length(x0); y=zeros(size(x));                   %生成插值的初值向量
   for i=ii, ij=find(ii~=i); y1=1;                      %剔除向量中当前值
      for j=1:length(ij), y1=y1.*(x-x0(ij(j))); end %连乘运算
      y=y+y1*y0(i)/prod(x0(i)-x0(ij));                  %作外环的累加处理
   end
```

3.24 Monte Carlo方法是一种常用的统计试验方法。考虑在边长为1的正方形内投入N个均匀分布的随机数点，则如果N足够大，π的值可以由$\pi \approx 4N_1/N$近似，其中，N_1是落入半径为1的四分之一圆内的随机数点个数。试选择不同的N值，观察π值的近似效果。（提示：下面给出了Monte Carlo算法的语句，以供参考。）

```
>> N=100000; x=rand(1,N); y=rand(1,N);
   i=(x.^2+y.^2)<=1; N1=nnz(i); p=N1/N*4
```

3.25 随机整数方阵可以由$\boldsymbol{A}$=randi([$a_{\rm m}$,$a_{\rm M}$],n)命令直接生成，试找出一个数值在$-8\sim8$的4×4方阵，使得其行列式的值等于1。有没有可能构造这样的一个复数矩阵呢？提示：行列式可以由det()函数计算，为保证能精确计算小规模矩阵的行列式，建议使用符号运算的方法。

3.26 试用循环结构重新求解例3-15中的方程，并比较求解效率。

3.27 若x、y和z都是正整数，试求解方程$7x^2+8y^4+12z^3=22407676$。该方程有多少组解？

3.28 若某个三位数，每位数字的三次方的和等于其本身，则称其为水仙花数，试找出所有水仙花数。如果不使用循环能求出所有的水仙花数吗？

3.29 例3-20给出的判定方法是有漏洞的，因为只考虑双精度与符号变量表示数值，未考虑其他数据结构，如single、uint8等。如果a为这些数据结构，该函数返回的结果是错误的。试修改该函数，使其能正确处理这些数据结构。有没有更简洁的解决方案？

第 4 章 MATLAB函数编程

CHAPTER 4

前面各章主要介绍的是交互语句的直接执行，如果把一组交互式MATLAB语句存成一个文件，则这个文件称为MATLAB程序。本章主要介绍MATLAB函数的程序结构与编程方法。

MATLAB提供了两种源程序文件格式：一种是普通的ASCII码构成的文件，在这样的文件中包含一组由MATLAB语言所支持的语句，这种文件称作M脚本文件（M-script，本书中将其简称为脚本文件)；另一种是MATLAB函数源程序。这两种文件有一个共性——后缀名都是`m`。

MATLAB源程序是ASCII码纯文本文件，可以使用任意的纯文本编辑界面编写与调试程序，不过还是建议使用MATLAB自带的程序编辑界面（editor）处理MATLAB编程问题，该界面可以方便地调试程序。还可以使用MATLAB的实时编辑器（live editor）编辑MATLAB程序，这类程序不再是ASCII的纯文本文件，而是所谓的实时文件，后缀名为`mlx`，后面将专门介绍。

4.1节介绍最简单的MATLAB脚本文件的结构。先介绍MATLAB程序编辑界面的使用方法，并介绍MATLAB函数的跟踪调试方法和MATLAB实时程序编辑器的使用方法。4.2节首先演示脚本文件的局限性及引入MATLAB函数的必要性，然后介绍MATLAB主流程序结构——MATLAB函数，并介绍MATLAB函数的基础知识。最后还介绍一种简洁的函数结构——匿名函数的使用方法。4.3节介绍MATLAB函数与主调函数之间的信息传递方法，并介绍可变输入、返回变元的处理方法、递归调用结构等函数编写技巧。本节还给出局部变量与全局变量的定义，介绍MATLAB函数与MATLAB工作空间之间的信息交互方法。4.4节MATLAB函数的跟踪调试方法和伪代码技术。

4.1 MATLAB脚本文件

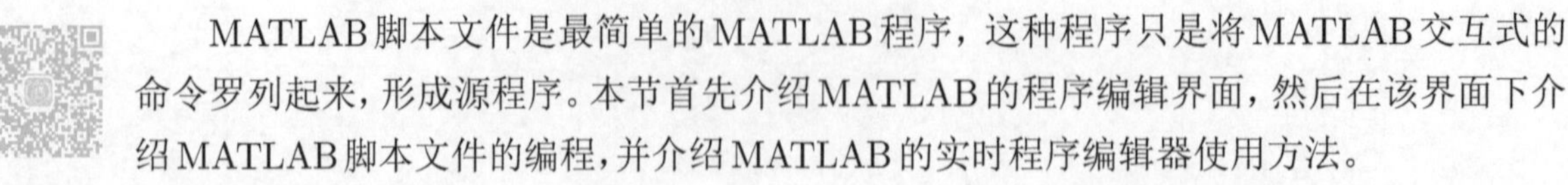

MATLAB脚本文件是最简单的MATLAB程序，这种程序只是将MATLAB交互式的命令罗列起来，形成源程序。本节首先介绍MATLAB的程序编辑界面，然后在该界面下介绍MATLAB脚本文件的编程，并介绍MATLAB的实时程序编辑器使用方法。

4.1.1 MATLAB的程序编辑界面

MATLAB提供了`type file_name`命令显示纯文本文件**file_name**，也可以使用**edit**命令打开纯文本文件进行编辑，该命令打开MATLAB程序编辑器界面，如图4-1所示。如果单击MATLAB主窗口（图2-1）工具栏中的“新建脚本”按钮也可以打开该界面。

MATLAB程序编辑界面使用比较方便，可以在下面空白的编辑区编写源程序，然后使用工具栏中的“文件”区的“保存”按钮存储文件，还可以用“导航”区的“查找”等按钮进行文件编辑，用“编辑”区的功能调整源程序的格式等，这些按钮都是比较标准的Windows按钮，在此不过多解释。此外，还可以单击“运行”按钮，运行源程序。

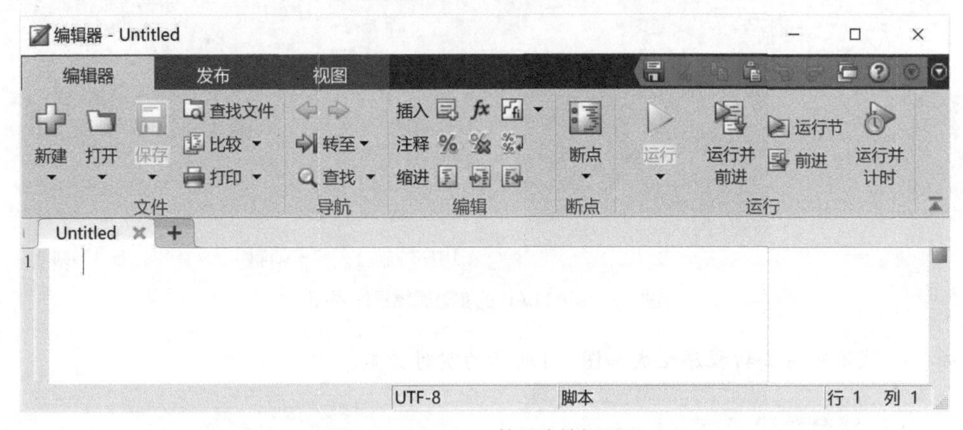

图4-1 MATLAB的程序编辑界面

例4-1 前面例子中介绍了很多程序段落，考虑例3-7中的问题，该例给出了程序段。将程序段的程序复制到MATLAB程序编辑界面中，就可以生成本书的第一个程序。将其存为c4mfirst.m，这时的程序编辑区如图4-2所示。编辑区的标签栏给出了这个程序的文件名。如果想打开空白文件，则可以单击标签栏的“+”号。

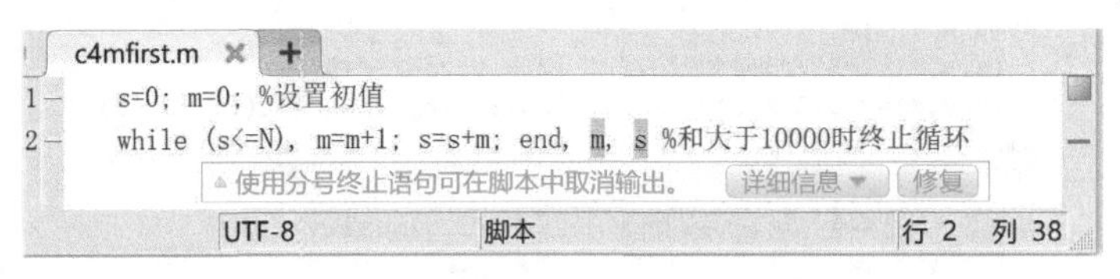

图4-2 程序编辑区举例

图4-2中程序末尾的m，s用阴影形式表示，表明程序编辑器对该处有建议提示。将光标移动到阴影上方，则自动显示修改建议。在此例中，建议将逗号修改为分号，不显示结果。其实，这样自动给出的提示方式不一定总给出正确的提示。读者可以自己决定是否修改相应的程序。

4.1.2 MATLAB实时编辑界面

MATLAB实时文件（live file）是一种特殊的MATLAB程序文件，其后缀名为**mlx**。实时文件中可以包含文本、图形、公式和MATLAB代码等元素。由于其中的代码可以直接运行，所以这种程序又称为实时程序。实时程序不是ASCII码文件，只能用实时编辑程序打开，不能由其他编辑器打开。

单击MATLAB主窗口（图2-1）工具栏中的“新建实时脚本”按钮，则可以打开MATLAB的实时编辑程序界面，如图4-3所示。该编辑器界面类似于普通编辑器界面，最大的区别是工具栏包含“文本”“代码”两个分区，除了代码之外，还允许用户加入文本信息。此外，还提供了“插入”标签页，允许在程序代码中添加其他对象，比如数学公式。下面通过例子演示MATLAB实时编辑界面的应用。

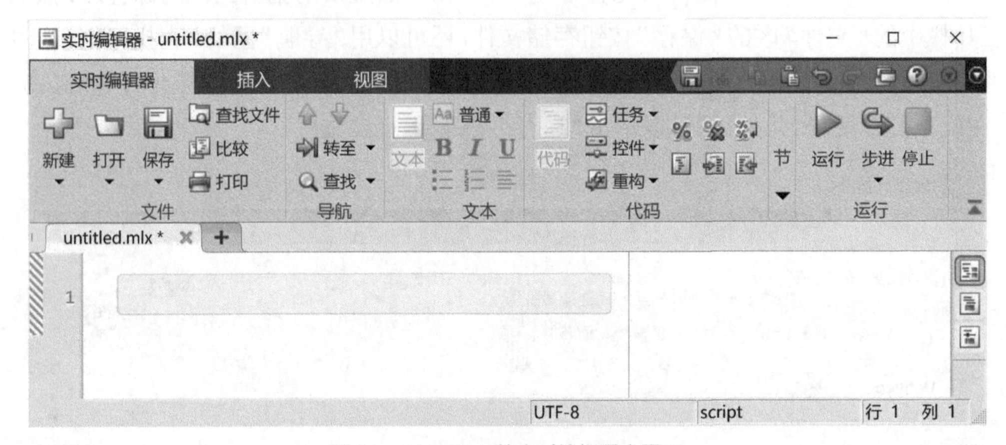

图4-3 MATLAB的实时编辑程序界面

例4-2 试用实时编辑程序生成如图4-4所示的实时文本。

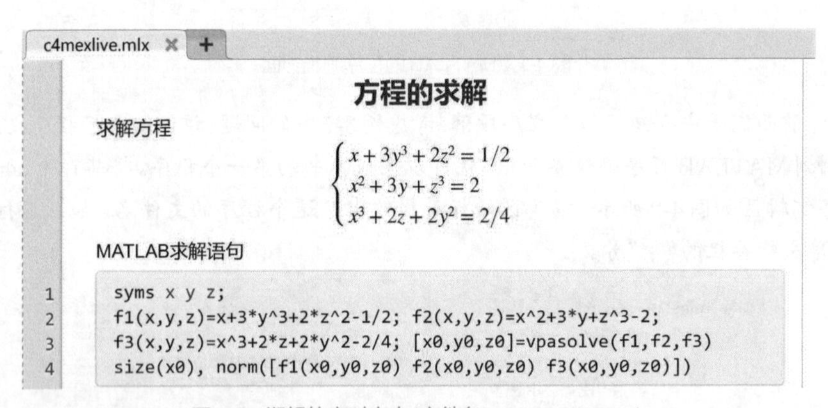

图4-4 期望的实时文本(文件名:c4mexlive.mlx)

解 这个实时文件的背景是例1-2的解方程问题。这个期望的实时文本由下面的元素构成:“方程的求解”是标题文本,“求解方程”“MATLAB求解语句”是正文文本, 此外还有数学公式和MATLAB代码。

首先打开实时编辑程序界面, 单击工具栏中的“文本”按钮, 切换到文本输入状态, 单击“普通”下拉式列表框, 从中选择“题头1”, 加入标题文本的输入状态, 输入“方程的求解”, 并将标题居中; 回车开启第二行, 将“文本”设置回“普通”, 输入“求解方程”; 回车, 单击“插入”标签页, 新的工具栏如图4-5所示。可见, 该工具栏允许用户在文本中插入各种对象。单击“方程”下拉式列表框, 选择两种方法之一输入数学公式,“方程”是指类似Microsoft Word的公式编辑器,“LaTeX方程”是指LaTeX编辑器, 用户可以选择熟悉的方式输入公式。输入普通文本“MATLAB求解语句”之后, 单击“代码”按钮, 则会自动出现提示输入代码的阴影框, 在框内输入MATLAB命令, 就可以实现图4-4中期望的实时文本。

图4-5 "插入"标签页下的工具栏

实时文档的默认后缀名为`mlx`,除了这类典型的文件之外,还可以将文件输出成PDF格式、HTML格式或LaTeX格式,可以单击"保存"下拉式列表框,从中选择输出格式,得出所需的输出结果。注意:由于输出的是静态文本,不能由生成的PDF文件变换回实时文本。

4.2 函数的基本结构

MATLAB函数格式是MATLAB程序设计的主流,在实际编程中,不建议使用脚本文件格式编程。本章后续内容将着重介绍MATLAB函数的编写方法与技巧。本节先介绍MATLAB函数的基本结构,给出函数命名时的注意事项,然后通过例子介绍MATLAB函数的基本编写方法。

4.2.1 为什么需要MATLAB函数

在介绍函数之前先看一个例子,演示为什么不建议采用脚本格式编程。

例4-3 考虑例4-1中建立的`c4mfirst.m`脚本程序,该程序正常运行没有问题,但只能用于求解完全相同的问题。如果原问题稍有变化,例如,若想求出和大于20000的m值,则需要修改`c4mfirst.m`源程序,将其中的10000替换成20000。对小规模程序而言,这样的修改并不困难,但对大规模程序而言,有时修改源程序是极其困难的。所以,脚本程序并不是很实用的编程方式。

若想解决这类问题,需要引入MATLAB函数的编程方式,将可能变化的量做成变元,在函数调用时直接传给函数,而没有必要修改源程序。后面将MATLAB函数简称为M-函数。

4.2.2 函数的结构

MATLAB函数可以看成是一个信息处理单元,它从主调函数(caller)处接收一组输入变量$\texttt{in}_1$,$\texttt{in}_2$,$\cdots$,$\texttt{in}_n$,这些变量可以看作M-函数的输入变元(argument)。本书中对函数输入与输出的变量将统称为变元,以区别于其他的变量。在信息处理单元内对这些输入变元进行处理,处理后将结果$\texttt{out}_1$,$\texttt{out}_2$,$\cdots$,$\texttt{out}_m$作为输出变元返回给主调函数。相应的流程关系在图4-6中给出。

MATLAB的M-函数是由`function`语句引导的,其基本结构如下:

```
function [out1,out2,…,outm]=函数名(in1,in2,…,inn)
注释说明语句段,由百分号“%”引导
输入、返回变元格式的检测
```

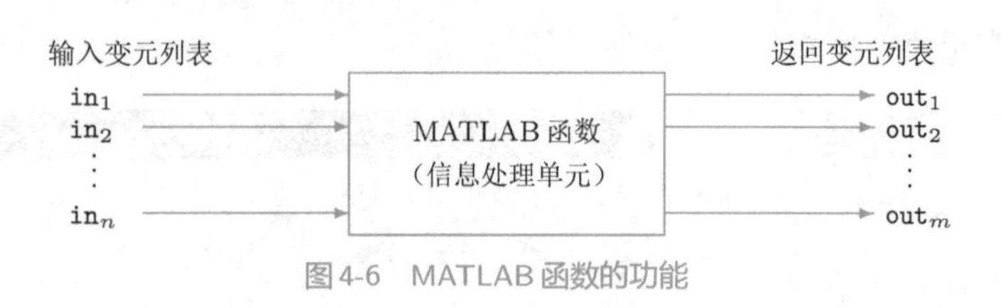

图4-6 MATLAB函数的功能

函数体语句

返回变元如果多于一个，则应该用方括号将它们括起来，否则可以省去方括号。多个输入变元或返回变元之间用逗号分隔。注释语句段的每行语句都应该由百分号引导，百分号后面的内容不执行，只起注释作用。用户采用help命令则可以显示出注释语句段的内容。此外，从规范编程的角度看，输入变元的个数与类型检测也是必要的。如果输入或返回变元格式不正确，则应该给出相应的提示。

除了输入和输出变元外，在函数内部产生的所有变量都是局部变量（local variable），在函数调用结束后这些变量将消失。

例4-4 试将例4-1中的MATLAB脚本文件转换成M-函数。

解 若想编写函数，很关键的一步是为函数选择接口（输入、输出）变元。例4-3曾经提示过，应该将输入变元选为N，如果和式大于N则结束循环。返回变元有两个：m和s。选择了输入、输出变元，则可以编写出M-函数如下：

```
function [s,m]=c4mmfun(N)
s=0; m=0;                              %设置初值
while (s<=N), m=m+1; s=s+m; end %和大于10000时终止循环
```

该函数存入c4mmfun.m文件中，则可以用下面语句直接调用函数，得出所需的结果，将不同的N值直接赋给函数，而无须修改源程序。同时，可以由不同的变量返回结果。

```
>> [s1,m1]=c4mmfun(10000), [a,b]=c4mmfun(12345)
```

4.2.3 函数名的命名规则

函数名的命名规则与变量名一致，必须由字母引导，一般情况下，应该给函数设置一个有意义的函数名：

（1）避免使用过简的函数名，如a，否则可能与已知变量发生冲突，引起麻烦。

（2）命名前应该确认在现有的路径下没有同名的文件，否则编写这个函数后可能屏蔽掉其他的命令或函数，导致不可预见的错误。在实际应用中应该如何做这样的确认呢？可以选择一个文件名，如my_fname，然后运行which my_fname命令，看能否找到结果。如果找不到，则说明这个文件名可用。也可以利用exist()函数做更可靠的判定。

（3）由于MATLAB是区分大小写的，所以使用大小写混用的文件名时，调用函数时也须保持同样的大小写形式，否则会有警告信息。

（4）函数的文件名与function引导语句的“函数名”可以不同，MATLAB搜索引擎关心的是文件名，而不是内部的函数名。为程序规范起见，建议二者一致。

4.2.4 输入、输出变元的个数

函数输入和返回变元的实际个数分别由nargin和nargout两个MATLAB保留变量给出。只要进入该函数,MATLAB就将自动生成这两个变量。下面将通过例子演示函数编程的格式与方法。

例4-5 假设想编写一个函数生成$n \times m$阶Hilbert矩阵,它的第i行第j列的元素值为$h_{i,j} = 1/(i+j-1)$。期望该函数有下面两种调用格式:

$\boldsymbol{H}$=myhilb(n,m) %生成$n \times m$阶Hilbert矩阵

$\boldsymbol{H}$=myhilb(n) %生成$n \times n$阶Hilbert方阵

解 例3-10给出了用双重循环生成Hilbert矩阵的代码,可以作为本函数的主体部分。由于选择矩阵的行数n和列数m为输入变元,Hilbert矩阵$\boldsymbol{H}$作为输出变元,按照第二种调用格式,需要判定调用该函数时使用几个输入变元,若只有一个(即nargin的值为1),则强制令$m=n$,从而产生一个方阵。这样,可以编写出MATLAB函数myhilb(),文件名为myhilb.m,并应该放到MATLAB的路径下。

```
function A=myhilb(n,m)
%MYHILB本函数用来演示MATLAB语言的函数编写方法
%    A=myhilb(n,m)将产生一个n行m列的Hilbert矩阵A
%    A=myhilb(n)将产生一个n×n的Hilbert方阵A
%See also: HILB

%Designed by Professor Dingyu Xue, (c) 1995-2021
if nargin==1, m=n; end %如果只给出一个输入变元n,则强行令m=n
for i=1:n, for j=1:m, A(i,j)=1/(i+j-1); end, end %逐项计算矩阵元素
```

有了函数之后,可以采用下面的各种方法调用它,并返回所需的结果。

```
>> A1=myhilb(4,3), A2=myhilb(sym(4)) %不同调用格式产生不同结果矩阵
```

这样可以得出:

$$\boldsymbol{A}_1 = \begin{bmatrix} 1 & 0.5 & 0.3333 \\ 0.5 & 0.3333 & 0.25 \\ 0.3333 & 0.25 & 0.2 \\ 0.25 & 0.2 & 0.1667 \end{bmatrix}, \quad \boldsymbol{A}_2 = \begin{bmatrix} 1 & 1/2 & 1/3 & 1/4 \\ 1/2 & 1/3 & 1/4 & 1/5 \\ 1/3 & 1/4 & 1/5 & 1/6 \\ 1/4 & 1/5 & 1/6 & 1/7 \end{bmatrix}$$

如果给出如下命令调阅联机帮助信息:

```
>> help myhilb    %显示函数的联机帮助信息
```

则函数的联机帮助信息可以显示如下:

```
MYHILB本函数用来演示MATLAB语言的函数编写方法
   A=myhilb(n,m)将产生一个n行m列的Hilbert矩阵A
   A=myhilb(n)将产生一个n×n的Hilbert方阵A
See also: HILB
```

注意,这里只显示了程序及调用方法,而没有把该函数中有关作者的信息显示出来。对照前面的函数可以发现,因为在作者信息的前面给出了一个空行,所以可以容易地得出结论:如果想使一段信息用help命令显示出来,在它前面不应该加空行,即使想在help中显示一个空行,这个空行也应该由“%”引导。

利用nargin和nargout这类命令，则可以有效识别出实际使用的变元的个数，也可以使用class()这类函数识别输入变元的数据结果，并根据相应的结果对函数的内容进行调整，使得同一MATLAB函数支持不同的调用格式。

4.2.5 函数的递归调用

MATLAB函数是可以递归调用（recursive call）的，递归调用就是在函数的内部可以调用函数自身。

例4-6 试用递归调用的方式编写一个求阶乘$n!$的函数。

解 考虑求阶乘$n!$的例子。阶乘满足一个特殊的递推公式

$$n! = n(n-1)!$$

这样，如果能编写出一个计算阶乘的函数my_fact()，则其核心的语句将是

k=n*my_fact($n-1$)

其中，k为期待的$n!$，而这类关系又称为递归关系。

当然，只有上述的递归语句是不够的，因为该关系会一直无休止地执行下去。为了使得该函数能正常计算阶乘，必须为其设计出口，让该函数能够停止下来。从阶乘的定义看，n的阶乘可以由$n-1$的阶乘求出，而$n-1$的阶乘可以由$n-2$的阶乘求出，以此类推，直到计算到已知的$1! = 0! = 1$。为了节省篇幅这里略去了注释行段落。

```
function k=my_fact(n)
if nargin~=1, error('Error: Only one input variable accepted'); end
if abs(n-floor(n))>eps || n<0  %判断n是否为非负整数
   error('n should be a non-negative integer'); %给出错误信息
end
if n>1, k=n*my_fact(n-1);             %若n>1,则采用递归调用
elseif any([0 1]==n), k=1; end %0!=1!=1,建立函数的出口
```

可以看出，该函数首先判定n是否为非负整数，如果不是则给出错误信息；如果是，则在$n>1$时递归调用该程序自身，若$n=1$或0时则直接返回1。由my_fact(11)格式调用该函数则立即可以得出阶乘11!=39916800。其实，MATLAB提供了求取阶乘的函数factorial()，其核心算法为prod(1:n)，从结构上更简单、直观，速度也更快。

例4-7 试比较递归算法和循环算法在Fibonacci序列中应用的优劣。

解 递归算法无疑是解决一类问题的有效算法，但不宜滥用。现在考虑一个反例，考虑Fibonacci序列，$a_1=a_2=1$，第k项（$k=3,4,\cdots$）可以写成$a_k=a_{k-1}+a_{k-2}$，这样很自然地想到可以使用递归调用算法编写相应的函数，该函数设置$k=1,2$时出口为1，这样函数清单如下：

```
function a=my_fibo(k)  %递归调用格式编写的函数
if k==1 || k==2, a=1; else, a=my_fibo(k-1)+my_fibo(k-2); end
```

该函数中略去了检测输入变元k是否为正整数的语句。如果想得到第40项，则需要给出如下的语句，同时测出运行该函数的时间为16.83 s，且MATLAB早期版本耗时将比新版本多很多。

```
>> tic, my_fibo(40), toc %计算序列的第40项，并只能返回这一项
```

如果用递归方法求$k=42$，运算时间将达到26.87 s，求解$k=50$的问题则可能需要几个小时，计算量呈几何级数增长。为什么会有如此大的计算量呢？假设$k=6$，则需要重新计算a_4和a_5，而

计算a_5项又需要重新计算a_4和a_3项，由此产生如图4-7所示的二叉树结构，所以很耗时，因为计算a_6需要计算一次a_5、两次a_4、三次a_3。如果k取大值，这样的计算量可能是天文数字。

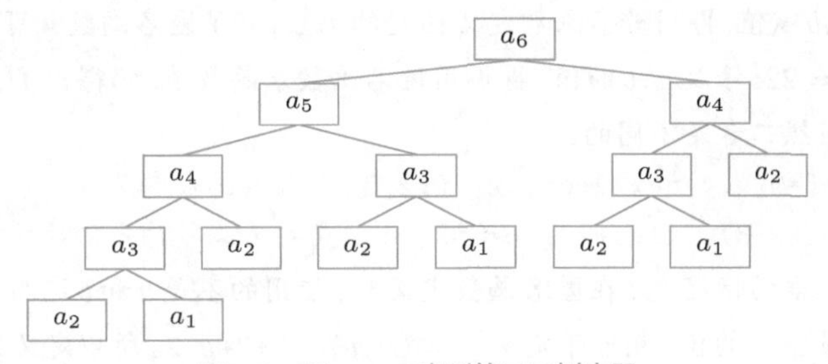

图4-7 Fibonacci序列的二叉树表示

如果计算a_6时，能利用以前计算出的a_5和a_4，而不用重新计算它们，则计算量将显著减小。一种实用的计算方法是建立$\boldsymbol{a}$向量，存储以前得出的a_i，而不是重新计算。改用循环语句结构求解$k=100$时的项，耗时仅0.0002 s。

```
>> tic, a=[1,1]; for k=3:100, a(k)=a(k-1)+a(k-2); end %前100项
   toc, a(end) %显示向量的最后一项
```

可见，一般循环方法用极短的时间就能算出来递归调用不可能解决的问题，所以在实际应用时应该注意不能滥用递归调用格式。进一步观察结果可见，由于该序列的值过大，用上述的双精度算法并不能得出整个序列的精确结果，所以应该采用符号运算数据类型，例如将`a=[1,1]`修改成`a=sym([1,1])`，这样可以得出数值解难以达到的精度，如$a_{100}=354224848179261915075$，耗时0.717 s。

```
>> tic, a=sym([1,1]); for k=3:100, a(k)=a(k-1)+a(k-2); end
   toc, a(end)
```

4.2.6 匿名函数

前面介绍的函数都对应着一个.m实体文件。有时为了简洁地描述数学函数，可以用匿名函数（anonymous function）动态地描述该数学函数，匿名函数的调用形式相当于前面介绍的M-函数，但无须编写一个真正的.m文件，这样的处理方法可以理解为动态定义函数的方法。匿名函数的基本格式为

`f=@(输入变元列表) 函数计算表达式`，例如，`f=@(x,y)sin(x.^2+y.^2)`

此外，该函数还允许直接使用MATLAB工作空间中的变量。例如，若在MATLAB工作空间内已经定义了a、b变量，则匿名函数可以用

`f=@(x,y)a*x.^2+b*y.^2` 定义数学关系式$f(x,y)=ax^2+by^2$

这样无须将a、b作为附加参数在输入变元里表示出来，所以使得数学函数的定义更加方便。注意，在匿名函数定义时，a、b的值以当前MATLAB工作空间中的数值为准。在定义该匿名函数后，若a、b的值再发生变化，则在匿名函数中的值不随之改变；如果确实想让匿名函数中的参数随着a、b的值变化，则应该在它们变化后重新运行匿名函数。使用工作空间变量时要格外注意这一点，以免得出不期望的结果。

匿名函数在数值计算中是很有用的，简单的数学函数最适合用匿名函数描述，后面将广泛使用匿名函数描述数学函数。

例4-8 假设$a=1,b=2$，试用匿名函数定义$f(x,y)=ax^2+by^2$，并求出$f(2,3)$的值。修改$a=2,b=1$，再求出$f(2,3)$的值。

解 可以先给a、b赋值，再用匿名函数定义固定的函数，有了匿名函数就可以求出函数值了，得出的结果为$f(2,3)=22$。修改a、b的值，再调用匿名函数求函数值，仍得出$f(2,3)=22$，而直接求解则得出$f_1=17$，显然二者是不同的。

```
>> a=1; b=2; f=@(x,y)a*x^2+b*y^2; f(2,3) %匿名函数定义
   a=2; b=1; f(2,3), f1=a*2^2+b*3^2      %定义函数后再修改参数无效
```

为什么会出现这样的情况呢？在匿名函数定义时，使用的不是a和b这两个符号，使用的是工作空间内这两个变量当前的值，相当于定义 f=@(x,y)x^2+2*y^2。所以定义完匿名函数后，即使a、b再发生变化时，匿名函数中的a与b也不会跟着变化，因此，这里由匿名函数求函数值得到的结果与直接计算的结果不同。

如何得出与直接计算相同的结果呢？在a、b参数修改之后再重新定义匿名函数，然后再求函数值，这样就能得出正确的结果。

```
>> a=2; b=1; f=@(x,y)a*x^2+b*y^2; f(2,3) %先修改参数再定义函数
```

例4-9 考虑例3-18给出的分段函数，如果将$\boldsymbol{x}_1$、$\boldsymbol{x}_2$选作自变量，试用匿名函数表示该函数，并重新计算网格上的函数值。

解 匿名函数可以直接进行向量化运算，所以，可以由下面的匿名函数直接描述该分段函数，注意，这里描述函数时仍使用点运算的形式，否则会出现错误。这时，f的数据结构为函数句柄(function_handle)。

```
>> f=@(x1,x2)...   %匿名函数的入口，下面的分段函数用点运算表示
     0.5457*exp(-0.75*x2.^2-3.75*x1.^2-1.5*x1).*(x1+x2>1)+...
     0.7575*exp(-x2.^2-6*x1.^2).*(-1<x1+x2 & x1+x2<=1)+...
     0.5457*exp(-0.75*x2.^2-3.75*x1.^2+1.5*x1).*(x1+x2<=-1);
```

从上述的表示还可以看出向量化编程的优势，因为循环的形式在匿名函数下是不支持的。如果有网格型的$\boldsymbol{x}_1$和$\boldsymbol{x}_2$矩阵，则可以使用下面的语句得出网格上各点的函数值，返回的$\boldsymbol{p}$为与$\boldsymbol{x}_1$、$\boldsymbol{x}_2$同维的矩阵。

```
>> [x1,x2]=meshgrid(-2:0.1:2); %生成网格，两个坐标轴同样划分
   p=f(x1,x2);                 %直接由匿名函数计算函数值
```

4.3 函数变量的传递

MATLAB主调程序与函数之间当然可以通过n、m这样固定的变元直接传递数据，除此之外，MATLAB还支持可变的变元传递方法。本节将介绍可变的变元传递方法，并介绍MATLAB函数与MATLAB工作空间之间的信息传递问题。

4.3.1 输入、输出变元的传递与提取

本节介绍单元数组的一个重要应用——如何建立起任意多个输入或返回变元的函数调用格式。应该指出的是，很多MATLAB语言函数均采用本方法编写。

在了解如何处理任意多个输入、输出变元之前，应该先了解输入变元是怎么从主调函数传递到M-函数的。根据MATLAB自身的传递机制，会将输入变元以单元数组的形式传递给

一个名为varargin的变量，其结构如图4-8所示，且n的值可以由nargin命令直接提取。类似地，输出变元由单元数组型变量varargout返回。如果想提取varargin数组的第k个元素，则应该给出varargin{k}命令直接提取该变元。这样的编程方法使得MATLAB函数更灵活、更高效。这里将通过例子演示任意多个输入变元的函数编写方法。

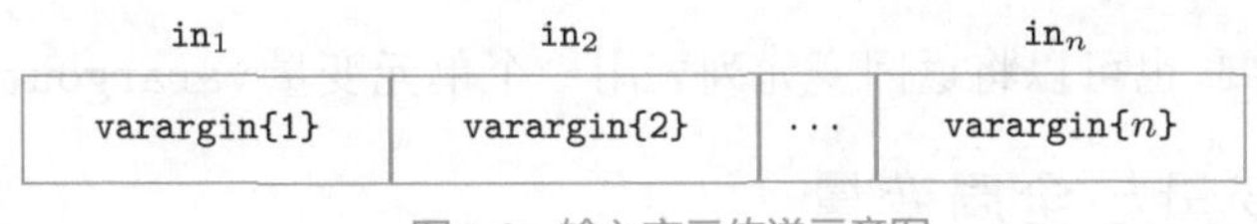

图4-8 输入变元传递示意图

例4-10 在MATLAB下多项式有两种表示方法：一种方法是利用符号表达式表示；另一种方法是数值方法，将多项式系数按s的降幂次序构造成系数向量。现在考虑后一种方法。MATLAB提供的$\boldsymbol{p}$=conv($\boldsymbol{p}_1$,$\boldsymbol{p}_2$)函数，用卷积的算法可以求出两个多项式的乘积$\boldsymbol{p}$。对于多个多项式的连乘，则不能直接使用此函数，而需要对该函数嵌套使用，这样在计算多个多项式连乘时相当麻烦。试编写一个MATLAB函数，使得它能直接处理任意多个多项式的连乘积问题。

解 可以为函数取函数名convs()，其输入变元为$\boldsymbol{p}_1$，$\boldsymbol{p}_2$，$\cdots$。编写该函数的目标是，用户可以调用该函数直接求取任意多个多项式的连乘积。函数的输入变元可以由可变输入单元数组varargin表示，返回的变元选择为$\boldsymbol{p}$，为最终的乘积多项式系数向量。从多项式乘积的实现方面考虑，首先将$\boldsymbol{p}$的初值设置为1，然后用循环结构提取图4-8中的每个单元中的向量，用MATLAB提供的conv()函数累乘到$\boldsymbol{p}$上，最终将得到所需的多项式连乘结果，由$\boldsymbol{p}$向量返回。

```
function p=convs(varargin)
p=1;                         %设置连乘的初值
for i=1:nargin               %对每个输入变元做循环处理
   p=conv(p,varargin{i}); %每步从输入变元中提取一个多项式进行连乘
end
```

这时，所有的输入变元列表由单元数组型变量varargin表示，实际调用语句的第i个变元存储在varargin{i}中。该函数理论上可以处理任意多个多项式的连乘问题。例如，可以用下面的格式调用该函数：

```
>> P=[1 2 4 0 5]; Q=[1 2]; F=[1 2 3];
   D=convs(P,Q,F)                      %先处理3个多项式的乘积
   E=conv(conv(P,Q),F)                 %若采用conv()函数，则需嵌套调用，很不方便
   G=convs(P,Q,F,[1,1],[1,3],[1,1]) %处理6个多项式的连乘积
```

可以得出相同的$\boldsymbol{D}$和$\boldsymbol{E}$向量，还可以得出$\boldsymbol{G}$，结果如下：

$$\boldsymbol{D}=\boldsymbol{E}=[1,6,19,36,45,44,35,30]$$
$$\boldsymbol{G}=[1,11,56,176,376,578,678,648,527,315,90]$$

例4-11 仔细分析例4-10中编写的convs()函数，似乎该函数有可能出错的地方，例如，正常情况下$\boldsymbol{p}_i$都是标量或行向量，如果某个$\boldsymbol{p}_i$是列向量，则可能出现意外，所以需要对函数做容错处理。在实际调用中，将每个变元强制置成行向量。试依据这样的思路修改源程序。

解 对一个已知向量$\boldsymbol{p}$而言，不论其为行向量还是列向量，都可以由$\boldsymbol{p}$(:)命令将其强行转换为列向量。如果需要强制转为行向量，则可以对其进行转置。这样，就可以直接编写出带有容错功能的convs1()函数如下：

```
function p=convs1(varargin)
p=1;                                 %设置连乘的初值
for i=1:nargin                       %对每个输入变元做循环处理
   p=conv(p,varargin{i}(:).'); %带有容错功能的多项式乘积,强行变行向量
end
```

相应地,如有需要,也可以将返回变元列表用一个单元变量varargout表示。

4.3.2 局部变量与全局变量

前面介绍过,MATLAB函数与主调函数之间是通过输入、输出变元传递信息的,变元以外的变量在函数调用结束之后会自动消失,所以这些变量又称为局部变量。例如,例4-10中的变量i会在函数调用结束后自动消失。即使在函数内部采用了与MATLAB工作空间中同名的变量,也不会影响MATLAB工作空间中原始变量的内容。

在实际编程中,如果想让两个或多个M-函数共享某个或某些变量,则需要使用全局变量(global variable)的概念。全局变量需要由global命令声明。至少在两个地方需要进行声明全局变量:为全局变量赋值的地方;使用或修改该全局变量的地方。

例4-12 考虑例4-4中的问题,假设N值不通过变元传给函数,而通过全局变量方式传递,试改写该函数,并给出新的调用语句。

解 如果N不再是输入变元,则原函数就没有输入变元了,所以入口形式需要改写。在函数的内部,应该声明N为全局变量,这样,新的函数可以写作:

```
function [s,m]=c4mmfun1              %该函数没有输入变元
global N; s=0; m=0;                  %声明全局变量,并设置初值
while (s<=N), m=m+1; s=s+m; end %这行语句没有变化
```

若想调用该函数,需要首先将N声明为全局变量,并为其赋值,所以,例4-4中的函数调用语句应该改成如下的形式,得出的结果完全一致。

```
>> global N; N=10000; [s1,m1]=c4mmfun1
   N=12345; [a,b]=c4mmfun1          %无须重新声明全局变量
```

从给出的命令看,选择全局变量传递数据的方法比用变元的方法麻烦得多,所以实际编程中除非万不得已,一般不建议采用全局变量的方式传递数据,应该尽量利用变元的形式进行传递。

4.3.3 工作空间变量的存取

除了用变元和全局变量形式传递数据之外,MATLAB函数可以直接将MATLAB工作空间中现有的变量读入函数,也可以将获得的结果写入MATLAB的工作空间。

MATLAB提供了一对函数实现这样的目标,用assignin()与evalin()函数进行读写。可以使用assignin('base',变量名,变量)将变量写入MATLAB的工作空间,存储的变量名为用字符串描述。还可以使用a=evalin('base',变量名)命令将MATLAB工作空间中的变量读入函数,赋给变量a。

如果将前面的'base'选项替换成'caller'，则这些读写变量不是与MATLAB的工作空间做数据交换，只是与主调函数进行数据交换。

例4-13 考虑例4-4中的问题。假设N值不通过变元传给函数，而是直接读取工作空间中的N变量。试改写该函数，并给出新的调用语句。

解 在函数内部首先从MATLAB工作空间读入N变量的值。函数执行后，将得出的m写入MATLAB工作空间的m_0变量，这时，m不再作为变元返回。新的函数可以写作

```
function s=c4mmfun2                %该函数没有输入变元,只有一个返回变元
N=evalin('base','N'); s=0; m=0; %从MATLAB工作空间读N,并设置初值
while (s<=N), m=m+1; s=s+m; end
assignin('base','m0',m);           %将结果写入MATLAB工作空间
```

若想调用该函数，给出下面的命令。这样的结果与例4-4完全一致。

```
>> N=10000; s1=c4mmfun2, m1=m0, N=12345; a=c4mmfun2, b=m0
```

再次强调说明，这里介绍的变量传递方法属于非常规的方法，最规范的方法还是通过变元传递变量，所以不到万不得已时尽量不要采用非常规的传递方法。

4.4 MATLAB函数调试方法与处理

前面介绍了MATLAB函数的编写方法。不过一般情况下，函数调试起来比较麻烦，因为MATLAB函数与其主调函数之间可以通过输入、输出变元传递变量，除了这些变量之外，其他变量都是局部变量，从程序外部是不可能监测到的，所以可以考虑引入跟踪调试(debug)功能，在函数运行过程中有选择地监测内部变量的变化情况。本节主要介绍MATLAB函数的跟踪调试方法，并介绍MATLAB伪代码(pseudo code)技术与代码保护方法。

4.4.1 MATLAB函数的跟踪调试

MATLAB提供了比较完善的跟踪调试功能，可以在指定的函数中设置断点，具体的方法是读取函数内部的局部变量的值，或对函数内部的语句进行单步执行等。这些调试功能可以由界面实现，也可以由命令实现。本书给出的程序大多是每行有几条语句，这样的程序结构不是特别适合跟踪调试，建议每行只有一条语句。本节将通过例子介绍MATLAB函数的跟踪调试方法。

例4-14 试利用跟踪调试技术处理例4-4中的函数。

解 用edit命令打开c4mmfun.m文件，并将其拆分成每行一条(两条)指令的形式，如图4-9所示。用户可以根据需要在编辑界面中设置“断点”(breakpoint)。所谓断点，就是程序执行到这点处出现暂停。

添加断点的最简单方法是在编辑器中单击相应的程序行左侧标识，例如，在第4行的“4”旁边单击编辑器，这时，在该位置出现一个红色的圆点，这个圆点表示断点。执行下面的语句：

```
>> [s,m]=c4mmfun(500)
```

则执行到断点处自动暂停，显示的界面如图4-10所示。将鼠标移动到源程序中变量的上方，将自动显示该变量的当前值。这时，编辑程序的工具栏也发生变化，显示跟踪调试的操作按钮。其中，“继

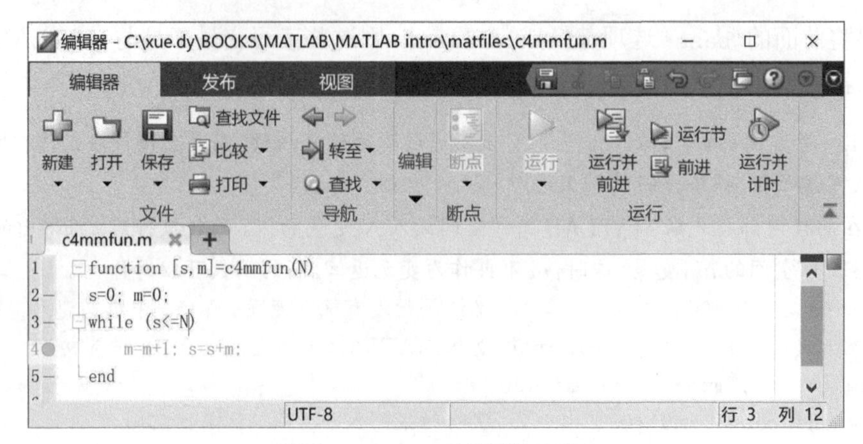

图4-9 MATLAB的编辑程序界面

续”按钮会跳过此断点，继续执行到下一个断点再暂停；“步进”按钮从当前断点向下执行一条语句；“退出调试”按钮将取消当前的跟踪调试状态，恢复正常执行状态。

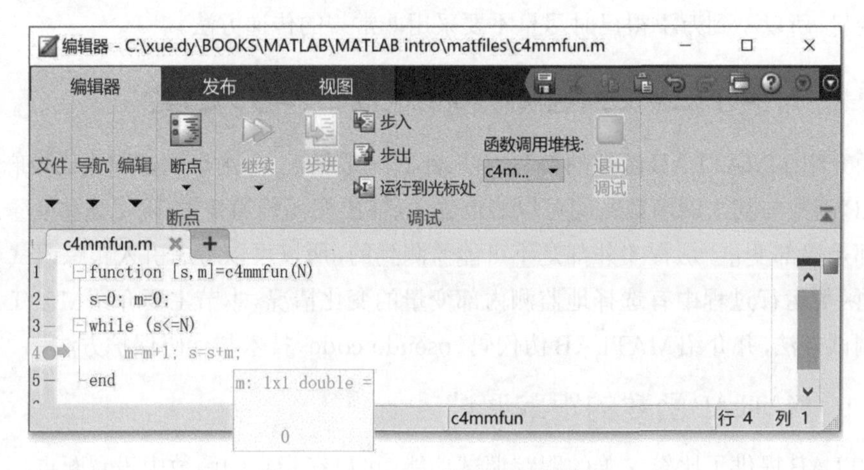

图4-10 MATLAB的断点显示与监测

在断点处暂停的同时，在MATLAB的命令窗口中显示下面的提示：

```
4        m=m+1; s=s+m;
K>>
```

其中，第一行为断点处的行号和源代码，第二行K>>为提示符，用户可以在提示符下输入命令，显示函数的输入变元和内部的局部变量。这时，如果用户不能显示MATLAB工作空间的变量，只能显示函数内部的变量。

4.4.2 伪代码技术

MATLAB的伪代码技术的目的有两个：一是能提高程序的执行速度，因为采用了伪代码技术，MATLAB将.m文件转换成能立即执行的代码，所以在程序实际执行时，省去了解释执行的过程，从而能使得程序的速度加快。由于MATLAB本身的解释转换过程也很快，所以在一般程序执行时速度加快的效果并不是很明显。然而当执行较复杂的图形界面程序时，伪代码技术的应用便能很明显地加快程序执行的速度。二是伪代码技术能把可读的ASCII

码构成的.m文件转换成一种加密的二进制代码，使得其他用户无法读取其中的语句，从而对源代码起到某种保密作用。

MATLAB提供了pcode命令将.m文件转换成伪代码文件，伪代码文件后缀名为p。如果想把某文件mytest.m转换成伪代码文件，则可以使用pcode mytest命令；若想让生成的.p文件也位于和原.m文件相同的目录下，则可以使用命令

```
pcode mytest -inplace
```

如果想把整个目录下的.m文件全转换为.p文件，则首先用cd命令进入该目录，然后输入pcode *.m。若原文件无语法错误，则可以在本目录下将.m文件全部转换为.p文件；若存在语法错误，则将中止转换，并给出错误信息。用户可以通过这样的方法发现程序中存在的语法错误。如果同时存在同名的.m文件和.p文件，则.p文件优先执行。

用户一定要在安全的位置保存.m源文件，不能轻易删除，因为.p文件是不可逆的。一旦丢失了.m文件，只保存了.p文件，则意味着以后只能用这个函数，但不能修改这个函数，因为.m文件是不能由.p文件恢复的。

4.5 习题

4.1 试编写一个矩阵相加函数mat_add()，使其具体的调用格式为

$\boldsymbol{A}$=mat_add($\boldsymbol{A}_1$,$\boldsymbol{A}_2$,$\cdots$)

要求该函数能接受任意多个矩阵进行加法运算。

4.2 试编写一个MATLAB函数，实现下面的分段函数：

$$y=f(x)=\begin{cases} h, & x>D \\ h/Dx, & |x|\leqslant D \\ -h, & x<-D \end{cases}$$

4.3 试编写一个MATLAB函数，其调用格式为H=mat_roots($\boldsymbol{A}$,n)，其中$\boldsymbol{A}$为方矩阵，n为整数，H为单元数组，使其第k单元存储矩阵$\boldsymbol{A}$的第k个n次方根。

4.4 试编写一个MATLAB函数，使它能自动生成一个$m\times m$的Hankel矩阵

$$\boldsymbol{H}=\begin{bmatrix} h_1 & h_2 & \cdots & h_m \\ h_2 & h_3 & \cdots & h_{m+1} \\ \vdots & \vdots & \ddots & \vdots \\ h_m & h_{m+1} & \cdots & h_{2m-1} \end{bmatrix}$$

并使其调用格式为$\boldsymbol{v}$=[$h_1,h_2,h_m,h_{m+1},\cdots,h_{2m-1}$]；$\boldsymbol{H}$=myhankel($\boldsymbol{v}$)。

4.5 MATLAB提供了gcd()与lcm()函数，可以找出两个数的最大公约数与最小公倍数，不过这两个函数的缺陷是只能处理两个输入变元，试编写扩展函数gcds()与lcms()，使它们可以一次性处理任意多个输入变元。

4.6 已知Fibonacci序列可以由式$a_k=a_{k-1}+a_{k-2}$，$k=3,4,\cdots$生成，其中，初值为$a_1=a_2=1$，试编写出生成某项Fibonacci数值的MATLAB函数，要求：

(1) 函数格式为$\boldsymbol{y}$=fib(k)，给出k即能求出第k项a_k并赋给$\boldsymbol{y}$向量；

(2) 编写适当语句，对输入、输出变元进行检验，确保函数能正确调用；

(3) 利用递归调用的方式编写此函数。

4.7 试用下面的方法编写循环语句函数近似地用连乘的方法计算π值，当乘法因子$|\delta-1|<10^{-6}$时停止循环。如果再缩小误差限能得到更精确的π值吗？试比较哪种方法更高效，其在双精度数据结构下能得到的最精确的π值是多少？

$$\frac{2}{\pi}\approx\frac{\sqrt{2}}{2}\times\frac{\sqrt{2+\sqrt{2}}}{2}\times\frac{\sqrt{2+\sqrt{2+\sqrt{2}}}}{2}\times\cdots$$

4.8 Newton–Raphson**迭代法**。假设该方程解的某个初始猜测点为x_n，则由梯度法可以得出下一个近似点$x_{n+1}=x_n-f(x_n)/f'(x_n)$。若两个点足够近，即$|x_{n+1}-x_n|<\epsilon$，其中$\epsilon$为预先指定的误差限，则认为$x_{n+1}$是方程的解，否则将$x_{n+1}$设置为初值继续搜索，直至得出方程的解。令$x_0=-4$，$\epsilon=10^{-12}$，试用Newton–Raphson迭代法求解方程$f(x)=x^2\sin(0.1x+2)-3=0$。

4.9 著名的Mittag-Leffler函数的基本定义为

$$\mathrm{E}_\alpha(x)=\sum_{k=0}^{\infty}\frac{x^k}{\Gamma(\alpha k+1)}$$

其中$\Gamma(x)$为Gamma函数，可以由`gamma(x)`函数直接计算。试编写出MATLAB函数，使得其调用格式为`f=mymittag(α,z,ϵ)`，其中ϵ为用户允许的误差限，其默认值为$\epsilon=10^{-6}$，z为已知数值向量。利用该函数分别绘制出$\alpha=1$和$\alpha=0.5$的曲线。

4.10 Chebyshev多项式的数学形式为

$$T_1(x)=1,\ T_2(x)=x,\ T_n(x)=2xT_{n-1}(x)-T_{n-2}(x),\ n=3,4,\cdots$$

试编写一个递归调用函数生成Chebyshev多项式，并计算$T_{10}(x)$。写出一个更高效的Chebyshev多项式生成函数，并计算$T_{30}(x)$。

4.11 由矩阵理论可知，如果一个矩阵$\boldsymbol{M}$可以写成$\boldsymbol{M}=\boldsymbol{A}+\boldsymbol{BCB}^{\mathrm{T}}$，并且其中$\boldsymbol{A}$、$\boldsymbol{B}$、$\boldsymbol{C}$为相应阶数的矩阵，则$\boldsymbol{M}$矩阵的逆矩阵可以由下面的算法求出

$$\boldsymbol{M}^{-1}=\left(\boldsymbol{A}+\boldsymbol{BCB}^{\mathrm{T}}\right)^{-1}=\boldsymbol{A}^{-1}-\boldsymbol{A}^{-1}\boldsymbol{B}\left(\boldsymbol{C}^{-1}+\boldsymbol{B}^{\mathrm{T}}\boldsymbol{A}^{-1}\boldsymbol{B}\right)^{-1}\boldsymbol{B}^{\mathrm{T}}\boldsymbol{A}^{-1}$$

试根据上面的算法用MATLAB语句编写一个函数对矩阵$\boldsymbol{M}$进行求逆，通过如下的测试矩阵检验该程序，并和直接求逆方法进行精度上的比较。

$$\boldsymbol{M}=\begin{bmatrix}-1&-1&-1&1&0\\-2&0&0&-1&0\\-6&-4&-1&-1&-2\\-1&-1&0&2&0\\-4&-3&-3&-1&3\end{bmatrix},\ \boldsymbol{A}=\begin{bmatrix}1&0&0&0&0\\0&3&0&0&0\\0&0&4&0&0\\0&0&0&2&0\\0&0&0&0&4\end{bmatrix}$$

$$\boldsymbol{B}=\begin{bmatrix}0&1&1&1&1\\0&2&1&0&1\\1&1&1&2&1\\0&1&0&0&1\\1&1&1&1&1\end{bmatrix},\ \boldsymbol{C}=\begin{bmatrix}1&-1&1&-1&-1\\1&-1&0&0&-1\\0&0&0&0&1\\1&0&-1&-1&0\\0&1&-1&0&1\end{bmatrix}$$

4.12 第3章很多习题如果加接口之后都可以封装成M-函数，例如，给出阶次n，就可以编写一个函数直接将下面矩阵输入计算机：

$$\boldsymbol{A}=\begin{bmatrix}1&-2&4&\cdots&(-2)^{n-1}\\0&1&-2&\cdots&(-2)^{n-2}\\0&0&1&\cdots&(-2)^{n-3}\\\vdots&\vdots&\vdots&\ddots&\vdots\\0&0&0&\cdots&1\end{bmatrix}$$

试编写一个MATLAB函数，使其调用格式为 $\boldsymbol{A}$=mymatx(n)，如果不给出 n 则生成一个 6×6 矩阵。

4.13 试编写一个函数计算扩展Fibonacci序列的前 m 项，其中

$$T(n) = T(n-1) + T(n-2) + T(n-3)$$

$n = 4, 5, \cdots$，且初值的默认值为 $T(1) = T(2) = T(3) = 1$。

4.14 试编写一个随机整数方阵生成矩阵，其调用格式为 $\boldsymbol{A}$=unirandi([a_{m},a_{M}],n)，使得其行列式的值等于1。试生成一个 13×13 的整数矩阵，其元素只能取0、1、−1，且其行列式为1。

4.15 n 阶Pascal矩阵的第一行与第一列的值都是1，其余元素可以按如下公式计算：

$$p_{i,j} = p_{i,j-1} + p_{i-1,j},\ i = 2, 3, \cdots, n,\ j = 2, 3, \cdots, n$$

试编写一段MATLAB函数生成 n 阶的Pascal矩阵。

4.16 比较习题3.10与习题3.13可见，前者是求 $\sqrt{2}$ 的，后者是求 $\sqrt{3}$ 的，不妨猜想一下，如果递推公式变成 $x_{k+1} = (x_k + a/x_k)/2$，则该递推公式可能用于求 $\sqrt{a}$，试编写一个MATLAB函数验证这样的猜想。

4.17 试用实时编辑器写一个短文，描述Fibonacci序列的定义、递归方法的二叉树说明及求解语句，并通过运行实时代码生成序列。

第5章 MATLAB科学绘图

CHAPTER 5

图形绘制与可视化是MATLAB语言的一大特色。MATLAB提供了一系列直观、简单的二维、三维图形绘制命令与函数，可以将实验结果和仿真结果用可视的形式显示出来。

从R2014b版本开始MATLAB提供全新的绘图体系与绘图函数，虽然早期版本的一些命令仍能使用，但以后的版本中这些命令可能会被逐渐淘汰，所以本书将尽量按照新的体例介绍图形绘制的方法。

5.1节介绍简单二维曲线的绘制方法，包括由数据绘制曲线的方法和由数学表达式绘制曲线的方法，还介绍二维曲线的修饰方法。5.2节介绍特殊二维曲线的绘制方法，如极坐标曲线的绘制方法、离散点的表示方法、统计图的绘制方法及动态图形的绘制方法。5.3节介绍三维图形的绘制方法，包括三维曲线图与曲面图的绘制方法、视角设置方法与三维动态图形的处理方法。5.4节介绍二元与三元隐函数图形的绘制方法。

5.1 简单二维图形绘制

二维图形是科学研究中最常见，也是最实用的图形表示。本节首先介绍将数据用二维曲线表示出来的方法，然后介绍将数学函数用曲线表示出来的方法。

5.1.1 基于数据的绘图

假设用户已经获得了一些实验数据。例如，已知各个时刻$t=t_1,t_2,\cdots,t_n$，测得这些时刻的函数值$y=y_1,y_2,\cdots,y_n$，则可以构成向量$\boldsymbol{t}=[t_1,t_2,\cdots,t_n]$和$\boldsymbol{y}=[y_1,y_2,\cdots,y_n]$，将数据输入MATLAB环境中。如果用户想用图形表示二者之间的关系，则用plot($\boldsymbol{t},\boldsymbol{y}$)命令即可绘制二维图形。可以看出，该函数的调用是相当直观的。

例5-1 试绘制出显函数$y=\sin(\tan x)-\tan(\sin x)$在$x\in[-\pi,\pi]$区间内的曲线。

解 解决这种问题的最简捷方法是采用下面的语句直接绘制函数曲线。

```
>> x=-pi:0.05:pi;                          %以0.05为步距构造自变量向量
   y=sin(tan(x))-tan(sin(x)); plot(x,y)  %求出并绘制各个点上的函数值
```

这些语句可以绘制出该函数的曲线，如图5-1所示。不过由这里给出的曲线看，得出的曲线似乎有问题。

值得指出的是，由MATLAB的plot()函数绘制出的“曲线”不是真正的曲线，只是给

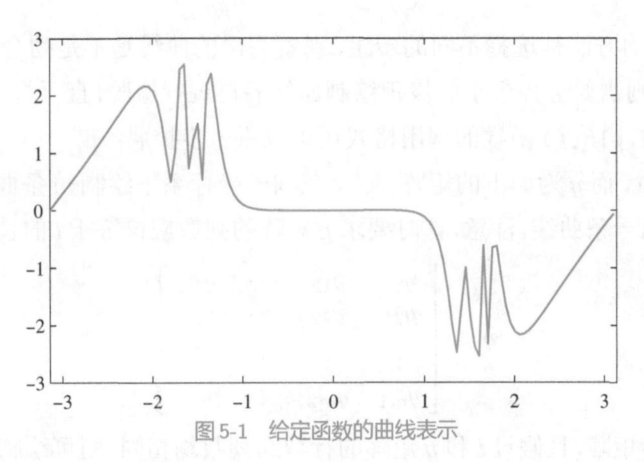

图5-1　给定函数的曲线表示

出各个数值点间的折线。如果给出的数据点足够密，或突变少些，则看起来就是曲线了，故以后将称之为曲线。

例5-2　试重新生成密集些的数据点，得出例5-1函数正确的曲线表示。

解　仔细观察图5-1中给出的曲线可以看出，在 $\pm\pi/2$ 附近图形好像有问题，其他位置还是比较平滑的。为什么会出现这样的现象呢？观察 $\sin(\tan x)$ 项，由于在 $\pm\pi/2$ 附近括号内的部分将趋近于无穷大，所以导致其正弦值变化很不规则，会出现强振荡。

可以考虑全程采用小步距，或在比较粗糙的 $x\in(-1.8,-1.2)$ 及 $x\in(1.2,1.8)$ 两个子区间内选择小步距，其他区域保持现有的步距，这样可以将上述的语句修改为

```
>> x=[-pi:0.05:-1.8,-1.799:0.0001:-1.2, -1.2:0.05:1.2,...
      1.201:0.0001:1.8, 1.81:0.05:pi]; %以变步距方式构造自变量向量
   y=sin(tan(x))-tan(sin(x)); plot(x,y) %求出并绘制各个点上的函数值
```

这样将得出如图5-2所示的曲线。可见，这样得出的曲线在剧烈变化区域内表现良好。前面解释过，在 $\pm\pi/2$ 区域内出现强振荡是正常现象。

如果全程都选择0.0001这样的小步距，也能得出看起来完全一致的效果。

```
>> x=-pi:0.0001:pi;                            %以0.0001为步距构造自变量向量
   y=sin(tan(x))-tan(sin(x)); plot(x,y) %求出并绘制各个点上的函数值
```

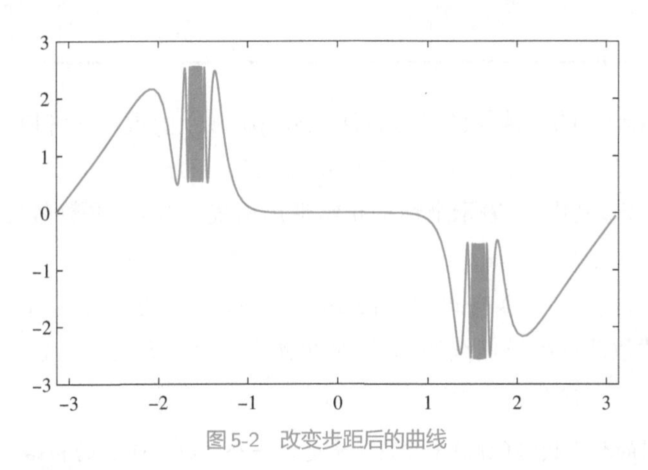

图5-2　改变步距后的曲线

从这个例子可以看出，不能过分地依赖于MATLAB绘制的曲线，需要对曲线的正确性

做检验。比较有效的方法是选择不同的步距，观察得出的曲线是不是吻合，如果吻合则可以认为曲线正确，否则需要选择更小的步距绘制曲线后再进行检验，直至得出吻合的结果。

在实际应用中，`plot()` 函数的调用格式还可以进一步扩展：

（1）$\boldsymbol{t}$ 仍为向量，而 $\boldsymbol{y}$ 为如下的矩阵，则将在同一坐标系下绘制 m 条曲线，每一行和 $\boldsymbol{t}$ 之间的关系将绘制出一条曲线。注意，这时要求 $\boldsymbol{y}$ 矩阵的列数应该等于 $\boldsymbol{t}$ 的长度。

$$\boldsymbol{y}=\begin{bmatrix} y_{11} & y_{12} & \cdots & y_{1n} \\ y_{21} & y_{22} & \cdots & y_{2n} \\ \vdots & \vdots & \ddots & \vdots \\ y_{m1} & y_{m2} & \cdots & y_{mn} \end{bmatrix}$$

（2）$\boldsymbol{t}$ 和 $\boldsymbol{y}$ 均为矩阵，且假设 $\boldsymbol{t}$ 和 $\boldsymbol{y}$ 矩阵的行数和列数均相同，则可绘制出 $\boldsymbol{t}$ 矩阵每行和 $\boldsymbol{y}$ 矩阵对应行之间关系的曲线。

（3）假设有多对这样的向量或矩阵 $(\boldsymbol{t}_1,\ \boldsymbol{y}_1),(\boldsymbol{t}_2,\ \boldsymbol{y}_2),\cdots,(\boldsymbol{t}_m,\ \boldsymbol{y}_m)$，则可以用下面的语句直接绘制出各自对应的曲线：

plot($\boldsymbol{t}_1,\boldsymbol{y}_1,\boldsymbol{t}_2,\boldsymbol{y}_2,\cdots,\boldsymbol{t}_m,\boldsymbol{y}_m$)

（4）曲线的性质，如线型、粗细、颜色等，还可以使用下面的命令进行指定：

plot($\boldsymbol{t}_1,\boldsymbol{y}_1$, 选项 1, $\boldsymbol{t}_2,\boldsymbol{y}_2$, 选项 2, $\cdots,\boldsymbol{t}_m,\boldsymbol{y}_m$, 选项 m)

其中“选项”可以按表 5-1 中说明的形式给出，其中的选项可以进行组合。例如，若想绘制红色的点画线，且每个转折点上用五角星表示，则选项可以使用组合字符串 `'r-.pentagram'`。

表 5-1　MATLAB 绘图命令的各种选项

曲线线型		曲线颜色				标记符号			
选项	意义	选项	意义	选项	意义	选项	意义	选项	意义
'-'	实线	'b'	蓝色	'c'	蓝绿色	'*'	星号	'pentagram'	☆
'--'	虚线	'g'	绿色	'k'	黑色	'.'	点号	'o'	圆圈
':'	点线	'm'	红紫色	'r'	红色	'x'	叉号	'square'	□
'-.'	点画线	'w'	白色	'y'	黄色	'v'	▽	'diamond'	◇
'none'	无线					'^'	△	'hexagram'	✡
						'>'	▷	'<'	◁

（5）除了表 5-1 给出的简洁绘图参数方法之外，`plot()` 函数还允许以

plot(~, 参数名 1, 参数值 1, 参数名 2, 参数值 2, $\cdots$)

的形式指定绘图参数，其中，~ 表示上述的正常调用格式。常用的参数名与参数值在表 5-2 中列出。

（6）还可以由 h=plot(~) 格式调用 `plot()` 函数，绘图的同时返回曲线的句柄 h，以后可以通过该句柄读取或修改该曲线的属性。如果想在句柄为 h 的坐标系下绘制曲线，还可以给出 plot($h,\boldsymbol{t},\boldsymbol{y},\cdots$) 命令。

例 5-3　分形树的数学模型（习题 3.22）：任意选定一个二维平面上的初始点坐标 (x_0, y_0)，假设可以生成一个在 $[0,1]$ 区间上均匀分布的随机数 γ_i，那么根据其取值的大小，可以按下面的公式生

表5-2 常用的绘图控制参数

参数名	参数值
LineSpec	曲线线型控制字符串，如'r-.pentagram'字符串，可以参考表5-1
LineWidth	曲线的线宽，默认的宽度是0.5pt，其中1pt=0.3527mm
MeshDensity	自动步距计算点的密度，默认值为23，主要用于后面将介绍的fimplicit()和fplot()等基于函数表达式的曲线绘制函数，增大该值可以提高曲线精度
Color	曲线颜色，除了表5-1指定的8种颜色外，还可以设定为RGB分量[r,g,b]
MarkerEdgeColor	标记的边缘颜色，事实上就是标记自身的颜色
MarkerSize	标记的大小，默认值6pt

成一个新的坐标点(x_1,y_1)[18]。

$$(x_1,y_1)\Leftarrow\begin{cases}x_1=0, & y_1=y_0/2, & \gamma_i<0.05\\ x_1=0.42(x_0-y_0), & y_1=0.2+0.42(x_0+y_0), & 0.05\leqslant\gamma_i<0.45\\ x_1=0.42(x_0+y_0), & y_1=0.2-0.42(x_0-y_0), & 0.45\leqslant\gamma_i<0.85\\ x_1=0.1x_0, & y_1=0.2+0.1y_0, & \text{其他}\end{cases}$$

试递推生成10000个坐标点，并用圆点绘制出分形树的结果。

解 分形树的数据可以由下面给出的语句直接计算。有了这些语句就可以得出$\boldsymbol{x}$与$\boldsymbol{y}$向量，这样，由下面的命令可以直接绘制出如图5-3所示的分形树图。

```
>> v=rand(10000,1); N=length(v); x=0; y=0;
   for k=2:N, gam=v(k);              %针对每个γi值，更新x、y
      if gam<0.05, x(k)=0; y(k)=0.5*y(k-1);
      elseif gam<0.45
         x(k)=0.42*(x(k-1)-y(k-1)); y(k)=0.2+0.42*(x(k-1)+y(k-1));
      elseif gam<0.85
         x(k)=0.42*(x(k-1)+y(k-1)); y(k)=0.2-0.42*(x(k-1)-y(k-1));
      else, x(k)=0.1*x(k-1); y(k)=0.1*y(k-1)+0.2;
   end, end
   plot(x,y,'.','MarkerSize',5)  %注意，不能忽略最后的圆点标记
```

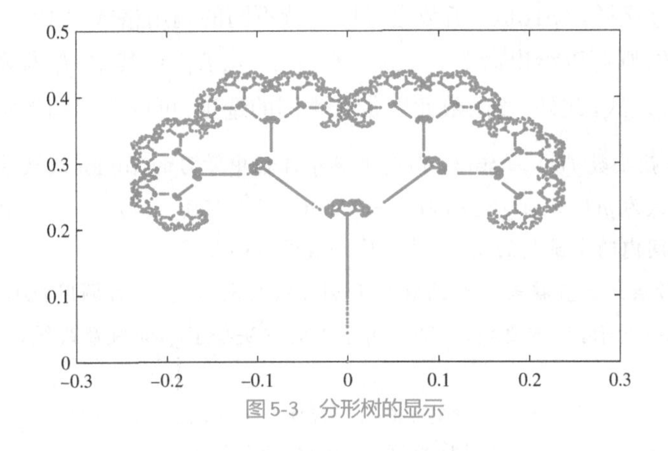

图5-3 分形树的显示

5.1.2 基于函数表达式的绘图

如果已知数学函数，还可以利用`fplot()`函数绘制函数曲线，其调用格式为`fplot(`f`)`，其中，f可以是匿名函数描述的函数句柄，也可以是描述函数的符号表达式或符号函数，默认的绘图区间为$[-5,5]$。如果想指定绘图区域，还可以给出`fplot(`f`,[`x_m`,`x_M`])`。

MATLAB早期版本提供的`ezplot()`函数也可以用于绘制类似的曲线，默认的绘图区间为$[-2\pi,2\pi]$，不过其绘图函数调用方式与数学函数描述方式与`fplot()`函数是不同的，这里不过多讨论该函数的使用方法。

例5-4 试用`fplot()`函数重新绘制例5-1的函数曲线。

解 可以考虑用符号函数描述原来的数学函数，给出下面的语句就可以绘制出函数的二维曲线，如图5-4所示。从效果上看，与自选数据点得出的曲线基本一致。该曲线还自动绘制了$x=-\pi/2$处的虚线。

```
>> syms x; f(x)=sin(tan(x))-tan(sin(x)); fplot(f,[-pi,pi])
```

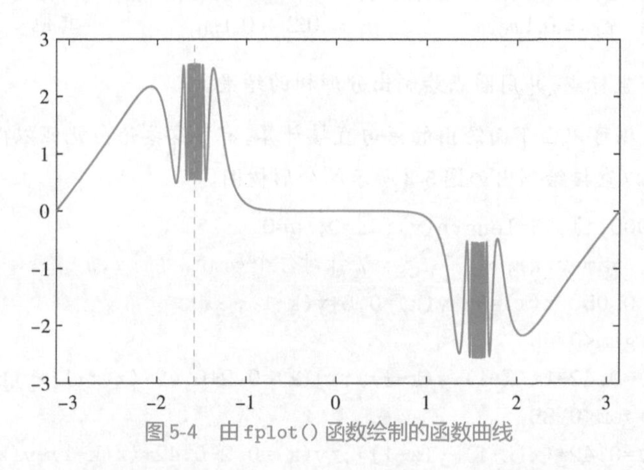

图5-4 由`fplot()`函数绘制的函数曲线

还可以用匿名函数的形式描述原函数，得出一致的结果。用匿名函数描述已知数学函数时，应该采用点运算。对本例而言，`sin()`与`tan()`函数的作用与点运算一致，无须特殊处理。

```
>> f=@(x)sin(tan(x))-tan(sin(x)); fplot(f,[-pi,pi])
```

类似于`plot()`函数，`fplot()`函数也可以支持不同的调用格式，例如，若想在同一坐标系内绘制多个函数，则可以给出命令`fplot([`f_1`,`f_2`,`$\cdots$`,`f_m`])`，其中，f_i为第i个数学函数的函数句柄或符号表达式，此外，该函数允许带有不同的选项，可以返回图形句柄等。

例5-5 考虑正弦函数$f(t)=\sin x$。由高等数学课程中学习的Taylor级数展开可以得出函数的有限项逼近表达式为$y(t)=x^9/362880-x^7/5040+x^5/120-x^3/6+x$。试在同一坐标系下绘制在$x\in[-4,4]$区间内两个函数的曲线，并评价函数逼近的效果。

解 可以用符号表达式直接表示原函数与Taylor级数表达式，然后调用`fplot()`函数，同时绘制两条曲线，如图5-5所示。为方便起见，这里用手工的方法将Taylor级数曲线设置为虚线，具体的设置方法将在后面介绍。

```
>> syms x; f=sin(x); y=x^9/362880-x^7/5040+x^5/120-x^3/6+x;
   fplot([f,y],[-4 4])  %同时绘制两个函数的曲线
```

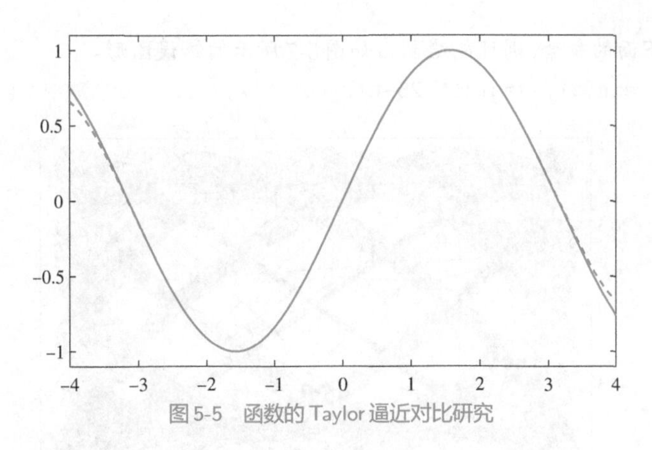
图5-5 函数的Taylor逼近对比研究

如果想用匿名函数表示数学函数，应该使用点运算。

```
>> f=@(x)sin(x); y=@(x)x.^9/362880-x.^7/5040+x.^5/120-x.^3/6+x;
```

5.1.3 参数方程曲线绘制

如果某函数由参数方程(parametric equation)给出

$$x = x(t),\ y = y(t),\ t_{\mathrm{m}} \leqslant t \leqslant t_{\mathrm{M}} \tag{5-1}$$

且$x(t)$由函数句柄h_x表示，$y(t)$由句柄h_y表示，其中，函数句柄可以同时为匿名函数，或同时为符号表达式，则可以由`fplot(`h_x`,`h_y`,[`t_{m}`,`t_{M}`])`命令绘制其轨迹曲线。

例5-6 Lissajous曲线是由两个不同频率正弦函数构成的参数方程，试绘制出$x(t) = \sin t$，$y = \sin 1.25t, t \in [0, 30]$的函数曲线。

解 由符号表达式描述参数方程，并绘制出Lissajous函数曲线，如图5-6所示。

```
>> syms t; x=sin(t); y=sin(1.25*t); fplot(x,y,[0,30])
```

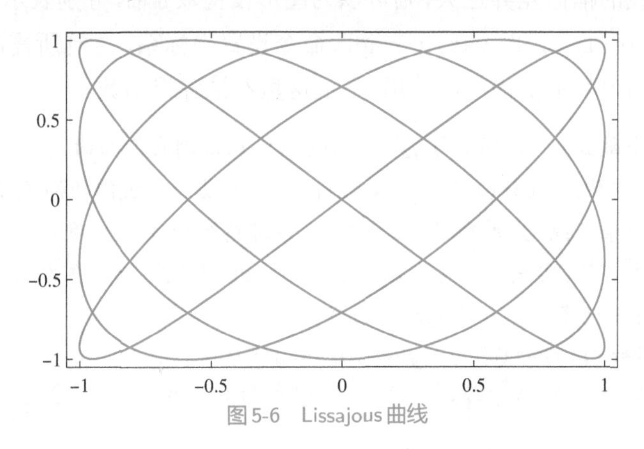
图5-6 Lissajous曲线

默认状态下的`fplot()`函数自动选择曲线绘制的参数，例如，给出$[t_{\mathrm{m}}, t_{\mathrm{M}}]$时自动选择时间步距，有时可能得出完全错误的结果。这时，用户可以自行选择`Meshdensity`等控制参数，增大其值，直至得出正确的结果。

例5-7 重新考虑例5-6给出的Lissajous曲线。如果$t \in [0, 1000]$可能会得出错误的曲线，如何绘制正确的曲线？

解　直接给出下面的命令，则可能绘制出如图5-7所示的错误图形。

```
>> syms t; x=sin(t); y=sin(1.25*t); fplot(x,y,[0,1000])
```

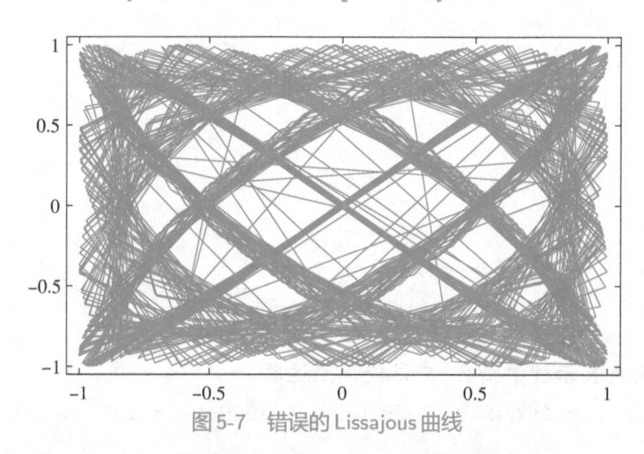

图5-7　错误的Lissajous曲线

这时，需要人为指定MeshDensity选项的值，例如将其设置成300或更大的值，这样得出的结果与图5-6中给出的完全一致。

```
>> fplot(x,y,[0,1000],'MeshDensity',300)
```

和plot()函数类似，fplot()函数曲线自动绘制的结果同样也应该检验。设置不同的MeshDensity参数是一种有效的检测方法。一般说来，较大的值对应着更精确的结果。选择不同的MeshDensity参数值，如果得出一致的曲线，则说明选择合理。

5.1.4　双y轴曲线

前面介绍的plot()函数可以在同一坐标系下同时绘制多条曲线，不过在某些特定的应用中，如果两条曲线的幅值差异过大，则可以为图形设置双y轴，分别表示不同的曲线。具体做法为：调用yyaxis left和yyaxis right命令设置坐标系，绘制所需的曲线。早期版本中的plotyy()在当前版本下仍可以使用，不过这里不推荐该函数。

例5-8　考虑两个函数$y_1 = \sin x$与$y_2 = 0.01\cos x$，试绘制它们的曲线。

解　当然可以考虑使用plot()函数直接绘制曲线，不过由于它们的幅值相差过于悬殊，所以y_2曲线看起来就像一条直线，分辨度很差。所以，可以考虑给曲线设置两个纵轴，这样得出的曲线如图5-8所示。从图中可见，实线的标度在左侧坐标轴给出，虚线的标度在右侧坐标轴给出，用这样的方法可以很好地显示两条幅值相差悬殊的曲线。

```
>> x=0:0.01:2*pi; y1=sin(x); y2=0.01*cos(x);
   yyaxis left; plot(x,y1), yyaxis right; plot(x,y2,'--')
```

5.1.5　图形修饰与编辑

曲线绘制之后，还可以对绘制的图形进行进一步修饰。表5-3中列出了常用的图形修饰命令。用户可以利用这些命令在绘制的图形上做适当的修饰，也可以利用图形窗口提供的工具对图形进行处理。

MATLAB图形窗口的“插入”菜单的内容如图5-9所示。这里为排版方便将整个菜单截

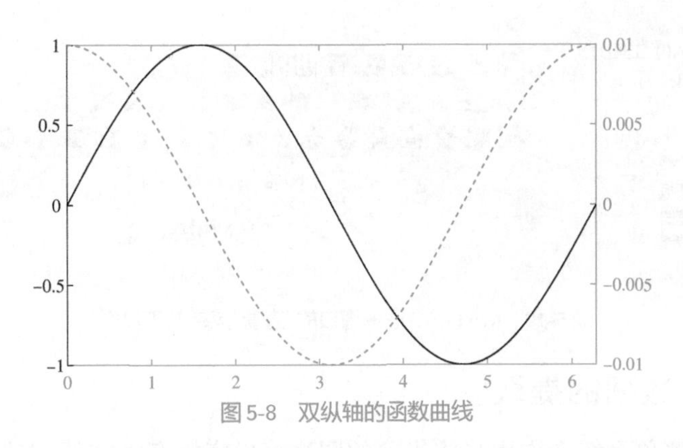

图5-8 双纵轴的函数曲线

表5-3 常用的图形修饰命令

修饰命令	调用格式	命令的解释
`title()`	`title(str)`	给图形加标题，标题的内容由字符串 `str` 表示
`xlabel()`	`xlabel(str)`	给 x 轴加标签，而 `ylabel(str)` 命令给 y 轴加标签，并自动旋转 90°
`text()`	`text(`x`,`y`,str)`	在图形的 (x,y) 坐标处添加文字说明
`gtext()`	`gtext(str)`	允许用户用鼠标选择添加文字说明的位置
`legend()`	`legend(`$s_1,s_2,\cdots$`)`	与图形对应的线型介绍图例，s_k 字符串为第 k 条曲线的说明文字
`annotation`	`annotation(s,`x`,`y`)`	曲线加标注，其中，s 为标注类型，可以选择`'arrow'`（箭头）、`'line'`（线段）、`'doublearrow'`（双向箭头）等，由向量 $[x_1,x_2]$ 和 $[y_1,y_2]$ 表示起点 (x_1,y_1) 和终点坐标 (x_2,y_2)
`hold`	`hold on`	可以用 `hold on` 或 `hold off` 锁定或释放坐标系。如果坐标系被锁定，再使用 `plot()` 这类命令将在现有的图形上叠印新的曲线；`hold off` 命令解除锁定状态。还可以由 `key=ishold` 命令查询坐标系的锁定状态，返回的值为 0 或 1
`zoom`	`zoom on`	局部放大功能，可以用鼠标选择想放大的区域；`zoom off` 命令可以取消局部放大功能；还可以使用 `zoom xon` 和 `zoom yon` 单独放大某坐标轴

成三段给出。其中，图5-9(a)还给出了图形窗口的主菜单。可见，表5-3中的大多数函数或命令都可以由图形窗口的“插入”菜单直接实现。

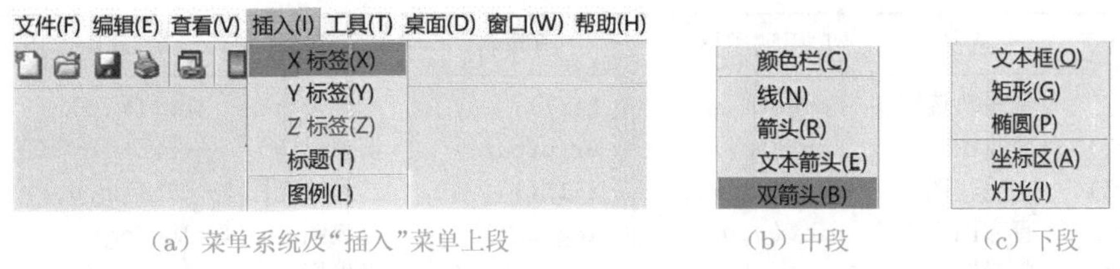

(a) 菜单系统及“插入”菜单上段 (b) 中段 (c) 下段

图5-9 MATLAB图形窗口的“插入”菜单

MATLAB图形窗口的“查看”菜单在图5-10(a)中给出，其中，前面三项控制工具栏的形式。如果前三项都选中，则图形窗口的工具栏如图5-10(b)所示。默认状态下，只显示第一行工具。该工具栏的按钮控制图形的编辑状态。如果选中，则可以用鼠标选择曲线单独编辑，如果反选，则取消编辑状态。这时，如果把鼠标移入某个坐标系内，则该坐标系的右上角出现如图5-10(c)所示的坐标系工具栏。

(a)“查看”菜单

(b)完全打开的工具栏

(c)坐标系工具栏

图5-10　MATLAB图形窗口的“查看”菜单与工具栏

5.1.6　图形数据的提取

MATLAB的菜单系统允许用户将当前的图形窗口直接存入文件,文件的后缀名为`fig`。如果想恢复图形,直接用菜单从`.fig`文件读入即可。如果想获得当前图形窗口的数据,或从打开的`.fig`文件获取数据,则需要进入图形编辑状态,用鼠标选中感兴趣的曲线。这时,由`gco`(get current object,获得当前对象)命令即可获得选中曲线的句柄,再使用`get()`函数即可提取曲线数据。

```
x=get(gco,'xData'); y=get(gco,'yData');
```

MATLAB提供了一系列类似于`gco`的命令,如`gcf`(获得当前窗口句柄)、`gca`(获得当前坐标系句柄)。还可以用`clf`命令清空当前的图形窗口。

5.2　特殊二维图形

除了前面介绍的`plot()`函数与`fplot()`函数之外,还可以采用`line()`函数绘制曲线,其作用与`plot()`函数相仿。不同的是,`line()`函数在当前坐标系下叠印曲线。另外,`line()`函数只支持两个输入变元。

此外,MATLAB还支持其他的二维图形绘制命令,常用的特殊曲线绘制命令与调用格式在表5-4中给出。本节将介绍一些常用二维图形的绘制方法。

表5-4　MATLAB提供的特殊二维曲线绘制函数

函数名	意义	常用调用格式	函数名	意义	常用调用格式
comet()	彗星轨迹图	comet(x,y)	bar()	二维条形图	bar(x,y)
compass()	罗盘图	compass(x,y)	errorbar()	误差限图形	errorbar(x,y,$y_{\rm m}$,$y_{\rm M}$)
feather()	羽毛状图	feather(x,y)	fill()	二维填充图	fill(x,y,c)
hist()	直方图	hist(y,n)	loglog()	对数图	loglog(x,y)
quiver()	矢量图	quiver(x,y)	polarplot()	极坐标图	polarplot(x,y)
stairs()	阶梯图形	stairs(x,y)	semilogx()	x-半对数图	semilogx(x,y)
stem()	火柴杆图	stem(x,y)	semilogy()	y-半对数图	semilogy(x,y)

5.2.1　极坐标

极坐标是以一个给定的点为原点,以从原点出发的某条线为极轴构造的坐标系。空间上某一点到原点的距离为ρ,该点与原点的连线和极轴的夹角为θ,该角度以从极轴出发逆时针方向的转角为正方向。这样的有序对 (ρ,θ) 称为极坐标。极坐标下的曲线一般可以表示为显式函数 $\rho=\rho(\theta)$，称为极坐标方程。传统意义下，极坐标方程中的 $\rho\geqslant 0$。如果将其拓展到实数空间，再通过直角坐标系变换得出的曲线，该方程可以理解为广义极坐标方程。

MATLAB提供了polarplot()函数，其调用格式为polarplot($\boldsymbol{\theta},\boldsymbol{\rho}$)，其中，$\boldsymbol{\theta}$ 和 $\boldsymbol{\rho}$ 为给定数据构成的向量。该函数早期版本的polar()函数调用格式也是一样的，但新版本下不建议使用。在当前的版本下，即使 $\rho<0$，也可以通过坐标变换绘制极坐标曲线。如果不希望绘制 $\rho<0$ 部分的曲线，则可以将 $\rho<0$ 时的函数值设置为NaN，以便绘图时自动排除这些点。

例5-9　试用极坐标绘制函数polarplot()绘制出 $\rho=5\sin(4\theta/3)$ 的极坐标曲线。

解　由初中数学课程介绍可以立即得出结论，该函数的周期为 $3\pi/2$。所以若想绘制极坐标曲线，则应该先构造一个 $\boldsymbol{\theta}$ 向量，然后求出 $\boldsymbol{\rho}$ 向量，调用polarplot()函数就可以绘制出所需的极坐标曲线，如图5-11(a)所示。

```
>> theta=0:0.01:3*pi/2; rho=5*sin(4*theta/3); %生成极坐标向量
   polarplot(theta,rho)                         %极坐标图曲线
```

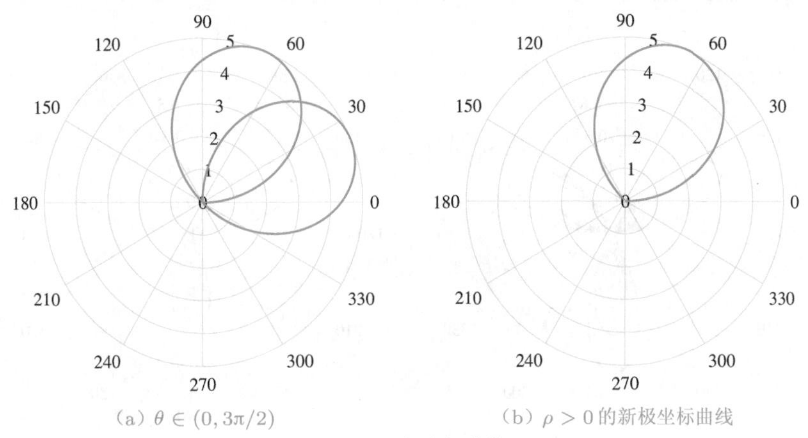

(a) $\theta\in(0,3\pi/2)$　　(b) $\rho>0$ 的新极坐标曲线

图5-11　极坐标曲线

如果想排除 $\rho<0$ 的部分，则可以将满足 $\rho<0$ 的点强行置为NaN，这样，绘图时自动排除这些点，绘制的新极坐标曲线如图5-11(b)所示。

```
>> rho(rho<0)=NaN; polarplot(theta,rho) %屏蔽掉NaN点
```

观察得出的曲线，绘制的极坐标图好像不完全。如何绘制完整的极坐标曲线呢？很多极坐标函数都是周期函数，如果能确定函数的周期则可以绘制完整的曲线，这样就导致了新的问题——如何确定周期？对MATLAB这样的工具而言，甚至不必考虑周期问题。若想绘制完整的极坐标曲线，选一个较大的 θ 范围，如 $0\leqslant\theta\leqslant 20\pi$ 或更大范围，其完整的极坐标曲线如图5-12(a)所示。通过试凑方法可见，该函数的实际周期是 6π。如果只考虑 $\rho\geqslant 0$ 部分，则得出的结果如图5-12(b)所示。

```
>> theta=0:0.01:20*pi; rho=5*sin(4*theta/3); %重新生成数据
   polarplot(theta,rho)                        %极坐标图曲线
   figure; rho(rho<0)=NaN; polarplot(theta,rho)
```

例5-10　试绘制非周期极坐标函数 $\rho=\mathrm{e}^{-0.1\theta}\sin 3\theta$ 的函数曲线。

解　选择自变量 θ 的变化范围为 $\theta\in(0,10\pi)$，则可以生成函数的极坐标数据，并绘制出极坐标图形，如图5-13(a)和图5-13(b)所示。

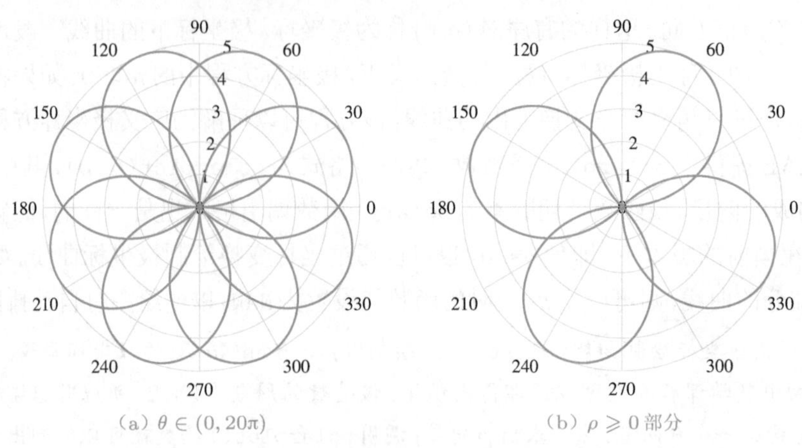

(a) $\theta\in(0,20\pi)$　　(b) $\rho\geqslant0$ 部分

图5-12　更大范围的极坐标曲线

```
>> theta=0:0.001:10*pi;
   rho=exp(-0.1*theta).*sin(3*theta); polarplot(theta,rho)
   figure; rho(rho<0)=NaN; polarplot(theta,rho)
```

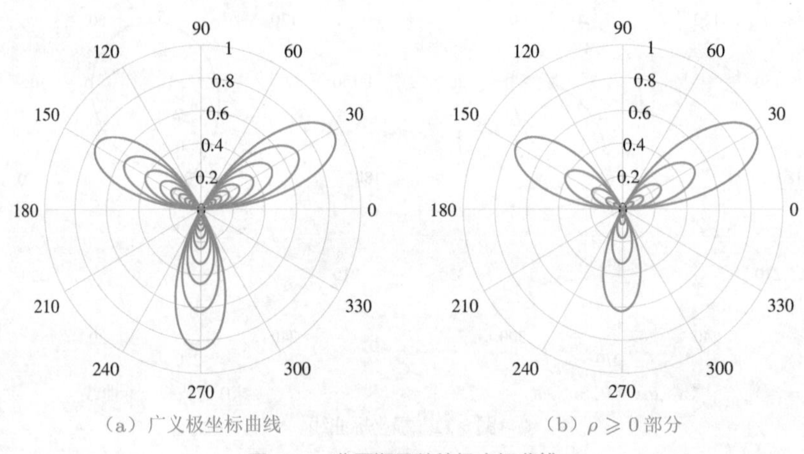

(a) 广义极坐标曲线　　(b) $\rho\geqslant0$ 部分

图5-13　非周期函数的极坐标曲线

很多极坐标函数是周期性函数，选择一个周期内的θ值就可以把极坐标曲线绘制出来，这里的函数不是周期性的，所以不论取多大范围都不能绘制完整的极坐标曲线。

5.2.2　离散数据的图形表示

本节将首先给出离散信号（discrete signal）的定义，然后介绍基于MATLAB的离散信号表示方法，还将介绍经过零阶保持器后的输出信号。

离散信号可以表示为时间序列$y_1,y_2,\cdots,y_n$。离散信号当然可以用`plot()`函数直接绘制，不过更恰当的是用`stem()`绘图语句绘制出来的火柴杆图，其调用格式为`stem(t,y)`，其中，t为时间点构成的向量。如果离散信号后面跟一个零阶保持器（zero-order hold，ZOH），则该信号将变成连续信号且在每一个采样周期（sample time）内都保持常值，那么该信号可以用`stairs()`函数绘制出来的阶梯信号表示，其调用格式为`stairs(t,y)`。

例5-11　假设已知离散信号的数学表示为$f(t)=\sin t\sin 7t$，且$t=kT$，$k=0,1,2,\cdots,31$，

$T = 0.1\,\text{s}$称为采样周期,表示每间隔$0.1\,\text{s}$采集一次函数信号。试用图形方式表示该序列信号。

解 根据给出的采样周期,可以由下面命令生成时间向量$\boldsymbol{t}$,然后计算出离散信号的函数值,并直接绘制出其示意图,如图5-14(a)所示。

```
>> T=0.1; t=(0:31)*T;                 %生成时间采样点向量
   f=sin(t).*sin(7*t); stem(t,f)  %计算函数值并绘图
```

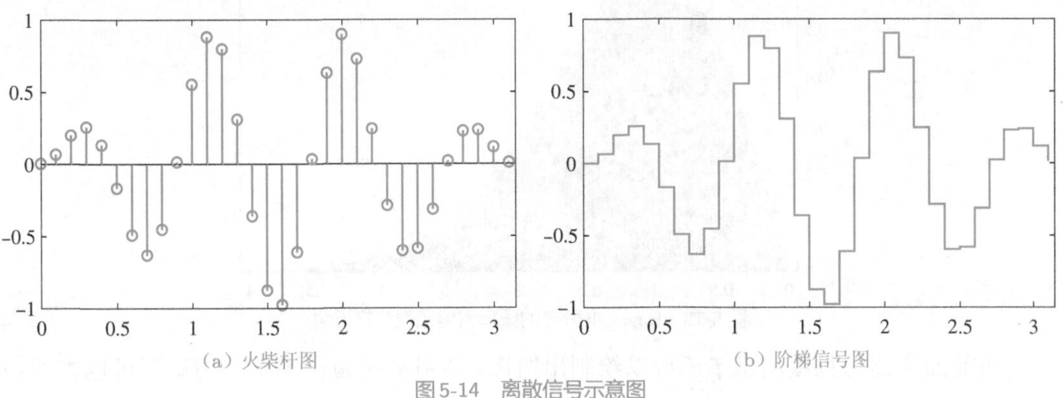

(a) 火柴杆图　　(b) 阶梯信号图

图5-14 离散信号示意图

如果用stairs()函数取代stem(),则可以绘制出如图5-14(b)所示的阶梯图。

```
>> stairs(t,f) %绘制阶梯信号图
```

5.2.3 统计图形绘制

直方图(histogram)与饼图(pie chart)是统计学领域经常使用的绘图工具。本节将先给出直方图与频度的定义,然后通过例子介绍直方图与饼图的绘制方法与技巧。

假设已知一组离散的检测数据$x_1, x_2, \cdots, x_n$,并且这组数据都位于(a,b)区间内,则可以将这个区间分成等间距的m个子区间(bins),使得$b_1 = a, b_{m+1} = b$。将每个随机量x_i依其大小投入相应的子区间,并记子区间(b_j, b_{j+1})落入的数据个数为k_j, $j = 1, 2, \cdots, m$,则可以得出$f_j = k_j/n$,称为频度(frequency)。

还可以利用histogram()函数求取各个子区间的频度,该函数的调用格式如下:

```
k=histogram(x,b); %该函数返回的k是结构体型数据
f=k.Values/n; bar(b(1:end-1)+δ/2,f/δ);
```

其中$\delta = x_2 - x_1$为等间距子区间宽度。选择向量$\boldsymbol{b}$和$\boldsymbol{f}$,可以绘制出频度的直方图。注意,直方图得出的向量长度比$\boldsymbol{b}$向量长度短1,另外,调用bar()函数之前应该将$\boldsymbol{b}$向量后移半个子区间宽度。计算落入每个子区间数据点个数时建议使用新的histogram()函数,不建议使用早期版本的hist()函数。下面将通过例子演示直方图的表示方法。

例5-12 生成满足参数为$b = 1$的Rayleigh分布的30000×1伪随机数向量,并用直方图验证生成的数据是否满足期望的分布。

解 可以由raylrnd()函数生成30000×1的伪随机数向量,选择子区间刻度向量$\boldsymbol{x}$,这样可以通过histogram()函数计算每个子区间落入的数据个数,其结果的Values属性为落入每个子区间的点数。可以用函数bar()绘制近似概率密度函数,如图5-15所示。该图还叠印了Rayleigh分布的概率密度函数理论值,可以看出,二者的吻合度比较高。

```
>> b=1; p=raylrnd(1,30000,1); x=0:0.1:4;                        %子区间划分
   y=histogram(p,x); yy=y.Values/(30000*0.1);                   %直方图数据
   x0=x(1:end-1)+0.05; bar(x0,yy), y=raylpdf(x,1); line(x,y) %理论值
```

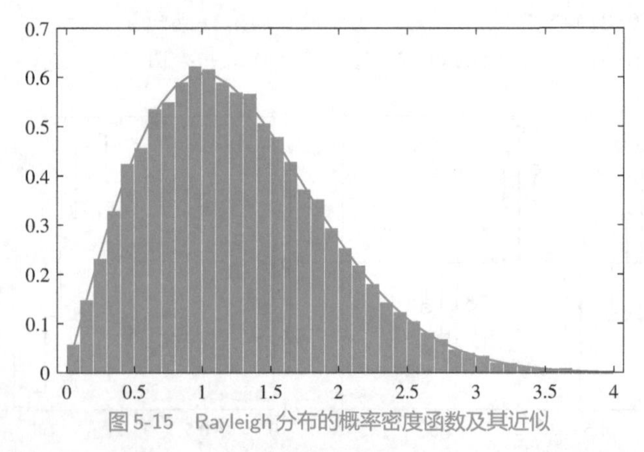

图5-15 Rayleigh分布的概率密度函数及其近似

由前面介绍的频度向量$\boldsymbol{f}$还可以绘制出饼图，调用格式为pie($\boldsymbol{f}$)。用饼图可以大致显示落入每个子区间点数的占比。

例5-13 仍考虑例5-12中的数据。绘制饼图不能像前面例子中分那么多子区间，否则绘制的饼图意义不大，可以将子区间分为$[0,0.5]$，$(0,5,1]$，$\cdots$，$(3.5,4]$，试绘制饼图表示数据的期间分布。

解 可以仿照上述方法先将频度向量计算出来，然后根据频度向量绘制出饼图，如图5-16所示。

```
>> b=1; p=raylrnd(1,30000,1);
   x=0:0.5:4; y=histogram(p,x);
   f=y.Values/30000; pie(f)
   f1=f*100
```

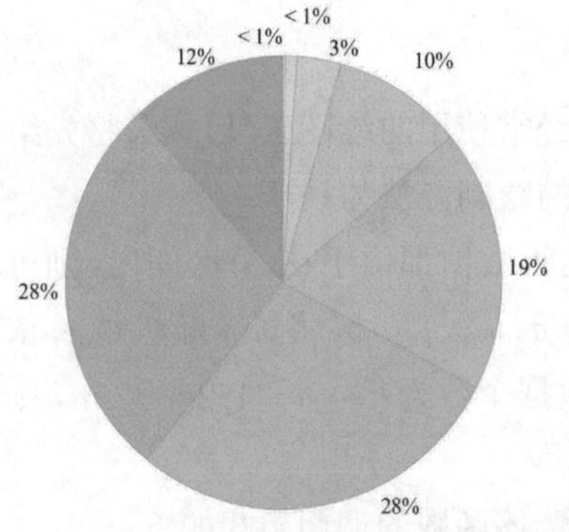

图5-16 Rayleigh分布的饼图表示

饼图显示虽然直观，但如果不对照频度数据很难看出哪个饼图分区对应于哪个子区间，所以同时还应该显示占比向量$\boldsymbol{f}_1=[11.5,28.2,27.8,19.1,8.9,3.4,0.8,0.2]\%$。

5.2.4 填充图

如果有一组坐标点$\mathrm{A}_1(x_1,y_1)$，$\mathrm{A}_2(x_2,y_2)$，$\cdots$，$\mathrm{A}_n(x_n,y_n)$，由A_1～A_n做折线，再由A_n～A_1做折线，构成一个封闭的形状，MATLAB提供的fill()函数可以对封闭形状的内部进行填充，得出填充图（filled plot）。该函数的调用格式为fill($\boldsymbol{x}$,$\boldsymbol{y}$,c)，其中c是颜色标识，例如，可以用'g'表示绿色，参考表5-1，c也可以是$[1,0,0]$这类的三原色表示，对应红色。

如果想让A_i这些坐标点与x轴围成封闭图形，且$\boldsymbol{x}$向量是从小到大或从大到小排列的向量，则可以在左右各补充一个点，分别为$(x_1,0)$和$(x_n,0)$，使得$\boldsymbol{x}=[x_1,\boldsymbol{x},x_n]$，$\boldsymbol{y}=[0,\boldsymbol{y},0]$，这样就可以由fill()函数获得填充图形了。

例5-14 考虑例5-12中的Rayleigh分布，试用填充颜色的方法表示出面积达到95%的概率密度函数曲线。

解 生成一个$x \in (0,4)$的行向量，得出相应的Rayleigh概率密度函数值。本例一个关键的步骤是得出95%面积的关键点，该点可以由逆概率密度函数raylinv()直接求出，记为x_0，由下面的语句可以得出$x_0 = 2.4477$。由于左端$x = 0$时概率密度的值为0，所以左侧不必补充点，现在看填充向量$\boldsymbol{x}_1$的右侧。先从$\boldsymbol{x}$向量中提取出$\boldsymbol{x} < x_0$的点，横坐标再补上两次x_0的值，在这两个x_0处相应的$\boldsymbol{y}$值一个是概率密度函数计算出来的函数值；另一个是0，确保围成区域是期望的区域。这样得出的曲线如图5-17所示。

```
>> x=0:0.1:4; b=1; y=raylpdf(x,b); x0=raylinv(0.95,b)
   ii=x<=x0; x1=[x(ii) x0, x0]; y1=[y(ii),raylpdf(x0,b),0];
   plot(x,y), hold on; fill(x1,y1,'c'), hold off
```

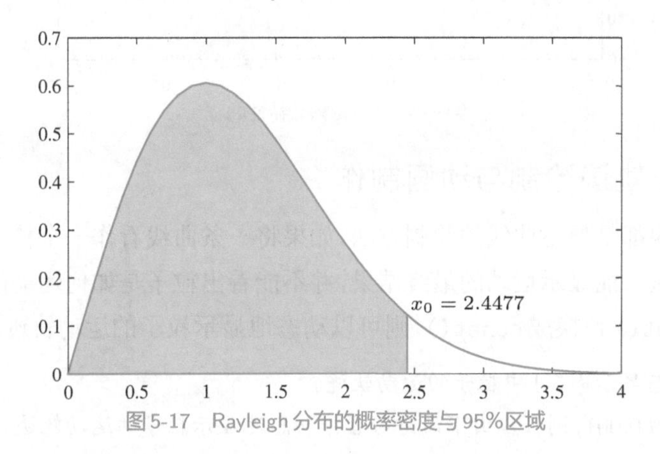

图5-17 Rayleigh分布的概率密度与95%区域

5.2.5 对数图绘制

在一些特定的领域内，如数字信号处理与自动控制等领域，经常需要对信号与系统做频域分析，而Bode图分析方法就是一种常用的频域分析方法。

Bode图是对系统$G(s)$在$s = \mathrm{j}\omega_1, \mathrm{j}\omega_2, \cdots, \mathrm{j}\omega_m$处的增益的描述，其中$\omega_k$称为频率点。增益$\boldsymbol{G}(\mathrm{j}\boldsymbol{\omega})$为复数向量，而复数采用的是幅值$|\boldsymbol{G}(\mathrm{j}\boldsymbol{\omega})|$与相位$\angle \boldsymbol{G}(\mathrm{j}\omega)$形式描述的。正常情况下，Bode图采用上下两幅图表示，分别表示幅值与频率的关系（幅频特性）、相位与频率的关系（相频特性）。频率坐标轴采用对数型坐标轴，幅值通过$20\lg|\boldsymbol{G}(\mathrm{j}\boldsymbol{\omega})|$变换，单位为分贝（dB），相位采用角度为单位。

如果绘制横坐标为对数坐标、纵坐标为线性坐标，则可以使用semilogx()函数直接绘制，而绘制纵坐标为对数坐标、横坐标为线性坐标的函数为semilogy()，两个坐标轴都是对数坐标的图形可以利用loglog()函数绘制。

例5-15 假设系统的传递函数如下，选择频率范围为$\omega \in (0.01, 1000)$，试绘制幅值与频率之间的Bode图。

$$G(s) = \frac{2(s^{0.4} - 2)^{0.3}}{\sqrt{s}(s^{0.3} + 3)^{0.8}(s^{0.4} - 1)^{0.5}}$$

解 一般情况下，频率点按照对数等间距的方式直接生成。这样，由给定的传递函数模型可以直接计算出以分贝为单位的幅值数据，半对数幅频特性曲线如图5-18所示。

```
>> G=@(s)2*(s.^0.4-2).^0.3./sqrt(s)./(s.^0.3+3).^0.8./(s.^0.4-1).^0.5;
   w=logspace(-2,3,100); M=20*log10(abs(G(1i*w))); %变换为分贝
```

```
semilogx(w,M)        %绘制半对数图,横轴为对数坐标,纵轴为线性坐标
```

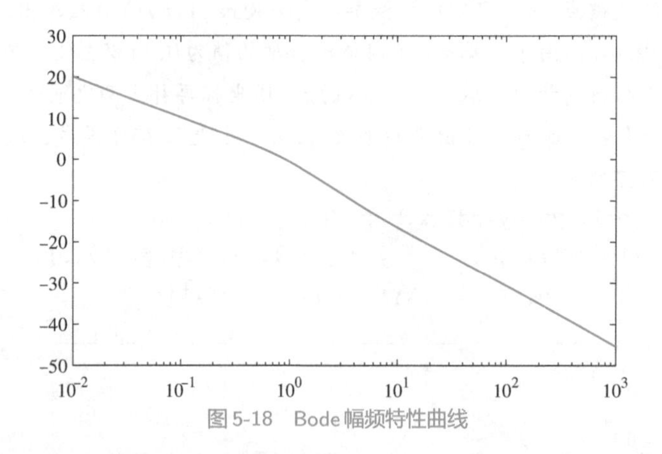

图5-18 Bode幅频特性曲线

5.2.6 动态轨迹绘制与动画制作

前面所介绍的都是静态曲线的绘制方法。如果将一条曲线看作一个粒子的运动轨迹，则用前面介绍的方法只能显示运动的最终结果，并不能看出粒子是如何运动的。如果将普通的曲线绘制函数`plot()`替换成`comet()`，则可以动态地显示粒子的运动轨迹。

例5-16 试动态显示例5-1中粒子的运动轨迹。

解 选择步距为0.001，则可以由下面语句直接动态地显示粒子的运动轨迹。

```
>> x=-pi:0.001:pi; y=sin(tan(x))-tan(sin(x)); comet(x,y)
```

前面所给出的绘图命令似乎可以直接绘制出所需的图形。不过可以考虑这样一种场景：如果一个绘图命令后面紧接一组耗时计算命令，则由MATLAB现有的执行机制看，图形绘制往往不能立即进行，需要在计算完成后才能将图形绘制出来，这样的执行机制不利于动画的处理。MATLAB提供了`drawnow`命令，强行暂缓后面的计算命令，直接完成图形绘制任务后再开始后续命令，利用这样的方法可以实现动画的处理。

动画处理的另一个关键是如何更新图形的数据点位置，让其动起来。如果调用`plot()`函数返回句柄，则曲线对象的数据存储在`XData`和`YData`属性中，可以更新图形数据点的位置信息，实现动画的效果。下面通过例子演示动画处理方法。

例5-17 考虑Brown运动的一群粒子，粒子个数$n=30$，观察的区域$[-30,30]$，每个粒子的位置可以由$x_{i+1,k}=x_{i,k}+\sigma\Delta x_{i,k}$，$y_{i+1,k}=y_{i,k}+\sigma\Delta y_{i,k}$，$k=1,2,\cdots,n$，其中，$\sigma$为比例因子，增量$\Delta x_{i,k}$和$\Delta y_{i,k}$满足标准正态分布。试用动画的方法模拟粒子的Brown运动。

解 标准正态分布的随机数可以由`randn()`函数直接生成，取比例因子$\sigma=0.3$，则可以在死循环下由向量化方法模拟。由于这里用到了死循环，所以可按Ctrl+C组合键强行终止程序的运行。

```
>> n=30; x=randn(1,n); y=randn(1,n); s=0.3;   %生成伪随机数
   figure(gcf), hold off; %当前的窗口提前,若没有当前窗口则打开新窗口
   h=plot(x,y,'o'); axis([-30,30,-30,30])    %固定坐标系范围
   while (1)                                  %死循环结构模拟动画
      x=x+s*randn(1,n); y=y+s*randn(1,n);     %计算粒子新位置
```

```
    h.XData=x; h.YData=y; drawnow          %改写粒子位置并立即更新
end
```

5.2.7 图形窗口的分割

在实际应用中，还可以根据需要将MATLAB的图形窗口划分为若干个区域，在每个区域内绘制出不同的图形。本节将介绍规范的分区方法与不规则的分区方法，并通过例子演示这样的方法及其应用。

规范分区就是将整个图形窗口分割为$m \times n$个均匀的分区，以便在每个分区绘制出不同的图形。规范分割方法在实际应用中是很常用的。MATLAB提供的subplot()函数可以直接用于图形窗口的分割，其调用格式为subplot(m,n,k)，其中k是需要绘图的分区编号，该编号是按行计算的。该函数还可以带一个返回变量h=subplot(m,n,k)，其中h为该分区坐标系的句柄。

例5-18 试绘制例5-15中分数阶系统$G(s)$的Bode图。

解 Bode图将图形窗口分为上下两个部分，所以比较适合使用subplot()函数分割——分割成2×1的区域，上面的区域是1，下面的是2。分割完成之后就可以在两个部分分别绘制幅频特性与相频特性曲线了。幅频特性可以完全使用例5-15的代码，相频特性需要重新计算，得出的结果如图5-19所示。

```
>> G=@(s)2*(s.^0.4-2).^0.3./sqrt(s)./(s.^0.3+3).^0.8./(s.^0.4-1).^0.5;
   w=logspace(-2,3,100); subplot(211)                %或subplot(2,1,1)
   G0=G(1i*w); M=20*log10(abs(G0)); semilogx(w,M)    %幅频特性
   subplot(212), P=angle(G0)*180/pi; semilogx(w,P)   %相频特性
```

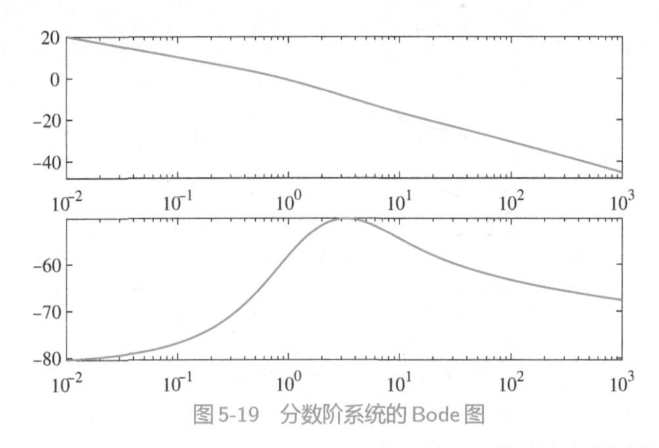

图5-19 分数阶系统的Bode图

不规则分区是指利用图形窗口的“插入→坐标区”菜单项，允许用户用鼠标在图形窗口中画出任意的坐标系，这样，用户就可以在新坐标系绘制图形。

5.3 MATLAB三维绘图

有些数学函数和数据的三维图可以由三维坐标系下的曲线表示，有些需要用三维曲面表示，这完全取决于数学函数与数据的形式和意义。本节将侧重介绍三维曲线的表示方法。

5.3.1 三维曲线绘制

考虑一个在三维空间运动的质点，如果这个质点在t时刻的空间位置由参数方程$x(t)$、$y(t)$、$z(t)$表示，则这个质点的轨迹就可以看成一条三维曲线。

MATLAB中的二维曲线绘制函数`plot()`可以扩展到三维曲线的绘制中。这时可以用`plot3()`函数绘制三维曲线。该函数的调用格式为

plot3($\boldsymbol{x}$,$\boldsymbol{y}$,$\boldsymbol{z}$)

plot3($\boldsymbol{x}_1$,$\boldsymbol{y}_1$,$\boldsymbol{z}_1$, 选项 1,$\boldsymbol{x}_2$,$\boldsymbol{y}_2$,$\boldsymbol{z}_2$, 选项 2,$\cdots$,$\boldsymbol{x}_m$,$\boldsymbol{y}_m$,$\boldsymbol{z}_m$, 选项 m)

其中“选项”和二维曲线绘制的完全一致，如表5-1所示。$\boldsymbol{x}$、$\boldsymbol{y}$、$\boldsymbol{z}$为时刻$\boldsymbol{t}$的空间质点的坐标构成的向量。

相应地，类似于二维曲线绘制函数，MATLAB还提供了其他的三维曲线绘制函数，如`stem3()`可以绘制三维火柴杆型曲线，`fill3()`可以绘制三维的填充图形，`bar3()`可以绘制三维的直方图等。如果采用`comet3()`函数将得出动态的轨迹显示。这些函数的调用格式可以参见其二维曲线绘制函数原型。

例5-19 试绘制参数方程$x(t)=t^3\mathrm{e}^{-t}\sin 3t, y(t)=t^3\mathrm{e}^{-t}\cos 3t, z=t^2$的三维曲线。

解 若想绘制该参数方程的曲线，可以先定义一个时间向量$\boldsymbol{t}$，由其计算出$\boldsymbol{x}$、$\boldsymbol{y}$、$\boldsymbol{z}$向量，并用函数`plot3()`绘制出三维曲线，如图5-20所示。注意，这里应该采用点运算。

```
>> t=0:0.01:2*pi;         %构造时间向量,注意下面的点运算
   x=t.^3.*exp(-t).*sin(3*t); y=t.^3.*exp(-t).*cos(3*t); z=t.^2;
   plot3(x,y,z), grid  %三维曲线绘制,并绘制坐标系网格
```

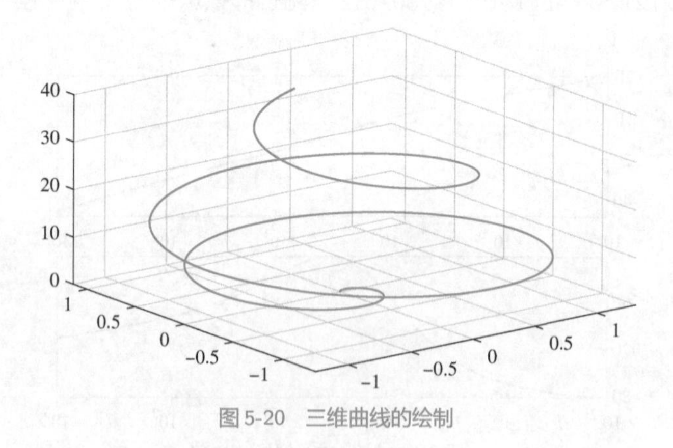

图5-20 三维曲线的绘制

5.3.2 三维参数方程的曲线绘制

如果已知三维函数的参数方程$x(t)$、$y(t)$、$z(t)$，还可以使用`fplot3()`函数直接绘制三维函数的曲线，该函数的调用格式为

fplot3(f_x,f_y,f_z), fplot3(f_x,f_y,f_z,[t_{m},t_{M}])

其中f_x、f_y和f_z为参数方程的数学表示形式，可以是符号表达式，也可以是匿名函数表达式。参数t的默认区间为$[0,5]$。

例5-20 重新考虑例5-19的空间质点函数，试由数学公式直接绘制三维曲线。

解 将参数方程用符号表达式表示，则可以给出如下的命令，这样，由fplot3()函数可以得出与例5-19完全一致的结果。

```
>> syms t; x=t^3*exp(-t)*sin(3*t);
   y=t^3*exp(-t)*cos(3*t); z=t^2; fplot3(x,y,z,[0,2*pi])
```

参数方程还可以由匿名函数表示，由下面的语句可以绘制出同样的三维曲线。

```
>> x=@(t)t.^3.*exp(-t).*sin(3*t); y=@(t)t.^3.*exp(-t).*cos(3*t);
   z=@(t)t.^2; fplot3(x,y,z,[0,2*pi]);
```

5.3.3 三维曲面绘制

如果已知二元函数 $z = f(x,y)$，则可以考虑先在 xy 平面生成一些网格点，然后求出每个点处的函数值 z，这样就可以由这些信息绘制三维图了。

例3-13演示了MATLAB提供的meshgrid()函数生成网格的方式与矩阵的生成格式，由该函数可以生成两个矩阵 $\boldsymbol{x}$ 与 $\boldsymbol{y}$，将两个矩阵重叠在一起正好形成了每个网格点的 x 与 y 坐标值，这时如果函数 $z=f(x,y)$ 已知，则可以直接用点运算的方式计算出每个网格点的函数值矩阵 $\boldsymbol{z}$。有了这三个矩阵，就可以调用MATLAB提供的mesh()与surf()函数直接绘制三维数据的网格图与表面图。这两个函数的调用格式为mesh($\boldsymbol{x}$,$\boldsymbol{y}$,$\boldsymbol{z}$)或surf($\boldsymbol{x}$,$\boldsymbol{y}$,$\boldsymbol{z}$)。surf()函数还可以返回曲面的句柄，这样就可以对得出的曲面进行进一步的操作处理。

例5-21 给出二元函数 $z = f(x,y) = (x^2 - 2x)\mathrm{e}^{-x^2-y^2-xy}$，其中，$-3 \leqslant x \leqslant 2, -2 \leqslant y \leqslant 2$，试绘制该函数的三维表面图形。

解 选择步距为0.1，可以调用meshgrid()函数生成 xy 平面的网格矩阵 $\boldsymbol{x}$、$\boldsymbol{y}$。然后由给出的公式计算出曲面的 $\boldsymbol{z}$ 矩阵。最后调用surf()函数绘制曲面的三维表面图，如图5-21所示。

```
>> [x,y]=meshgrid(-3:0.1:2,-2:0.1:2);      %生成xy平面的网格矩阵x、y
   z=(x.^2-2*x).*exp(-x.^2-y.^2-x.*y);     %计算高度矩阵z
   surf(x,y,z)                             %绘制三维表面图
```

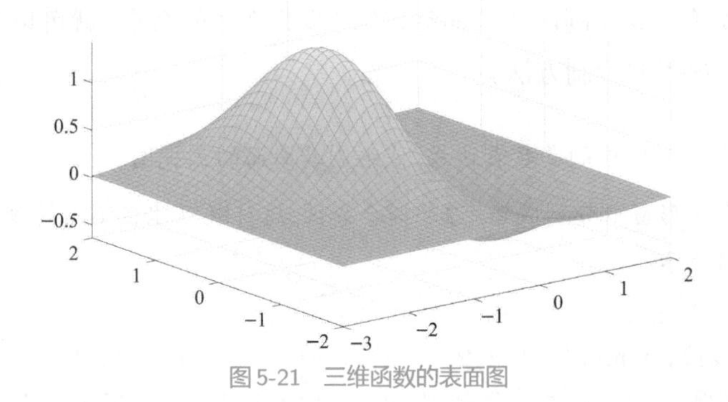

图5-21 三维函数的表面图

如果二元函数的解析表达式已知，还可以采用fsurf()直接绘制函数的曲面，该函数的调用格式为fsurf(f)或fsurf(f,[x_m,x_M,y_m,y_M])，其中，f 为二元函数的符号表达式或匿名函数句柄，函数绘制的默认区域为 $-5 \leqslant x,y \leqslant 5$。

例5-22 试用fsurf()函数绘制例5-21函数的三维曲面。

解 可以用符号表达式描述给定的函数，然后调用fsurf()函数绘制函数的表面图，其结果与图5-21中给出的结果完全一致。

```
>> syms x y; f=(x^2-2*x)*exp(-x^2-y^2-x*y); %给出符号表达式
   fsurf(f,[-3,2,-2,2])                      %在指定区域内绘制曲面图
```

当然，还可以由下面的匿名函数表示给定的函数，替代上面语句的 f。由该函数调用上述的fsurf()函数，也能得出完全一致的结果。

```
>> f=@(x,y)(x.^2-2*x).*exp(-x.^2-y.^2-x.*y); fsurf(f,[-3,2,-2,2])
```

5.3.4 视角设置

单击MATLAB图形窗口的坐标系工具栏（图5-10(c)）中的图标，则可以用拖动鼠标的方法直接修改三维图的视角（viewpoint），用可视的方法直接调整为期望的视角。也可以调用view()函数进行设置。

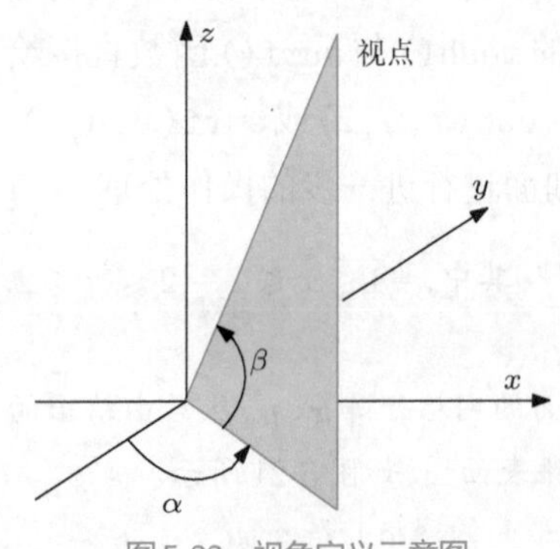

图5-22 视角定义示意图

MATLAB三维图形视角的定义如图5-22所示，视角是由两个角度唯一描述的，这两个角度分别为方位角与仰角，其中，方位角 α 定义为视点与原点连线在 xy 平面投影线与 y 轴负方向之间的夹角，默认值为 $\alpha=-37.5°$，仰角 β 定义为视点与原点连线和 xy 平面的夹角，默认值为 $\beta=30°$。MATLAB中的当前的视角可以由 $[\alpha,\beta]$=view(3) 语句读出，如果想改变视角来观察曲面，则可以给出 view(α,β) 命令。

在工程制图领域经常需要绘制物体的三视图，其中，俯视图是从上往下看，显然，这时仰角为90°，方位角为0°，所以，可以由命令view(0,90)直接设置视角；类似地，还可以分别由view(0,0)和view(90,0)命令定义主视图和右侧视图。这样由surf()等命令绘制函数曲面后，给出修改视角的命令，就可以得出其三视图。下面通过例子演示三视图的绘制方法。

例5-23 仍考虑例5-21中的函数表达式，试绘制其曲面的三视图。

解 可以将整个图形窗口分割成 2×2 的四个分区，这样就可以在不同的命令在相应的分区绘制三视图，如图5-23所示。

```
>> syms x y; f=(x^2-2*x)*exp(-x^2-y^2-x*y);
   subplot(221), fsurf(f,[-3,2,-2,2]), view(0,90)  %俯视图
   subplot(222), fsurf(f,[-3,2,-2,2]), view(-90,0) %右侧视图
   subplot(223), fsurf(f,[-3,2,-2,2]), view(0,0)   %主视图
   subplot(224), fsurf(f,[-3,2,-2,2])              %三维表面图
```

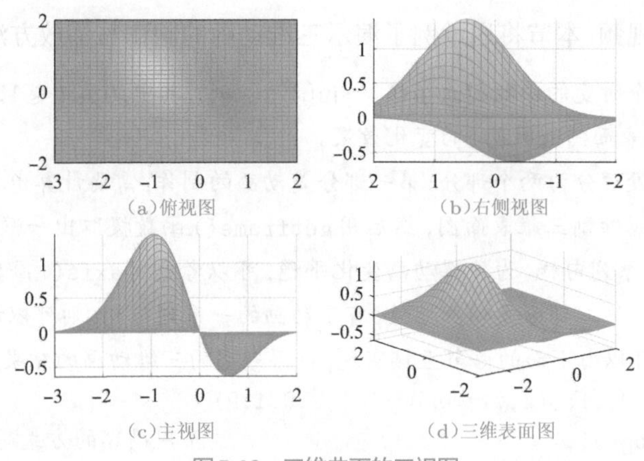

图5-23 三维曲面的三视图

5.3.5 二元参数方程的曲面绘制

前面介绍了带有单个自变量的参数方程，该参数方程对应的是三维曲线。如果参数方程带有两个自变量u、v，三维参数方程的数学形式为

$$x = f_x(u,v),\ y = f_y(u,v),\ z = f_z(u,v) \tag{5-2}$$

且$u_\mathrm{m} \leqslant u \leqslant u_\mathrm{M}$，$v_\mathrm{m} \leqslant v \leqslant v_\mathrm{M}$，则由`fsurf(`$f_x$`,`$f_y$`,`$f_z$`,[`$u_\mathrm{m}$`,`$u_\mathrm{M}$`,`$v_\mathrm{m}$`,`$v_\mathrm{M}$`])`函数可以直接绘制三维表面图，其中，$u$、$v$变量的默认区间为$(-5,5)$。使用早期版本的MATLAB还可以尝试**ezsurf()**函数绘制表面图，不过不建议使用该函数。

例5-24 著名的Möbius带可以由数学模型$x=\cos u+v\cos u\cos u/2$，$y=\sin u+v\sin u\cos u/2$，$z=v\sin u/2$描述。如果$0\leqslant u\leqslant 2\pi$，$-0.5\leqslant v\leqslant 0.5$，试绘制Möbius带的三维表面图。

解 首先需要声明两个符号变量u、v，并将参数方程输入MATLAB环境中，这样就可以由下面的语句直接绘制Möbius带，得出如图5-24所示的表面图。

```
>> syms u v; x=cos(u)+v*cos(u)*cos(u/2); y=sin(u)+v*sin(u)*cos(u/2);
   z=v*sin(u/2); fsurf(x,y,z,[0,2*pi,-0.5,0.5]) % Möbius带的绘制
```

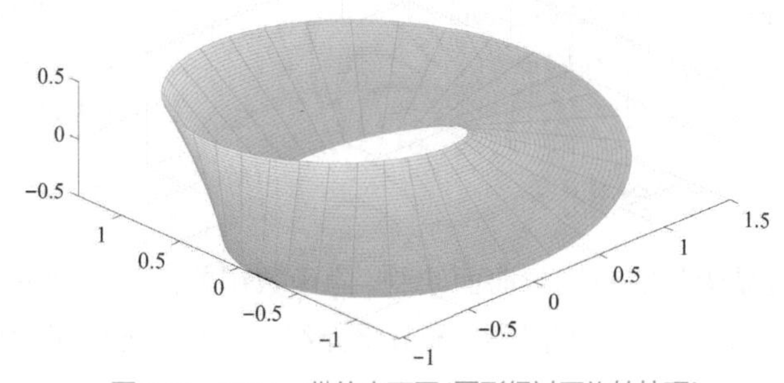

图5-24 Möbius带的表面图(图形经过了旋转处理)

5.3.6 三维动画的制作与播放

若某个三维曲面图是时间的函数，则由`getframe`命令提取每个时间样本点绘制的三维曲面句柄，这样就可以提取一系列句柄。有了句柄就可以调用**movie()**函数制作三维动画

(3D animation)的视频。本节将通过例子演示三维动画的制作与播放方法。

例5-25 考虑一个时变的函数 $z(x,y,t)=\sin(x^2t+y^2)$,其中,$0\leqslant t\leqslant 1$,$-2\leqslant x,y\leqslant 2$,试用动画的方式表示函数表面图随时间 t 的变化效果。

解 三维动画的处理分为两个部分:第一部分是动画的制作,需要计算出各个时刻的曲面图数据,由每个时刻的数据绘制三维表面图,然后用getframe()函数提取出一帧图像的句柄,通过这样的方法可以获得一系列句柄。为使得动画变化平稳,可以考虑用axis()函数将每帧动画固定在相同的坐标系范围内。第二部分是动画播放,有了动画的一系列句柄,则可以调用movie()函数播放动画。前面的叙述可以由下面的语句直接实现,获得期望的三维动画的结果。

```
>> t=linspace(0,1); [x,y]=meshgrid(-2:0.1:2);
   for i=1:length(t)                              %用循环的方式对每个时刻单独处理
      z=sin(x.^2*t(i)+y.^2); surf(x,y,z);        %绘制三维表面图
      axis([-2,2,-2,2,-1,1]); h(i)=getframe;     %提取一帧图像
   end
   figure, movie(h)                               %三维动画的直接播放
```

值得指出的是,getframe()函数不仅可以提取三维的帧,如果绘制二维曲线图也可以用该函数提取一帧,所以可以用该函数将二维图形制作成动画的形式显示出来。此外,VideoWriter()函数可以打开一个视频文件,writeVideo()函数可以往视频文件中写入一帧视频,下面将通过例子演示动画视频的制作过程。

例5-26 试将例5-17中的Brown二维运动动画制作成视频文件。

解 假设运动200步,则由下面的命令生成动画数据,并制作动画的视频文件,这些语句调用结束后将在当前文件夹下生成brown.avi文件,可以用任意媒体播放器播放。

```
>> n=30; x=randn(1,n); y=randn(1,n); s=0.3;      %生成初始位置
   figure(gcf), hold off; %当前的窗口提前,若没有当前窗口则打开新窗口
   h=plot(x,y,'o'); axis([-30,30,-30,30])
   vid=VideoWriter('brown.avi'); open(vid);       %打开空白的视频文件
   for k=1:200                                     %移动200步的模拟动画
      x=x+s*randn(1,n); y=y+s*randn(1,n);         %更新粒子位置
      h.XData=x; h.YData=y; drawnow                %生成并绘制一帧图片
      hVid=getframe; writeVideo(vid,hVid);        %获得并写入一帧视频
   end, close(vid)                                 %关闭完成视频文件
```

5.4 隐函数绘制

前面介绍的都是显函数的曲线与曲面绘制,隐函数用前面介绍的方法是不能直接绘制的,必须使用专门的隐函数图形绘制方法。本节将介绍二元与三元隐函数的图形绘制方法。

5.4.1 二维隐函数曲线绘制

隐函数(implicit function)即满足 $f(x,y)=0$ 方程的 x 和 y 之间的关系式。用前面介绍的曲线绘制方法显然会有问题。例如,很多隐函数无法求出 x 和 y 之间的显式关系,所以无法先定义一个 $\boldsymbol{x}$ 向量再求出相应的 $\boldsymbol{y}$ 向量,从而不能采用plot()函数绘制曲线。另外,即使

能求出 x、y 之间的显式关系，但可能不是单值函数，因此绘制也是很麻烦的。前面介绍的显函数绘制命令 `fplot()` 也不能绘制隐函数曲线。

MATLAB提供的 `fimplicit()` 函数可以直接绘制隐函数曲线，该函数的调用格式为 `fimplicit(隐函数表达式)`，其中，"隐函数表达式"既可以是符号表达式，也可以是点运算描述的匿名函数。用户还可以指定绘图范围 `fimplicit(隐函数表达式,[`x_m`,`x_M`])`，得出可读性更好的曲线。坐标轴范围的默认区间为 $[-5,5]$。

早期版本的MATLAB还提供了绘制二元隐函数曲线的实用函数 `ezplot()`，其调用格式与 `fimplicit()` 函数接近，还可以用字符串描述隐函数方程。不过，`ezplot()` 函数不能处理由 `piecewise()` 语句描述的分段函数模型。下面将通过例子演示 `fimplicit()` 函数的使用方法。

例5-27 试绘制隐函数 $y^2\cos(x+y^2)+x^2\mathrm{e}^{x+y}=0$ 在 $(-2\pi,2\pi)$ 的曲线。

解 从给出的函数可见，无法用解析的方法写出该函数，所以不能用前面给出的 `plot()` 函数绘制出该函数的曲线。可以给出如下的MATLAB命令，绘制出如图5-25(a)所示的隐函数曲线。可见，隐函数绘制是很简单的，只须将隐函数原原本本地表示出来，就能直接得出相应的曲线。

```
>> syms x y; f=y^2*cos(x+y^2)+x^2*exp(x+y); %符号表达式描述
   fimplicit(f,[-2*pi,2*pi])                %在指定的范围内绘制隐函数曲线
```

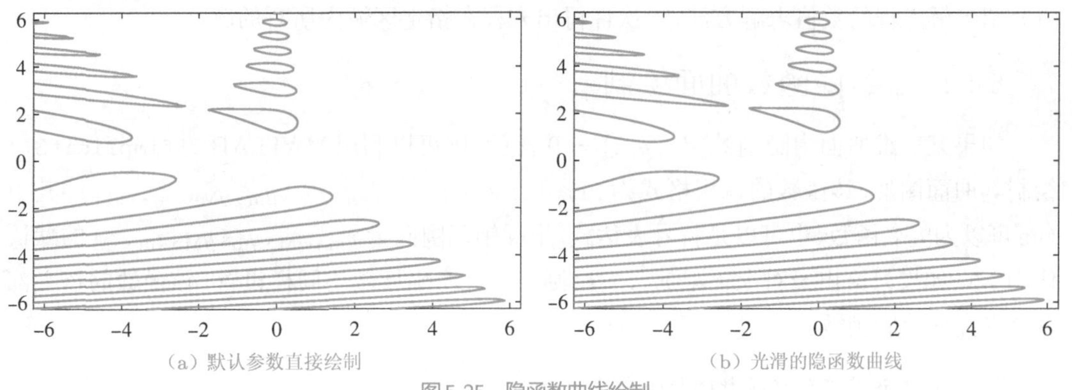

(a) 默认参数直接绘制　　(b) 光滑的隐函数曲线

图5-25 隐函数曲线绘制

从得出的曲线看，默认设置下得到的曲线不平滑，有些地方有毛刺，故可以修改 `MeshDensity` 参数，将其设置为1000，绘制出如图5-25(b)所示的光滑隐函数曲线。

```
>> fimplicit(f,[-2*pi,2*pi],'MeshDensity',1000) %绘制光滑的隐函数曲线
```

还可以使用下面的匿名函数形式描述隐函数，注意，应该使用点运算描述向量运算。描述了函数之后，绘制命令 `fimplicit()` 与前面介绍的是完全一致的。

```
>> f=@(x,y)y.^2.*cos(x+y.^2)+x.^2.*exp(x+y); %匿名函数，点运算
```

例5-28 试用隐函数绘制的方法求解联立方程组在 $-2\pi\leqslant x,y\leqslant 2\pi$ 范围内的解。

$$\begin{cases} x^2\mathrm{e}^{-xy^2/2}+\mathrm{e}^{-x/2}\sin(xy)=0\\ y^2\cos(y+x^2)+x^2\mathrm{e}^{x+y}=0\end{cases}$$

解 上面的每个方程都可以看作一个隐函数，这样就可以用 `fimplicit()` 函数同时绘制这两个隐函数，得出如图5-26所示的隐函数曲线。这样，两组曲线的每个交点都是联立方程的解(这是

习题1.8的解答。)

```
>> syms x y; f1=x^2*exp(-x*y^2/2)+exp(-x/2)*sin(x*y);
   f2=y^2*cos(y+x^2)+x^2*exp(x+y);
   fimplicit([f1,f2],[-2*pi,2*pi],'MeshDensity',1000)
```

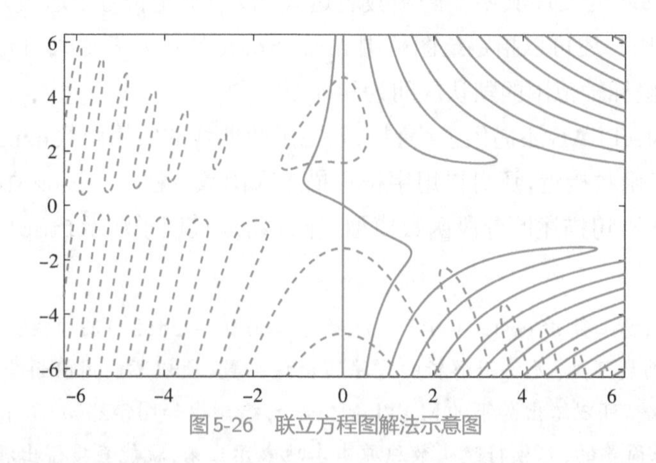

图5-26 联立方程图解法示意图

如果对某个交点处的解感兴趣，可以考虑采用局部放大的方法读出解的x,y值，这种方法称为图解法。不过，若想利用图解法逐一求出图中所有交点处的解是极其麻烦的，第9章将介绍多解方程的数值求解方法，一次性得出方程在指定区域内所有的解。

5.4.2 三维隐函数曲面绘制

如果某三维曲面由隐函数$g(x,y,z)=0$表示，则可以利用MATLAB的`fimplicit3()`绘制其曲面图形，该函数的调用格式为`fimplicit3(fun,[`$x_\mathrm{m},x_\mathrm{M},y_\mathrm{m},y_\mathrm{M},z_\mathrm{m},z_\mathrm{M}$`])`，其中`fun`可以为匿名函数、也可以是符号表达式，坐标轴范围向量x_m、x_M、y_m、y_M、z_m、z_M的默认值为±5。如果只给出一对上下限x_m、x_M，则表示三个坐标轴均同样设置。该函数的核心部分是等高面绘制函数。

例5-29 假设某三维隐函数的数学表达式为

$$x(x,y,z)=x\sin\left(y+z^2\right)+y^2\cos\left(x+z\right)+zx\cos\left(z+y^2\right)=0$$

且感兴趣的区域为$x,y,z\in(-1,1)$，试绘制其三维曲面。

解 用符号表达式或匿名函数的方式都可以描述原始的隐函数，二者作用相同。用下面语句就可以直接绘制出该隐函数的三维曲面图，如图5-27(a)所示。

```
>> syms x y z; f=x*sin(y+z^2)+y^2*cos(x+z)+z*x*cos(z+y^2);
   fimplicit3(f,[-1 1]) %三维隐函数曲面绘制
```

其实，三元隐函数还可以用匿名函数描述，得出的结果是一致的。

```
>> f=@(x,y,z)x.*sin(y+z.^2)+y.^2.*cos(x+z)+z.*x.*cos(z+y.^2);
   fimplicit3(f,[-1,1])
```

还可以在原曲面上叠印单位球面$x^2+y^2+z^2=1$，如图5-27(b)所示。

```
>> f1=x^2+y^2+z^2-1; fimplicit3([f f1],[-1 1]); %叠印两个曲面
```

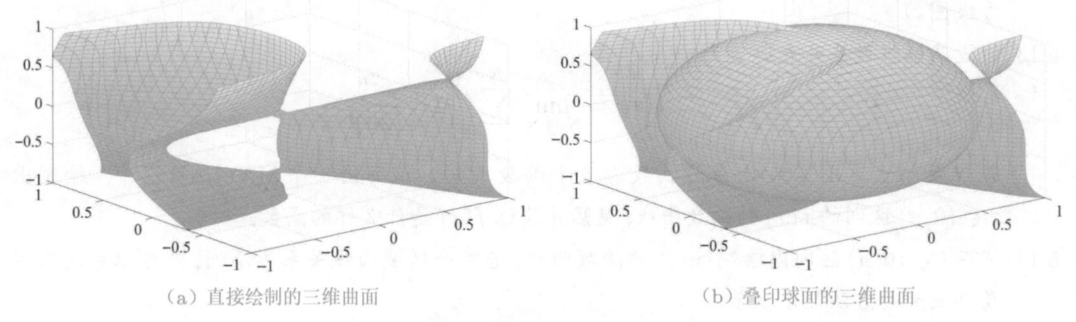

(a) 直接绘制的三维曲面　　(b) 叠印球面的三维曲面

图5-27 隐函数三维曲面绘制

5.5 习题

5.1 试绘制函数曲线 $y(x) = \sin\pi x/(\pi x)$，其中 $x \in (-4, 4)$。

5.2 选择合适的步距绘制出图形 $\sin 1/t$，其中 $t \in (-1, 1)$。

5.3 选择合适的步距，绘制 $\tan t$ 曲线，$t \in (-\pi, \pi)$，并观察不连续点的处理方法。

5.4 试绘制下面的函数曲线：

(1) $f(x) = x\sin x, x \in (-50, 50)$，(2) $f(x) = x\sin 1/x, x \in (-1, 1)$

5.5 试选择合适的 t 范围，绘制 $x = \sin t, y = \sin 2t$ 的曲线，如果有一个质点在该曲线上运动，试绘制其运动的动态显示。

5.6 试在 $t \in (0, 2\pi)$ 区间内在同一坐标系下绘制三条曲线 $\sin x$、$\sin 2x$、$\sin 3x$。

5.7 用MATLAB语言的基本语句显然可以立即绘制一个正三角形。试结合循环结构，编写一个小程序，在同一个坐标系下绘制出该正三角形绕其中心旋转后得出的一系列三角形，还可以调整旋转步距观察效果。

5.8 试在区间 $-50 \leqslant x, y \leqslant 50$ 内绘制 $x\sin x + y\sin y = 0$ 的曲线。

5.9 试绘制分段函数的曲线

$$y(t) = \begin{cases} \sin t + \cos t, & t \leqslant 0 \\ \tan t, & t > 0 \end{cases}$$

5.10 已知正态分布的概率密度函数为 $p(x) = \dfrac{1}{\sqrt{2\pi}\sigma}\mathrm{e}^{-(x-\mu)^2/(2\sigma^2)}$，其中 μ 为均值，σ 为方差，试绘制不同 μ、σ 参数下的概率密度函数曲线。

5.11 试按照下面的规则构造某序列的前40项，再用 `stem()` 函数显示序列变化趋势。

$$x_k = 1 + \frac{1}{2} + \frac{1}{3} + \cdots + \frac{1}{k} - \ln k$$

5.12 已知迭代模型如下，且迭代初值为 $x_0 = 0$，后续各点可以递推求出 $y_0 = 0$。

$$\begin{cases} x_{k+1} = 1 + y_k - 1.4x_k^2 \\ y_{k+1} = 0.3x_k \end{cases}$$

如果取迭代初值为 $x_0 = 0, y_0 = 0$，那么进行30000次迭代求出一组 $\boldsymbol{x}$ 和 $\boldsymbol{y}$ 向量，然后在所有的 x_k 和 y_k 坐标处点亮一个点（注意不要连线），最后绘制出所需的图形。（提示：这样绘制出的图形又称为Hénon引力线图，它将迭代出来的随机点吸引到一起，最后得出貌似连贯的引力线图。）

5.13 假设某幂级数展开表达式为

$$f(x)=\lim_{N\to\infty}\sum_{n=1}^{N}(-1)^n\frac{x^{2n}}{(2n)!}$$

若N足够大，则幂级数$f(x)$收敛为某个函数$\hat{f}(x)$。试写出一个MATLAB程序，绘制出$x\in(0,\pi)$区间的$\hat{f}(x)$的函数曲线，观察并验证$\hat{f}(x)$是什么样的函数。

5.14 试在$t\in(0,\pi)$区间内绘制$\sin t^2$的函数曲线，若某个区域曲线关系不清晰，则可以考虑采用局部放大的方法显示细节。

5.15 分别选取合适的θ范围，绘制出下列极坐标图形：

（1）$\rho=1.0013\theta^2$，（2）$\rho=\cos 7\theta/2$，（3）$\rho=\sin\theta/\theta$，（4）$\rho=1-\cos^3 7\theta$

5.16 试绘制参数方程曲线$x=(1+\sin 5t/5)\cos t, y=(1+\sin 5t/5)\sin t, t\in(0,2\pi)$。如果将参数方程中的5替换成其他数值会得出什么结果。

5.17 用图解的方式求解下面联立方程的近似解：

（1）$\begin{cases}x^2+y^2=3xy^2\\x^3-x^2=y^2-y\end{cases}$ （2）$\begin{cases}\mathrm{e}^{-(x+y)^2+\pi/2}\sin(5x+2y)=0\\(x^2-y^2+xy)\mathrm{e}^{-x^2-y^2-xy}=0\end{cases}$

5.18 已知正弦函数$y=\sin(\omega t+20^\circ), t\in(0,2\pi), \omega\in(0.01,10)$，试绘制当$\omega$变化时正弦函数曲线的动画。

5.19 已知某空间质点的运动方程为$x(t)=\cos t+t\sin t$，$y(t)=\sin t-t\cos t$，$z(t)=t^2$，且$t\in(0,2\pi)$，试绘制该空间质点的运动轨迹，并绘制出该质点随时间变化的动态轨迹。

5.20 试分别绘制出xy、$\sin xy$和$\mathrm{e}^{2x/(x^2+y^2)}$的三维表面图。

5.21 试绘制函数的三维表面图$f(x,y)=\sin\sqrt{x^2+y^2}/\sqrt{x^2+y^2}, -8\leqslant x,y\leqslant 8$。

5.22 试绘制下列参数方程的三维表面图[19]。

（1）$x=2\sin^2 u\cos^2 v, y=2\sin u\sin^2 v, z=2\cos u\sin^2 v, -\pi/2\leqslant u,v\leqslant\pi/2$

（2）$x=u-u^3/3+uv^2, y=v-v^3/3+vu^2, z=u^2-v^2, -2\leqslant u,v\leqslant 2$

5.23 试绘制下面函数的表面图，还可以使用`waterfall()`、`surfc()`、`surfl()`等函数并观察效果。

（1）$z=xy$，（2）$z=\sin x^2y^3$，（3）$z=\dfrac{(x-1)^2y^2}{(x-1)^2+y^2}$，（4）$z=-xy\,\mathrm{e}^{-2(x^2+y^2)}$

5.24 已知$x=u\sin t, y=u\cos t, z=t/3, t\in(0,15), u\in(-1,1)$，试绘制参数方程的曲面。

5.25 在图形绘制语句中，若函数值为不定式`NaN`，则相应的部分不绘制出来。试利用该规律绘制$z=\sin xy$的表面图，并剪切$x^2+y^2\leqslant 0.5^2$的部分。

5.26 试绘制$x(z,y)=(z^2-2z)\mathrm{e}^{-z^2-y^2-zy}$的三维曲面。

5.27 若已知$x=\cos t(3+\cos u), y=\sin t(3+\cos u), z=\sin u$，且$t\in(0,2\pi), u\in(0,2\pi)$，试绘制表面图。

5.28 已知二元函数$f(x,y)=x\sin(1/y)+y\sin(1/x)$，试用图形方法研究$(x,y)$在$(0,0)$点附近的行为。

5.29 试绘制复杂隐函数曲线$(r-3)\sqrt{r}+0.75+\sin 8\sqrt{r}\cos 6\theta-0.75\sin 5\theta=0$，其中$r=x^2+y^2$，$\theta=\arctan(y/|x|)$。

5.30 试绘制出三维隐函数 $(x^2+xy+xz)\mathrm{e}^{-z}+z^2yx+\sin(x+y+z^2)=0$ 的曲面。

5.31 试绘制两个曲面 $x^2+y^2+z^2=64, y+z=0$ 并观察其交线。

5.32 MATLAB 提供的 treeplot() 函数可以绘制树图。例如，图 4-7 给出的二叉树图可以由下面语句直接绘制。

```
>> nodes=[0,1,1,2,2,3,3,4,4,5,5,6,6,8,8]; treeplot(nodes)
```

试理解上面语句的实际含义，并扩展该图形，绘制 Fibonacci 序列的 7 级二叉树结构，并编写函数绘制 k 级二叉树图。

第6章 MATLAB的面向对象编程

CHAPTER 6

前面介绍了多种程序设计的方法，不过程序的总体形式都属于常规的程序。本章介绍全新的编程方法——面向对象的编程方法。首先介绍类的设计与使用方法，然后介绍图形用户界面与应用程序（App）的设计方法。

6.1节介绍面向对象编程的基础知识，引入面向对象编程的基本概念与入门知识，介绍面向对象编程的必要性，并指出面向对象编程与传统编程在机制上的区别。6.2节介绍类的概念与设计方法，将以一个特殊的多项式——伪多项式为例演示类的实际编程与显示方法。并介绍类的算术运算方法与程序实现，仍以伪多项式为例演示类的加、减、乘与乘方方法的MATLAB的程序实现。6.3节介绍App的基本知识和设计工具，首先介绍标准对话框的使用方法，然后介绍App程序界面开发工具App Designer的使用方法。

6.1 面向对象程序的基本概念

面向对象的编程技术（object oriented programming）是一种重要的计算机编程方法，该方法基于“对象”的概念，编写出相应的程序。MATLAB较好地实现了面向对象的编程机制。本节将给出面向对象编程的基本概念与基础知识，然后介绍类与对象的数据结构及相关内容，为后面将要系统介绍的面向对象编程技术打下一个比较好的基础。

对象是数据的一种表示方法。对象将数据表示成域（field）的形式，而域又称为属性（attribute），也称为成员变量（membership variable）。

一个共享相同结构与行为的全体对象的集合称为类（class）。

基于面向对象编程技术编写处理的程序称为对象的方法（method）。

从另一个角度看，如果设计了一个类，则对象是该类的一个实例（instance），对象可以使用该类的所有域、所有的方法。

在面向对象的编程中，对象的代码（方法）可以读取和修改对象的域，通过修改对象属性的方法实现程序的具体功能。

面向对象编程与传统编程在程序结构与执行机制上是有显著区别的。传统编程方法是逐条语句顺序执行的，而面向对象编程是先准备好一些对象及其方法函数，平时这些函数与方法是不执行的，一旦对象的一个事件被触发，则自动调用相应的事件响应方法函数执行。Microsoft Windows的界面通常都是以面向对象的方式实现的，如果单击一个菜单项，则会自动生成一个事件，Windows的执行机制会自动执行某段代码响应单击菜单的动作，所以这种面向对象编程的方式是随处可见的，读者也可以自己体会这种编程方式的重要性。

与传统的编程相比，面向对象编程的可读性、可重用性、可扩展性等更有优势。

对一般读者而言，有两种方式使用面向对象的程序设计技术：一种称为客户（client）式使用方法；另一种是程序员式使用方法[20]。前一种使用方法中，读者可以直接使用MATLAB下现有的类与对象，而不必过多了解类与对象的底层编程，大多数读者属于这种面向对象技术的使用者。程序员式使用者则需要学会面向对象的底层编程方法，包括如何创建一个类，并给对象编写出底层的代码。本章将试图用一个简单的例子演示面向对象编程的全过程。如果掌握了面向对象编程的底层技术将有助于读者更广泛、更方便地使用MATLAB，更好地解决科学运算问题。

6.2 类与对象的设计

面向对象编程需要用户自己设计类，其中类名的选择、域的选择、类的定义等。类建立起来之后，还需为类编写响应函数。本节将以伪多项式为例，演示类的设计方法与响应函数的编程方法。

6.2.1 类的数据结构

MATLAB可以使用一个变量名称表示类，比如，控制系统工具箱提供了`tf`名称表示一个传递函数的类，采用`ss`名称表示状态方程的类。定义了类，则可以用变量名表示某个类的一个对象，比如可以由G表示一个传递函数对象。

在一个对象中通常需要设计若干个域，比如，传递函数类需要更具体地由其分子多项式系数与分母多项式系数直接表示，这就需要为其`num`、`den`域赋值。这需要域变量内容的获取与赋值的动作。如果想绘制对象的Bode图，则需要使用与这个对象相关的方法，比如，可以调用控制系统工具箱中的`bode(`G`)`函数直接绘制系统的Bode图，而`bode()`函数就是该对象的一个方法，本书统称为响应函数（response function）。

如果想从程序员角度理解面向对象编程，则需要首先为类取一个名字，然后建立一个专门的文件夹，在文件夹内编写与这个类相关的代码，包括类定义函数、类显示函数和一批必要的响应函数。为使得这个类处理起来与其他类似的类接近，响应函数最好选作其他类的同名函数。这种同名函数又称为重载函数（overload function）。由于同名函数分属不同的类，所以使用起来不会产生混淆，这是由MATLAB运行机制决定的。

设计一个类需要如下的几个步骤：

（1）选择类的名字。类名的选择与变量名选择的原则是一致的。

（2）建立空白文件夹。可以建立一个以`@`引导的文件夹，文件夹的名字与类名字保持一致。如果当前路径在MATLAB路径下，则新建的类文件夹也在MATLAB的搜索路径下，不必另行设置。

（3）为类设计域。域可以存储类的必要参数。

(4)编写两个必要的函数。建立一个类,至少需要编写两个MATLAB函数,一个是与类同名的文件,允许用户输入该对象,另一个函数名为display.m,用于显示对象。

(5)设计必要的重载函数。任何一个类操作的动作,包括加减乘除这类基本操作,都需要用户为其重新编写执行函数,称为回调函数(callback function)。函数名最好与常规的函数重名,比如,如果想完成两个对象的加法运算,用户应该编写新的文件plus.m。新设计的类不自带任何方法,所有的方法运算都需要用户自己编写方法函数。

伪多项式(pseudo-polynomial)的数学表达式如下。本节将以伪多项式为例,介绍MATLAB下类的设计方法。

$$p(s)=a_1s^{\alpha_1}+a_2s^{\alpha_2}+\cdots+a_ns^{\alpha_n} \tag{6-1}$$

其中a_i为系数,α_i为阶次,$i=1,2,\cdots,n$,这里的阶次不限于整数,故多项式称为伪多项式。

例6-1 试为伪多项式设计一个MATLAB类。

解 要想为伪多项式设计一个类,首先应该取一个名字,如取名ppoly。这样,需要在工作路径下建立一个名为@ppoly的空白文件夹。另外,要唯一地描述伪多项式,需要引入两个向量:一个是系数向量$\boldsymbol{a}=[a_1,a_2,\cdots,a_n]$;一个是阶次向量$\boldsymbol{\alpha}=[\alpha_1,\alpha_2,\cdots,\alpha_n]$,可以将这两个向量选作ppoly类的域,分别取名a和na。

6.2.2 类的输入与显示

类的定义函数是有固定格式的,该固定格式虽然稍有别于一般的MATLAB函数,但其结构应该是比较容易理解的,所以不过多从理论上与结构上叙述类的格式,下面通过例子演示类定义函数的编写方法。

例6-2 试为ppoly类编写出类的定义函数。

解 在编写类定义函数之前,应该充分考虑函数可能的调用格式,当然刚开始时考虑不全也不要紧,以后可以逐渐扩充类定义函数。对伪多项式而言,一般有三种调用格式:

(1) p=ppoly($\boldsymbol{a}$,$\boldsymbol{\alpha}$),(2) p=ppoly($\boldsymbol{a}$),(3) p=ppoly('s')

其中,第一种模式给出了系数与阶次向量;在第二种模式下,$\boldsymbol{a}$为整数阶多项式系数向量;在第三种调用格式下,声明p为s算子。基于这样的考虑,可以编写出类定义函数为

```
classdef ppoly              %类定义函数
  properties, a, na, end %属性定义,以end语句结束
  methods                   %方法(响应函数)定义,其他响应函数也可以写在这里
    function p=ppoly(a,na)
      if nargin==1                        %判定输入变元的个数,如果个数为1
         if isa(a,'double'), p=ppoly(a,length(a)-1:-1:0); %调用格式(2)
         elseif isa(a,'ppoly'), p=a;  %如果已是ppoly对象,直接传递给p
         elseif a=='s', p=ppoly(1,1); end                  %调用格式(3)
      elseif length(a)==length(na), p.a=a; p.na=na;        %调用格式(1)
      else, error('Error: miss matching in a and na'); end
    end %function结构对应的语句end语句,不能省略
  end    %methods结构对应的end语句
end      %classdef结构对应的end语句
```

这段代码是由classdef命令引导的主结构,用于ppoly类的定义。

在主结构中有properties引导的段落,列出所设计的所有域名,由end结束。

剩下的部分是由methods语句引导的段落,描述类的方法(以下统称响应函数)。一个类可以带有多个响应函数,甚至可以将类的所有响应函数都写在一个文件中。每个函数应该对应一个自己的end语句。编写独立函数时,end语句可以省略,因为函数结尾就意味着函数结束,但在这样的程序结构下,end语句不能省略,否则出错。

可以看出,每个结构都应该由end语句结束,否则导致错误。

有了这样的文件,用户就可以按允许的三种格式之一输入ppoly对象,不过,只给出这个命令可以输入对象,但不能显示其内容。若想显示对象的内容,必须编写display.m文件,或在主结构中编写display()响应函数。

例6-3 试为ppoly类编写一个显示函数。

解 参考式(6-1),用循环方式逐项串接+a(i)*s^{na(i)}项,构成伪多项式的字符串。其中,a(i)和na(i)为数值,应该由num2str()函数将其转换成字符串。另外,可以考虑对一些特殊的表达式进行化简。例如,如果字符串中有$+$1*s项,则系数1与乘号可以省去。用计算机处理则意味着用字符串替换的方法将$+$1*s替换成$+s$,可以由strrep()函数直接实现字符串的自动替换。可以先编写出一个简单的显示函数,然后测试一些例子,再看还有哪些字符串需要替换,给出相应的替换语句,完成显示函数。最终应该编写出如下的显示函数:

```
function str=display(p)
na=p.na; a=p.a; if length(na)==0, a=0; na=0; end
P=''; [na,ii]=sort(na,'descend'); a=a(ii);          %对阶次降序排序
for i=1:length(a)                                   %对伪多项式逐项进行单独处理
   P=[P,'+',num2str(a(i)),'*s^{',num2str(na(i)),'}'];
end
P=P(2:end); P=strrep(P,'s^{0}',''); P=strrep(P,'+-','-');
P=strrep(P,'^{1}',''); P=strrep(P,'+1*s','+s'); %各种字符的简化
P=strrep(P,'*+','+'); P=strrep(P,'*-','-');         %通过实际运行积累经验
strP=strrep(P,'-1*s','-s'); nP=length(strP);        %替换掉冗余字符串,化简显示
if nP>=3 & strP(1:3)=='1*s', strP=strP(3:end); end
if strP(end)=='*', strP(end)=''; end
if nargout==0, disp(strP), else, str=strP; end  %如果不返回变元则直接显示
```

注意,这个函数一定要置于@ppoly文件夹内,否则MATLAB找不到该文件。

例6-4 试将下面的表达式以ppoly对象的形式输入MATLAB工作空间。

$$p_1(s)=s^{1.5}+4s^{0.8}+3s^{0.7}+5,\ p_2(s)=s^3+3s^2+3s+1$$

解 有两种方法输入伪多项式:一是使用系数向量、阶次向量的形式直接输入;另一种是先定义s为ppoly算子,然后用表达式方式求出。由$p_1(s)$可见,系数向量为$\boldsymbol{a}=[1,4,3,5]$,阶次向量$\boldsymbol{n}=[1.5,0.8,0.7,0]$,由于$p_2(s)$是普通多项式,依照ppoly类定义函数,输入系数向量$\boldsymbol{a}=[1,3,3,1]$即可。可以给出下面的语句输入这两个伪多项式,得出的结果是完全一致的。当然,$p_{i2}(s)$输入要在编写了加法、乘方重载函数之后才能实现。

```
>> a=[1,4,3,5]; n=[1.5,0.8,0.7,0]; p11=ppoly(a,n) %直接输入第一个伪多项式
   s=ppoly('s'); p12=s^1.5+4*s^0.8+3*s^0.7+5        %第二种方法(暂不能使用)
   p21=ppoly([1,3,3,1]), p22=s^3+3*s^2+3*s+1        %第二个伪多项式的两种方法
```

6.2.3 加减法运算重载函数

对定义的伪多项式对象$p(s)$而言，经常可能需要对这些伪多项式进行算术运算，或其他运算，不过，新建立的ppoly类而言，任何运算都不支持，必须自己编写响应函数。编写响应函数时，为使得该类方便使用，应该尽量选取与常规运算同名的响应函数名。例如，两个ppoly对象的加法可以由专门编写的重载函数plus()处理，以便能直接使用+运算符。其他运算也需要编写相应的响应函数。

因此，需要为ppoly类编写响应函数。类的算术运算响应函数有一个重要的准则，即：若p_1和p_2都为ppoly对象，则对它们进行算术运算之后，其结果还应该是ppoly对象，否则，没有必要为其编写响应函数。由这个准则可以看出，加、减、乘法运算之后，结果仍然为ppoly对象，但除法运算是不满足这个准则的。表6-1列出了预期的算术运算响应函数的要求与说明，具体的程序实现将通过例子专门演示。

表6-1 算术运算的响应函数

运算名	函数名	命令格式	函数实现的解释
加法	plus	$p=p_1+p_2$	在数学上实现两个伪多项式的加法比较简单：把两个伪多项式的a域串接成一个向量，na域串接成另一个向量，就可以得出两个伪多项式的和，之后再调用下面的collect()函数进行同类项合并
求反	uminus	$p=-p_1$	伪多项式对象的a域乘以-1即可
减法	minus	$p=p_1-p_2$	有了uminus运算，则$p=p_1+(-p_2)$
乘法	mtimes	$p=p_1*p_2$	后面将通过例子专门介绍
乘方	mpower	$p=p_1$^n	如果n为整数，则可以由连乘法计算；若n为非整数，且p_1中a域只有一项，则可以处理，否则给出错误信息
合并同类项	collect	p=collect(p_1)	先对p_1的na域向量运算进行排序，且同步处理a域，然后找到na项相同的系数加起来

例6-5 试编写伪多项式对象加法和减法运算的重载函数。

解 在@ppoly文件夹建立一个plus.m文件，其内容为

```
function p=plus(p1,p2)
p1=ppoly(p1); p2=ppoly(p2); %统一将输入变元变换为ppoly对象
a=[p1.a,p2.a]; na=[p1.na,p2.na]; p=collect(ppoly(a,na));
```

表6-1介绍过，建立减法重载函数之前先建立求反函数。由表中给出的方法可以直接编写两个重载函数，其内容如下：

```
function p=uminus(p1)
p1=ppoly(p1); p=ppoly(-p1.a,p1.na);          %系数向量反号
function p=minus(p1,p2)
p1=ppoly(p1); p2=ppoly(p2); p=p1+(-p2); %有了uminus,减法转换成加法
```

6.2.4 乘法运算重载函数

在介绍乘法运算之前，这里先给出两个矩阵Kronecker运算的定义。

两个矩阵$\boldsymbol{A}$与$\boldsymbol{B}$，其Kronecker乘积定义为

$$\boldsymbol{C}=\boldsymbol{A}\otimes\boldsymbol{B}=\begin{bmatrix} a_{11}\boldsymbol{B} & \cdots & a_{1m}\boldsymbol{B} \\ \vdots & \ddots & \vdots \\ a_{n1}\boldsymbol{B} & \cdots & a_{nm}\boldsymbol{B} \end{bmatrix} \tag{6-2}$$

矩阵$\boldsymbol{A}$与$\boldsymbol{B}$的Kronecker和$\boldsymbol{A}\oplus\boldsymbol{B}$的数学定义为

$$\boldsymbol{D}=\boldsymbol{A}\oplus\boldsymbol{B}=\begin{bmatrix} a_{11}+\boldsymbol{B} & \cdots & a_{1m}+\boldsymbol{B} \\ \vdots & \ddots & \vdots \\ a_{n1}+\boldsymbol{B} & \cdots & a_{nm}+\boldsymbol{B} \end{bmatrix} \tag{6-3}$$

MATLAB中提供的函数$\boldsymbol{C}$=kron($\boldsymbol{A},\boldsymbol{B}$)可直接计算两个矩阵的Kronecker积$\boldsymbol{A}\otimes\boldsymbol{B}$。仿照该函数可以编写出Kronecker和的求解函数kronsum()：

```
function C=kronsum(A,B)
[ma,na]=size(A); [mb,nb]=size(B);
A=reshape(A,[1 ma 1 na]); B=reshape(B,[mb 1 nb 1]);
C=reshape(A+B,[ma*mb na*nb]);
```

例6-6 试为ppoly类编写乘法重载函数。

解 首先看一下乘法的算法。如果$p_1(s)$是ppoly对象，则需要将该伪多项式的各项遍乘$p_2(s)$。从系数角度而言，如果实现遍乘，则最好使用Kronecker乘积这样的运算；而对阶次而言，应该是$p_1(s)$的阶次遍加到$p_2(s)$的各个阶次上，所以可以考虑采用Kronecker和进行处理，再进行合并同类项处理，就可以得出最终的结果。根据这个思路，可以直接编写出如下的乘法重载函数：

```
function p=mtimes(p1,p2)
p1=ppoly(p1); p2=ppoly(p2); a=kron(p1.a,p2.a);
na=kronsum(p1.na,p2.na); p=collect(ppoly(a,na));
```

注意，在函数入口处调用了ppoly()函数，确保两个输入的变元都是以ppoly对象的形式给出的，会自动调用ppoly.m文件，而前面已经提及，ppoly.m文件中已经编写了不同数据结构转换成ppoly类的转换方法。

例6-7 如果$p_1(s)=3s^{0.7}+4s+5, p_2(s)=2s^{0.4}+6s+6s^{0.3}+4$，试求出$p_1(s)p_2(s)$。

解 定义了乘法重载函数，则可以在MATLAB下实现下面的乘法运算了。先单独输入这两个ppoly对象，再直接将它们乘起来，命令如下：

```
>> p1=ppoly([3 4 5],[0.7 1 0]);
   p2=ppoly([2 6 6 4],[0.4 1 0.3 0]); p=p1*p2
```

这样得出的乘法结果为

$$p(s)=24s^2+18s^{1.7}+8s^{1.4}+24s^{1.3}+6s^{1.1}+64s+12s^{0.7}+10s^{0.4}+30s^{0.3}+20$$

例6-8 对例6-7中给出的伪多项式$p_1(s)$、$p_2(s)$，试计算$p(s)=p_1^4(s)p_2^2(s)$。

解 定义了mtimes()重载函数，则可以使用连乘积的方法求取所需的表达式：

```
>> p1=ppoly([3 4 5],[0.7 1 0]);
   p2=ppoly([2 6 6 4],[0.4 1 0.3 0]); p=p1*p1*p1*p1*p2*p2
```

这里的连乘积结果过于复杂，结果从略。

6.2.5 乘方运算重载函数

乘方运算的标准MATLAB函数为mpower()。如果重载了这个函数，则可以对设计的类使用乘方符号(^)进行运算。本节还是以ppoly类为例，介绍乘方函数的重载编程方法。

例6-9 试对ppoly类编写出乘方重载函数。

解 考虑表6-1中列出的两种乘方的适用范围，可以编写出如下的重载函数：

```
function p1=mpower(p,n)
if length(p.a)==1, p1=ppoly(p.a^n,p.na*n); %只有一项
elseif n==floor(n)                            %整数次方计算
   if n<0, p.na=-p.na; n=-n; end              %负整数次方的预处理
   p1=ppoly(1); for i=1:n, p1=p1*p; end       %用循环做连乘
else, error('n must be an integer'), end
```

例6-10 重新输入例6-7中的伪多项式模型$p(s) = 3s^{0.7} + 4s + 5$。

解 例6-7中需要先提取出整个模型的系数与阶次向量才能生成伪多项式模型，既然定义了伪多项式的基本算术运算，还可以先定义一个s算子，然后通过简单的数学表达式方式输入伪多项式模型，具体的方法可以由下面的语句直接实现：

```
>> s=ppoly('s'); p=3*s^0.7+4*s+5
```

输入了这个表达式后，MATLAB会自动对ppoly对象进行运算，最终得出单一的ppoly对象，得出的结果与例6-7的结果完全一致。

例6-11 试用乘方方法重新求解例6-8中的问题。

解 可以用两种不同的方法求$p_1^4(s)p_2^2(s)$，得出的结果与前面介绍的连乘积方法是一致的，二者之差为零。

```
>> p1=ppoly([3 4 5],[0.7 1 0]);
   p2=ppoly([2 6 6 4],[0.4 1 0.3 0]);
   p0=p1*p1*p1*p1*p2*p2, p=p1^4*p2^2, p-p0 %两种方法计算结果完全一致
```

6.2.6 合并同类项重载函数

前面介绍过，如果两个伪多项式相加，需要将系数与阶次向量罗列起来，再合并同类项。具体的合并同类项运算的考虑如下：

(1)排序并合并同类项。首先对整个可能含有同类项的伪多项式的阶次进行从大到小的排序，然后求出阶次的差分(后项减前项)，对各项可以进行循环运算，逐项处理。显然如果某项的差分为零(实际上的判定是差分的绝对值是否小于10^{-10})，则说明这项与后一项为同类项，所以应该将后一项的系数加到本项的系数上，然后删除后一项。

(2)剔除零系数项。循环完成之后，再判定各项的系数，如果某项的系数为零(从编程角度更确切的判定方法是判定系数的绝对值是否大于误差限eps)，则删除该项。

例6-12 试为ppoly类编写出合并同类项的重载函数collect()。

解 综合前面的各种考虑，可以编写出下面的合并同类项重载函数：

```
function p=collect(p)
a=p.a; na=p.na;            %提取伪多项式对象的系数与阶次向量
```

```
[na,ii]=sort(na,'descend'); a=a(ii); ax=diff(na); key=1;
for i=1:length(ax)      %降序排列求差分,逐项判别阶次的差
   if abs(ax(i))<=1e-10 %找出与后一项同阶次的项合并
      a(key)=a(key)+a(key+1); a(key+1)=[]; na(key+1)=[];
   else, key=key+1; end
end
ii=find(abs(a)>eps); a=a(ii); na=na(ii); p=ppoly(a,na);
```

6.3 应用程序的界面设计

对一个成功的软件来说，其内容和基本功能当然应是第一位的。除此之外，图形界面的优劣往往也决定着该软件的档次，因为图形用户界面（graphical user interface，GUI）会对软件本身起到包装作用，而这又像产品的包装一样，所以掌握MATLAB的图形界面设计技术对设计出良好的通用软件来说是十分重要的。

本节首先介绍图形用户界面常用对象的基本知识，并介绍常用的标准对话框使用方法，最后介绍一个强大的App设计工具，并用该工具设计程序界面。

6.3.1 图形用户界面的对象

MATLAB语言在图形界面设计中提供了很多的对象，它们之间的相互关系如图6-1所示。进入MATLAB语言环境，首先有一个根对象，它是MATLAB命令窗口对象，其句柄的值是0。建立在根对象之下的是图形窗口对象，每个窗口的句柄都可以是正整数。

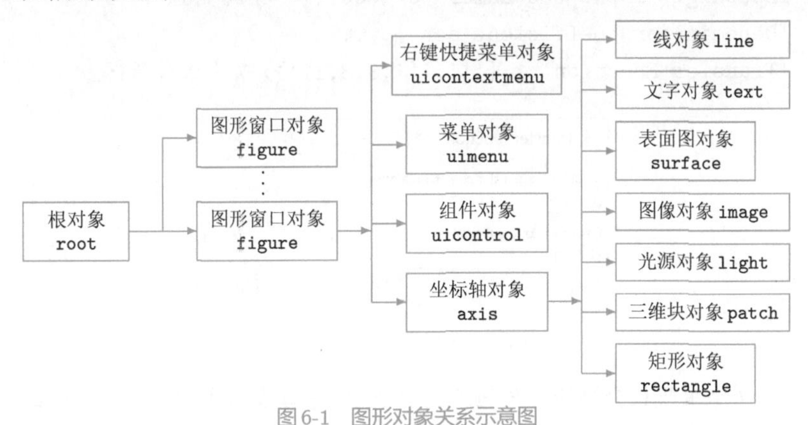

图6-1 图形对象关系示意图

每一个图形窗口对象下可以有四种对象，即菜单对象、组件对象、坐标轴对象和右键快捷菜单对象。其中菜单对象用于建立该图形窗口下的主菜单系统；组件对象负责建立该窗口下的各种组件，包括按钮、列表框等；右键快捷菜单是当用户右击对象时就可以直接响应的快捷菜单。理论上每一个对象都可以带一个右键快捷菜单，但实际应用中由于MATLAB当前对象的边界和识别手段并不是很完善，所以有些右键快捷菜单并不能激活。

坐标轴对象下又分了若干个子对象，其中很多内容前面已经介绍了。其实，这些对象及属性可以由界面设计工具或App设计工具直接修改。

6.3.2 简易对话框

为界面编程方便，MATLAB提供了很多易于直接操作的简易对话框函数，如表6-2所示，这些对话框函数可以直接使用。下面通过例子演示变量输入对话框函数的使用方法。其他对话框函数的使用也很简单、直观，建议读者自行尝试。

表6-2 常用简易对话框函数

对话框类型	对话框的解释
消息对话框	msgbox(字符串,标题)，主要用于显示信息，该对话框带有“确定”按钮，允许用户关闭该对话框
警告信息对话框	warndlg(字符串,标题)，主要用于显示警告信息
错误信息对话框	errordlg(字符串,标题)，主要用于显示错误信息
问答对话框	key=questdlg(问题字符串,标题栏内容)，该对话框给出一个问题，并提供三个按钮："是""否"和"返回"，返回的key分别对应于字符串'Yes' 'No'或'Cancel'
变量输入对话框	var=inputdlg({提示1,提示2,…,提示n},标题栏,编辑框的行数,默认值)，允许用户同时由对话框输入一组变量，返回变量var为单元数组
列表选择对话框	key=listdlg('PromptString',提示,'ListString',lst)，其中，lst是单元数组，列出所有的列表条目

例6-13 试利用变量参数对话框输入传递函数的分子与分母多项式。

解 可以由下面的语句打开相应的参数对话框，如图6-2所示。对照命令与实际生成的对话框，可以更好地理解该语句。

```
>> mod=inputdlg({'Input the numerator coefficients num',...
       'Denominator coefficient den'},...
       'Transfer Function',1,{'1','[1,3,3,1]'}) %生成对话框
```

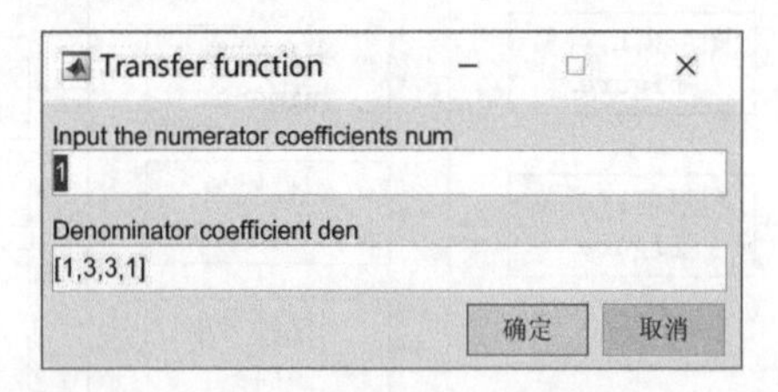

图6-2 传递函数输入对话框

用户可以在两个编辑框分别输入传递函数的分子、分母多项式向量，然后单击“确定”按钮，则分子、分母字符串可以由mod{1}和mod{2}返回。如果需要提取分母系数向量，则可以由命令str2num(mod{2})或eval(mod{2})获得。

6.3.3 标准对话框的编程与使用

MATLAB提供了若干标准对话框的调用函数，在表6-3中给出，读者可以自行调用这些函数，观察打开的标准对话框形式，并通过选择选项，观察返回变量的结果，更好地学习这些对话框的使用。

例6-14 打开标准的字体设置对话框，观察该对话框即返回变量。

表6-3 常用标准对话框函数

对话框类型	对话框的解释
文件名对话框	$[f,p]$=uigetfile(spec)，具体说明见表2-8，存文件函数为uiputfile()
颜色设置对话框	c=uisetcolor，打开标准颜色对话框。返回 1×3 的颜色向量，其三个分量分别对应于红、绿、蓝三原色，每个值的范围为0~1
字体设置对话框	hFont=uisetfont(字符句柄, 标题栏)，返回变量hFont是选定的字体结构体
打印设置对话框	printdlg(h)，启动句柄为 h 的图形窗口的打印对话框

解 直接给出hFont=uisetfont命令，则可以打开如图6-3所示的对话框，如果选择其中一种字体及其他属性，则返回结构体变量hFont，其成员变量为FontName(字体名称，其值为'Arial')、FontWeight(是否加粗，值为'normal')、FontAngle(是否斜体，值为'normal')、FontUnits(字号单位，值为'points')、FontSize(字号，值为10)。

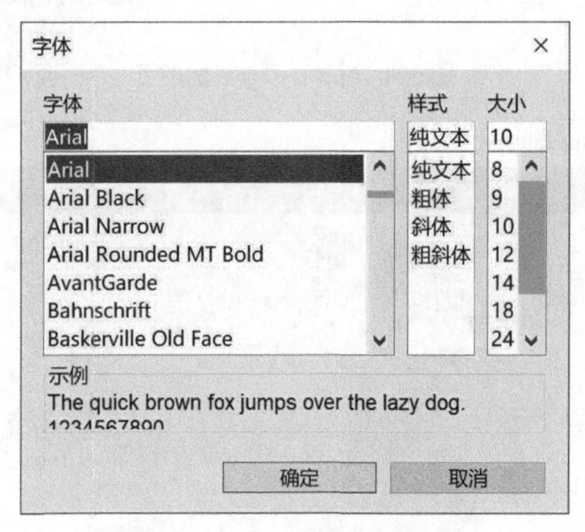

图6-3 字体设置标准对话框

6.3.4 用App Designer设计应用程序

MATLAB早期版本一直推荐使用guide程序设计图形用户界面[11]。从2016a版开始推荐全新的App Designer(App设计程序)设计图形用户界面与应用程序。

调用appdesigner()函数可以程序设计。App Designer的主要任务是用提供的组件绘制出所需的图形用户界面，并生成程序框架。用户可以在程序框架下编写组件的响应函数。

给出appdesigner命令，则可以打开如图6-4所示的设计界面首页。该程序允许用户将已有的程序转换到新的App Designer框架进行维护，也允许建立新的程序。该界面还给出了快速入门的帮助信息，读者可以借鉴相应的说明。

选择"空白App"图标，则打开空白的程序设计界面，如图6-5所示。该界面分为左、中、右三个部分，左侧为组件库，中间为用户想绘制窗口的雏形，右侧为组件浏览器。界面工具栏还提供了"App详细信息"按钮，允许用户描述应用程序的基本信息。

展开组件库列表，可以发现该库有几部分组件，包含如图6-6所示的常用组件。用户可以使用所需组件，在雏形窗口中绘制所需的程序界面，并在右侧的组件浏览器编辑组件的初始属性，最后生成程序框架。

图6-4　App Designer的首页

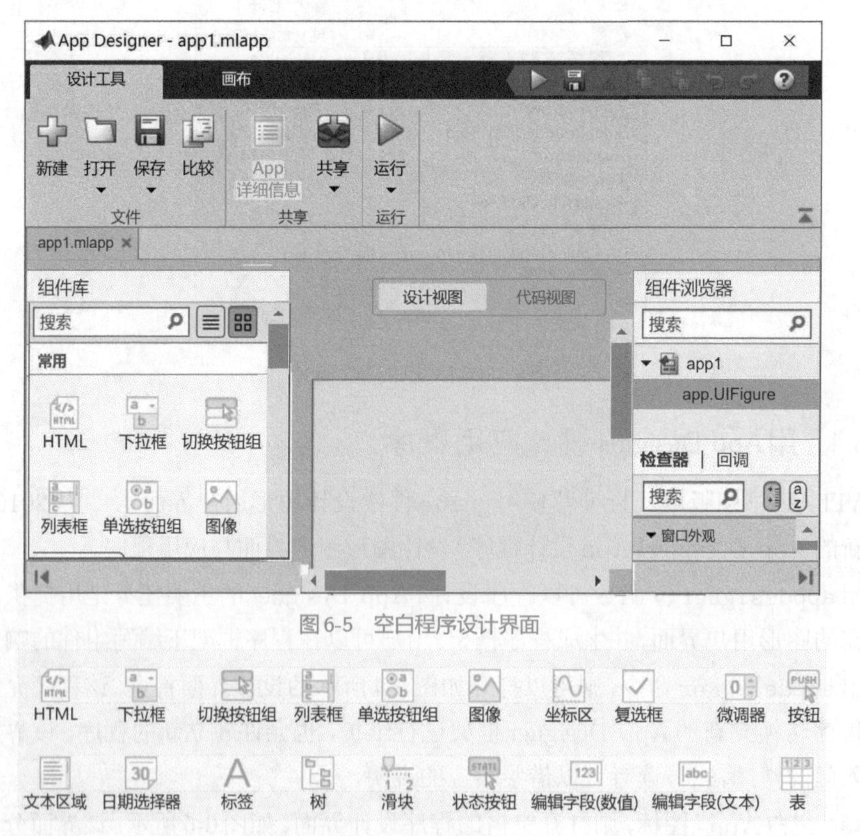

图6-5　空白程序设计界面

图6-6　常用组件库

本节给出一个简单例子,演示图形用户界面的绘制方法及程序设计方法与思路,并介绍具体的编程实现。

例6-15　试设计一个小程序:打开一个图形窗口,上面有两个组件:一个是按钮,一个是静态文本(即组件库中的“标签”)。当按钮按下时,在文本上显示“Hello World!”。

解 面向对象的程序设计方法与传统的程序不同。其根本程序设计是编写对事件的响应函数。这个界面有两个组件，按钮可以认为是主动组件，当按钮被按下时，发出一个事件信息，通知界面调用其回调函数。回调函数的作用是修改静态文本组件的内容。静态文本是被动组件，只能接受其他组件的动作，自己没有回调函数。因此，面向对象程序设计的关键是任务分派与回调函数的编写。在这个例子中，按钮组件需要完成两个动作：第一是找到静态文本组件；第二是将静态文本组件的属性值修改成“Hello World!”。

给出 appdesigner 命令，就可以直接启动 App Designer 程序。可以用鼠标拖动的方法拖动雏形窗口右下角的▨图标，调节雏形窗口的大小。然后，用鼠标将按钮组件与静态文本组件从组件库拖动到雏形窗口，如图6-7所示。用户还可以用鼠标修改两个组件的位置与大小。

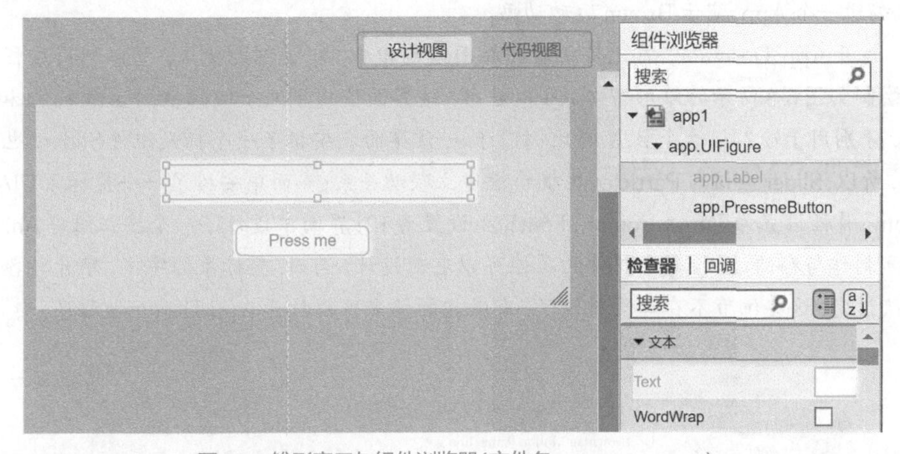

图6-7 雏形窗口与组件浏览器(文件名：c6mapp1.mlapp)

可以看出，雏形窗口上绘制了两个组件：一个是静态文本组件，可以通过组件浏览器将其 Text 属性设置为空白，但MATLAB为其保留了一个名字 app.Label，在右侧的列表中给出。用户可以用组件浏览器修改该组件的属性，如字体、字号等。

另一个组件是按钮组件，将其 Text 属性修改为 Press me，则 MATLAB 会为其自动分配一个名字 app.PressmeButton。这两个属性都在右侧窗口显示出来。该列表还显示了这两个组件上一级组件 app.UIFigure，即窗口本身。

绘制完雏形窗口，就可以将其存储，例如，存成 c6mapp1.mlapp 文件。后缀名 mlapp 是 MATLAB 程序界面的一种新文件格式，该文件可以在 MATLAB 命令窗口直接执行，就像普通的 m 后缀名文件一样。

单击组件浏览器中的 app.PressmeButton 列表项，并单击下面出现的“回调”字样，则可以创建一个回调函数。回顾前面介绍的按钮组件分派的任务，找到静态文本组件，将静态文本组件的值修改成“Hello World!”。如何找到组件呢？该组件就是 app.Label。如何修改属性呢？修改属性也很简单，无须像早期版本那样使用 set() 函数，在自动生成的回调函数框架下加一条指令即可。这样，该程序设计就完成了。

```
function PressmeButtonPushed(app, event)
   app.Label.Text='Hello World!'; %将字符串直接写入静态文本对象的Text属性
end
```

程序存储之后，在 MATLAB 中给出 c6mapp1 命令，就可以打开该用户界面。单击 Press me 按钮,就可以在静态文本的位置显示“Hello World!”。

在App Designer编程界面中给出了良好的自动提示功能。如果输入app.,则会自动弹出app下所有组件名的列表;再给出一个字符,如L,则会自动给出L开头的所有组件名,在这个具体例子中会直接给出Label。再输入小数点(.),则会列出该组件的所有属性名。利用这样的提示,可以容易地编写回调函数。

可以看出,程序界面的设计很简单。完成三个任务:画界面、任务分派、回调函数编写,一个程序就设计出来了。

例6-16 考虑例5-26中Brown运动的动画演示问题。假设用户可以调节粒子数、比例因子等参数,试编辑一个App,演示Brown运动动画。

解 打开App Designer,首先将所需的界面绘制出来。根据例题要求,可以利用该程序提供的组件绘制如图6-8所示的雏形窗口。可以看出,该界面使用了两个编辑框,Particles N和Scaled factor s,分别用于输入粒子个数N与比例因子s;该界面还安排了一个标尺组件Slider,也用于输入N值,所以,Slider应该与Particles N编辑框建立联动关系;界面中安排了一个坐标系UIAxes,其Font Name属性设置为Times-Roman,FontSize设置为12;界面中设计了一个按钮组件Animation,启动动画制作与存储过程。每个组件的属性可以重新设计,例如,坐标系的字体、字号与各个组件的默认值设定,这些细节不在这里讨论了,有兴趣的读者可以打开App Designer程序,自行观察、阅读。

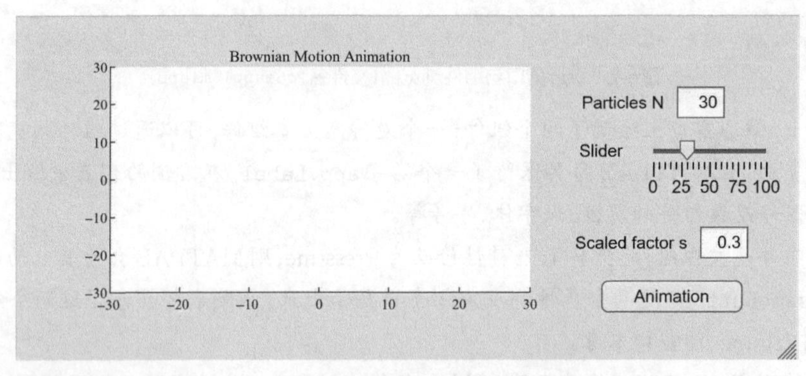

图6-8 Brown运动动画雏形窗口(文件名:c6mbrown.mlapp)

绘制了界面之后,则应该给主动组件分派任务:Particles N与Slider组件是联动的,它们可以给对方设置成相同的Value值。所以可以编写下面一对回调函数。注意,标尺可以取小数,但粒子个数为整数,使用该回调函数添加了取整运算。

```
function SliderValueChanged(app, event)
   app.ParticlesNEditField.Value=round(app.Slider.Value);
end
function ParticlesNEditFieldValueChanged(app, event)
   app.Slider.Value=app.ParticlesNEditField.Value;
end
```

另一个主动组件是Animation按钮,其分派的任务是:首先从两个编辑框获得粒子的个数n和比例因子s,然后获得一个视频存储文件的文件名,再打开文件,将例5-26介绍的程序修改后写入

该文件,写完后关闭文件。上面的“修改”特指坐标轴的指定。这样,可以编写出如下的回调函数:

```
function AnimationButtonPushed(app, event)
   h=app.UIAxes;   %获得坐标系的句柄,下一句在此坐标系内绘图
   h0=plot(h,1,1,'o','MarkerSize',2); axis([-30,30,-30,30])
   [f,p]=uiputfile('*.avi','Select a file name'); %打开文件名对话框
   if length(f)~=0, vfile=[p,f]; else, vfile='brown.avi'; end
   n=round(app.ParticlesNEditField.Value);           %编辑框数字取整
   s=app.ScaledfactorsEditField.Value;               %获得两个变量
   x=randn(1,n); y=randn(1,n); vid=VideoWriter(vfile); open(vid);
   for k=1:200                                       %用循环生成200步的模拟动画
      x=x+s*randn(1,n); y=y+s*randn(1,n);            %更新粒子位置
      h0.XData=x; h0.YData=y; drawnow                %生成并绘制一帧图片
      hVid=getframe(h); writeVideo(vid,hVid);        %写入一帧视频
   end, close(vid)
end
```

例6-17 程序编写完成之后,应该考虑程序有没有漏洞。如果有,应该如何修补。试对例6-16中的程序做修补容错处理。

解 仔细分析例6-16中的程序,编辑框由于使用的是“编辑字段(数值)”组件,所以不允许输入非数值的内容。这样,唯一可能出现错误的地方是Particles N编辑框对Slider标尺的联动。如果其值范围超出了标尺的$[0,100]$量程,则出现错误。修补这样的错误很容易,如果超出范围,将其值强行设定为100,然后同步更新两个组件的值即可。这样,可以编写出下面的回调函数。

```
function ParticlesNEditFieldValueChanged(app, event)
   v=app.ParticlesNEditField.Value; %读取编辑框内的数值
   if v<=1 || v>100, v=100; end     %如果超出量程则强行置为100
   app.ParticlesNEditField.Value=v; app.Slider.Value=v;
end
```

6.4 习题

6.1 定义新运算$a*b=(a+b)+2(a-b)$,试利用面向对象编程的方式创建这样一个类,并在新运算符下计算$123*54$, $123*(32*23)$。(其实,如果不定义类,可以利用简单的算术运算,编写一个newtimes()函数,或利用匿名函数形式定义新运算,可以更容易地实现新运算。不过这样的新运算不能用$*$符号直接求出。)

6.2 试为ppoly类编写一个latex()重载函数,将该对象转换成LaTeX字符串。

6.3 试为ppoly类编写一个相等判定重载函数eq(),判定两个ppoly对象是否相等,如果相等则返回1,否则返回0。

6.4 试为ppoly类编写set()重载函数,其调用格式为set(p,属性名,属性值),使其可以同时接受多个域的赋值,若给出的域名不是'a'或'na',则给出错误信息。

6.5 通过对话框设置命令,将图形窗口的打印机的“方向”设置为“纵向”。

6.6 试设计一个摄氏温度与华氏温度转换的程序界面,使得该界面有两个编辑框,分别输入摄氏温度与华氏温度,如一个编辑框发生变化自动将另一个编辑框给出正确的转换结果。(提示:

转换公式为 $C = 5(F - 32)/9$）

6.7 试设计一个简单界面，允许输入幅值、频率与初始相位，然后单击按钮可以绘制正弦函数曲线，再设计一个列表框，允许绘制正弦、余弦与正切曲线。

6.8 试在例6-16的界面中添加其他可调参数，如标号大小和循环次数等。

第7章 微积分与积分变换求解

CHAPTER 7

微积分课程主要介绍极限、微积分、级数与函数逼近等问题的求解方法，使用的方法主要是利用手工推导的方法，所以求解数学问题需要做大量的练习，掌握各种技巧。MATLAB 的符号运算工具箱提供了大量的微积分领域求解函数。这些函数几乎涵盖了所有微积分运算的主题。用户可以通过这些函数直接推导微积分问题的解析解。

7.1 节介绍极限问题、导数问题与积分问题的进行求解方法，兼顾单变量函数与多变量函数的微积分运算。7.2 节介绍给定函数的 Taylor 级数和 Fourier 级数逼近方法，并利用 MATLAB 强大的绘图功能比较逼近的效果。该节还介绍有穷或无穷级数的求和与求积问题求解方法与收敛性判定。掌握了这里将学习的内容，读者可以轻松求解类似文献 [21] 中绝大多数计算问题，还可以利用 MATLAB 绘图方法得出更多有益信息。7.3 节介绍数值微积分问题的求解方法，如果原函数未知，只有其采样点的信息，如何利用这些信息获得函数的微积分。此外，给定函数的定积分解析解不存在时，如何获得其数值解。7.4 节介绍给定函数的 Laplace 变换、Fourier 变换与 z 变换等积分变换问题。在解析解不存在时，还将介绍积分变换问题的数值求解方法。

传统微积分课程体系中还有一类重要的问题：微分方程的求解方法，本章暂不介绍这类问题，第 10 章将统一介绍各类微分方程的求解方法。

7.1 微积分问题的解析求解

极限（limit）、微分（differentiation）与积分（intrgral）问题是微积分的核心问题，本节先介绍极限问题的求解方法，然后介绍显函数导数与偏导数计算与参数方程、隐函数的导数计算方法。本节最后介绍不定积分、定积分、无穷积分与反常积分问题的求解方法。这些问题的解析求解可以通过表 7-1 中介绍的函数直接计算。

本节未介绍函数的曲线积分与曲面积分问题的求解方法，有兴趣的读者可以参阅文献 [10, 12]，由作者编写的 `path_integral()` 和 `surf_integral()` 函数直接求解相应的问题。

7.1.1 单变量函数的极限

本节分别探讨各类极限问题的求解方法，包括函数极限的求解方法、序列极限和单边极限的求解方法，如果需要，还可以利用 MATLAB 的绘图功能，更好地描述极限的收敛过程

表7-1　常用的微积分解析运算求解函数

运算名称	解析求解函数的格式与解释
极限运算	L=`limit`(f,x,x_0)，求出 $L=\lim\limits_{x\to x_0} f(x)$，其中，$f$ 为含有变量的符号表达式。如果函数有唯一符号变量，x 可以省略，x_0 可以是常数、函数或`inf`；单边极限可以由 L=`limit`(f,x,x_0,`'left'`)或L=`limit`(f,x,x_0,`'right'`)求出
显函数求导	D=`diff`(f,x,n)，求 $D=\mathrm{d}^n f/\mathrm{d}x^n$，如果 $n=1$ 则可以省略；该函数还可以用于偏导数计算，例如，D=`diff`(f,x,x,x,y) 可以求出 $\partial^4 f/\partial x^3\partial y$
参数方程求导	D=`paradiff`(y,x,t,n)，作者编写的MATLAB函数，其中，参数方程 $y(t)$ 与 $x(t)$ 由符号表达式 y、x 表示，t 为自变量，n 为阶次，求出 $D=\mathrm{d}^n y/\mathrm{d}x^n$
隐函数求导	D=`impldiff`(f,x,y,n)，作者编写的MATLAB函数，f、x、y 为 $f(x,y)=0$ 中的符号表达式，n 为阶次，返回的 D 为 $\mathrm{d}^n y/\mathrm{d}x^n$
积分运算	F=`int`(f,x)，求取不定积分表达式 $F=\int f(x)\mathrm{d}x$；F=`int`(f,x,a,b)可以直接求取定积分 $F=\int_a^b f(x)\mathrm{d}x$；$a$、$b$ 可以为变量或`inf`；重积分可以由`int()`函数嵌套求取

与函数的变化趋势，更好地处理极限问题。

1. 函数的极限

极限问题是整个微积分学的数学基础。文献[22]甚至直接指出“微积分学就是极限的学说”。假设已知函数 $f(x)$，则极限问题的数学表示为

$$L=\lim_{x\to x_0} f(x) \tag{7-1}$$

其物理意义是当自变量 x 无限接近 x_0 时，函数 $f(x)$ 无限逼近的值。

极限问题在MATLAB符号运算工具箱中可以使用`limit()`函数直接求出，该函数的调用格式为

```
L=limit(f,x0),     %默认符号变量
L=limit(f,x,x0), %一般求极限语句
```

在求解之前应该先声明自变量 x，再用符号表达式的形式定义原函数 f，若 x_0 为 ∞，则可以用`inf`直接表示。本节通过例子演示极限问题的计算机求解方法。

例7-1　求解重要的极限问题 $\lim\limits_{x\to 0}\dfrac{\sin x}{x}$。

解　求解函数的极限问题需要下列三个步骤：

(1)声明必要的符号变量，这里需要声明的变量是 x；

(2)将 $f(x)=\sin x/x$ 函数用MATLAB描述出来；

(3)调用MATLAB函数`limit()`直接求解。

在MATLAB的工作窗口内可以直接给出下面的语句实现这三个步骤，得出原始问题的极限为 $L=1$。

```
>> syms x; f(x)=sin(x)/x; L=limit(f,x,0) %直接求解极限问题
```

由于函数 $f(x)$ 在输入符号表达式 f 中已经使用了函数形式，所以在调用`limit()`函数时可以略去 x 直接求解。当然也可以调用下面的语句求解，得出完全一致的结果。

```
>> L=limit(f,0) %可以略去调用语句中的符号变量
```

有了MATLAB这样强有力的工具，还可以由下面的语句绘制出$x \in (-0.1, 0.1)$区间的函数曲线，如图7-1所示，可以利用该曲线观察极限的逼近过程。注意，由于$x=0$点函数没有定义，所以在生成$\boldsymbol{x}$向量时有意引入一个小的偏移量，成功避开$x=0$点。

```
>> x0=-0.1+0.000001:0.001:0.1;                  %生成x向量,避开x=0点
   plot(x0,f(x0),0,1,'o'), ylim([0.99,1.001]) %绘图并设定纵轴范围
```

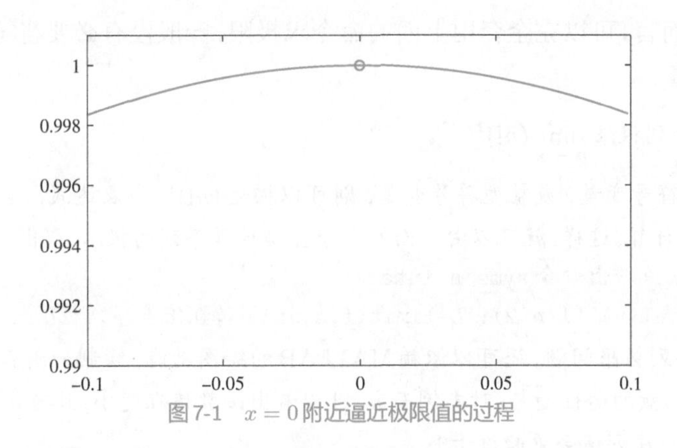

图7-1　$x=0$附近逼近极限值的过程

例7-2　试求解极限问题$\displaystyle\lim_{x\to\infty} x\left(1+\frac{a}{x}\right)^x \sin\left(\frac{b}{x}\right)$。

解　利用MATLAB语言，应该首先声明a, b和x为符号变量，然后定义函数表达式，最后调用`limit()`函数求出给定函数的极限，得出的极限为$\mathrm{e}^a b$。从下面的语句看，对用户而言，求解这样的问题和例7-1一样简单。

```
>> syms x a b; f(x)=x*(1+a/x)^x*sin(b/x); L=limit(f,inf) %直接计算
```

对这个具体例子而言，如果采用符号表达式表示函数，则需要在求极限时指名符号变量x，因为x不是表达式中的唯一符号变量。下面语句得出的结果是一致的。

```
>> f=x*(1+a/x)^x*sin(b/x); L=limit(f,x,inf) %指明变量
```

例7-3　试求极限$\displaystyle\lim_{x\to 1} \frac{1}{2(1-\sqrt{x})} - \frac{1}{3(1-\sqrt[3]{x})}$。

解　求解这个极限问题时，先声明符号变量，再将函数输入MATLAB工作空间，然后调用`limit()`函数即可以得出极限$L=1/12$。

```
>> syms x; f(x)=1/2/(1-sqrt(x))-1/3/(1-x^(1/3)); L=limit(f,1)
```

例7-4　试求出$\displaystyle\lim_{x\to\infty} x^n$和$\displaystyle\lim_{n\to\infty} x^n$。

解　如果手工求解这样问题，需要分若干种情况分别讨论；如果使用MATLAB求解，无须手工处理，只须直接给出下面的命令即可。

```
>> syms x n real; f=x^n;                     %描述原始函数
   L1=limit(f,n,inf), L2=limit(f,x,inf) %直接求两个极限,无须手工分类
```

得出的结果均为分段函数，例如，L_2的描述为

```
piecewise(n==0,1,0<n,inf,n<0,0)
```

这两个极限的结果可以解读成（其中L_1结果最末一个条件有瑕疵，应该包括$x=0$，即

$-1<x<1$)

$$L_1=\begin{cases}1, & x=1\\ \infty, & x>1\\ \text{无极限}, & x<-1\\ 0, & 0<x<1\text{或}-1<x<0\end{cases}\qquad L_2=\begin{cases}1, & n=0\\ \infty, & n>0\\ 0, & n<0\end{cases}$$

2. 序列的极限

对序列极限而言，可以完全套用上面的命令求极限，一般没有必要将符号变量n特意设置为整型符号变量。

例7-5 试求序列极限 $\lim\limits_{n\to\infty}(n!)^{1/n^2}$。

解 声明n为符号变量，或整型符号变量，则可以描述$(n!)^{1/n^2}$表达式，其中，阶乘$n!$可以由factorial()函数计算。这样，就可以由下面的命令直接计算序列的极限，得出结果为$L=1$。

```
>> syms n; %或给出命令syms n integer
   f=factorial(n)^(1/n^2); L=limit(f,n,inf) %直接求序列极限
```

对于这种纯序列极限问题，还可以依赖MATLAB的绘图功能，绘制如图7-2所示的函数火柴杆图，更好地描述函数的运行趋势。对本例而言，可以看出函数值在变小，且当$n=1000$时，函数值为1.0059。再增加n，序列值会更趋近于1。

```
>> n0=1:50; y=subs(f,n,n0); stem(n0,y), double(subs(f,n,1000))
```

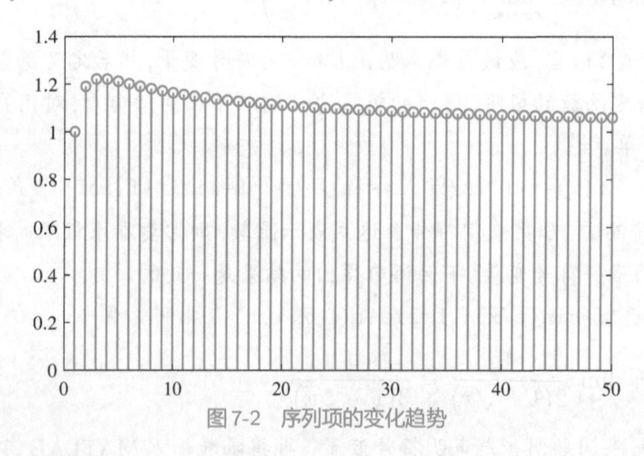

图7-2 序列项的变化趋势

例7-6 试求出下列极限：

$$\lim_{n\to\infty} n\arctan\left(\frac{1}{n(x^2+1)+x}\right)\tan^n\left(\frac{\pi}{4}+\frac{x}{2n}\right)$$

解 该极限表达式既包括序列又包括函数，但这丝毫未给求解带来任何困难，可以声明两个符号变量n和x，这样用下面语句可以直接得出问题的极限为$\mathrm{e}^x/(x^2+1)$。该极限问题的求解容易程度对用户来说也与$\sin x/x$极限相仿。

```
>> syms x n; f(x)=n*atan(1/(n*(x^2+1)+x))*tan(pi/4+x/2/n)^n;
   L=limit(f,n,inf) %直接计算极限
```

3. 单边极限

前面介绍的极限中，$x\to x_0$通常允许x从任意方向趋近于x_0，而实际应用中，有时只允许x从左侧或从右侧趋近于x_0，这就涉及单边极限问题(one-sided limit)。

函数的单边极限(或称左右极限)数学形式如下

$$L_1=\lim_{x\to x_0^-} f(x) \text{ 或 } L_2=\lim_{x\to x_0^+} f(x) \tag{7-2}$$

从物理意义上看,定义中前者表示x从左侧无限趋近于x_0点,所以又称为左极限(left limit),后者相应地称为右极限(right limit)。单边极限问题在MATLAB符号运算工具箱中也可以使用`limit()`函数直接求出,该函数的调用格式为

L=`limit(`f,x,x_0`,'left')` 或 L=`limit(`f,x,x_0`,'right')`,

例7-7 试求出下面的单边极限问题:

$$\lim_{x\to 0^+}\sqrt{\frac{1}{x}+\sqrt{\frac{1}{x}+\sqrt{\frac{1}{x}+\sqrt{\frac{1}{x}+\sqrt{\frac{1}{x}}}}}}-\sqrt{\frac{1}{x}-\sqrt{\frac{1}{x}+\sqrt{\frac{1}{x}-\sqrt{\frac{1}{x}+\sqrt{\frac{1}{x}}}}}}$$

解 求解函数的单边极限与前面介绍的一般极限问题一样方便,采用的步骤也是一致的。先声明符号变量,再将原函数用MATLAB表示出来,最后调用`limit()`函数直接得出所需的函数右极限的值,其结果为1。其实读者还可以尝试,如果再多求几重这样的函数,得出的结果也是1。

```
>> syms x positive
   f(x)=sqrt(1/x+sqrt(1/x+sqrt(1/x+sqrt(1/x+sqrt(1/x)))))-...
        sqrt(1/x-sqrt(1/x+sqrt(1/x-sqrt(1/x+sqrt(1/x)))));
   L=limit(f,x,0,'right')
```

对这个函数而言,若$x<0$,则原函数在实数框架下是没有定义的,必须假设x为正数;$x=0$时由于0做了分母,函数也是没有定义的;只能研究$x>0$的情形,所以应该事先声明x为正的符号变量。还可以绘制出该函数在$x=0$附近的一个邻域内的曲线,如图7-3所示,可见在$x\to 0^+$时,函数的值确实趋近于1。

```
>> fplot(f,[-0.001,0.01]), hold on, plot(0,1,'o'), hold off
```

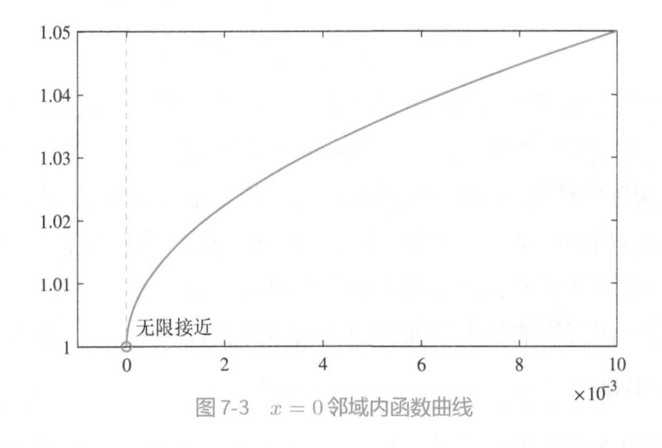

图7-3 $x=0$邻域内函数曲线

7.1.2 多元函数的极限

多元函数的极限分为两类极限问题:一类是累极限;另一类是重极限。本节将给出这两种极限的概念,并介绍其求解方法。

1. 累极限(sequential limit)

当多元函数 $f(x_1,x_2,\cdots,x_n)$ 各个自变量依某种次序相继地各自趋近于其目标值所定义的极限称为函数的累极限。假设已知二元函数 $f(x,y)$，该函数的两个累极限数学形式为

$$L_1=\lim_{x\to x_0}\left[\lim_{y\to y_0}f(x,y)\right]\ 或\ L_2=\lim_{y\to y_0}\left[\lim_{x\to x_0}f(x,y)\right] \tag{7-3}$$

其中 x_0、y_0 既可以是数值也可以是函数。

以 L_2 为例，累极限的物理意义可以理解为：先求出二元函数 $f(x,y)$ 在 $x\to x_0$ 时的极限，再对结果求 $y\to y_0$ 的极限。这里内层极限中 x_0 可以是常数或无穷大量，也可以是 y 的函数。

在MATLAB下，函数的累极限可以通过下面的语句直接求出。该函数嵌套地使用了 limit() 函数。

```
L1=limit(limit(f,y,y0),x,x0),      %先y后x的累极限
或 L2=limit(limit(f,x,x0),y,y0),   %先x后y的累极限
```

例7-8 试求出二元函数累极限。

$$\lim_{y\to\infty}\left[\lim_{x\to 1/\sqrt{y}}\mathrm{e}^{-1/(y^2+x^2)}\frac{\sin^2 x}{x^2}\left(1+\frac{1}{y^2}\right)^{x+a^2y^2}\right]$$

解 由于涉及 $\sqrt{y}$，在MATLAB下应该假设 y 为正数，所以本例中的问题可以用下面语句直接解出，其极限值为 e^{a^2}。

```
>> syms x a; syms y positive;              %声明符号变量,且令y为正
   f(x,y)=exp(-1/(y^2+x^2))*sin(x)^2/x^2*(1+1/y^2)^(x+a^2*y^2);
   L=limit(limit(f,x,1/sqrt(y)),y,inf) %直接求解累极限问题
```

2. 重极限(multiple limit)

多元函数 $f(x_1,x_2,\cdots,x_n)$ 所有自变量同时趋近于各自的目标值所得出的极限称为重极限。二元函数 $f(x,y)$ 的重极限可以表示为

$$L=\lim_{(x,y)\to(x_0,y_0)}f(x,y) \tag{7-4}$$

重极限的物理含义是，自变量 (x,y) 沿任意方向趋近目标点 (x_0,y_0) 所得出的极限。当前的计算机技术没有办法实现“任意方向”的逼近，所以只能尝试一些特定的方向。在一般情况下，如果多个累极限的值相等，函数的重极限很可能等于这个值。另外，也可能出现这两个语句都可以执行且得出不同结果的情形，或二者相同但双重极限不存在的情形，使用时应慎重，可以尝试从不同的方向趋近目标，观察是否能得出一致结论。

若沿某一特定方向得出的结果与其他的不同，则足以证明 $f(x,y)$ 函数的重极限不存在。

例7-9 试求重极限 $\lim\limits_{(x,y)\to(0,0)}x\sin(1/y)+y\sin(1/x)$。

解 可以直接给出下面的语句，选择让 $y=kx$，让 $y\to x^2$ 或让 $x\to y^2$ 这三个方向都倾向于0，则可以得出完全一致的极限 $L_1=L_2=L_3=0$。所以，基本可以断定，原函数的重极限的值为0。

```
>> syms k x y;
   f(x,y)=x*sin(1/y)+y*sin(1/x); L1=limit(f(x,k*x),x,0)
   L2=limit(limit(f,x,y^2),y,0), L3=limit(limit(f,y,x^2),x,0)
```

考虑用meshgrid()函数在$(0,0)$点附近的区域生成一些网格数据。注意，为了有效地避开样本点处$x=0, y=0$可能带来的麻烦，这里有意引入一个小的偏移。由下面语句则可以计算出网格样本点上的z值，并绘制三维曲面，如图7-4所示。可见，在$(0,0)$附近的曲面变得很平坦，如果选择更小的区域，仍将得出类似趋势的曲面。所以可以看出，二重极限的值为0(习题5.28的解)。

```
>> [x0 y0]=meshgrid((-0.1+1e-6):0.002:0.1); %生成网格数据
   z=double(f(x0,y0)); surf(x0,y0,z) %绘制曲面
```

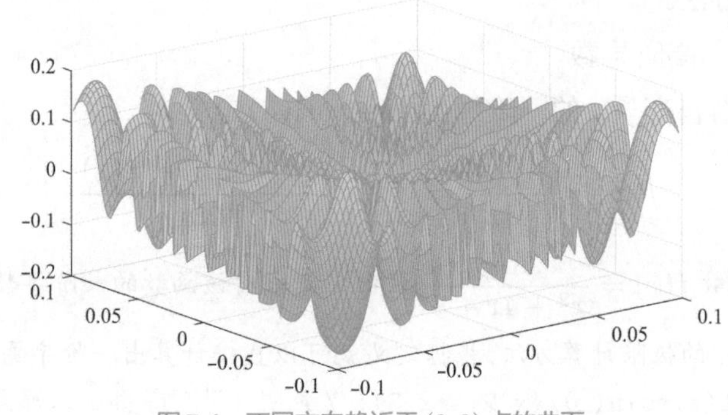

图7-4 不同方向趋近于$(0,0)$点的曲面

为更好地演示这里的极限问题，不建议使用fsurf()函数，建议使用上面手工选点绘制曲面的方法。

例7-10 试判断重极限 $\lim\limits_{(x,y)\to(0,0)}\dfrac{xy}{x^2+y^2}$ 是否存在。

解 如果想真正从理论上计算出某个函数的重极限是很困难的事情，因为要考虑到所有方向上的累极限。相比之下，指出重极限不存在则容易得多，因为只要证明某两个方向上的累极限不同即可。例如，假设$y=rx$，r为符号变量，而累极限又和r有关，则足以说明原问题的重极限不存在。对本问题而言，可以由下面的语句求出累极限。

```
>> syms r x y; f(x,y)=x*y/(x^2+y^2); L=limit(subs(f,y,r*x),x,0)
```

这样得出的结果为$L=r/(r^2+1)$，是与r有关的，所以重极限不存在。

如果充分利用图形显示的方法，则有可能更好地解释本例极限不存在的现象。仿照例7-9中介绍的方法，先在$(0,0)$附近的小区域生成网格，即可绘制出如图7-5所示的函数曲面。可见，若选择不同的逼近方向，极限的值可能取$(-0.5,0.5)$区间的任意值，所以该函数的双重极限确实不存在。

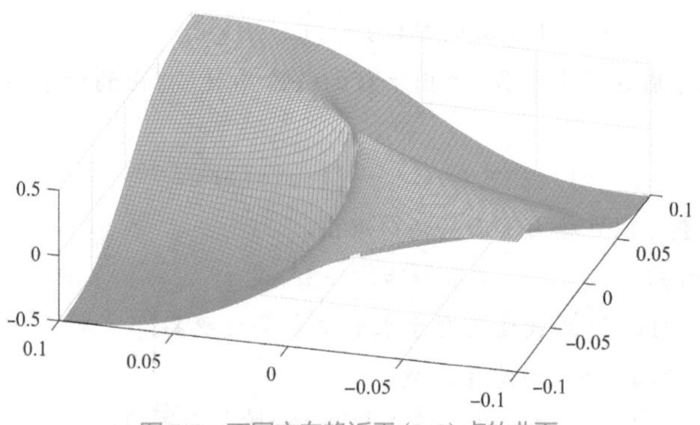

图7-5 不同方向趋近于$(0,0)$点的曲面

```
>> [x0 y0]=meshgrid((-0.1+1e-6):0.002:0.1);
   z=double(f(x0,y0)); surf(x0,y0,z)
```

7.1.3 函数求导

函数的导数与微分是微分学的重要内容，也是科学研究与工程实践的重要工具。本节首先给出导数的定义和基于MATLAB的求解方法，然后介绍偏导数、隐函数导数与参数方程求导的问题的求解方法。

1. 函数的导数与高阶导数

函数$y=f(x)$对自变量x的一阶导数(derivative)定义为

$$f'(x)=\frac{\mathrm{d}f(x)}{\mathrm{d}x}=\lim_{\Delta x\to 0}\frac{f(x+\Delta x)-f(x)}{\Delta x} \tag{7-5}$$

例7-11　给定函数$f(x)=\dfrac{\sin x}{x^2+4x+3}$，试由定义求出该函数的一阶导数。

解　利用前面介绍的极限计算方法，根据定义就可以直接计算出一阶导函数。

```
>> syms x h; f(x)=sin(x)/(x^2+4*x+3); %声明符号变量并输入原函数
   F=limit((f(x+h)-f(x))/h,h,0)        %由定义求函数的导数
```

得出如下的结果：

$$F(x)=\frac{\cos x}{x^2+4x+3}-\frac{(2x+4)\sin x}{(x^2+4x+3)^2}$$

$f(x)$函数对x的二阶导数就是$f'(x)$对x的导数，简记作$f''(x)$，三阶导数简记作$f'''(x)$，类似地，还可以定义出函数的n阶导数$\mathrm{d}^n f(x)/\mathrm{d}x^n$，简记作$f^{(n)}(x)$。

如果函数和自变量都已知，且均为符号变量，则可以用diff()函数解出给定函数的各阶导数。diff()函数的调用格式为f_1=diff(f,x,n)，其中f为给定函数，x为自变量，这两个变量均应该为符号变量，n为导数的阶次，应该为具体的整数值，若省略n则将自动求取一阶导数；如果f表达式中只有一个符号变量，或f是符号函数，还可以省略变量x。

例7-12　给定函数$f(x)=\dfrac{\sin x}{x^2+4x+3}$，试求出$\dfrac{\mathrm{d}^4 f(x)}{\mathrm{d}x^4}$。

解　若想求取函数的导数，需要完成下面三个步骤的内容：

(1)声明x为符号变量；

(2)用MATLAB语句描述原函数；

(3)调用diff()函数直接得出函数的导数。

下面的语句可以完成这三个步骤，求出函数的一阶导数。得出的结果与例7-11中由导数定义求出的完全一致。

```
>> syms x; f(x)=sin(x)/(x^2+4*x+3); f1=diff(f)
```

原函数的四阶导数可以直接由下面的语句求出。

```
>> f4=diff(f,x,4);                %求解四阶导数，过于冗长，见第1章
```

MATLAB现成的diff()函数还适合于求解给定函数更高阶的导数。例如，下面给出的命令一般可以在3s内获得该函数的100阶导函数。

```
>> tic, diff(f,x,100); toc %求该函数的100阶导数并测耗时
```

例7-13 试求函数$y(x)=(ax+b)/(cx+d)$的n阶导数。

解 这里给出的$f(x)$不能直接用diff()函数求出n阶导数,但可以将n设作几个有限的正整数,得出结果后观察是不是可以归纳出有意义的结论。

```
>> syms x a b c d; f(x)=(a*x+b)/(c*x+d);
   f1=simplify(diff(f,x,1)), f2=simplify(diff(f,x,2))
   f3=simplify(diff(f,x,3)), f4=simplify(diff(f,x,4))
   f10=simplify(diff(f,x,10)), f11=simplify(diff(f,x,11))
```

由这些命令可以得出如下结论:

$$f_1=\frac{ad-bc}{(d+cx)^2},\qquad f_2=-\frac{2c(ad-bc)}{(d+cx)^3}$$

$$f_3=\frac{6c^2(ad-bc)}{(d+cx)^4},\qquad f_4=-\frac{24c^3(ad-bc)}{(d+cx)^5}$$

$$f_{10}=\frac{-3628800c^9(ad-bc)}{(d+cx)^{11}},\ f_{11}=\frac{39916800c^{10}(ad-bc)}{(d+cx)^{12}}$$

根据这些结果可以归纳出如下结论:

$$\frac{\mathrm{d}^n}{\mathrm{d}x^n}\left(\frac{ax+b}{cx+d}\right)=\frac{(-1)^{n+1}n!\,c^{n-1}(ad-bc)}{(d+cx)^{n+1}} \tag{7-6}$$

2. 多元函数的偏导数

对二元函数$z=f(x,y)$,可以如下定义z对自变量x的偏导数(partial derivative)为

$$\frac{\partial f(x,y)}{\partial x}=\lim_{\Delta x\to 0}\frac{f(x+\Delta x,y)-f(x,y)}{\Delta x} \tag{7-7}$$

更通俗点说,虽然多元函数与多个自变量直接相关,其对x的偏导数就相当于在整个函数中其他自变量都是常数,原函数只是x的函数,对其求导得出的结果。

类似地,还可以定义出$\partial f(x,y)/\partial y$及对$x$或$y$的高阶偏导数。此外,对多元函数$f(x_1,x_2,\cdots,x_n)$也有类似的偏导数定义。

MATLAB的符号运算工具箱中并未提供求取偏导数的专门函数,这些偏导数仍然可以通过diff()函数直接实现。

已知二元函数$f(x,y)$,则可以由diff()函数嵌套地求出$\partial^{m+n}f/(\partial x^m\partial y^n)$。

f_1=diff(diff(f,x,m),y,n) 或 f_1 =diff(diff(f,y,n),x,m)

在较新的版本中,还允许使用下面的格式计算上面的偏导数。

f_1=diff($f,\underbrace{x,\cdots,x}_{m项},\underbrace{y,\cdots,y}_{n项}$)

正因为支持了新的格式,才不能使用变元n求n阶导数,必须将其设成固定的数值,否则就会对变元n求导,导数自然为零。

例7-14 试求出二元函数$z=(x^2-2x)\mathrm{e}^{-x^2-y^2-xy}$的一阶偏导数,并用图形表示。

解 用下面的语句可直接求出$\partial z/\partial x$和$\partial z/\partial y$。

```
>> syms x y; z(x,y)=(x^2-2*x)*exp(-x^2-y^2-x*y);
   zx=simplify(diff(z,x)), zy=diff(z,y)
```

得出梯度(gradient)的数学形式为

$$\frac{\partial z(x,y)}{\partial x}=-\mathrm{e}^{-x^2-y^2-xy}(-2x+2+2x^3+x^2y-4x^2-2xy)$$
$$\frac{\partial z(x,y)}{\partial y}=-x(x-2)(2y+x)\mathrm{e}^{-x^2-y^2-xy}$$

在 $x\in(-3,2), y\in(-2,2)$ 区域内生成网格,则可以分别得出原函数及其偏导数的数值解。这样,可以直接用下面的语句绘制出原函数的三维曲面,如图5-21所示。

```
>> [x0,y0]=meshgrid(-3:.2:2,-2:.2:2); z0=double(z(x0,y0));
   surf(x0,y0,z0), zlim([-0.7 1.5])     %直接绘制三维曲面
```

既然计算出了对两个自变量的一阶偏导数,则可以调用quiver()函数绘制出引力线,该引力线可以叠印在由contour()函数绘制出的等值线上,如图7-6所示。如果在曲面上某点放置一个球,则球将沿箭头的方向向下滚动,滚动的速度由箭头的长度表示。引力线绘制函数的详细信息可以由doc quiver命令进一步列出。

```
>> contour(x0,y0,z0,30), hold on; %绘制等高线
   zx0=double(zx(x0,y0)); zy0=double(zy(x0,y0));
   quiver(x0,y0,-zx0,-zy0)          %负梯度表示从高到低
```

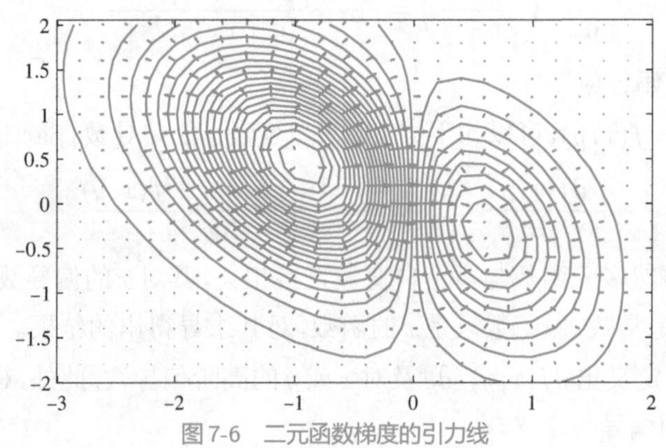

图7-6　二元函数梯度的引力线

例7-15　已知三元函数 $f(x,y,z)=\sin(x^2y)\mathrm{e}^{-x^2y-z^2}$,试求出偏导数 $\dfrac{\partial^4 f(x,y,z)}{\partial x^2\partial y\partial z}$。

解　先声明自变量及函数,则可以用MATLAB语句立即得出所需的偏导函数。

```
>> syms x y z;
   f(x,y,z)=sin(x^2*y)*exp(-x^2*y-z^2); %声明符号变量和原函数
   F=diff(f,x,x,y,z)                    %直接计算高阶导数
```

得出的结果很冗长,其数学表示为

$$F=-4z\mathrm{e}^{-x^2y-z^2}\left(\cos x^2y-10yx^2\cos x^2y+4x^4y^2\sin x^2y+4x^4y^2\cos x^2y-\sin x^2y\right)$$

3. 隐函数的偏导数

对隐函数而言,MATLAB的符号运算工具箱并没有提供直接的求解函数,所以应该回顾相应的数学知识,编写通用的隐函数求导函数。

考虑二元隐函数 $f(x,y)=0$。记 $F_0(x,y)=f(x,y)$,则可得出一阶偏导数公式

$$F_1(x,y)=\partial y/\partial x=-\frac{\partial F_0(x,y)/\partial x}{\partial F_0(x,y)/\partial y}$$

由此可以很容易地推导出其二阶导数公式

$$F_2(x,y)=\frac{\partial^2 y}{\partial x^2}=\frac{\partial F_1(x,y)}{\partial x}+\frac{\partial F_1(x,y)}{\partial y}F_1(x,y) \tag{7-8}$$

隐函数的n阶偏导数可以由式(7-9)递推求出。

$$F_n(x,y)=\frac{\partial^n y}{\partial x^n}=\frac{\partial F_{n-1}(x,y)}{\partial x}+\frac{\partial F_{n-1}(x,y)}{\partial y}F_1(x,y) \tag{7-9}$$

式(7-9)中的高阶导数公式用MATLAB语言可以很容易实现。根据给出的递推算法可以编写隐函数f的n阶偏导数函数$f_1=\partial^n y/\partial x^n$，其调用格式为$f_1$=impldiff($f$,$x$,$y$,$n$)。

```
function dy=impldiff(f,x,y,n)
if nargin==3, n=1; end  %如果输入变元个数为3,则默认求一阶导数
if mod(n,1)~=0 || n<=0  %如果阶次非正整数,则给出错误信息
   error('n should be a positive integer, please correct it')
else, F1=-simplify(diff(f,x)/diff(f,y)); dy=F1;       %一阶导数
   for i=2:n, dy=simplify(diff(dy,x)+diff(dy,y)*F1); %式(7-9)
end, end
```

例7-16 已知隐函数$x^2\sin y+y^2z+z^2\cos y-4z=0$，试求$\partial z/\partial x$与$\partial^2 z/\partial x^2$。

解 给定的函数是三元隐函数$f(x,y,z)=0$，而需要求取的是x与z之间的导函数，所以函数会自动认为y为常数，从而可以直接给出下面的命令：

```
>> syms x y z; f(x,y,z)=x^2*sin(y)+y^2*z+z^2*cos(y)-4*z;
   F1=simplify(impldiff(f,x,z,1))
   F2=simplify(impldiff(f,x,z,2))
```

得出的结果为

$$F_1=\frac{\partial z}{\partial x}=-\frac{2x\sin y}{2z\cos y+y^2-4}$$

$$F_2=\frac{\partial^2 z}{\partial x^2}=-\frac{2\sin y}{2z\cos y+y^2-4}-\frac{8x^2\cos y\sin^2 y}{(2z\cos y+y^2-4)^3}$$

4. 参数方程的导数

MATLAB的符号运算工具箱并没有提供参数方程求导的函数，所以这里先看一下参数方程求导的数学公式，然后根据该规则编写出通用的MATLAB求解程序，直接求解参数方程的求导问题。

若已知参数方程$y=f(t)$，$x=g(t)$，则$\mathrm{d}^n y/\mathrm{d}x^n$可以由递推公式求出

$$\begin{aligned}
\frac{\mathrm{d}y}{\mathrm{d}x}&=\frac{f'(t)}{g'(t)}\\
\frac{\mathrm{d}^2y}{\mathrm{d}x^2}&=\frac{\mathrm{d}}{\mathrm{d}t}\left(\frac{f'(t)}{g'(t)}\right)\frac{1}{g'(t)}=\frac{\mathrm{d}}{\mathrm{d}t}\left(\frac{\mathrm{d}y}{\mathrm{d}x}\right)\frac{1}{g'(t)}\\
&\vdots\\
\frac{\mathrm{d}^ny}{\mathrm{d}x^n}&=\frac{\mathrm{d}}{\mathrm{d}t}\left(\frac{\mathrm{d}^{n-1}y}{\mathrm{d}x^{n-1}}\right)\frac{1}{g'(t)}
\end{aligned} \tag{7-10}$$

MATLAB并没有提供可以直接用于参数方程的高阶导数求取的函数，所以应该编写一个通用函数完成这项工作。我们用循环结构编写出求取参数方程任意阶导数的通用MATLAB函数，其效率高于文献[10]给出的递归调用格式的函数。

```
function result=paradiff(y,x,t,n)
if mod(n,1)=0, error('n should positive integer, please correct')
else, g1=diff(x,t); result=diff(y,t)/g1;
   for i=2:n, result=diff(result,t)/g1; end
end
```

例7-17 已知参数方程$y(t)=\dfrac{\sin t}{(t+1)^3}$，$x(t)=\dfrac{\cos t}{(t+1)^3}$，试求$\dfrac{\mathrm{d}^3y}{\mathrm{d}x^3}$。

解 由前面给出的函数调用格式，可以得出所需的高阶导数。

```
>> syms t; y=sin(t)/(t+1)^3; x=cos(t)/(t+1)^3;
   f=simplify(paradiff(y,x,t,3))
```

得出如下的结果：

$$\frac{\mathrm{d}^3y}{\mathrm{d}x^3}=\frac{3\,(t+1)^7\left(23\cos t+24\sin t-6t^2\cos t-4t^3\cos t-t^4\cos t+12t^2\sin t+4t^3\sin t-4t\cos t+32t\sin t\right)}{(3\cos t+\sin t+t\sin t)^5}$$

7.1.4 函数的积分

积分（integral）问题是函数求导的反问题。如果已知一个函数$F(x)$，则可以通过前面介绍的求导方法得出其导数$f(x)$。反过来，已知$f(x)$，如何求$F(x)$，是积分学所要解决的问题。本节侧重于介绍基于MATLAB符号运算的单变量函数的不定积分、定积分和反常积分运算，并介绍多元函数的重积分运算。

1. 不定积分（indefinite integral）

已知函数$f(x)$的不定积分数学表示为

$$F(x)=\int f(x)\mathrm{d}x \tag{7-11}$$

其中$f(x)$称为被积函数（integrand），$F(x)$称为原函数（primitive function）。

MATLAB符号运算工具箱中提供了一个`int()`函数，可以直接用来求取符号函数的不定积分。该函数的调用格式为F=`int`(f,x)。如果被积函数f中只有一个变量，或f为符号函数，则可以省略调用语句中的x。

值得指出的是，该函数得出的结果$F(x)$是积分原函数，实际的不定积分应该是$F(x)+C$构成的原函数族，其中C是任意常数。

例7-18 考虑例7-12中给出的问题，用`diff()`函数可以直接求$f(x)$函数的一阶导数。现在对得出的导数再进行积分，试检验是否可以得出一致的结果。

解 先定义原函数并对其求导，然后再对导数进行积分。

```
>> syms x; y(x)=sin(x)/(x^2+4*x+3); %描述原函数
   y1=diff(y); y0=simplify(int(y1)) %求导再求积分还原
```

则可以得出原函数，事实上，实际的原函数应该写成$y_1(x)=\sin x/(x^2+4x+3)+C$，其中，$C$是任意常数。如果已知原函数的一个已知点，如$x=0$时，$y_1=1$，则可以唯一地确定待定系数，得出满足此已知点的唯一原函数。将$x=0$代入$y_1(x)$表达式可得$C=1$。

现在对原函数求四阶导数，再对结果进行四次积分，仍可以得出原函数。

```
>> y4=diff(y,4); y0=int(int(int(int(y4)))); %嵌套使用int()函数
   I=simplify(y0)                           %化简四阶积分的结果
```

如果考虑到任意常数，最终得出的原函数应该为

$$F(x)=\frac{\sin x}{x^2+4x+3}+C_1+C_2x+C_3x^2+C_4x^3$$

这时的“任意待定常数”也不应该仅仅是常数了，而应该是待定多项式。如果想唯一地确定这些待定系数，需要已知原函数的四个不相关的已知点。

例7-19 试求下面的不定积分问题。

$$I=\int\sin^3\left(x^2+1\right)^4\cos\left(x^2+1\right)^4\left(x^2+1\right)^3x\,\mathrm{d}x$$

解 这类问题如果需要手工求解，一般采用变量替换方法[22]，利用MATLAB求解则不必考虑这些因素，也无须利用任何技巧，直接给出下面指令即可。

```
>> syms x; F(x)=sin((x^2+1)^4)^3*cos((x^2+1)^4)*(x^2+1)^3*x;
   I=int(F,x)
```

得出的不定积分为

$$I=\frac{1}{256}\cos 4(x^2+1)^4-\frac{1}{64}\cos 2(x^2+1)^4+C$$

2. 定积分(definite integral)

在前面介绍的不定积分问题中，一个被积函数可能对应相互关联的无数个原函数。如果限定积分的区域，则可以对应某一个具体的原函数。限定积分区域的积分就是定积分所要求解的问题。定积分问题的数学描述为

$$I=\int_a^b f(x)\,\mathrm{d}x \tag{7-12}$$

在MATLAB语言中仍然可以使用int()函数求解定积分或无穷积分问题，该函数的具体调用格式为I=int(f,x,a,b)，其中x为自变量，(a,b)为定积分的积分区间。求解无穷积分时，允许将a、b设置成-inf或inf，如果得出的结果不是确切的数值，还可以试着用vpa()函数得出定积分或无穷积分的高精度近似解。

例7-20 试计算定积分。

$$I=\int_0^1\frac{y^2+4y-4}{\sqrt{y^3+6y^2-12y+9}}\,\mathrm{d}y$$

解 可以不用任何技巧，直接求解该定积分问题。

```
>> syms y; f(y)=(y^2+4*y-4)/sqrt(y^3+6*y^2-12*y+9);
   I=int(f,y,0,1), vpa(I)
```

得出的结果比较麻烦，不能化简，不过采用vpa()函数可见该结果无限接近$-2/3$。由下面的语句还可以绘制出被积函数的曲线，如图7-7所示。从物理意义上看，定积分的值就是被积函数在积分区域围成的面积。由于被积函数有过零点，所以最终的面积是“正面积”与“负面积”的叠加结果。

```
>> x0=0:0.01:1; f1=double(f(x0));
   x0=[0 x0 1]; f1=[0 f1 0]; fill(x0,f1,'c')
```

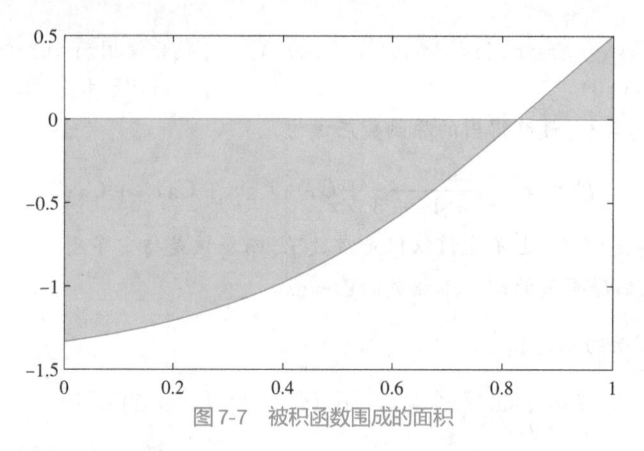

图 7-7 被积函数围成的面积

3. 反常积分(improper integral)

若积分区域(a,b)内除了c点外被积函数$f(x)$是连续的，且$\lim\limits_{x\to c}|f(c)|=\infty$，则称这样的积分为反常积分。

可以由奇点c将反常积分问题分解成两个积分子区间$[a,c_1)$、$(c_2,b]$，这样反常积分可以由下面的公式计算。

$$\int_a^b f(x)\,\mathrm{d}x=\lim_{c_1\to c^-}\int_a^{c_1}f(x)\,\mathrm{d}x+\lim_{c_2\to c^+}\int_{c_2}^b f(x)\,\mathrm{d}x \tag{7-13}$$

MATLAB的符号运算引擎已经将这些规则嵌入了积分求解函数，所以直接调用`int()`函数即可，不必手工求取奇点与单边极限等底层运算，大大化简了求解积分问题的过程。

例7-21 试求解反常积分$\displaystyle\int_1^{2\mathrm{e}}\frac{1}{x\sqrt{1-\ln^2 x}}\mathrm{d}x$。

解 若$x=\mathrm{e}$，则被积函数是不连续的，所以这种积分为反常积分。该问题可以由下面的语句直接求解，结果为$\arcsin\big(\ln 2+1\big)\approx 1.5708-1.1182\mathrm{j}$。

```
>> syms x; f(x)=1/x/sqrt(1-log(x)^2);
   I=int(f,x,1,2*exp(sym(1))), vpa(I) %直接计算反常积分
```

4. 重积分(multiple integral)

一般的双重定积分(double integral)问题的标准型的数学表达式为

$$I=\int_{x_\mathrm{m}}^{x_\mathrm{M}}\int_{y_\mathrm{m}(x)}^{y_\mathrm{M}(x)}f(x,y)\mathrm{d}y\mathrm{d}x \tag{7-14}$$

一般三重积分(triple integral)的表达式为

$$I=\int_{x_\mathrm{m}}^{x_\mathrm{M}}\int_{y_\mathrm{m}(x)}^{y_\mathrm{M}(x)}\int_{z_\mathrm{m}(x,y)}^{z_\mathrm{M}(x,y)}f(x,y,z)\mathrm{d}z\mathrm{d}y\mathrm{d}x \tag{7-15}$$

从给出的数学表达式看，如果内层积分的解析解不存在，则会给外层积分带来困难，甚至导致整个积分问题的解析解不可求，这时只能依赖MATLAB下积分函数自带的功能求取原始问题的高精度数值解了。不过这样的高精度数值解有时是得不出来的，只能借助纯粹的数值方法求解问题。

可积的任意重多重积分都可以通过嵌套使用`int()`函数直接求出，无须特别的处理。下面通过例子演示重积分的计算。

例7-22 试求解双重积分问题 $J=\int_{-1}^{1}\int_{-\sqrt{1-y^2}}^{\sqrt{1-y^2}}\mathrm{e}^{-x^2/2}\sinh(x^2+y)\,\mathrm{d}x\mathrm{d}y$。

解 求解这样的问题仍然可以使用常规的MATLAB语句，求解过程只须对积分顺序与上下限等有正确的描述。

```
>> syms x y; f(x,y)=exp(-x^2/2)*sinh(x^2+y);
   I=int(int(f,x,-sqrt(1-y^2),sqrt(1-y^2)),y,-1,1)
   tic, I1=vpa(I), toc
```

遗憾的是，这里的问题是没有解析解的，所以由vpa()函数进一步求解问题的高精度数值解，该解为 $I_1=0.70412133490335689947800312022517$。这里的高精度数值解是通过符号运算内置的数值运算机制计算出来的，但由于采用的数据结构是符号型高精度数据结构，所以求解速度极慢。运算时间大概为354 s。

例7-23 试求解三重定积分问题 $\int_0^2\int_0^{\pi}\int_0^{\pi}4xz\mathrm{e}^{-x^2y-z^2}\mathrm{d}z\mathrm{d}y\mathrm{d}x$。

解 用如下的定积分求解语句可以立即计算出所需三重积分。

```
>> syms x y z; F(x,y,z)=4*x*z*exp(-x^2*y-z^2);     %描述原函数
   I=int(int(int(F,x,0,2),y,0,pi),z,0,pi), vpa(I) %直接计算三重积分
```

这时得出的结果为 $-(\mathrm{e}^{-\pi^2}-1)(\gamma+\ln(4\pi)-\mathrm{Ei}(-4\pi))$，其中 γ 为Euler常数，$\mathrm{Ei}(z)$ 为指数积分，即 $\mathrm{Ei}(z)=\int_{-\infty}^{z}\mathrm{e}^{-t}t^{-1}\,\mathrm{d}t$。该函数虽然解析不可积，但可以求出其数值解，其高精度表示为3.108079 40208541272283461464767 14。

7.2 函数的级数逼近与效果评价

级数问题应该是整个微积分学领域最早被研究的问题。MATLAB提供了很多级数问题的求解函数，在表7-2中给出。本节主要介绍级数问题的求解方法，包括已知函数的Taylor级数、Fourier级数逼近、无穷级数的收敛性判定、级数的求和与序列求积等。

表7-2 常用的级数求解函数

运算名称	级数运算函数的格式与解释
Taylor级数展开	F=taylor(f,x,a,'Order',n)，求 f 关于 $x=a$ 点的 n 阶Taylor级数展开表达式 F
Fourier级数展开	F=fseries(f,x,n,a,b)，作者编写的MATLAB函数，F 为 f 函数在 $[a,b]$ 区间的 n 阶Fourier级数展开表达式
级数收敛性判定	key=isconverge(f,k)，作者编写的MATLAB函数，判定无穷级数收敛性
级数求和	F=synsum(f,k,k_0,k_n)，直接求取 $F=\sum_{k=k_0}^{k_n}f_k$，其中，k_0 和 k_n 可以设置inf
级数求积	F=symprod(f,k,k_0,k_n)，求 $F=\prod_{k=k_0}^{k_n}f_k$，其中，k_0 和 k_n 可以设置inf

7.2.1 Taylor级数

Taylor级数（Taylor series）是将任意函数用幂级数（power series）逼近的一种方法。这里给出Taylor级数的简单数学描述，本节主要侧重于利用MATLAB求取Taylor级数及评

价Taylor级数逼近效果的方法。

若关于$x=a$点进行展开，则k阶Taylor级数可以写成：

$$f(x)=b_1+b_2(x-a)+b_3(x-a)^2+\cdots+b_k(x-a)^{k-1}+o\big[(x-a)^k\big] \tag{7-16}$$

其中，k阶指误差$o\big[(x-a)^k\big]$为k阶，而各个系数b_i可以由下式求出：

$$b_i=\frac{1}{(i-1)!}\lim_{x\to a}\frac{\mathrm{d}^{i-1}}{\mathrm{d}x^{i-1}}f(x),\quad i=1,2,\cdots \tag{7-17}$$

由符号运算工具箱中的taylor()函数可以得出Taylor幂级数展开。

```
F=taylor(f,x,a,'Order',k), %关于x=a点的k阶Taylor级数展开
```

其中，f为函数的符号表达式，x为自变量，若函数只有一个自变量，则x可以省略。k为需要展开的阶次，默认值为6阶。如果不给出a，则可以求出关于$a=0$的Taylor级数展开。下面将通过例子演示Taylor幂级数展开的方法。

例7-24 考虑例7-12中给出的函数$f(x)=\sin x/(x^2+4x+3)$，试求出该函数的9阶Taylor幂级数展开，并观察逼近效果。

解 先用下面的语句输入已知的函数，这样就可以调用taylor()函数

```
>> syms x; f(x)=sin(x)/(x^2+4*x+3);
   y=taylor(f,x,'Order',9) %Taylor幂级数展开
```

导出其9阶Taylor幂级数展开表达式为

$$y(x)\approx-\frac{386459}{918540}x^8+\frac{515273}{1224720}x^7-\frac{3067}{7290}x^6+\frac{4087}{9720}x^5-\frac{34}{81}x^4+\frac{23}{54}x^3-\frac{4}{9}x^2+\frac{1}{3}x$$

在传统微积分教材中，Taylor级数是无穷阶级数，其收敛域为$x\in(-\infty,\infty)$。实际应用中，不可能真正使用无穷阶，应该采用有限阶的Taylor级数逼近原函数。这样，很难避免几个重要的问题：若用有限项级数展开逼近一个给定函数，逼近的效果如何？在哪个区间适用，哪个区间不适用？如果想在某个区间得到很好近似，应该如何选择阶次？传统微积分阶次因为缺少必要的计算机支持，所能回答的只是误差限$o\big[(x-a)^k\big]$，不能真正回答上述问题，所以遗留了很大的缺陷。当然，有了MATLAB语言，这些复杂的问题就可以迎刃而解了。下面语句可以在同一坐标系下直接绘制9阶Taylor级数对原函数在$(-1,1)$区间的曲线，不过当x较大时两条曲线有巨大差异。读者可以用图形窗口的局部放大功能找出较好的拟合区间。

```
>> fplot([f y],[-1,1]) %函数的曲线比较
```

通过尝试可见，如果整个拟合区间缩减到$[-0.6,0.6]$，则可以得出如图7-8所示的拟合效果，拟合效果将明显改观。

例7-25 试对正弦函数$y=\sin x$进行Taylor幂级数展开，观察不同阶次的近似效果。

解 根据要求，可以给出如下的MATLAB语句，用循环的形式得出各次Taylor幂级数展开，得到如图7-9所示的拟合曲线。

```
>> syms x; y=sin(x); fplot(y,[-2*pi,2*pi]), hold on  %原函数
   for n=[6:2:16]                                     %用循环尝试不同的阶次
      p=taylor(y,x,'Order',n), fplot(p,[-2*pi,2*pi]) %幂级数
   end, hold off, ylim([-1.2 1.2])
```

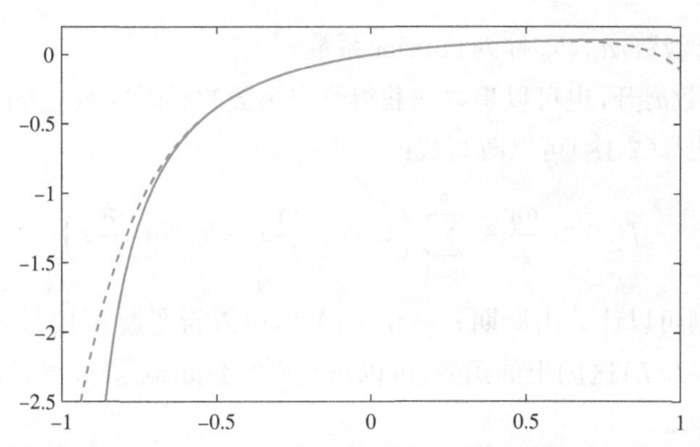

图 7-8　$(-0.6, 0.6)$ 区间的近似效果(实线为原函数，虚线为 Taylor 近似)

若拟合的阶次较低，则拟合效果较好的区间较小。增大拟合阶次，则拟合较好的区域将明显增大。对本例来说，若选择 $n=16$，则在 $(-2\pi, 2\pi)$ 区间内的拟合效果将很理想。其中 16 阶 Taylor 幂级数展开式为

$$\sin x \approx x - \frac{x^3}{6} + \frac{x^5}{120} - \frac{x^7}{5040} + \frac{x^9}{362880} - \frac{x^{11}}{39916800} + \frac{x^{13}}{6227020800} - \frac{x^{15}}{1307674368000}$$

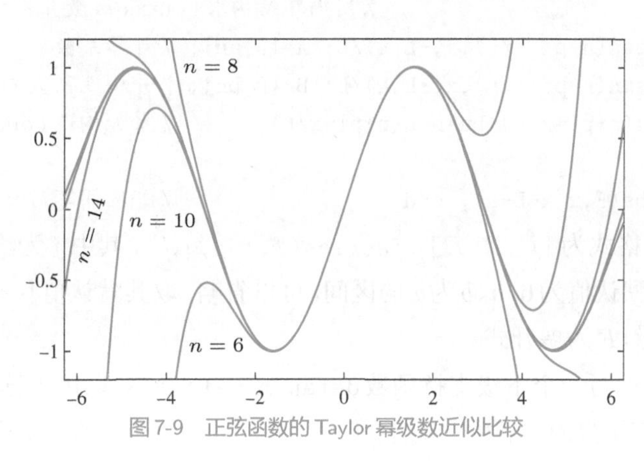

图 7-9　正弦函数的 Taylor 幂级数近似比较

7.2.2　Fourier级数

在介绍一般函数的Fourier级数（Fourier series）展开与逼近之前，先观察一下定义在 $(-L, L)$ 对称区间内的函数 $f(x)$ 的Fourier级数展开方法。

给定周期性数学函数 $f(x)$，其中 $x \in [-L, L]$，且周期为 $T=2L$，可以人为地对该函数在其他区间上进行周期延拓，使得 $f(x)=f(kT+x)$，k 为任意整数，这样可以根据需要将其写成下面的级数形式：

$$f(x) = \frac{a_0}{2} + \sum_{n=1}^{\infty}\left(a_n \cos\frac{n\pi}{L}x + b_n \sin\frac{n\pi}{L}x\right) \tag{7-18}$$

其中，

$$\begin{cases} a_n = \dfrac{1}{L}\displaystyle\int_{-L}^{L} f(x)\cos\frac{n\pi x}{L}\mathrm{d}x, & n=0,1,2,\cdots \\ b_n = \dfrac{1}{L}\displaystyle\int_{-L}^{L} f(x)\sin\frac{n\pi x}{L}\mathrm{d}x, & n=1,2,\cdots \end{cases} \tag{7-19}$$

该级数称为Fourier级数，a_n、b_n称为Fourier系数。

仿照Taylor级数展开，也可以想办法获得给定函数的有限项Fourier级数近似。例如，保留前p组级数项，则式（7-18）可以改写成：

$$f(x) \approx \frac{a_0}{2} + \sum_{n=1}^{p} \left(a_n \cos \frac{n\pi}{L} x + b_n \sin \frac{n\pi}{L} x \right) \tag{7-20}$$

若$x \in (a,b)$，则可以计算出周期$L=(b-a)/2$，引入新变量$\hat{x}$，使得$x=\hat{x}+L+a$，则可以将$f(\hat{x})$映射成$(-L,L)$区间上的函数，可以对其进行Fourier级数展开，再将$\hat{x}=x-L-a$映射回x的函数即可。

MATLAB语言未直接提供求解Fourier系数与级数的现成函数。由上述公式可以编写出下面的Fourier级数解析求解函数。

```
function [F,A,B]=fseries(f,x,varargin)
[p,a,b]=default_vals({6,-pi,pi},varargin{:}); L=(b-a)/2; %默认参数
if a+b, f=subs(f,x,x+L+a); end  %非对称区间变量替换
B=[]; A=int(f,x,-L,L)/L; F=A/2; %展开的初值计算
for n=1:p                       %用循环结构求Fourier级数并累加求级数
   an=int(f*cos(n*pi*x/L),x,-L,L)/L; A=[A,an]; %计算系数
   bn=int(f*sin(n*pi*x/L),x,-L,L)/L; B=[B,bn]; %并构造系数向量
   F=F+an*cos(n*pi*x/L)+bn*sin(n*pi*x/L);      %累加构造Fourier级数
end
if a+b, F=subs(F,x,x-L-a); end                 %若区间不对称，做变量替换
```

该函数的调用格式为$[F,\boldsymbol{A},\boldsymbol{B}]=$fseries$(f,x,p,a,b)$，其中$f$为给定函数，$x$为自变量，$p$为展开项数，默认值为6，$a$、$b$为$x$的区间，可以省略，取其默认值$[-\pi,\pi]$，得出的$\boldsymbol{A}$、$\boldsymbol{B}$为Fourier系数向量，$F$为展开式。

作者为该函数编写一个下级支持函数`default_vals()`，可以用于读取默认值。这个函数后面还将用到。该函数的内容为

```
function varargout=default_vals(vals,varargin) %读默认参数通用子函数
if nargout~=length(vals), error('number of arguments mismatch');
else, nn=length(varargin)+1;                   %用循环结构指派各个默认参数
   varargout=varargin; for i=nn:nargout, varargout{i}=vals{i};
end, end, end
```

例7-26 试求给定函数$y=x(x-\pi)(x-2\pi)$，$x\in(0,2\pi)$的Fourier级数展开。

解 上述给定函数的Fourier级数展开可以很自然地用下面的语句得出。

```
>> syms x; f=x*(x-pi)*(x-2*pi);          %描述原函数的符号表达式
   [F,A,B]=fseries(f,x,12,0,2*pi); F %Fourier级数
```

可以得出前12项的Fourier级数展开为

$$f(x) = 12\sin x + \frac{3}{2}\sin 2x + \frac{4}{9}\sin 3x + \frac{3}{16}\sin 4x + \frac{12}{125}\sin 5x + \frac{1}{18}\sin 6x + \frac{12}{343}\sin 7x + \frac{3}{128}\sin 8x + \frac{4}{243}\sin 9x + \frac{3}{250}\sin 10x + \frac{12}{1331}\sin 11x + \frac{1}{144}\sin 12x$$

该展开的解析表达式为

$$f(x)=\sum_{n=1}^{\infty}\frac{12}{n^3}\sin nx$$

由下面的语句可以得出并绘制12阶Fourier级数展开对原函数的拟合情况(从略)。可见,函数的拟合效果是很理想的,几乎看不出原函数与12阶Fourier级数的区别。

```
>> fplot([f,F],[0,2*pi]) %曲线比较,从曲线上看不出区别
```

7.2.3 级数求和

级数求和的数学表达式为

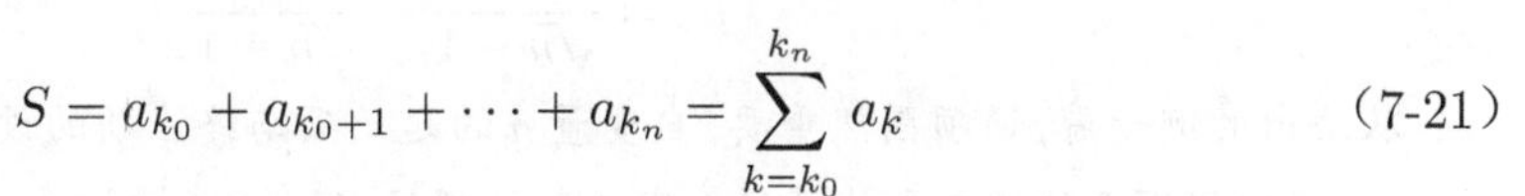

$$S=a_{k_0}+a_{k_0+1}+\cdots+a_{k_n}=\sum_{k=k_0}^{k_n}a_k \tag{7-21}$$

其中,a_k为级数的通项,k为级数自变量,k_0和k_n为级数求和的起始项与终止项。

符号运算工具箱中提供的symsum()函数可以用于已知通项的有穷或无穷级数求和。该函数调用格式为S=symsum(a_k,k,k_0,k_n),其中起始项还可以取作-inf,终止项也可以是无穷量inf,但不能同时使用无穷项。如果给出的a_k表达式中只含有一个变量,则在函数调用时可以省略k量。

例7-27 计算有限项级数的和。

$$S=2^0+2^1+2^2+2^3+2^4+\cdots+2^{62}+2^{63}=\sum_{i=0}^{63}2^i$$

解 对这样的问题应该采用符号运算工具箱中的symsum()函数直接求取有限项级数的和,可以得出的精确结果为18446744073709551615。

```
>> syms k; symsum(2^k,0,63) %或sum(sym(2).^[0:63])
```

例7-28 试求出下面级数的无穷和。

$$S=\frac{1}{2}-\frac{1}{3}+\frac{1}{4}+\frac{1}{9}+\frac{1}{8}-\frac{1}{27}+\frac{1}{16}+\frac{1}{81}+\cdots$$

解 找出级数的通项是级数求和必须实现的重要一步,如果没有级数的通项就没有办法真正实现级数求和的运算。把每一项单独作为独立项写级数的通项是很困难的,不过,如果仔细观察级数,不难看出其共性。如果级数项两两分组,则

$$S=\left(\frac{1}{2}-\frac{1}{3}\right)+\left(\frac{1}{4}+\frac{1}{9}\right)+\left(\frac{1}{8}-\frac{1}{27}\right)+\left(\frac{1}{16}+\frac{1}{81}\right)+\cdots$$

这样,问题就明朗了,不难写出级数的通项为

$$a_n=\frac{1}{2^n}+\frac{(-1)^n}{3^n},\ n=1,2,\cdots$$

有了通项表达式,就可以用下面的语句描述通项,直接计算级数的和了,得出的结果为$S=3/4$。由于n是符号表达式的唯一变量,所以求和时还可以略去n。

```
>> syms n; a=1/2^n+(-1)^n/3^n; S=symsum(a,n,1,inf)
```

例7-29 试求出下面级数的有穷和与无穷和。

$$S=\frac{1}{\sqrt{2}-1}-\frac{1}{\sqrt{2}+1}+\frac{1}{\sqrt{3}-1}-\frac{1}{\sqrt{3}+1}+\frac{1}{\sqrt{4}-1}-\frac{1}{\sqrt{4}+1}+\cdots$$

解　同样，这个问题把每一项单独作为独立项写级数的通项是很困难的，仍需对级数项两两分组，这样

$$S=\left(\frac{1}{\sqrt{2}-1}-\frac{1}{\sqrt{2}+1}\right)+\left(\frac{1}{\sqrt{3}-1}-\frac{1}{\sqrt{3}+1}\right)+\left(\frac{1}{\sqrt{4}-1}-\frac{1}{\sqrt{4}+1}\right)+\cdots$$

有了上述分组就可以写出级数的通项为

$$a_n=\frac{1}{\sqrt{n+1}-1}-\frac{1}{\sqrt{n+1}+1},\ n=1,2,\cdots$$

通项的写法不是唯一的，若令 $n=2,3,\cdots$，通项还可以写成

$$b_n=\frac{1}{\sqrt{n}-1}-\frac{1}{\sqrt{n}+1}$$

从给出的例子看，通项固然重要，自变量 n 的起始项与终止项的设定也同样重要。有了通项表达式，就可以用下面的语句尝试计算无穷级数的解了。不过，遗憾的是，这个问题是没有解析解的。

```
>> syms n;
   S1=symsum(1/(sqrt(n+1)-1)-1/(sqrt(n+1)+1),n,1,inf)
   S2=symsum(1/(sqrt(n)-1)-1/(sqrt(n)+1),n,2,inf)
```

如何求解没有解析解的级数求和问题呢？由于给定的级数是数项级数，所以可以用数值计算的方法求出其前 n 项的和，观察其变化的趋势。例如，使用如下的命令可以得出项数与级数和之间的关系，在表 7-3 中给出。可以看出，级数的和随着项数的增加而显著增加，没有停止下来的迹象，所以该级数很可能不收敛。

```
>> N0=[10,100,1000,10000,100000,1000000 10000000]; T=[];
   for N=N0            %选择不同的总项数，得出级数的和
      n=1:N; y=sum(1./(sqrt(n+1)-1)-1./(sqrt(n+1)+1));
      T=[T [N; y]];  %将计算结果暂存起来，以便生成表格
   end
```

表 7-3　级数和与项数的关系

项数	10	100	1000	10000	100000	1000000	10000000
级数和	5.8579	10.375	14.971	19.575	24.18	28.785	33.391

从这个例子可见，无穷级数的收敛性也是一个很重要的性质。后面将专门给出无穷级数收敛性的判定方法。

其实，函数项级数也可以通过 symsum() 函数直接求解，对用户而言没有什么太大的影响，只须将函数型的通项放在 symsum() 函数的“通项”位置上就可以了。值得指出的是，利用 symsum() 对函数项级数求和，不但能得出级数的和，还有可能得到级数收敛的条件。

例 7-30　试求解含有变量的无穷级数的和 $J=2\sum\limits_{n=0}^{\infty}\frac{1}{(2n+1)(2x+1)^{2n+1}}$。

解　由于这里给出的求和问题中含有变量 x，所以仅靠数值运算的方式不可能得出该级数的和，而必须采用符号运算工具箱求解该问题，这需要给出下面的命令，最简结果为 $2\,\mathrm{atanh}(1/(2x+1))$，并给出收敛条件 $|2x+1|>1$。

```
>> syms n x;
   s1=symsum(2/((2*n+1)*(2*x+1)^(2*n+1)),n,0,inf); simplify(s1)
```

例7-31 试求解下面的无穷级数的和。

$$S=\left(1+\frac{1}{n^2}\right)\sin\frac{\pi}{n^2}+\left(1+\frac{2}{n^2}\right)\sin\frac{2\pi}{n^2}+\cdots+\left(1+\frac{n-1}{n^2}\right)\sin\frac{(n-1)\pi}{n^2}+\cdots$$

解 因为通项中分子是变化的，其变化范围是从1变化到$n-1$，所以很难将原始的无穷求和问题直接用symsum()函数求解，而需要变换一下思路。可以设n是一个给定的整数，然后通过symsum()函数求出该数项级数的前n项的和，再令$n\to\infty$求取极限，所以可以将原始问题转换成下面的综合问题。

$$S=\lim_{n\to\infty}\left[\left(1+\frac{1}{n^2}\right)\sin\frac{\pi}{n^2}+\left(1+\frac{2}{n^2}\right)\sin\frac{2\pi}{n^2}+\cdots+\left(1+\frac{n-1}{n^2}\right)\sin\frac{(n-1)\pi}{n^2}\right]$$

从上面给出的问题可见，求解这类问题的关键是得到级数的通项。可以看出，在级数每项中都有分母上的n^2，而分子上的系数是变化的，所以应该将最后一项分子上的系数记作k，这样可以写出级数的通项公式为

$$a_k=\left(1+\frac{k}{n^2}\right)\sin\left(\frac{k\pi}{n^2}\right),\quad k=1,2,\cdots,n-1$$

可以直接采用下面的语句求解无穷级数求和问题，得出的结果为$S=\pi/2$。

```
>> syms n k;
   S=simplify(limit(symsum((1+k/n^2)*sin(k*pi/n^2),k,1,n-1),n,inf))
```

7.2.4 序列乘积

序列乘积的数学表示为

$$P=a_{k_0}a_{k_0+1}\cdots a_{k_n}=\prod_{k=k_0}^{k_n}a_k \tag{7-22}$$

MATLAB符号运算工具箱提供了求解函数symprod()直接求取序列乘积问题，其语句格式为P=symprod(a_k, k, k_0, k_n)。

例7-32 试求出序列的有限项乘积$P_n=\prod_{k=1}^{n}\left(1+\frac{1}{k^3}\right)$和无穷项乘积。

解 由下面的语句可以立即得出该序列的有限项乘积与无穷乘积。

```
>> syms k n; P1=symprod(1+1/k^3,k,1,n); P1=simplify(P1)  %有限项乘积
   P2=symprod(1+1/k^3,k,1,inf); P2=simplify(P2), vpa(P2) %无穷项乘积
```

例7-33 试求出下面无穷级数的和。

$$S=1-\frac{1}{2}+\frac{1\times3}{2\times4\times6}-\frac{1\times3\times5}{2\times4\times6}+\frac{1\times3\times5\times7}{2\times4\times6\times8}-\frac{1\times3\times5\times7\times9}{2\times4\times6\times8\times10}+\cdots$$

解 暂时不考虑S中的第一项，剩下的项是一个数项级数的求和问题，其通项公式为

$$a_n=(-1)^n\prod_{k=1}^{n}\frac{2k-1}{2k},\quad n=1,2,\cdots,\infty$$

而通项a_n本身是一个级数求积问题，故可以用symprod()函数表示级数的通项，再调用symsum()函数求数项级数的和，结果再加回第一项的1。由下面的MATLAB语句可以直接得出原问题的解为$S=\sqrt{2}/2$。

```
>> syms k n
   S=1+symsum((-1)^n*symprod((2*k-1)/(2*k),k,1,n),n,1,inf)
```

例7-34 试求出函数项序列的乘积 $P=\prod_{n=1}^{\infty}\left(1+\dfrac{x}{n}\right)\mathrm{e}^{-x/n}$。

解 下面语句可以直接得出原问题的解。

```
>> syms n x; P=symprod((1+x/n)*exp(-x/n),n,1,inf) %直接求解
```

得出解的分段函数为

$$P=\begin{cases}0, & x\text{为负整数}\\ \mathrm{e}^{-\gamma x}/\Gamma(x+1), & \text{其他,其中}\gamma\text{为Euler常数}\end{cases}$$

其中,$\Gamma(\cdot)$ 为 Gamma 函数,也是一种特殊函数,可以由 gamma() 函数直接计算。

7.2.5 无穷级数的收敛性判定

在实际应用中可能遇到各种各样的级数问题，有时即使使用 symsum() 函数或其他工具,也可能得不到无穷级数的闭式解(closed-form solution),所以判定一个无穷级数的收敛性就是很重要的问题了。这种现象曾在例7-29演示过了，本节将给出无穷级数的收敛性判定方法。

如果这个级数当 $n\to\infty$ 时，和式 S 存在有限的极限值，则该级数是收敛(convergent)的，若和式没有极限，则级数是发散的(divergent)。MATLAB符号运算工具箱没有提供级数收敛性的判定函数,所以这里先给出几种判定方法,然后由这些判定方法编写出通用的判定函数。

正项级数的收敛性判定方法有以下循序渐进的判据。

(1)必要条件。给定无穷级数收敛的必要条件为 $\lim\limits_{n\to\infty}a_n=0$。如果不满足必要条件，则无穷级数是发散的。

(2)D'Alembert判定法。计算 $L=\lim\limits_{n\to\infty}a_{n+1}/a_n$,如果 $L<1$,则级数收敛;若 $L>1$ 则级数发散;如果 $L=1$,则应该尝试其他方法,如判据(3)。

(3) Raabe判定法。如果方法(2)中 $L=1$,则计算 $R=\lim\limits_{n\to\infty}n\big(a_n/a_{n+1}-1\big)$。如果 $R>1$,则级数收敛;若 $R<1$ 则级数发散;如果 $R=1$,则不能判定收敛性。

(4)Bertrand判定法。[23] 若判据(3)仍然无法判定无穷级数的收敛性,则应该引入更严格的判据,计算 B 值。

$$B=\lim_{n\to\infty}\ln n\left(n\frac{a_n}{a_{n+1}}-n-1\right)\tag{7-23}$$

如果 $B>1$,则级数收敛;若 $B<1$,则级数发散;若 $B=1$,则无法判定收敛性。

根据这些判据,可以编写通用MATLAB函数,判定正项级数的收敛性。

```
function key=isconverge(f,n)
if limit(f,n,inf)~=0, key=0; return; end %必要条件判定
L=limit(subs(f,n,n+1)/f,n,inf);          %D'Alembert判定法
if L>1, key=0; elseif L<1, key=1;
else                                     %L=1时自动转Raabe判定法
   R=limit(n*(f/subs(f,n,n+1)-1),n,inf);
   if R>1, key=1; elseif R<1, key=0;
```

```
    else                                           %R = 1时自动转Bertrand判定法
       B=limit(log(n)*(n*f/subs(f,n,n+1)-n-1),n,inf);
       if B>1, key=1; elseif B<1, key=0; else, key=-1; %返回 -1 则无法判定
end, end, end
```

例7-35 试判定下面无穷级数的收敛性。

$$S=\sum_{n=1}^{\infty}\frac{2^n}{1\times3\times5\times\cdots\times(2n-1)}=\sum_{n=1}^{\infty}\frac{2^n}{\prod\limits_{k=1}^{n}(2k-1)}$$

解 对正项级数而言，可以由下面语句直接判定收敛性，得出 key 值为 1，说明级数是收敛的。

```
>> syms n k; a=2^n/symprod(2*k-1,k,1,n) %输入级数的通项
   key=isconverge(a,n)                   %判定级数的收敛性
```

例7-36 试判定例7-29级数的收敛性。

解 例7-29给出了级数的通项为

$$a_n=\frac{1}{\sqrt{n+1}-1}-\frac{1}{\sqrt{n+1}+1},\ n=1,2,\cdots$$

有了正项级数的通项，可以直接判定其收敛性，得出的 key 值为 0，说明级数发散，与例7-29中观察到的结果一致。

```
>> syms n; a(n)=1/(sqrt(n+1)-1)+1/(sqrt(n+1)+1);
   key=isconverge(a,n)                   %判定级数的收敛性
```

7.3 微积分问题的数值求解

前面介绍了已知函数的数学表达式，可以通过 `diff()` 函数求取各阶导数解析解的方法，并得出结论，高达100阶的导数也可以用MATLAB语言在几秒钟的时间内直接求出。应该指出，前面介绍的解析解方法的前提是原函数为已知的。

如果函数的数学表达式未知，只有实验数据，在实际应用中经常也有求导或求积分的要求，这样的问题就不能用前面的方法获得问题的解析解了。要求解这样的问题，需要引入数值算法得出所需问题的解。本节介绍基于MATLAB的数值微积分问题求解方法。

7.3.1 数值微分

如果已知实测的数据点 $y(k)$，简记为 y_k，$k=1,2,\cdots,m$，如何由这些点提供的信息计算出 y 函数的一阶导数呢？很多人可能会使用简单的差分方法直接计算，例如下面给出的前向差分和后向差分算法。

数值微分的前向差分公式和后向差分公式分别为

$$y_k'\approx\frac{\Delta y_k}{h}=\frac{y_{k+1}-y_k}{h},\ k=1,2,\cdots,m-1 \tag{7-24}$$

$$y_k'\approx\frac{\Delta y_k}{h}=\frac{y_k-y_{k-1}}{h},\ k=2,3,\cdots,m \tag{7-25}$$

如果由等时间间距 h 测得数据向量 $\boldsymbol{y}$，则可以用下面的命令直接得出 $y(t)$ 函数的一阶导数为 $\boldsymbol{y}_1$=`diff(`$\boldsymbol{y}$`)/`h。遗憾的是，这两种数值导数算法的精度都是 $o(h)$ 级的，当 h 稍大时，产

生的误差会很大。通俗点说，$o(h)$ 的大概含义就是，如果 h 选作 0.1，则得出的数值微分误差也是 0.1 级别的。所以，在实际应用中需要更好的算法。例如，采用 $o(h^2)$ 精度的中心差分算法可以得出

$$y'_k = \frac{y_{k+1} - y_{k-1}}{2h},\ k = 2, 3, \cdots, m-1 \tag{7-26}$$

从这三个数学公式看，前向差分得出向量的第一项为 y'_1，但最后一项是 y'_{m-1}，不是 y'_m，所以，前向差分牺牲的是后面点上的微分；后向差分牺牲的是前面的 y'_1 值，而更精确一点的中心差分牺牲的是两端的 y'_1 和 y'_m 值。在很多应用中，保持 y'_1 可能更重要。所以后面推荐使用高精度前向差分算法。

文献 [10]给出了精度为 $o(h^4)$ 的中心差分算法与MARLAB函数。如果追求更高精度 $o(h^p)$ 的前向数值微分结果，还可以使用文献 [12]中给出的`num_diff()`函数，该函数的调用格式为 `[`$\boldsymbol{z}$`,`$\boldsymbol{t}$`]=num_diff(`$\boldsymbol{y}$`,`h`,`n`,`p`)`，其中，返回 $\boldsymbol{y}$ 的 n 阶数值微分，$\boldsymbol{t}$ 是相对的时间向量，实际时间向量应该为 $\boldsymbol{t} = t_1 + \boldsymbol{t}$。限于本书的篇幅，这里不给出具体算法与函数清单，有兴趣的读者自行参阅文献 [12]或本书工具箱中的源程序。

例7-37　若 $x \in (1.5, 3.5)$，步长为 $h = 0.02$，试由函数

$$f(x) = \frac{1}{2}\ln(x+1) - \frac{1}{4}\ln(x^2 - x + 1) + \frac{1}{\sqrt{3}}\arctan\frac{2x-1}{\sqrt{3}}$$

生成一组样本点数据，由数据求出该函数的 $1 \sim 7$ 阶数值导数，并与解析解比较，找出数值算法的最大误差。

解　如果选择精度 p，由下面的语句可以直接生成样本点，然后根据样本点求出函数各阶数值微分的解。由于函数的数学表达式已知，还可以求出这些样本点处的理论值。这样，各阶数值微分的误差在表 7-4 中列出。可以看出，七阶数值微分的结果远离理论值，不能使用，可以尝试更大的 p 值。六阶导数如图 7-10 所示，从得出的曲线上仅能看到极微小的区别。如果想得到可用的 7 阶数值微分结果，可以考虑增大 p 值。

表 7-4　不同阶次数值导数的误差

导数阶次	1	2	3	4	5	6	7
误差范数	9.471×10^{-10}	2.9393×10^{-8}	4.447×10^{-7}	6.5813×10^{-6}	0.0011	0.2162	29.36
最大误差	4.692×10^{-10}	1.2804×10^{-8}	1.620×10^{-7}	1.9293×10^{-6}	3.27×10^{-4}	0.0486	7.32

```
>> syms x;
   f(x)=log(1+x)/2-log(x^2-x+1)/4+atan((2*x-1)/sqrt(3))/sqrt(3);
   h=0.02; x0=1.5:h:3.5; y0=double(f(x0)); %生成已知样本点
   for n=1:7 %由样本点求取不同阶次的数值导数
      [z,t]=num_diff(y0,h,n,6); t=1.5+t;    %求数值微分
      f1=diff(f,n); y1=double(f1(t)); norm(z-y1), max(abs(z-y1))
   end
   [z,t]=num_diff(y0,h,6,6); t=1.5+t;          %重新计算6阶数值微分
   f1=diff(f,6); y1=double(f1(t)); plot(t,y1,t,z,'--')
```

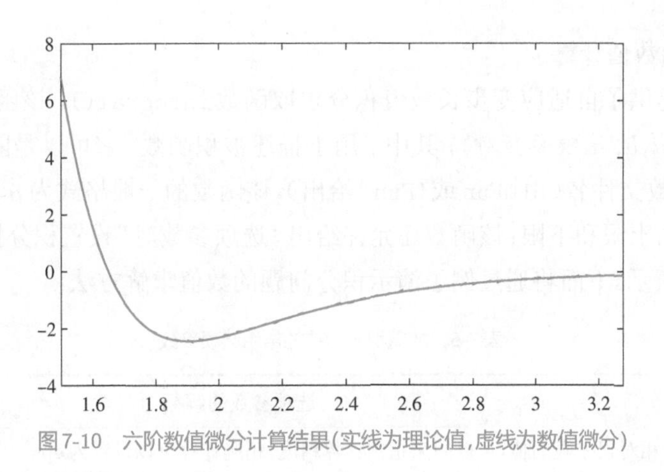

图7-10　六阶数值微分计算结果（实线为理论值，虚线为数值微分）

7.3.2　数值积分

数值积分（numerical integral）主要求解两类问题：一类是被积函数未知，由已知样本点求解函数定积分的问题；另一类是虽然被积函数已知，但解析不可积的问题。本节探讨各种数值积分问题的求解方法。

1. 由样本点求数值积分

如果已知样本点向量 $\boldsymbol{t},\boldsymbol{y}$，未知被积函数，则可以由梯形法（trapezoidal method）函数直接计算数值积分 I=trapz($\boldsymbol{t},\boldsymbol{y}$)。该函数的优势是 $\boldsymbol{t}$ 可以为非等间距的向量，但劣势是精度为 $o(h)$，精度过低。文献 [12] 给出了高精度的数值求解函数：S=num_integral($\boldsymbol{y},h$)，其中 $\boldsymbol{y}$ 向量存储等间距的函数样本点的值，h 为步距，返回的 S 为得出的定积分近似值。由于这里实现的是闭式公式，故不适合处理反常积分问题。反常积分问题应该采用 Newton–Cotes 开式或半开式公式 [24] 或其他算法计算。

该函数采用的最高 $o(h^8)$ 精度算法的七点公式，即每7个样本点为一组的算法，所以，建议选择 $\boldsymbol{y}$ 向量的长度为 $6k+1$，k 为整数。

例7-38　试计算数值积分 $\displaystyle\int_0^{3\pi/2}\cos 15x\,\mathrm{d}x$。

解　不难得出该定积分的理论值为1/15。由给出的被积函数表达式可见，该表达式是振荡型函数，在积分区间内有十多个振动周期。如果采用梯形法，则若要保证求解精度，必须选择极小的步长，例如，选择 10^8 个计算点（$h=4.71\times10^{-8}$），这时，误差为 3.1503×10^{-15}，总耗时为 0.919 s。若想得到 10^{-16} 级的精确解，还应生成更多的样本点。

```
>> x=linspace(0,3*pi/2,1e8); y=cos(15*x);
   tic, I=trapz(x,y), toc, format long; abs(I-1/15)
```

如果采用 num_integral() 函数，可以选择1600左右个样本点。更确切地说，选择 $N=1603$（6余1，$h=0.0029$），总耗时 0.0016 s，误差为 7.6328×10^{-16}。可以看出，这样得出的数值解效率远远高于MATLAB的梯形法函数。

```
>> x=linspace(0,3*pi/2,1603); y=cos(15*x); h=x(2)-x(1)
   tic, I=num_integral(y,h); toc, abs(I-1/15)
```

2. 定积分的数值计算

MATLAB提供了自适应变步长数值积分求取函数integral()，该函数的调用格式为I=integral(f,a,b,选项参数对)，其中f用于描述被积函数，它可以是匿名函数，也可以是一个Fun.m函数文件名（由@Fun或'Fun'给出），该函数的一般格式为y=Fun(x)；参数a、b分别为定积分的上限和下限；该函数还允许给出“选项参数对”设置积分控制选项，常用选项参数如表7-5所示。下面将通过例子演示积分问题的数值求解方法。

表7-5 数值积分函数的常用选项参数

选项	选项参数的解释
'RelTol'	相对误差限的值，可以用来指定计算精度，精确计算可以设置为eps
'AbsTol'	绝对误差限，可以配合'RelTol'选项设定计算精度，精确计算可以设置为eps
'ArrayValued'	向量参数标志，如果被积函数含有除自变量外的其他参数，则可以将参数选择成向量或网格数据，然后对参数的每一个取值单独积分，其取值为逻辑1或0
'waypoint'	关键点的设置，可以将其有意设置为不连续点或奇点，不过该选项效果不是很明显，在介绍反常积分中将给出更可行的方法

例7-39 考虑例7-38中的定积分问题，$I=\int_0^{3\pi/2}\cos 15x\,\mathrm{d}x$。如果积分上限从$3\pi/2$变成1000，试用integral()函数求解积分问题。

解 从例7-38中演示的定步长方法看，只有步长选得比较小，且样本点的个数选为$6k+1$，才能得出较高精度的解，但耗时较长。这时应该考虑用变步长数值积分函数求解问题。可以由匿名函数表示被积函数，然后调用integral()函数，求出该定积分问题的数值解为$S=0.059561910527770$，误差为1.3518×10^{-12}，所需时间只有0.023 s。

```
>> f=@(x)cos(15*x); %匿名函数应该采用点运算，余弦函数相当于使用点运算
   tic, S=integral(f,0,1000,'RelTol',eps), toc
   syms x, I=int(cos(15*x),0,1000); double(S-I)
```

例7-40 试求解下面分段函数的积分问题[25]。

$$I=\int_0^4 f(x)\mathrm{d}x,\quad 其中\quad f(x)=\begin{cases}\mathrm{e}^{x^2}, & 0\leqslant x\leqslant 2\\ 80/[4-\sin(16\pi x)], & 2<x\leqslant 4\end{cases}$$

解 用曲线绘制函数不难绘制出分段函数，这里为减小视觉上的误差，在间断点处采用了特殊处理（引入了偏移量ϵ），故可以得出如图7-11所示的填充图形。可见，在$x=2$点处有跳跃。

```
>> x=[0:0.01:2, 2+eps:0.01:4,4];
   y=exp(x.^2).*(x<=2)+80./(4-sin(16*pi*x)).*(x>2);
   y(end)=0; x=[0,x]; y=[0,y]; fill(x,y,'c') %绘制积分区域填充图
```

利用关系表达式可以描述出被积函数，再调用积分函数integral()就可以求解出原始定积分，得出$I_1=57.764450125048505$。与解析解相比，可以得出数值解的误差为7.6396×10^{-15}。

```
>> f=@(x)exp(x.^2).*(x<=2)+80./(4-sin(16*pi*x)).*(x>2);
   I=integral(f,0,4,'RelTol',eps) %计算数值积分
   syms x; f=piecewise(x<=2,exp(x^2), x>2,80/(4-sin(16*pi*x)));
   double(int(f,x,0,4)-I)          %计算误差
```

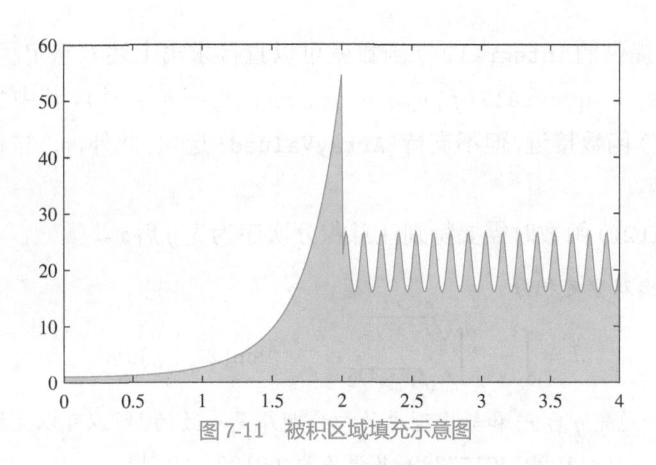

图7-11 被积区域填充示意图

前面介绍的数值定积分问题尽管有时可以由解析解辅以vpa()命令得出精确的解，但某些特定的问题不适合采用这样的方法。下面通过例子演示含参数定积分问题求解方法。

例7-41 已知$I(\alpha)=\int_0^\infty \mathrm{e}^{-\alpha x^2}\sin(\alpha^2 x)\mathrm{d}x$，试绘制出$I(\alpha)$与$\alpha$的关系曲线，其中参数的变化区间为$\alpha\in(0,4)$。

解 由于含有参数α，所以由int()与vpa()函数是不能求解的。前面介绍的积分都是某个单个函数的定积分，而这里需要求解的是对一系列α值的定积分问题，应该采用向量函数积分的方法。由于integral()函数支持参数向量'ArrayValued'，所以可以不用循环解决含参数定积分的计算问题。由下面的语句可以直接求取原问题的积分，得出的函数曲线如图7-12所示。早期版本求解此问题需要采用循环结构。

```
>> a=0:0.1:4; f=@(x)exp(-a*x.^2).*sin(a.^2*x); %向量函数的数值积分
   I=integral(f,0,inf,'RelTol',1e-20,'ArrayValued',true);
   plot(a,I) %绘制积分与参数之间的关系曲线
```

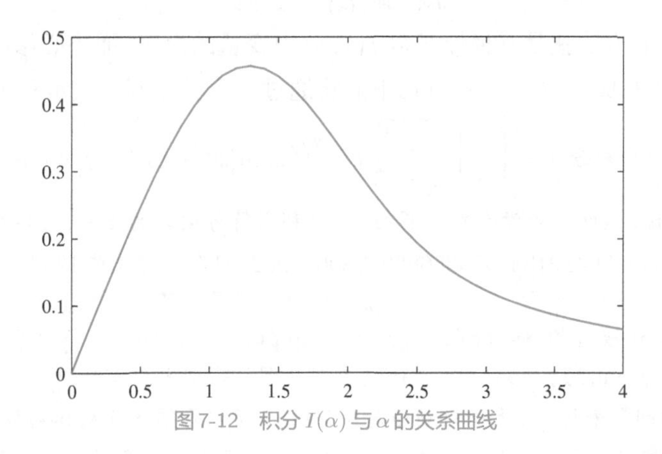

图7-12 积分$I(\alpha)$与α的关系曲线

3. 双重数值积分

双重定积分问题的标准型为

$$I=\int_{x_\mathrm{m}}^{x_\mathrm{M}}\int_{y_\mathrm{m}(x)}^{y_\mathrm{M}(x)} f(x,y)\mathrm{d}y\mathrm{d}x \tag{7-27}$$

由MATLAB提供的integral2()函数就可以直接求出上述双重定积分的数值解。该函数的调用格式为I=integral2(f,x_m,x_M,y_m,y_M,选项参数对)，其中“选项参数对”的用法与integral()函数接近，但不支持'ArrayValued'选项；此外，y_m与y_M可以是内环积分边界的函数句柄。

调用integral2()函数时需要特别注意积分次序为先y后x。

例7-42　试求出双重定积分。

$$J=\int_{-1/2}^{1}\int_{-\sqrt{1-x^2/2}}^{\sqrt{1-x^2/2}}\mathrm{e}^{-x^2/2}\sin(x^2+y)\mathrm{d}y\mathrm{d}x$$

解　这里的例子是先y后x，和标准型中的积分顺序是一致的，所以可以直接调用下面的语句求解，计算结果为$I=0.411929546173382$，其误差为2.9132×10^{-12}。

```
>> fh=@(x)sqrt(1-x.^2/2); fl=@(x)-sqrt(1-x.^2/2); %内积分上下限
   f=@(x,y)exp(-x.^2/2).*sin(x.^2+y);                %输入被积函数
   I=integral2(f,-1/2,1,fl,fh,'RelTol',eps)          %数值积分直接计算
   syms x y, xm=-sqrt(1-x^2/2); xM=sqrt(1-x^2/2); %解析解方法
   i1=int(exp(-x^2/2)*sin(x^2+y),y,xm,xM);           %解析求解有警告信息
   I1=int(i1,x,-1/2,1), double(I1-I)                 %数值解精度检验
```

在MATLAB中并没有提供求解先x后y的双重积分问题求解函数。

$$I=\int_{y_\mathrm{m}}^{y_\mathrm{M}}\int_{x_\mathrm{m}(y)}^{x_\mathrm{M}(y)}f(x,y)\,\mathrm{d}x\mathrm{d}y \tag{7-28}$$

可以考虑将其变换为式(7-27)的标准形式，再用integral2()函数求解原始问题。具体地，令$\hat{x}=y$，$\hat{y}=x$，则式(7-28)可以等效地变换为

$$I=\int_{\hat{x}_\mathrm{m}}^{\hat{x}_\mathrm{M}}\int_{\hat{y}_\mathrm{m}(\hat{x})}^{\hat{y}_\mathrm{M}(\hat{x})}f(\hat{y},\hat{x})\,\mathrm{d}\hat{y}\mathrm{d}\hat{x} \tag{7-29}$$

这样，最简单的方法就是互换原函数$f(x,y)$中变量的次序，而不必修改其他的部分，将被积函数的入口改写成f=@(y,x)即可。下面将通过一个具体例子演示双重积分的运算。

例7-43　求解双重积分$J=\int_{-1}^{1}\int_{-\sqrt{1-y^2}}^{\sqrt{1-y^2}}\mathrm{e}^{-x^2/2}\sinh(x^2+y)\,\mathrm{d}x\mathrm{d}y$的数值解。

解　从理论上说，该问题是没有解析解的，不过利用符号运算的方式，可以得出原双重积分的高精度数值解为$I=0.70412133490335689947800312022517$，耗时高达123.57 s。

```
>> syms x y, tic                              %声明符号变量并开始计时
   i1=int(exp(-x^2/2)*sinh(x^2+y),x,-sqrt(1-y^2),sqrt(1-y^2));
   I=int(i1,y,-1,1), vpa(I), toc %求解析解时得出警告信息，可得数值解
```

对这里给出的问题来说，由于积分顺序是先x后y，所以无须修改被积函数本身，只须修改匿名函数的入口变元顺序。由下面语句直接得出双重积分问题的数值解为0.704121334903362，耗时仅需0.0195 s。可见该数值算法是很高效的，精度也是很高的。

```
>> tic, f=@(y,x)exp(-x.^2/2).*sinh(x.^2+y); %仅交换变量次序
   fh=@(y)sqrt(1-y.^2); fl=@(y)-sqrt(1-y.^2);
   I=integral2(f,-1,1,fl,fh,'RelTol',eps), toc
```

4. 三重数值积分

一般三重定积分的标准型为

$$I=\int_{x_\mathrm{m}}^{x_\mathrm{M}}\int_{y_\mathrm{m}(x)}^{y_\mathrm{M}(x)}\int_{z_\mathrm{m}(x,y)}^{z_\mathrm{M}(x,y)}f(x,y,z)\mathrm{d}z\mathrm{d}y\mathrm{d}x \tag{7-30}$$

注意标准型中的积分顺序。标准型中给出的三重积分问题可以由integral3()函数得出。该函数调用格式为

I=integral3(f,x_m,x_M,y_m,y_M,z_m,z_M, 选项参数对)

其中，f描述三元被积函数，同样可以用M-函数、匿名函数或inline()函数定义。"选项参数对"的内容与integral2()函数完全一致，y_m、y_M、z_m与z_M可以是函数句柄。如果积分的顺序有变，则可以仿照前面的integral2()处理方式做相应的变换，再直接求解积分问题。

例7-44 试求解下面的函数边界的三重积分问题。

$$I=\int_0^1\int_0^{\sqrt{1-x^2}}\int_{\sqrt{x^2+y^2}}^{\sqrt{2-x^2-y^2}}z^2\mathrm{e}^{-(x+y^2)}\mathrm{d}z\mathrm{d}y\mathrm{d}x$$

解 这个例子的积分次序与标准型完全一致，所以用下面的语句可以直接求解出积分的数值解$I=0.237902335517189$，耗时0.184 s。

```
>> tic, f=@(x,y,z)z.^2.*exp(-(x+y.^2));                    %被积函数
   yM=@(x)sqrt(1-x.^2); zm=@(x,y)sqrt(x.^2+y.^2);          %积分区域边界
   zM=@(x,y)sqrt(2-x.^2-y.^2);
   I=integral3(f,0,1,0,yM,zm,zM,'RelTol',eps), toc         %三重数值积分
```

如果考虑采用解析求解方法，则可以尝试下面的语句，不过经过40.87 s的等待，得出原问题无解的提示信息。

```
>> syms x y z, zm=sqrt(x^2+y^2); zM=sqrt(2-x^2-y^2); tic %解析求解
   I=int(int(int(z^2*exp(-(x+y^2)),z,zm,zM),y,0,sqrt(1-x^2)),x,0,1)
   vpa(I), toc
```

例7-45 试求解下面的函数边界的三重积分问题。

$$I=\int_0^1\int_0^{\sqrt{1-z^2}}\int_{\sqrt{y^2+z^2}}^{\sqrt{2-y^2-z^2}}z^2\mathrm{e}^{-(x+y^2)}\mathrm{d}x\mathrm{d}y\mathrm{d}z$$

解 这个例子与例7-44的被积函数是完全一致的，但积分顺序不同。如果采用解析解方法仍得出无解的信息。现在考虑数值求解方法。

对照式(7-30)标准型中的积分顺序与本例的积分顺序不难发现，只须将被积函数入口变换为(z,y,x)，就可以利用例7-44中的语句直接求解本例的问题(为规范起见，这里还是将内积分的变量名按照实际情况做了改动，其实原封不动地使用例7-44中的命令即可)，得出的结果为$I=0.024204591786321$，总耗时0.071 s。

```
>> tic, f=@(z,y,x)z.^2.*exp(-(x+y.^2));              %修改被积函数入口
   yM=@(z)sqrt(1-z.^2); xm=@(y,z)sqrt(y.^2+z.^2);   %积分区域边界
   xM=@(y,z)sqrt(2-y.^2-z.^2);
   I=integral3(f,0,1,0,yM,xm,xM,'RelTol',eps); toc %三重数值积分
```

7.4 积分变换入门

积分变换(integral transform)技术可以将某些难以分析的问题通过映射的方式映射到其他域内的表达式后再进行分析。例如,Laplace变换可以将时域函数映射成复域函数,从而可以将某时域函数的线性微分方程映射成复域的多项式代数方程,使得原微分方程在诸多方面,如稳定性、解析解等方面更便于分析,这样的变换方法构成了经典自动控制理论的基础。本节介绍常用的Laplace变换、Fourier变换与z变换,侧重于介绍利用计算机直接求解积分变换及反变换问题。在Laplace变换与反变换不存在解析解时,还引入数值Laplace变换的概念与求解工具。

7.4.1 Laplace变换

一个时域函数$f(t)$的Laplace变换(Laplace transform)可以定义为

$$\mathscr{L}[f(t)]=\int_0^\infty f(t)\mathrm{e}^{-st}\mathrm{d}t=F(s) \tag{7-31}$$

式中,$\mathscr{L}[f(t)]$为Laplace变换的简单记号。

引入Laplace变换,就会把t域(如果t是时间信号,则理解其为时域)信号$f(t)$变换为s域信号$F(s)$,通常s可以理解成一般的复数变量。

如果已知函数的Laplace变换表达式$F(s)$,则可以通过下面的反变换公式反演求出其Laplace反变换

$$f(t)=\mathscr{L}^{-1}[F(s)]=\frac{1}{2\pi\mathrm{j}}\int_{\sigma-\mathrm{j}\infty}^{\sigma+\mathrm{j}\infty}F(s)\mathrm{e}^{st}\mathrm{d}s \tag{7-32}$$

其中σ大于$F(s)$的奇点。

尽管MATLAB工具箱提供了强大的积分函数,不过想通过积分从底层求Laplace变换与反变换问题仍相当困难,所以建议使用`laplace()`和`ilaplace()`函数直接求解Laplace变换与反变换问题。具体的Laplace变换及反变换问题的求解步骤为

(1)声明符号变量。用`syms`命令声明符号变量t,这样就能描述时域表达式f了。

(2)直接变换。直接调用`laplace()`函数,得出所需的时域函数Laplace变换式子。

```
F=laplace(f),       %采用默认的t为时域变量
F=laplace(f,v,u),   %用户指定时域变量v和复域变量名u
```

还可以考虑采用`simplify()`等函数对其进行化简。

(3)结果化简。对复杂的问题来说,得出的结果形式通常需要调用`simplify()`函数化简,此外,有时变换的结果难以阅读,所以需要调用`pretty()`函数或`latex()`函数对结果进一步处理。可以在屏幕上或利用LaTeX的强大功能将结果用可读性更强的形式显示出来。

如果已知Laplace变换式子,则应该首先给出Laplace变换式子F,然后采用符号运算工具箱中的`ilaplace()`函数对其进行反变换。该函数的调用格式为

```
f=ilaplace(F),       %采用默认的s为复域变量
f=ilaplace(F,u,v),   %用户指定时域变量v和复域变量名u
```

获得变化式f后也可以对之进一步化简和改变显示格式。

例7-46 已知函数 $f(t)=t^2\mathrm{e}^{-2t}\sin(t+\pi)$，试求取该函数的Laplace变换。

解 分析原题，可以先声明 t 为符号变量，再用MATLAB语句表示给定的 $f(t)$ 函数，然后就可以用下面的语句对该函数进行Laplace变换。

```
>> syms t; f=t^2*exp(-2*t)*sin(t+pi);
   F=simplify(laplace(f)) %直接变换并化简
```

直接得出原函数的Laplace变换为

$$F(s)=\frac{2}{\left((s+2)^2+1\right)^2}-\frac{2(2s+4)^2}{\left((s+2)^2+1\right)^3}$$

例7-47 假设给出的函数为 $f(x)=x^2\mathrm{e}^{-2x}\sin(x+\pi)$，试求其Laplace变换，并对结果进行Laplace反变换，看是否能变换回原函数。

解 同样可以采用 `laplace()` 函数求解该问题。

```
>> syms x w; f=x^2*exp(-2*x)*sin(x+pi);
   F=laplace(f,x,w), g=simplify(ilaplace(F))
```

可见，得出的结果和前面是完全一致的，但需要按要求进行变量替换。使用Laplace反变换的函数 `ilaplace(F)` 得出原函数 $-t^2\mathrm{e}^{-2t}\sin t$，因为 $\sin(t+\pi)=-\sin t$。

例7-48 给定时域函数 $f(t)=\dfrac{1}{\sqrt{t}\,(at+b)}$，其中 a、$b>0$。试求其Laplace变换。

解 直接将上述问题输入给计算机，交给MATLAB求解。

```
>> syms t; syms a b positive
   f(t)=1/sqrt(t)/(a*t+b); simplify(laplace(f))
```

得出的Laplace变换表达式为 $F(s)=\dfrac{\pi\mathrm{e}^{bs/a}}{\sqrt{ab}}\left[1-\mathrm{erf}\left(\sqrt{\dfrac{bs}{a}}\right)\right]$，其中，$\mathrm{erf}(\cdot)$ 为特殊函数，其定义为 $\mathrm{erf}(x)=\dfrac{2}{\sqrt{\pi}}\displaystyle\int_0^x \mathrm{e}^{-t^2}\mathrm{d}t$。

7.4.2 数值Laplace变换

很多函数Laplace变换的解析解不存在或不适合用解析解方法求解，所以应该考虑数值方法求解Laplace变换问题。Juraj Valsa开发了基于数值方法的Laplace反变换的MATLAB函数，该函数名为 `INVLAP()`[26,27]，该函数的调用格式为

$[\boldsymbol{t},\boldsymbol{y}]$=INVLAP($f$, t_0, t_{n}, N, 其他参数)

其中原函数由含有字符 s 的字符串表示，(t_0,t_{n}) 为感兴趣的区间且 $t_0\neq 0$，N 为用户选择的计算点数，用户可以选择不同的 N 值检验运算的结果。"其他参数"的选取可以参考原函数的联机帮助，不过这里建议：除非特别需要，否则没有必要人为修改这些默认参数。

本书对 `INVLAP()` 函数做了必要的扩展，不但能再现原函数的全部内容，还对其功能进行了完善，这里通过例子对数值Laplace反变换问题给出了求解命令，其简单调用格式与上述的 `INVLAP()` 函数完全一致。若某个系统的传递函数为 $G(s)$，但因其Laplace反变换不能得出，可以利用数值Laplace反变换得出系统脉冲响应的数值解。本书作者在该函数的基础上，改写了代码，将其扩展为可以求闭环系统任意输入响应的程序。

考虑如图7-13所示的典型闭环控制系统模型，其中前向通路的传递函数是由两个模块 $P(s)$ 与 $G_{\mathrm{c}}(s)$ 串联得出的，总的前向通路模块为 $P(s)G_{\mathrm{c}}(s)$，记作 $G(s)$。如果已知输入信号的Laplace变换$R(s)$，在其激励下，输出信号的Laplace变换$Y(s)$如何求解呢？输出信号的时域响应$y(t)$又是如何求解呢？

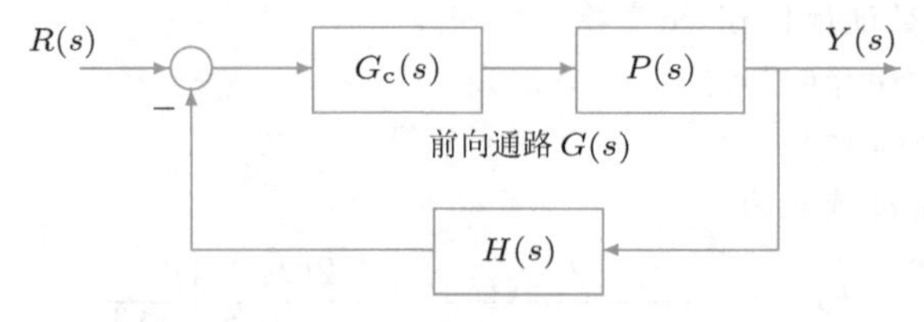

图7-13 闭环控制系统框图

本书作者在INVLAP()函数的基础上编写了功能更强大的INVLAP_new()函数[10]，引入了新内容，该函数的调用格式如下：

$[\boldsymbol{t},\boldsymbol{y}]$=INVLAP_new($G,t_0,t_{\rm n},N$)，　　　　%$G$的Laplace反变换

$[\boldsymbol{t},\boldsymbol{y}]$=INVLAP_new($G,t_0,t_{\rm n},N,H$)，　　　%$G$、$H$闭环系统的脉冲响应

$[\boldsymbol{t},\boldsymbol{y}]$=INVLAP_new($G,t_0,t_{\rm n},N,H,u$)，　　%$u$用于描述输入信号

$[\boldsymbol{t},\boldsymbol{y}]$=INVLAP_new($G,t_0,t_{\rm n},N,H,\boldsymbol{t}_x,\boldsymbol{u}_x$)，%$\boldsymbol{t}_x$、$\boldsymbol{u}_x$为时间、输入采样点

该函数支持多种调用格式，其中G为Laplace变换表达式的字符串，如果同时提供了H，则G为前向通路的传递函数模型字符串，H为负反馈回路传递函数的字符串；如果需要描述输入信号，则u可以为输入信号的Laplace变换字符串，或输入时域信号的匿名函数句柄；输入信号还可以由采样点$(\boldsymbol{t}_x,\boldsymbol{u}_x)$表示；如果只考虑$G$模型的响应，可以将$H$设置为0。

除了上述的大规模改写之外，还修正了原函数的两个缺陷：比如初始时刻t_0允许设置为0，但函数内部要对其做必要的改写，自动排除了0这个点；另外，在描述传递函数字符串时，统一处理了点运算，即使原字符串有的地方用了点运算有的地方没有，也能正确运算。

在一般应用中，如果某复杂系统$G(s)$输入信号的Laplace变换可求且已知为$R(s)$，可以得出输出信号的Laplace变换表达式为$Y(s)=G(s)U(s)$，则可以通过前面给出的方法得出输出信号的数值解。

例7-49 假设复杂开环无理模型如下[28]，试绘制单位负反馈系统的阶跃响应曲线。

$$G(s)=\left[\frac{\sinh(0.1\sqrt{s})}{0.1\sqrt{s}}\right]^2\frac{1}{\sqrt{s}\sinh(\sqrt{s})}$$

解 开环无理传递函数可以由字符串表示，阶跃输入信号的Laplace变换为$1/s$，这样，由下面语句可以直接绘制出系统的闭环阶跃响应曲线，如图7-14所示。

```
>> G='(sinh(0.1*sqrt(s))/0.1/sqrt(s))^2/sqrt(s)/sinh(sqrt(s))';
   [t,y]=INVLAP_new(G,0,10,1000,1,'1/s'); plot(t,y) %阶跃响应计算
```

7.4.3 Fourier变换

前面介绍的Laplace变换引入了算子e^{-st}，如果将s替换成$\mathrm{j}\omega$，其中ω称为频率，则可以引入Fourier变换。

Fourier变换的一般定义为

$$\mathscr{F}[f(t)]=\int_{-\infty}^{\infty}f(t)\mathrm{e}^{-\mathrm{j}\omega t}\mathrm{d}t=F(\omega) \tag{7-33}$$

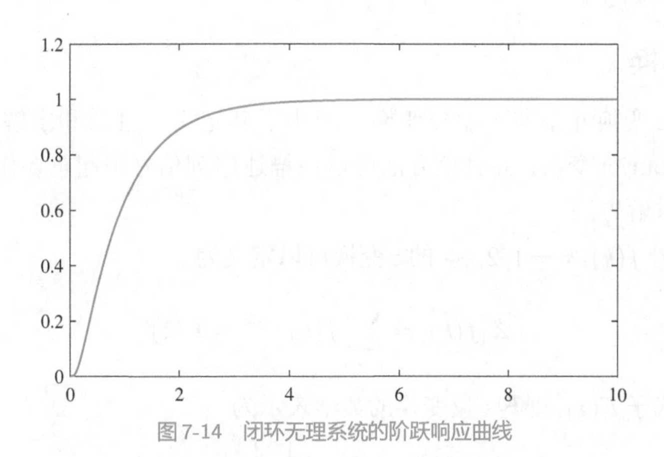

图7-14 闭环无理系统的阶跃响应曲线

如果已知Fourier变换式$F(\omega)$，则可以由Fourier反变换公式反演出$f(t)$函数

$$f(t)=\mathscr{F}^{-1}[F(\omega)]=\frac{1}{2\pi}\int_{-\infty}^{\infty}F(\omega)\mathrm{e}^{\mathrm{j}\omega t}\mathrm{d}\omega \tag{7-34}$$

和Laplace变换一样，应该先声明符号变量，并定义出原函数为f，这样就可以按如下的格式直接调用Fourier变换求解函数`fourier()`，得出该函数的Fourier变换表达式。

```
F=fourier(f),      %按默认变量进行Fourier变换
F=fourier(f,v,u),  %将v的函数变换成u的函数
```

由给定Fourier变换表达式可以通过`ifourier()`求解其Fourier反变换。

```
f=ifourier(F),      %按默认变量进行Fourier反变换
f=ifourier(F,u,v),  %将u的函数变换成v的函数
```

例7-50 考虑$f(t)=1/(t^2+a^2), a>0$，试写出该函数的Fourier变换式。

解 可以用下面的语句得出原函数的Fourier变换，得出$F=\pi\mathrm{e}^{-a|\omega|}/a$。对该结果进行Fourier反变换，则可以还原出原函数。

```
>> syms t w; syms a positive
   f(t)=1/(t^2+a^2); F=fourier(f,t,w)  %直接变换
   f1=ifourier(F,w,t)                  %对结果进行反变换
```

例7-51 假设时域函数为$f(t)=\sin^2(at)/t, a>0$，试求出其Fourier变换。

解 由给定的式子，可以用下面的语句获得原函数的Fourier变换

```
>> syms t w; syms a positive             %特别声明a为正的符号变量
   f(t)=sin(a*t)^2/t; F=fourier(f,t,w)  %直接变换
```

得出的结果为

$$-\frac{\pi\mathrm{j}}{2}\mathrm{heaviside}(-2a-\omega)-\frac{\pi\mathrm{j}}{2}\mathrm{heaviside}(2a-\omega)+\pi\mathrm{j}\,\mathrm{heaviside}(-\omega)$$

其中heaviside(x)函数为x的阶跃函数，又称为Heaviside函数，当$x>0$时，该函数的值为1，$x=0$取0.5，否则为0。当$\omega>2a$，则三个heaviside()函数的值均为1，故$F(\omega)=0$。若$\omega\leqslant-2a$，则三个函数的值均为0，故$F(\omega)=0$。若$0<\omega<2a$，则第二和第三个heaviside()的值为1，故$F(\omega)=-\mathrm{j}\pi/2$。当$0>\omega>-2a$，则$F(\omega)=\mathrm{j}\pi/2$。综上所述，原函数的Fourier变换可以手工化简成

$$\mathscr{F}[f(t)]=\begin{cases}0, & |\omega|>2a\\ -\mathrm{j}\pi\,\mathrm{sign}(\omega)/2, & |\omega|<2a\end{cases}$$

7.4.4 z变换

严格说来，z变换并不属于积分变换，但由于其定义、性质和求解方法等都类似于Laplace变换与Fourier变换，并且该方法可以在描述序列信号中起重要作用，所以本节将介绍z变换及其求解方法。

离散序列信号$f(k), k=1,2,\cdots$的z变换可以定义为

$$\mathscr{Z}[f(k)]=\sum_{k=0}^{\infty}f(k)z^{-k}=F(z) \tag{7-35}$$

给定z变换式子$F(z)$,则其z反变换的数学表示为

$$f(k)=\mathscr{Z}^{-1}[f(k)]=\frac{1}{2\pi \mathrm{j}}\oint F(z)z^{k-1}\mathrm{d}z \tag{7-36}$$

利用符号运算工具箱中提供的`ztrans()`和`iztrans()`函数可以得出给定函数的正反z变换。这两个函数的调用格式为

```
F=ztrans(f,k,z), %z变换,将k的函数变换成z的函数
F=iztrans(f,z,k), %z反变换,将z的函数变换成k的函数
```

若原函数只有一个变量,则调用时无须给出k和z。

例7-52 求解$f(kT)=akT-2+(akT+2)\mathrm{e}^{-akT}$函数的z变换问题。

解 原函数的z变换可以用下面的语句完成。

```
>> syms a T k; f=a*k*T-2+(a*k*T+2)*exp(-a*k*T); F=ztrans(f) %z变换
```

该结果可以表示为

$$\mathscr{Z}[f(kT)]=\frac{aTz}{(z-1)^2}-\frac{2z}{z-1}+\frac{aTz\mathrm{e}^{-aT}}{(z-\mathrm{e}^{-aT})^2}+2z\mathrm{e}^{aT}\left(\frac{z}{\mathrm{e}^{-aT}}-1\right)^{-1}$$

例7-53 试求$F(s)=\dfrac{bs+c}{s^2(s+a)}$的z变换。

解 由于给出的$F(s)$是Laplace变换表达式,所以可以通过`ilaplace()`函数进行反变换,得出时域函数$f(t)$,再对其进行z变换,所以给出下面的语句。

```
>> syms a b c s; F=(b*s+c)/s^2/(s+a);
   f=ilaplace(F); F1=simplify(ztrans(f))
```

这样,可以得出原函数的z变换为

$$F_1=\frac{cz}{a(z-1)^2}+\frac{(c-ab)\,z}{a^2\,(z-\mathrm{e}^{-a})}-\frac{(c-ab)\,z}{a^2\,(z-1)}$$

7.5 习题

7.1 试求出如下极限:

(1) $\lim\limits_{x\to\infty}(3^x+9^x)^{1/x}$, (2) $\lim\limits_{x\to\infty}\dfrac{(x+2)^{x+2}(x+3)^{x+3}}{(x+5)^{2x+5}}$

(3) $\lim\limits_{x\to a}\left(\dfrac{\tan x}{\tan a}\right)^{\cot(x-a)}$, (4) $\lim\limits_{x\to 0}\left[\dfrac{1}{\ln\left(x+\sqrt{1+x^2}\right)}-\dfrac{1}{\ln(1+x)}\right]$

7.2 试求解极限 $\lim\limits_{x\to\infty}\left[\sqrt[3]{x^3+x^2+x+1}-\sqrt{x^2+x+1}\,\dfrac{\ln\left(\mathrm{e}^x+x\right)}{x}\right]$。

7.3 试求解下面的极限问题。

(1) $\lim\limits_{x\to 0}\dfrac{\left(\sqrt{1+x^2}+x\right)^n-\left(\sqrt{1+x^2}-x\right)^n}{x}$, $n\geqslant 0$

(2) $\lim\limits_{x\to a}\dfrac{\sin(a+2x)-2\sin(a+x)+\sin a}{x^2}$

7.4 试计算极限 $\lim\limits_{x\to 0}\dfrac{\operatorname{arcsinh}\sinh x-\operatorname{arcsinh}\sin x}{\sinh x-\sin x}$,其中 $\operatorname{arcsinh}x=\ln\left(x+\sqrt{1+x}\right)$。

7.5 试计算下面的极限。

(1) $\lim\limits_{x\to 0}\dfrac{4\sin x+x^2\cos(4/x)}{(5+2\cos x)\ln(1+x)}$, (2) $\lim\limits_{x\to 0}\dfrac{(\sin x-\tan x)\left(\cos x-\mathrm{e}^{x^2}\right)}{x\left(1+x^2/2-\sqrt{1+x^2}\right)}$

7.6 试求解下面的序列极限。

(1) $\lim\limits_{n\to\infty}\sqrt{n}\left(\sqrt{n+1}-\sqrt{n}\right)$, (2) $\lim\limits_{n\to\infty}\left(\sqrt[n]{1}+\sqrt[n]{2}+\cdots+\sqrt[n]{10}\right)$

7.7 试计算下面的单边极限。

(1) $\lim\limits_{x\to\pi/4^+}\left[\tan\left(\dfrac{\pi}{8}+x\right)\right]^{\tan 2x}$, (2) $\lim\limits_{x\to 0^+}\ln(x\ln a)\ln\left(\dfrac{\ln ax}{\ln(x/a)}\right)$, $a>1$

7.8 考虑下列的序列,试求出通项 a_n,并求出 $\lim\limits_{n\to\infty}a_n$ 与 $\lim\limits_{n\to\infty}a_{n+1}/a_n$。

$$S=\sum_{n=1}^{\infty}a_n=\frac{\cos 1!}{1\times 2}+\frac{\cos 2!}{2\times 3}+\frac{\cos 3!}{3\times 4}+\frac{\cos 4!}{4\times 5}+\frac{\cos 5!}{5\times 6}+\cdots$$

7.9 对给出的下面函数,试求出极限 $F(x)=\lim\limits_{h\to 0}\left[f(x+h)-f(x)\right]/h$。

(1) $f(x)=\sin\cos\sin 2x$, (2) $f(x)=\ln\dfrac{1+\sqrt{\sin x}}{1-\sqrt{\sin x}}+2\arctan\sqrt{\sin x}$

7.10 试求下面的双重极限,并用绘图的方法观察逼近的过程。

(1) $\lim\limits_{(x,y)\to(-1,2)}\dfrac{x^2y+xy^3}{(x+y)^3}$, (2) $\lim\limits_{(x,y)\to(0,0)}\dfrac{xy}{\sqrt{xy+1}-1}$, (3) $\lim\limits_{(x,y)\to(0,0)}\dfrac{1-\cos\left(x^2+y^2\right)}{\left(x^2+y^2\right)\mathrm{e}^{x^2+y^2}}$

7.11 在例7-10绘图部分引入了微小的偏移量。如果不引入偏移量会得出什么结果?

7.12 求出下面函数的导数。

(1) $y(x)=\sqrt{x\sin x\sqrt{1-\mathrm{e}^x}}$, (2) $y=\dfrac{1-\sqrt{\cos ax}}{x\left(1-\cos\sqrt{ax}\right)}$

(3) $\operatorname{atan}\dfrac{y}{x}=\ln(x^2+y^2)$, (4) $y(x)=-\dfrac{1}{na}\ln\dfrac{x^n+a}{x^n}$, $n>0$

7.13 试求下面函数的一阶导数。

(1) $y(t)=\arccos^2 x+\left(\ln^2\arccos x-\ln\arccos x+1/2\right)$

(2) $y(t)=\dfrac{1}{2}\arctan\sqrt[4]{1+x^4}+\dfrac{1}{4}\ln\dfrac{\sqrt[4]{1+x^4}+1}{\sqrt[4]{1+x^4}-1}$

(3) $y(x)=\dfrac{\mathrm{e}^{-x^2}\arcsin\mathrm{e}^{-x^2}}{\sqrt{1-\mathrm{e}^{-2x^2}}}+\dfrac{1}{2}\ln\left(1-\mathrm{e}^{-2x^2}\right)$

7.14 试求函数 $y(x)=\left(1-\sqrt{\cos ax}\right)/\left[x\left(1-\cos\sqrt{ax}\right)\right]$ 的十阶导数。

7.15 已知参数方程$\begin{cases} x = \ln\cos t \\ y = \cos t - t\sin t, \end{cases}$ 试求出$\dfrac{\mathrm{d}y}{\mathrm{d}x}$和$\left.\dfrac{\mathrm{d}^2y}{\mathrm{d}x^2}\right|_{t=\pi/3}$。

7.16 试求出下面参数方程的一阶导数与二阶导数。

(1) $\begin{cases} x(t) = a(\ln\tan(t/2) + \cos t - \sin t) \\ y(t) = a(\sin t + \cos t) \end{cases}$ (2) $\begin{cases} x(t) = 2at/(1+t^3) \\ y = a(3at^2)/(1+t^3) \end{cases}$

7.17 设$f(x) = x^2a^x\ (a>0)$，试推导并证明$f^{(n)}(x)$的公式。

7.18 试由下面参数方程求出$\mathrm{d}y/\mathrm{d}x$、$\mathrm{d}^2y/\mathrm{d}x^2$和$\mathrm{d}^3y/\mathrm{d}x^3$。

(1) $x = \mathrm{e}^{2t}\cos^2 t, y = \mathrm{e}^{2t}\sin^2 t$

(2) $x = \arcsin\dfrac{t}{\sqrt{1+t^2}}, y = \arccos\dfrac{t}{\sqrt{1+t^2}}$

7.19 若$u(x,y) = x - y + x^2 + 2xy + y^2 + x^3 - 3x^2y - y^3 + x^4 - 4x^2y^2 + y^4$，试求偏导数$\dfrac{\partial^4 u(x,y)}{\partial x^4}$、$\dfrac{\partial^4 u(x,y)}{\partial x^3\partial y}$和$\dfrac{\partial^4 u(x,y)}{\partial x^2\partial y^2}$。

7.20 试求解下面的不定积分问题。

(1) $I(x) = -\displaystyle\int\frac{3x^2+a}{x^2(x^2+a)^2}\mathrm{d}x$，(2) $I(x) = \displaystyle\int\frac{\sqrt{x(x+1)}}{\sqrt{x}+\sqrt{1+x}}\mathrm{d}x$

(3) $I(x) = \displaystyle\int x\mathrm{e}^{ax}\cos bx\mathrm{d}x$，(4) $I(x) = \displaystyle\int \mathrm{e}^{ax}\sin bx\sin cx\mathrm{d}x$

(5) $I(t) = \displaystyle\int(7t^2-2)3^{5t+1}\mathrm{d}t$，(6) $\displaystyle\int\frac{\sin^2 x - 4\sin x\cos x + 3\cos^2 x}{\sin x + \cos x}\mathrm{d}x$

7.21 试求出下面的定积分或反常积分。

(1) $I = \displaystyle\int_0^\infty \frac{\cos x}{\sqrt{x}}\mathrm{d}x$，(2) $I = \displaystyle\int_0^1 \frac{1+x^2}{1+x^4}\mathrm{d}x$，(3) $\displaystyle\int_{\mathrm{e}^{-2\pi n}}^1 \left|\cos\left(\ln\frac{1}{x}\right)\right|\mathrm{d}x$

7.22 试求解下面的定积分。

(1) $\displaystyle\int_0^{0.75}\frac{1}{(x+1)\sqrt{x^2+1}}\mathrm{d}x$，(2) $\displaystyle\int_0^1\frac{\arcsin\sqrt{x}}{\sqrt{x(1-x)}}\mathrm{d}x$，(3) $\displaystyle\int_0^{\pi/4}\left(\frac{\sin x - \cos x}{\sin x + \cos x}\right)^{2n+1}\mathrm{d}x$

7.23 试求出积分函数并绘制曲线$I(s) = \displaystyle\int_0^s \frac{\mathrm{e}^x\sqrt{\mathrm{e}^x - 1}}{\mathrm{e}^x+3}\mathrm{d}x$。

7.24 假设$f(x) = \mathrm{e}^{-5x}\sin(3x+\pi/3)$，试求出积分函数$R(t) = \displaystyle\int_0^t f(x)f(t+x)\mathrm{d}x$。

7.25 试求出下面重积分。

(1) $\displaystyle\int_0^\pi\int_0^\pi|\cos(x+y)|\,\mathrm{d}x\mathrm{d}y$，(2) $\displaystyle\int_0^1\int_{-1}^{1-x}\arcsin(x+y)\mathrm{d}y\mathrm{d}x$

(3) $\displaystyle\int_0^2\int_0^{\sqrt{4-x^2}}\sqrt{4-x^2-y^2}\,\mathrm{d}y\mathrm{d}x$，(4) $\displaystyle\int_0^3\int_0^{3-x}\int_0^{3-x-y}xyz\,\mathrm{d}z\mathrm{d}y\mathrm{d}x$

(5) $\displaystyle\int_0^2\int_0^{\sqrt{4-x^2}}\int_0^{\sqrt{4-x^2-y^2}}z(x^2+y^2)\,\mathrm{d}z\mathrm{d}y\mathrm{d}x$

(6) $\displaystyle\int_0^1\int_0^x\int_0^y\int_0^z xyzu\mathrm{e}^{6-x^2-y^2-z^2-u^2}\,\mathrm{d}u\mathrm{d}z\mathrm{d}y\mathrm{d}x$

(7) $\displaystyle\int_0^{7/10}\int_0^{4/5}\int_0^{9/10}\int_0^1\int_0^{11/10}\sqrt{6-x^2-y^2-z^2-w^2-u^2}\mathrm{d}w\mathrm{d}u\mathrm{d}z\mathrm{d}y\mathrm{d}x$

7.26 试求下面级数的前 n 项及无穷项的和。

(1) $\dfrac{1}{1\times 6}+\dfrac{1}{6\times 11}+\cdots+\dfrac{1}{(5n-4)(5n+1)}+\cdots$

(2) $\left(\dfrac{1}{2}+\dfrac{1}{3}\right)+\left(\dfrac{1}{2^2}+\dfrac{1}{3^2}\right)+\cdots+\left(\dfrac{1}{2^n}+\dfrac{1}{3^n}\right)+\cdots$

(3) $\dfrac{1}{3}\left(\dfrac{x}{2}\right)+\dfrac{1\times 4}{3\times 6}\left(\dfrac{x}{2}\right)^2+\dfrac{1\times 4\times 7}{3\times 6\times 9}\left(\dfrac{x}{2}\right)^3+\dfrac{1\times 4\times 7\times 10}{3\times 6\times 9\times 12}\left(\dfrac{x}{2}\right)^4+\cdots$

7.27 试求下面无穷级数之和。

(1) $\displaystyle\sum_{n=1}^{\infty}\frac{\sin^2 n\alpha\sin nx}{n}, 0<\alpha<\frac{\pi}{2}$, (2) $\displaystyle\sum_{n=0}^{\infty}\frac{(-1)^n n^3}{(n+1)!}x^n$, (3) $\displaystyle\sum_{n=0}^{\infty}\frac{x^{4n+1}}{4n+1}$

(4) $\dfrac{1}{3}\dfrac{x}{2}+\dfrac{1\times 4}{3\times 6}\left(\dfrac{x}{2}\right)^2+\dfrac{1\times 4\times 7}{3\times 6\times 9}\left(\dfrac{x}{2}\right)^3+\dfrac{1\times 4\times 7\times 10}{3\times 6\times 9\times 12}\left(\dfrac{x}{2}\right)^4+\cdots$

7.28 试求出下面级数的前 n 项有限和与无穷级数。

(1) $\sqrt[3]{x}+(\sqrt[5]{x}-\sqrt[3]{x})+(\sqrt[7]{x}-\sqrt[5]{x})+\cdots+(\sqrt[2k+1]{x}-\sqrt[2k-1]{x})+\cdots$

(2) $1+\dfrac{m}{1!}x+\dfrac{m(m-1)}{2!}x^2+\cdots+\dfrac{m(m-1)\cdots(m-n+1)}{n!}x^n+\cdots$

7.29 已知序列通项 a_n，试求出无穷级数的和。

(1) $a_n=(\sqrt{1+n}-\sqrt{n})^p\ln\dfrac{n-1}{n+1}$, (2) $a_n=\dfrac{1}{n^{1+k/\ln n}}$

7.30 试求出下面序列的和。

(1) $\displaystyle\sum_{n=1}^{\infty}\frac{x^n}{(1+x)(1+x^2)\cdots(1+x^n)}$, (2) $\displaystyle\sum_{n=2}^{\infty}\frac{(-1)^n}{n^2+n-2}$, (3) $\displaystyle\sum_{n=2}^{\infty}\frac{1}{n^2(n+1)^2(n+2)^2}$

7.31 试求出下面的极限。

(1) $\displaystyle\lim_{n\to\infty}\left(\frac{1}{2^2-1}+\frac{1}{4^2-1}+\frac{1}{6^2-1}+\cdots+\frac{1}{(2n)^2-1}\right)$

(2) $\displaystyle\lim_{n\to\infty}n\left(\frac{1}{n^2+\pi}+\frac{1}{n^2+2\pi}+\frac{1}{n^2+3\pi}+\cdots+\frac{1}{n^2+n\pi}\right)$

7.32 试求出下面的无穷序列乘积。

(1) $\displaystyle\prod_{n=1}^{\infty}\frac{(2n+1)(2n+7)}{(2n+3)(2n+5)}$, (2) $\displaystyle\prod_{n=1}^{\infty}\frac{9n^2}{(3n-1)(3n+1)}$, (3) $\displaystyle\prod_{n=1}^{\infty}a^{(-1)^n/n}, a>0$

7.33 若级数通项为 $a_n=\displaystyle\int_0^{\pi/4}\tan^n x\mathrm{d}x$，试计算 $S=\displaystyle\sum_{n=1}^{\infty}\frac{1}{n}(a_n+a_{n+2})$。

7.34 试判定下面无穷级数的收敛性。

(1) $\displaystyle\sum_{n=2}^{\infty}\left(\frac{n}{1+n^2}\right)^n$, (2) $\displaystyle\sum_{n=10}^{\infty}\frac{1}{\ln n\ln(\ln x)}$, (3) $\displaystyle\sum_{n=1}^{\infty}(-1)^n\frac{n+1}{(n+1)\sqrt{n+1}-1}$

(4) $\dfrac{3}{2}-\dfrac{3\times 5}{2\times 5}+\dfrac{3\times 5\times 7}{2\times 5\times 8}+\cdots+(-1)^{n-1}\dfrac{3\times 5\times 7\times\cdots\times(2n+1)}{2\times 5\times 8\times\cdots\times(3n-1)}+\cdots$

7.35 求极限 $\displaystyle\lim_{x\to 1}\frac{(1-\sqrt{x})(1-\sqrt[3]{x})\cdots(1-\sqrt[n]{x})}{(1-x)^{n-1}}$。

7.36 试求出无穷表达式 $S=\sqrt{x+\sqrt{x+\sqrt{x+\sqrt{x+\sqrt{x+\cdots}}}}}$。

7.37 试求出下面函数分别关于$x=0, x=a$的Taylor幂级数展开。

(1) $\displaystyle\int_0^x \frac{\sin t}{t}\mathrm{d}t$，(2) $\ln\left(\dfrac{1+x}{1-x}\right)$，(3) $\ln\left(x+\sqrt{1+x^2}\right)$

(4) $(1+4.2x^2)^{0.2}$，(5) $\mathrm{e}^{-5x}\sin(3x+\pi/3)$

7.38 试得出$f(t)=\mathrm{e}^t$的Taylor级数展开公式，并判断其前十项能逼近的t的范围。

7.39 试对下面函数进行Fourier幂级数展开。

(1) $f(x)=(\pi-|x|)\sin x, -\pi \leqslant x < \pi$，(2) $f(x)=\mathrm{e}^{|x|}, -\pi \leqslant x < \pi$

(3) $f(x)=\begin{cases} 2x/l, & 0<x<l/2 \\ 2(l-x)/l, & l/2<x<l \end{cases}$ 且$l=\pi$

7.40 试对表7-6中数据描述的函数用前向差分算法求取各阶数值导数。

表7-6 习题7.40中的数据

x_i	0	0.1	0.2	0.3	0.4	0.5	0.6	0.7	0.8	0.9	1	1.1	1.2
y_i	0	2.2077	3.2058	3.4435	3.241	2.8164	2.311	1.8101	1.3602	0.98172	0.67907	0.4473	0.27684

7.41 先用等间距的方式为下面函数生成一组样本点，再尝试用不同方法由样本点数据重构下面函数的一阶导数，并与原函数理论值相比，评估误差。

(1) $y(x)=\arccos^2 x+\left(\ln^2 \arccos x-\ln \arccos x+1/2\right)$

(2) $y(x)=\dfrac{1}{2}\arctan\sqrt[4]{1+x^4}+\dfrac{1}{4}\ln\dfrac{\sqrt[4]{1+x^4}+1}{\sqrt[4]{1+x^4}-1}$

(3) $y(x)=\dfrac{\mathrm{e}^{-x^2}\arcsin \mathrm{e}^{-x^2}}{\sqrt{1-\mathrm{e}^{-2x^2}}}+\dfrac{1}{2}\ln\left(1-\mathrm{e}^{-2x^2}\right)$

7.42 试用数值方法求取表7-7中数据描述函数的定积分。如果采用高精度计算方法得到的结果是什么？

表7-7 习题7.42中的数据

x_i	0	0.1	0.2	0.3	0.4	0.5	0.6	0.7	0.8	0.9	1	1.1	1.2
y_i	0	2.2077	3.2058	3.4435	3.241	2.8164	2.311	1.8101	1.3602	0.9817	0.6791	0.4473	0.2768

7.43 试求出下面的定积分或反常积分的数值解并评价解的精度。

(1) $I=\displaystyle\int_0^\infty \frac{\cos x}{\sqrt{x}}\mathrm{d}x$，(2) $I=\displaystyle\int_0^1 \frac{1+x^2}{1+x^4}\mathrm{d}x$，(3) $\displaystyle\int_{\mathrm{e}^{-2\pi n}}^1 \left|\cos\left(\ln\frac{1}{x}\right)\right|\mathrm{d}x$

7.44 试用数值方法求解下述的多重积分问题。

(1) $\displaystyle\int_0^2\int_0^{\sqrt{4-x^2}}\sqrt{4-x^2-y^2}\,\mathrm{d}y\mathrm{d}x$，(2) $\displaystyle\int_0^3\int_0^{3-x}\int_0^{3-x-y} xyz\,\mathrm{d}z\mathrm{d}y\mathrm{d}x$

(3) $\displaystyle\int_0^2\int_0^{\sqrt{4-x^2}}\int_0^{\sqrt{4-x^2-y^2}} z(x^2+y^2)\,\mathrm{d}z\mathrm{d}y\mathrm{d}x$

7.45 试用数值积分方法求出下面的多重积分值。值得指出的是，下面积分的解析解均不存在，所以应该验证得出的结果是否正确。

(1) $\displaystyle\int_0^2\int_0^{\mathrm{e}^{-x^2/2}}\sqrt{4-x^2-y^2}\,\mathrm{e}^{-x^2-y^2}\,\mathrm{d}y\mathrm{d}x$

(2) $\displaystyle\int_0^2\int_0^2\int_0^2 z(x^2+y^2)\mathrm{e}^{-x^2-y^2-z^2-xz}\,\mathrm{d}z\mathrm{d}y\mathrm{d}x$

7.46 对下列的函数 $f(t)$ 进行 Laplace 变换。

（1）$f_{\rm a}(t)=\sin\alpha t/t$，（2）$f_{\rm b}(t)=t^5\sin\alpha t$，（3）$f_{\rm c}(t)=t^8\cos\alpha t$，（4）$f_{\rm d}(t)=t^6{\rm e}^{\alpha t}$

（5）$f_{\rm e}(t)=5{\rm e}^{-at}+t^4{\rm e}^{-at}+8{\rm e}^{-2t}$，（6）$f_{\rm f}(t)={\rm e}^{\beta t}\sin(\alpha t+\theta)$，（7）$f_{\rm g}(t)={\rm e}^{-12t}+6{\rm e}^{9t}$

7.47 对上面的结果做 Laplace 反变换，看是否能还原给定的函数。

7.48 对下面的 $F(s)$ 式进行 Laplace 反变换。

（1）$F_{\rm a}(s)=\dfrac{1}{\sqrt{s}(s^2-a^2)(s+b)}$，（2）$F_{\rm b}(s)=\ln\dfrac{s-a}{s-b}$，（3）$F_{\rm c}(s)=\dfrac{1}{\sqrt{s}(s+a)}$

（4）$F_{\rm d}(s)=\sqrt{s-a}-\sqrt{s-b}$，（5）$F_{\rm e}(s)=\dfrac{3a^2}{s^3+a^3}$，（6）$F_{\rm f}(s)=\dfrac{(s-1)^8}{s^7}$

（7）$F_{\rm g}(s)=\ln\dfrac{s^2+a^2}{s^2+b^2}$，（8）$F_{\rm h}(s)=\dfrac{s^2+3s+8}{\prod\limits_{i=1}^{8}(s+i)}$，（9）$F_{\rm i}(s)=\dfrac{1}{2}\dfrac{s+\alpha}{s-\alpha}$

7.49 考虑已知的 Laplace 变换表达式

$$G(s)=\frac{(s^{0.4}+0.4s^{0.2}+0.5)}{\sqrt{s}\,(s^{0.2}+0.02s^{0.1}+0.6)^{0.4}(s^{0.3}+0.5)^{0.6}}$$

试用数值方法绘制 $t\in(0,1)$ 区间内的 Laplace 反变换时域函数曲线。

7.50 试求出下面函数的 Fourier 变换，对得出的结果再进行 Fourier 反变换，观察能否得出原函数。

（1）$f(x)=x^2(3\pi-2|x|)$，（2）$f(t)=t^2(t-2\pi)^2$

（3）$f(t)={\rm e}^{-t^2}$，（4）$f(t)=t{\rm e}^{-|t|}$

7.51 试将下述时域序列函数 $f(kT)$ 进行 z 变换，并对结果进行反变换检验。

（1）$f_{\rm a}(kT)=\cos(kaT)$，（2）$f_{\rm b}(kT)=(kT)^2{\rm e}^{-akT}$

（3）$f_{\rm c}(kT)=\dfrac{1}{a}(akT-1+{\rm e}^{-akT})$，（4）$f_{\rm d}(kT)={\rm e}^{-akT}-{\rm e}^{-bkT}$

（5）$f_{\rm e}(kT)=\sin(\alpha kT)$，（6）$f_{\rm f}(kT)=1-{\rm e}^{-akT}(1+akT)$

7.52 已知下述各个 z 变换表达式 $F(z)$，试对它们分别进行 z 反变换。

（1）$F_{\rm a}(z)=\dfrac{10z}{(z-1)(z-2)}$，（2）$F_{\rm b}(z)=\dfrac{z^2}{(z-0.8)(z-0.1)}$，（3）$F_{\rm c}(z)=\dfrac{z}{(z-a)(z-1)^2}$

（4）$F_{\rm d}(z)=\dfrac{z^{-1}(1-{\rm e}^{-aT})}{(1-z^{-1})(1-z^{-1}{\rm e}^{-aT})}$，（5）$F_{\rm e}(z)=\dfrac{Az[z\cos\beta-\cos(\alpha T-\beta)]}{z^2-2z\cos(\alpha T)+1}$

7.53 对下面的 Laplace 变换式求出相应的 z 变换，并对结果进行检验。

（1）$G(s)=\dfrac{b}{s^2(s+a)}$，（2）$G(s)=\dfrac{b}{s^2(s+a)^2}\dfrac{1-{\rm e}^{-2s}}{s}$

第8章 线性代数与矩阵分析

CHAPTER 8

线性代数的研究起源于对线性方程组的求解。线性方程组是科学研究与工程实践中应用最广泛的数学模型,在实际应用中还可能建立更复杂的线性代数方程。矩阵是线性代数领域重要的数学单元,从对矩阵的研究出发,出现了各种各样的矩阵分析方法与任务,形成了完整的线性代数研究体系。

MATLAB语言最初也起源于线性代数与矩阵分析问题的研究,其最早的一批函数也是研究矩阵问题的。本章借助MATLAB语言研究线性代数与矩阵分析问题。8.1节首先介绍特殊矩阵的输入方法,侧重演示零矩阵、幺矩阵、单位矩阵与随机矩阵这些简单矩阵的输入方法,并介绍对角矩阵等其他矩阵的特点与输入语句。8.2节介绍了矩阵的简单分析方法,并介绍逆矩阵与特征值的计算方法。8.3节介绍矩阵的变换与分解方法,包括矩阵的相似变换、三角分解、Jordan矩阵与奇异值分解等方面的内容。8.4节介绍矩阵函数的定义与计算方法,包括矩阵指数函数、三角函数及任意矩阵函数的计算方法。

线性代数中还有一类重要的问题:线性代数方程组的求解方法。本章暂不介绍这类问题,第9章将统一介绍各类代数方程的求解方法。

8.1 特殊矩阵的输入

在分析矩阵之前,应该先将矩阵输入MATLAB环境中。第2章介绍了一般矩阵的输入方法,可以将任意的复数矩阵输入MATLAB工作空间中。在实际应用中,还需要更简洁的方法输入特殊的矩阵。例如,一个元素全为0的10×20矩阵,就没有必要逐个元素进行输入,而应该调用专门的输入函数。

MATLAB提供了大量的特殊矩阵输入函数,表8-1中列出了其中一些常用矩阵的输入方法,读者可以根据给出的格式,直接输入特殊矩阵。本节只通过例子演示其中几种特殊矩阵的输入方法。

8.1.1 零矩阵、幺矩阵与单位矩阵

顾名思义,零矩阵就是元素都是0的矩阵,幺矩阵就是元素都是1的矩阵。这种矩阵可以通过`zeros()`和`ones()`函数直接输入。函数`eye()`允许输入长方形“单位”矩阵,该矩阵是单位矩阵(identity matrix)的拓展。如果已知$\boldsymbol{A}$矩阵,则由`size(`$\boldsymbol{A}$`)`可以读出该矩阵的维

表8-1 常用特殊矩阵输入方法

矩阵名称	调用格式与函数解释
零矩阵	A=zeros(n,m)，直接生成$n\times m$元素为0的矩阵$\boldsymbol{A}$；调用格式还可以写成A=zeros([n,m])；如果只给出n，则生成$n\times n$的零方阵；还可以输入零元素的多维数组A=zeros(n_1,n_2,$\cdots$,n_p)
幺矩阵	A=ones(n,m)，元素都为1的矩阵，其他格式同zeros()
单位矩阵	A=eye(n,m)，扩展单位矩阵，主对角线元素为1，其余全是0
随机矩阵	A=rand(n,m)，生成$n\times m$的随机元素矩阵$\boldsymbol{A}$，其元素满足[0,1]区间的均匀分布；只给n则生成方阵；可用于多维数组生成；randn()生成N(0,1)标准正态分布的随机数；还可以由R=randi([a,b],[n,m])生成(a,b)区间的均匀分布随机整数矩阵
相伴矩阵	A=compan(p)，如果已知降幂排列的多项式系数向量$\boldsymbol{p}$，则可以构造相伴矩阵$\boldsymbol{A}$，该矩阵的特征多项式为$\boldsymbol{p}$
对角矩阵	D=diag(p,k)，由向量$\boldsymbol{p}$可以建立起以$\boldsymbol{p}$为第k条对角元素，其余元素为0的对角矩阵；如果$\boldsymbol{p}$为矩阵，则提取其第k条对角线元素，构成列向量$\boldsymbol{D}$，省略k则指主对角线
Vandermonde矩阵	V=vander(p)，由已知向量$\boldsymbol{p}$构造Vandermonde矩阵$\boldsymbol{V}$，其第k列元素为$\boldsymbol{v}=\boldsymbol{p}.^{n-k}$
Hilbert矩阵	H=hilb(n)，通项元素为$h_{ij}=1/(i+j-1)$的$n\times n$ Hilbert方阵
Hankel矩阵	H=hankel(c,r)，反对角线元素相等的Hankel矩阵，其中，$\boldsymbol{c}$和$\boldsymbol{r}$分别为矩阵的第1行和最后一列元素；如果只给出$\boldsymbol{c}$，则Hankel矩阵右下角的元素都是0
魔方矩阵	M=magic(n)，$n\times n$魔方矩阵，每行、每列、正反对角线的和都相同
Pascal矩阵	P=pascal(n)，$n\times n$的Pascal方阵，其第一行、第一列元素为1，其余元素$p_{ij}=p_{i-1,j}+p_{i,j-1}$，左上角元素为杨辉三角形
Wilkinson矩阵	W=wilkinson(n)，$n\times n$三对角Wilkinson测试矩阵，两条次对角线元素均为1，主对角线元素为$\lvert-(n-1)/2:(n-1)/2\rvert$
Toeplitz矩阵	T=toeplitz(c,r)，Toeplitz测试矩阵，各条正向对角线上的元素都相等。向量$\boldsymbol{c}$为第一列元素，$\boldsymbol{r}$为第一行元素。省略$\boldsymbol{r}$则第一行元素也是$\boldsymbol{c}$，构成方阵
Hadamard矩阵	H=hadamard(n)，$n\times n$ Hadamard矩阵，其第一行与第一列元素为1，以后的元素1与−1依某种规则交替出现，且$\boldsymbol{H}/\sqrt{n}$为正交矩阵

数，这样，由B=eye(size(A))可以构造一个与$\boldsymbol{A}$矩阵同维数的扩展单位矩阵$\boldsymbol{B}$。这些函数还可以输入多维数组。下面通过例子演示矩阵生成方法。

例8-1 试生成一个3×6的零矩阵$\boldsymbol{A}$，并生成与$\boldsymbol{A}$矩阵同维数控制单位矩阵$\boldsymbol{B}$。

解 由下面语句可以直接输入这些矩阵。

```
>> A=zeros(3,6), B=eye(size(A)) %按要求输入所需的矩阵
```

这样生成的矩阵为

$$\boldsymbol{A}=\begin{bmatrix}0&0&0&0&0&0\\0&0&0&0&0&0\\0&0&0&0&0&0\end{bmatrix},\ \boldsymbol{B}=\begin{bmatrix}1&0&0&0&0&0\\0&1&0&0&0&0\\0&0&1&0&0&0\end{bmatrix}$$

例8-2 试生成一个$3\times 4\times 5\times 6\times 7\times 8$的6维幺数组。

解 利用ones()函数就可以直接生成这样的数组。由size()函数提取多维数组每一维，再调用prod()函数把这些维数乘起来，就可以发现，该命令总共生成了20160个1。最后使用的$\boldsymbol{A}(:)$命令将原矩阵的全部元素按列展开成一个列向量$\boldsymbol{b}$。

```
>> A=ones(3,4,5,6,7,8); prod(size(A)), b=A(:)
```

8.1.2 随机数矩阵

表8-1列出了三个生成随机数的函数，rand()、randn()和randi()，生成标准的均匀分布、正态分布随机数及随机整数矩阵。利用这样的随机数则可以用MATLAB进行统计试验的仿真。

例8-3 用MATLAB实现抛硬币实验，并由实验方法求出抛100000次硬币，正面朝上的概率。

解 这个例子事实上是用计算机开展统计试验的例子。由于硬币正、反两面朝上的概率均等，所以可以考虑生成100000个[0,1]区间均匀分布的伪随机数，看有多少大于0.5的，将其设定为正面朝上。生成随机数等于0.5的概率微乎其微，可以忽略不计。由下面的语句可以生成随机数，然后得出正面朝上的概率为$p = 0.5005$，接近理论值0.5。其中，调用了nnz()函数，计算比较$\boldsymbol{R}$向量中大于0.5的元素个数。

```
>> N=100000; R=rand(N,1); p=nnz(R>0.5)/N %nnz()函数返回非零元素个数
```

事实上，前面介绍的函数有很大的局限性，例如，只能生成标准的随机数。在实际应用中，如果需要(a,b)区间上均匀分布的随机数，或$\mathrm{N}(\mu,\sigma^2)$正态分布随机数，则可以由下面的命令直接生成

$\boldsymbol{u}$=a+(b−a)*rand(n,m), $\boldsymbol{v}$=μ+σ*randn(n,m)

此外，还可以利用第12章将介绍的专门函数生成指定分布类型的伪随机数生成方法。下面考虑一个整数随机矩阵生成的例子。

例8-4 前面介绍的randi()函数只能生成(a,b)区间内的整数构成的随机数，如何生成由$[-1,7,4,8]$构成的3×8随机整数矩阵？

解 MATLAB不能直接生成这样的随机整数矩阵，不妨先生成[1,2,3,4]构成的整数矩阵，然后将其替换成所需矩阵即可。

```
>> A=randi([1,4],[3,8]);     %生成一个元素为1、2、3、4的整数随机矩阵
   A(A==1)=-1; A(A==2)=7; A(A==4)=8; A(A==3)=4
```

这样可以生成如下所示的$\boldsymbol{A}$矩阵。可见，该矩阵满足问题的要求。注意上述语句的替换次序，并思考为什么先替换4后替换3。

$$\boldsymbol{B}=\begin{bmatrix}4&2&4&1&2&3&3&4\\3&1&2&2&2&4&4&1\\4&4&2&4&4&3&3&2\end{bmatrix},\ \boldsymbol{A}=\begin{bmatrix}8&7&8&-1&7&4&4&8\\4&-1&7&7&7&8&8&-1\\8&8&7&8&8&4&4&7\end{bmatrix}$$

8.1.3 对角矩阵

diag()函数是一个功能很强大的函数，它既可以处理对角矩阵（diagonal matrix），又可以将矩阵的对角元素提取出来，还可以处理次对角线元素。这里将给出例子，显示该函数的使用方法与处理结果。

例8-5 试将下面三个矩阵输入MATLAB工作空间。

$$\boldsymbol{A}=\begin{bmatrix}1&0&0\\0&2&0\\0&0&3\end{bmatrix},\ \boldsymbol{B}=\begin{bmatrix}0&0&1&0&0\\0&0&0&2&0\\0&0&0&0&3\\0&0&0&0&0\\0&0&0&0&0\end{bmatrix},\ \boldsymbol{C}=\begin{bmatrix}0&0&0&0\\1&0&0&0\\0&2&0&0\\0&0&3&0\end{bmatrix}$$

解 可以先将 $\boldsymbol{v}=[1,2,3]$ 向量输入MATLAB工作空间，这样，矩阵 $\boldsymbol{A}$ 可以直接用diag()函数生成。现在考虑矩阵 $\boldsymbol{B}$，由于该矩阵主对角线上第二条对角线为 $\boldsymbol{v}$ 向量，所以应该将 k 设置成2，而矩阵 $\boldsymbol{C}$ 是主对角线下第一条对角线的元素为 $\boldsymbol{v}$，所以可以将 k 设置为 -1。这样，由下面的语句可以将这三个矩阵直接输入MATLAB工作空间。

```
>> v=[1 2 3]; A=diag(v), B=diag(v,2), C=diag(v,-1) %构造对角矩阵
```

如果采用下面的命令还可以从矩阵提取出对角元素，但是得出的是列向量。

```
>> v1=diag(A), v2=diag(B,2), v3=diag(C,-1)          %提取对角元素
```

若 $\boldsymbol{A}_1,\boldsymbol{A}_2,\cdots,\boldsymbol{A}_n$ 为已知矩阵，则块对角矩阵的数学定义为

$$\boldsymbol{A}=\begin{bmatrix}\boldsymbol{A}_1 & & & \\ & \boldsymbol{A}_2 & & \\ & & \ddots & \\ & & & \boldsymbol{A}_n\end{bmatrix} \tag{8-1}$$

MATLAB提供了块对角矩阵输入函数 $\boldsymbol{A}$=blkdiag($\boldsymbol{A}_1,\boldsymbol{A}_2,\cdots,\boldsymbol{A}_n$)，该函数允许输入任意多个子矩阵。

8.1.4 特殊矩阵的表现形式

本节主要通过例子演示一些常用矩阵的使用方法和具体表现形式。本文将演示的是Pascal矩阵、Wilkinson矩阵、Toeplitz矩阵和Hadamard矩阵。

例8-6 由下面的语句可以直接生成Pascal矩阵、Wilkinson矩阵、Toeplitz矩阵和Hadamard矩阵，注意，Hadamard矩阵的维数是有限制的，如 n、$n/12$ 或 $n/20$ 必须为2的幂数，不能任选。

```
>> P=pascal(5), W=wilkinson(5)  %按要求生成所需的矩阵
   T=toeplitz([1 2 3 4 5],[1 3 5 7]), H=hadamard(4)
```

生成的Pascal矩阵与Wilkinson矩阵如下，观察Pascal矩阵的左上角元素。

$$\boldsymbol{P}=\begin{bmatrix}1&1&1&1&1\\1&2&3&4&5\\1&3&6&10&15\\1&4&10&20&35\\1&5&15&35&70\end{bmatrix},\ \boldsymbol{W}=\begin{bmatrix}2&1&0&0&0\\1&1&1&0&0\\0&1&0&1&0\\0&0&1&1&1\\0&0&0&1&2\end{bmatrix}$$

生成的Toeplitz矩阵和Haramard矩阵为

$$\boldsymbol{T}=\begin{bmatrix}1&3&5&7\\2&1&3&5\\3&2&1&3\\4&3&2&1\\5&4&3&2\end{bmatrix},\ \boldsymbol{H}=\begin{bmatrix}1&1&1&1\\1&-1&1&-1\\1&1&-1&-1\\1&-1&-1&1\end{bmatrix}$$

8.2 矩阵分析

MATLAB提供的常用矩阵分析函数在表8-2中给出。除非另行说明，这类函数一般情况下都有两种调用格式：其一是 $\boldsymbol{A}$ 为双精度矩阵；另一种是 $\boldsymbol{A}$ 为符号型矩阵。前者用数值方法分析矩阵，后者用解析方法分析矩阵，得出的结果有时会有区别，尤其是接近奇异的矩阵，数值方法可能得出错误的结果，在使用时应该格外注意。矩阵解析解方法的劣势在

表8-2 常用矩阵分析函数

分析名称	分析语句格式的解释
行列式	d=`det(A)`，求出矩阵的行列式。如果 $\boldsymbol{A}$ 为符号表达式，则得出的结果是原问题的解析解，否则为数值解
矩阵的迹	t=`trace(A)`，求出矩阵的迹，即矩阵的对角元素之和，等同于 `sum(diag(A))`
矩阵的秩	r=`rank(A)`，矩阵的秩，如果维数不太大，建议使用符号运算
范数	r=`norm(A)`，矩阵的2范数，此外，`norm(A,opt)` 还可以求其他矩阵范数，如1范数（`opt` 为1），∞ 范数（`opt` 为 `inf`）和Frobenius范数（`opt` 为 `'fro'`）
特征多项式	p=`poly(A)`，矩阵的特征多项式系数向量（降幂排序），若 $\boldsymbol{A}$ 为符号矩阵，可调用 `charpoly()` 函数求特征多项式系数
奇异值	v=`svd(A)`，$\boldsymbol{v}$ 为矩阵的奇异值构成的列向量
条件数	c=`cond(A)`，矩阵的条件数，即最大奇异值与最小奇异值的比值
逆矩阵	B=`inv(A)`，求逆矩阵 $\boldsymbol{B}$，使得 $\boldsymbol{AB}=\boldsymbol{BA}=\boldsymbol{I}$（单位阵）。如果 $\boldsymbol{A}$ 不可逆，则由 B=`pinv(A)` 命令求出 $\boldsymbol{A}$ 的伪逆（Moore–Penrose广义逆）
特征值	`[V,D]`=`eig(A)`，求矩阵的特征值和特征向量矩阵 $\boldsymbol{V}$，特征值为 $\boldsymbol{D}$ 矩阵的对角元素；如果只返回一个变元，则该变元为特征值列向量
简化行阶梯	R=`rref(A)`，求出简化的行阶梯形式，通常用于线性代数方程求解
化零空间	Z=`null(A)`，长方形矩阵或奇异矩阵的化零空间，满足 $\boldsymbol{AZ}=\boldsymbol{0}$

于，它的计算耗时可能远远高于数值方法，所以对大规模矩阵而言，不建议采用解析解方法。文献[13]曾对行列式求解问题进行过对比测试，一般 30×30 矩阵的行列式耗时1s以内，90×90 矩阵行列式耗时1min以内。

本节首先介绍矩阵的简单分析方法，包括行列式、矩阵的秩等的直接计算，然后介绍逆矩阵与特征值计算等方面的矩阵分析方法。

8.2.1 矩阵的简单分析

这里的简单分析指的是求出已知矩阵的行列式、迹、范数、秩、特征多项式等。这些分析的基本概念参阅一般的线性代数教材，本节只介绍基于MATLAB的求解方法。这里的求解方法主要为数值方法与解析解方法，完全取决于待分析矩阵 $\boldsymbol{A}$ 的数据结构。如果 $\boldsymbol{A}$ 为双精度矩阵，则自动采用数值方法得出分析结果；如果 $\boldsymbol{A}$ 为符号型数据结构，甚至包含变量，则采用解析解方法分析矩阵。

1. 矩阵的行列式

矩阵的行列式（determinant）是线性代数与矩阵分析领域的重要概念，也曾经是求解线性代数方程的重要工具，其英文名称的含义是"决定符"，它决定一个线性方程是不是有唯一解。矩阵行列式的定义为

$$\boldsymbol{D}=|\boldsymbol{A}|=\det(\boldsymbol{A})=\sum(-1)^k a_{1k_1}a_{2k_2}\cdots a_{nk_n} \tag{8-2}$$

式中，$k_1,k_2,\cdots,k_n$ 是将序列 $1,2,\cdots,n$ 的元素交换 k 次所得出的一个序列，每个这样的序列称为一个置换（permutation，即全排列）；而 Σ 表示对 $k_1,k_2,\cdots,k_n$ 取遍 $1,2,\cdots,n$ 的所有排列的求和。

直接从定义计算行列式比较麻烦，所以，线性代数课程建议使用代数余子式方法求矩阵

行列式。对大型矩阵而言，这种方法的计算量是天文数字，因此采用矩阵分解算法求矩阵行列式。使用MATLAB中的det()函数直接计算矩阵的行列式。

例8-7 试求4×4魔方矩阵的行列式。

解 先将4×4魔方矩阵输入MATLAB环境，然后用det()直接求矩阵行列式，再将$\boldsymbol{A}$转换成符号矩阵再求矩阵的行列式，前者的结果为$d_1=5.1337\times 10^{-13}$，是数值解；后者的结果为$d_2=0$，是精确的解析解。

```
>> A=magic(4), d1=det(A) %用数值方法求矩阵的行列式
   B=sym(A); d2=det(B)   %用解析解方法求行列式
```

例8-8 试生成一个5×5的整数矩阵，其元素只能取0、1和2，且其行列式为1。

解 随机整数矩阵可以由表8-1中列出的randi()函数生成，不过这样生成的矩阵其行列式不是预先可知的。可以在生成语句外面加一层循环，循环结束的条件为矩阵的行列式为1。有了这样的想法，不难给出如下的MATLAB命令。

```
>> while (1) %可以构造死循环，找到行列式为1的矩阵后终止循环
      A=randi([0,2],5); if det(A)==1, break; end
   end, A
```

通过上面的循环可以找到一个行列式值为1的矩阵如下。值得指出的是，由这样的方法可以找到很多矩阵，每次运行这个循环结构，找到的矩阵可能不一致。

$$\boldsymbol{A}=\begin{bmatrix}0&1&0&0&1\\1&0&1&2&2\\1&2&0&0&2\\0&0&1&1&1\\1&0&0&2&1\end{bmatrix}$$

例8-9 试求出下面n阶矩阵的行列式。

$$\boldsymbol{A}=\begin{bmatrix}x-a&a&a&\cdots&a\\a&x-a&a&\cdots&a\\a&a&x-a&\cdots&a\\\vdots&\vdots&\vdots&\ddots&\vdots\\a&a&a&\cdots&x-a\end{bmatrix}$$

解 如果n不是已知数值，MATLAB是不能直接处理n阶矩阵的，所以应该先为其取一个值，例如$n=20$，这样就可以由下面的语句生成一个20×20的矩阵，求其行列式并化简，则得出$d=-(18a+x)(2a-x)^{19}$。

```
>> n=20; syms a x; A=a*ones(n); A=(x-2*a)*eye(n)+A; %生成所需矩阵
   d=simplify(det(A))                                  %计算行列式并化简
```

如果将n取作21，则得出其行列式为$d=(19a+x)(2a-x)^{20}$。综上，可以得出n阶矩阵的行列式为$d=(-1)^{n+1}((n-2)a+x)(2a-x)^{n-1}, n=1,2,\cdots$。

2. 矩阵的迹

矩阵的迹(trace)定义为矩阵对角元素之和，可以由trace()函数直接计算。

例8-10 对5×5的任意矩阵$\boldsymbol{A}$和$\boldsymbol{B}$，试验证$\mathrm{tr}(\boldsymbol{A}\otimes\boldsymbol{B})=\mathrm{tr}(\boldsymbol{A})\mathrm{tr}(\boldsymbol{B})$。

解 5×5任意矩阵可以由第2章介绍的方法直接描述。$\mathrm{tr}(\boldsymbol{A})$为$\boldsymbol{A}$矩阵的迹，可以由trace()函数直接求出。所以，可以由简单的MATLAB语句直接得出$\mathrm{tr}(\boldsymbol{A}\otimes\boldsymbol{B})$和$\mathrm{tr}(\boldsymbol{A})\mathrm{tr}(\boldsymbol{B})$，其中，$\otimes$求

矩阵的Kronecker乘积。现在还剩下一个关键问题，如何判定二者是相等的？当然，把二者都显示出来，逐项比对，可以判定两个表达式是否相等，不过这样的方法不是最简单、最可靠的方法，比较好的方法是得出二者的差，化简结果，并观察它们的差是否为0，如果为0则二者相等，否则不相等。对这个具体问题而言，二者的差为0，由此验证本例公式。

```
>> A=sym('a%d%d',5); B=sym('b%d%d',5);          %输入两个任意矩阵
   simplify(trace(kron(A,B))-trace(A)*trace(B)) %化简二者之差
```

3. 矩阵的秩

若矩阵所有列向量中共有 r_c 个向量线性无关，则矩阵的列秩为 r_c。还可以相应地定义矩阵的行秩。矩阵的列秩与行秩相同，称为矩阵的秩（rank），记作 $\mathrm{rank}(\boldsymbol{A})$。矩阵的秩可以由MATLAB函数`rank()`直接计算。

例8-11　试求例8-7中4阶魔方矩阵的秩。

解　由于矩阵 $\boldsymbol{A}$ 的行列式为0，所以该矩阵不是满秩矩阵，由下面的语句可以得出矩阵的秩为3，与例8-7是一致的。

```
>> A=magic(4); r=rank(A)                    %求魔方矩阵的秩
```

例8-12　试求 20×20 Hilbert矩阵的秩。

解　下面语句可以用两种方法求出矩阵的秩，并求出矩阵的行列式。

```
>> A=hilb(20); B=sym(A);                    %生成矩阵并转换成符号矩阵
   r1=rank(A), r2=rank(B), d=det(B) %用两种方法求秩,并求矩阵的行列式
```

得出 $r_1=13, r_2=20$。矩阵的行列式解析解为

$$d=\frac{1}{\begin{matrix}23774547167685345090916442434276164401754198377534864930331853\\31234419759310644585187585766816573773440565759867265558971765\\63841971079330338658232414981124102355448916615471780963525779\\7836800000000000000000000000000000000000\end{matrix}}$$

可以看出，矩阵的行列式尽管特别小，但不是0，所以行列式是非零，矩阵非奇异，其秩为20，不是数值解的13。由此可见，数值解得出的信息是错误的。

4. 矩阵的范数

矩阵的范数（norm）是矩阵的一种测度，通俗说，就是用一个标量刻画矩阵的大小。矩阵的范数可以由`norm()`函数直接计算。范数通常用来描述误差矩阵的大小。

例8-13　试求解下面的线性代数方程，并评价解的精度。

$$\begin{bmatrix}1&4&4&2\\3&4&4&2\\4&1&1&1\\2&3&1&4\end{bmatrix}\boldsymbol{x}=\begin{bmatrix}2\\3\\1\\2\end{bmatrix}$$

解　线性代数方程 $\boldsymbol{A}\boldsymbol{x}=\boldsymbol{b}$ 可以由`x=A\b`命令直接求解。数值运算得出的方程解可能有误差，将得出的解代入原方程，则可以得出误差矩阵。矩阵的大小不易描述，所以应该求取误差矩阵的范数。对这个具体问题而言，得出方程的解为 $\boldsymbol{x}=[0.5, 5.125, -3.375, -2.75]^{\mathrm{T}}$，其误差矩阵的范数为 3.1086×10^{-15}。可见，用这里的方法得出的方程解比较精确，由误差矩阵的范数判定解的误差也比较合适。

```
>> A=[1,4,4,2; 3,4,4,2; 4,1,1,1; 2,3,1,4]; b=[2; 3; 1; 2];
   x=A\b, norm(A*x-b)        %解方程并由范数评价误差
```

若想追求方程的解析解，则可以在符号运算框架下重新求解方程，得出的解为 $\boldsymbol{x}=[1/2,41/8,-27/8,-11/4]^{\mathrm{T}}$，将其代入方程，可见误差矩阵的范数为0，说明得出的解确实是方程的解析解。

```
>> x=sym(A)\b, norm(A*x-b) %求解析解并评价精度
```

5. 特征多项式与特征值

引入算子 s，则可以定义出矩阵 $\boldsymbol{A}$ 的特征多项式（characteristic polynomial）为

$$C(s)=\det(s\boldsymbol{I}-\boldsymbol{A})=s^n+c_1s^{n-1}+c_2s^{n-2}+\cdots+c_{n-1}s+c_n \tag{8-3}$$

矩阵的特征多项式系数向量 $\boldsymbol{c}$ 可以由 c=poly(A) 直接求出。如果 $\boldsymbol{A}$ 矩阵是符号矩阵，则 poly() 函数不能使用，需要使用 charpoly() 函数求取。

例8-14 试求例8-7给出的 4×4 魔方矩阵的特征多项式系数。

解 可以用两种方法求特征多项式的系数，得出 $\boldsymbol{c}_1\approx\boldsymbol{c}_2=[1,-34,-80,2720,0]$，不过数值算法得出的结果有误差，其范数为 2.6231×10^{-12}。

```
>> A=magic(4); c1=poly(A)    %生成魔方矩阵并求出特征多项式
   B=sym(A); c2=charpoly(B), d=double(norm(c1-c2))
```

例8-15 试推导出向量 $\boldsymbol{B}=[a_1,a_2,a_3,a_4,a_5]$ 对应的Hankel矩阵的特征多项式。

解 可以首先构造Hankel矩阵 $\boldsymbol{A}$，这样就能用 charpoly($\boldsymbol{A}$,x) 函数获得该矩阵的特征多项式，再用 collect() 函数做合并同类项运算。

```
>> syms x; a=sym('a%d',[1,5]); A=hankel(a); %生成所需矩阵
   p=collect(charpoly(A,x),x)               %获得特征多项式并合并同类项
```

该矩阵特征多项式 $p(x)=\det(x\boldsymbol{I}-\boldsymbol{A})$ 数学表示为

$$\begin{aligned}p(x)=x^5&+(-a_3-a_5-a_1)x^4+(a_5a_1+a_3a_1+a_5a_3-2a_4^2-2a_5^2-a_2^2-a_3^2)x^3\\&+(2a_5^3-a_1a_3a_5-2a_2a_4a_3+a_2^2a_5+a_1a_4^2+a_3^3+a_1a_5^2+a_3a_5^2+a_5a_4^2+a_4^2a_3-2a_2a_5a_4)x^2\\&+(2a_2a_5^2a_4+a_4^4+a_5^4+a_3^2a_5^2+a_5^2a_4^2-3a_3a_5a_4^2-a_1a_5^3-a_3a_5^3)x-a_5^5\end{aligned}$$

得出矩阵特征多项式系数向量 $\boldsymbol{c}$ 之后，可以使用 roots() 函数求多项式的根，即矩阵的特征值。矩阵的特征值还可以由 eig() 函数求解，二者的结果是一致的。

例8-16 试求例8-7矩阵的特征值。

解 重新获得矩阵的特征多项式系数向量，则可以由 roots() 函数和 eig() 函数，在符号运算框架下求矩阵的特征值，得出的结果均为 $[0,34,\pm4\sqrt{5}]$。

```
>> A=sym(magic(4)); r=roots(charpoly(A)), eig(A)
```

8.2.2 逆矩阵

对于一个已知的 $n\times n$ 非奇异（non-singular）方阵 $\boldsymbol{A}$，若有同维的 $\boldsymbol{C}$ 矩阵满足

$$\boldsymbol{AC}=\boldsymbol{CA}=\boldsymbol{I} \tag{8-4}$$

式中，$\boldsymbol{I}$ 为单位阵，则称 $\boldsymbol{C}$ 矩阵为 $\boldsymbol{A}$ 矩阵的逆矩阵（inverse matrix），并记作 $\boldsymbol{C}=\boldsymbol{A}^{-1}$。注意，只有方阵才可能有逆矩阵。MATLAB提供的 inv() 函数可以求取矩阵的逆矩阵。

例8-17 试求出任意四阶Hankel矩阵的逆矩阵。

解 MATLAB的矩阵求逆函数同样适用于含有变量的矩阵。可以由下面的语句生成任意的四阶Hankel矩阵，然后直接用inv()函数得出其逆矩阵。

```
>> a=sym('a',[1,4]); H=hankel(a); %生成Hankel矩阵
   inv(H)                          %矩阵求逆
```

可以直接得出如下的逆矩阵

$$\boldsymbol{H}^{-1}=\begin{bmatrix}0 & 0 & 0 & 1/a_4\\ 0 & 0 & 1/a_4 & -a_3/a_4^2\\ 0 & 1/a_4 & -a_3/a_4^2 & (a_3^2-a_2a_4)/a_4^3\\ 1/a_4 & -a_3/a_4^2 & (a_3^2-a_2a_4)/a_4^3 & -(a_1a_4^2-2a_2a_3a_4+a_3^3)/a_4^4\end{bmatrix}$$

矩阵求逆也可以通过基本行变换的形式直接求出，具体的方法是：构造$\boldsymbol{C}=[\boldsymbol{A},\boldsymbol{I}]$矩阵，对其做基本行变换，把$\boldsymbol{C}$矩阵左侧部分变换出单位矩阵，则右侧剩余的部分就是矩阵的逆矩阵。基本行变换可以由rref()函数直接实现。

例8-18 用基本行变换方法重新求解例8-17中的矩阵求逆问题。

解 可以利用上面的思路重新求取逆矩阵。

```
>> a=sym('a',[1,4]); H=hankel(a);
   C=[H eye(4)]; D=rref(C), B=D(:,5:end) %重新求逆
```

得出的基本行变换矩阵如下。可见，其左侧为单位矩阵，所以，右侧为原矩阵的逆矩阵，与前面得到的结果是完全一致的。

$$\boldsymbol{D}=\left[\begin{array}{cccc|cccc}1 & 0 & 0 & 0 & 0 & 0 & 0 & 1/a_4\\ 0 & 1 & 0 & 0 & 0 & 0 & 1/a_4 & -a_3/a_4^2\\ 0 & 0 & 1 & 0 & 0 & 1/a_4 & -a_3/a_4^2 & (a_3^2-a_2a_4)/a_4^3\\ 0 & 0 & 0 & 1 & 1/a_4 & -a_3/a_4^2 & (a_3^2-a_2a_4)/a_4^3 & -(a_1a_4^2-2a_2a_3a_4+a_3^3)/a_4^4\end{array}\right]$$

例8-19 考虑例8-7中给出的奇异矩阵，如果对其求逆会发生什么？

解 可以用下面的命令尝试求取矩阵的逆矩阵。

```
>> A=magic(4); B=inv(A), C=B*A-eye(4) %求逆并计算误差
```

得出的逆矩阵和误差矩阵如下。可见，误差矩阵不是零矩阵，且逆矩阵幅值过大，所以这样的逆矩阵没有实际意义。

$$\boldsymbol{B}=\begin{bmatrix}-0.2649 & -0.7948 & 0.7948 & 0.2649\\ -0.7948 & -2.3843 & 2.3843 & 0.7948\\ 0.7948 & 2.3843 & -2.3843 & -0.7948\\ 0.2649 & 0.7948 & -0.7948 & -0.2649\end{bmatrix}\times 10^{15}$$

$$\boldsymbol{C}=\begin{bmatrix}0.875 & -0.5 & 0.5 & 0.9688\\ -0.5 & 3 & 4 & 2.875\\ 1.5 & 0 & -1 & 1.375\\ 0.125 & 0.5 & 0.5 & 0.03125\end{bmatrix}$$

如果在符号运算框架下对矩阵求逆，则得出的结果元素全是inf，求解失败。

```
>> inv(sym(A)) %用解析方法求逆矩阵
```

例8-20 试用初等行变换方法重新求解例8-7中的逆矩阵问题。

解 可以在原矩阵右侧添加一个单位矩阵，再进行初等行变换。

```
>> A=sym(magic(4)); A1=rref([A,eye(4)]) %获得简化的阶梯形式
```

得出的简化行阶梯如下。由于原矩阵奇异，所以左侧得出的矩阵不可能是单位矩阵，故而逆矩阵是不存在的。

$$A_1=\left[\begin{array}{cccc|cccc}1&0&0&1&0&-21/136&25/136&1/34\\0&1&0&3&0&111/136&-35/136&-15/34\\0&0&1&-3&0&-49/68&13/68&8/17\\\hline 0&0&0&0&1&3&-3&-1\end{array}\right]$$

8.2.3 Moore–Penrose广义逆矩阵

前面已经介绍过，即使用解析解求解的符号运算工具箱对奇异矩阵的求逆也是无能为力的，因为其逆矩阵根本不存在。另外，长方形的矩阵有时也会涉及求逆的问题，这样就需要定义一种新的“逆矩阵”——广义逆矩阵(generalized inverse)。

对于给定的矩阵 $\boldsymbol{A}$，存在一个唯一的矩阵 $\boldsymbol{M}$，使得下面的三个条件同时成立：

(1) $\boldsymbol{AMA}=\boldsymbol{A}$；

(2) $\boldsymbol{MAM}=\boldsymbol{M}$；

(3) $\boldsymbol{AM}$ 与 $\boldsymbol{MA}$ 均为Hermite对称矩阵。

这样的矩阵 $\boldsymbol{M}$ 称为矩阵 $\boldsymbol{A}$ 的Moore–Penrose广义逆矩阵或伪逆（pseudo inverse），记作 $\boldsymbol{M}=\boldsymbol{A}^+$。矩阵的Moore–Penrose广义逆矩阵 $\boldsymbol{M}$ 可以使得误差矩阵的范数 $||\boldsymbol{AM}-\boldsymbol{I}||$ 为最小。Moore–Penrose广义逆矩阵可以由`pinv()`函数直接计算。

例8-21 试求出例8-7中给出的奇异矩阵 $\boldsymbol{A}$ 的Moore–Penrose广义逆矩阵。

解 前面尝试用符号运算工具箱中的`inv()`函数仍不能获得问题的解析解，因为解析解不存在。所以，这里将考虑Moore–Penrose广义逆矩阵的求解。

```
>> A=magic(4); B=pinv(A), A*B %求伪逆并求乘积矩阵
```

得出的 $\boldsymbol{B}$ 矩阵和 $\boldsymbol{AB}$ 矩阵分别为

$$\boldsymbol{B}=\begin{bmatrix}0.1011&-0.0739&-0.0614&0.0636\\-0.0364&0.0386&0.0261&0.0011\\0.0136&-0.0114&-0.0239&0.0511\\-0.0489&0.0761&0.0886&-0.0864\end{bmatrix}$$

$$\boldsymbol{AB}=\begin{bmatrix}0.95&-0.15&0.15&0.05\\-0.15&0.55&0.45&0.15\\0.15&0.45&0.55&-0.15\\0.05&0.15&-0.15&0.95\end{bmatrix}$$

可见，得出的 $\boldsymbol{AB}$ 矩阵不再是单位阵了，因为不存在一个 $\boldsymbol{A}^+$ 能使它成为单位阵。这样得出的 $\boldsymbol{A}^+$ 应该能使得误差矩阵的范数取最小值。

例8-22 试求长方形矩阵 $\boldsymbol{A}$ 的伪逆。

$$\boldsymbol{A}=\begin{bmatrix}6&1&4&2&1\\3&0&1&4&2\\-3&-2&-5&8&4\end{bmatrix}$$

解 可以采用下面的语句对该矩阵进行分析，得出“矩阵为非满秩矩阵”的结论。

```
>> A=[6,1,4,2,1; 3,0,1,4,2; -3,-2,-5,8,4]; rank(A) %输入矩阵并求秩
```

由于 $\boldsymbol{A}$ 矩阵为奇异矩阵，所以应使用`pinv()`函数求取矩阵的Moore–Penrose广义逆，并可以通过下面的检验语句对Moore–Penrose广义逆的条件逐一验证，证实该广义逆矩阵确实满足条件。

```
>> pinv(sym(A)), iA=pinv(A) %非满秩矩阵的伪逆,并检验伪逆的各个条件
```

可以得出矩阵的广义逆为

$$A^+ = \begin{bmatrix} 183/2506 & 207/5012 & -111/5012 \\ 27/2506 & 5/2506 & -39/2506 \\ 115/2506 & 89/5012 & -193/5012 \\ 41/1253 & 54/1253 & 80/1253 \\ 41/2506 & 27/1253 & 40/1253 \end{bmatrix} \approx \begin{bmatrix} 0.073 & 0.0413 & -0.0221 \\ 0.0108 & 0.002 & -0.0156 \\ 0.0459 & 0.0178 & -0.0385 \\ 0.0327 & 0.0431 & 0.0638 \\ 0.0164 & 0.0215 & 0.0319 \end{bmatrix}$$

8.2.4 矩阵的特征值

对一个矩阵 $\boldsymbol{A}$,如果存在一个非零向量 $\boldsymbol{x}$,且有一个标量 λ 满足

$$\boldsymbol{Ax} = \lambda\boldsymbol{x} \tag{8-5}$$

则称 λ 为 $\boldsymbol{A}$ 矩阵的一个特征值(eigenvalue),而 $\boldsymbol{x}$ 称为对应于特征值 λ 的特征向量。

矩阵的特征值与特征向量由MATLAB提供的函数 eig() 可以容易地求出:

$\boldsymbol{d}$=eig($\boldsymbol{A}$), %只求解特征值

[$\boldsymbol{V}$,$\boldsymbol{D}$]=eig($\boldsymbol{A}$), %求解特征值和特征向量

其中,$\boldsymbol{d}$ 为特征值构成的向量,$\boldsymbol{D}$ 为对角矩阵,其对角线上的元素为矩阵 $\boldsymbol{A}$ 的特征值,而每个特征值对应的 $\boldsymbol{V}$ 矩阵的列为该特征值的特征向量。MATLAB的特征值矩阵满足 $\boldsymbol{AV} = \boldsymbol{VD}$,且每个特征向量各元素的平方和(即2范数)均为1,称为归一化(normalized)。如果调用该函数时只给出一个返回变量,将只返回矩阵 $\boldsymbol{A}$ 的特征值。即使 $\boldsymbol{A}$ 为复数矩阵,同样可以由 eig() 函数得出其特征值与特征向量矩阵。

例8-23 求出例8-7中给出的矩阵 $\boldsymbol{A}$ 的特征值与特征向量矩阵。

解 可以调用 eig() 函数直接获得矩阵 $\boldsymbol{A}$ 的特征值为 $34, \pm 8.9443, -2.2348\times10^{-15}$。

```
>> A=[16 2 3 13; 5 11 10 8; 9 7 6 12; 4 14 15 1];
   [v,d]=eig(A), norm(A*v-v*d) %用数值方法求特征值与特征向量矩阵
```

得出特征向量矩阵和特征值矩阵如下,误差为 1.2284×10^{-14}。

$$\boldsymbol{v} = \begin{bmatrix} -0.5 & -0.8236 & 0.3764 & -0.2236 \\ -0.5 & 0.4236 & 0.0236 & -0.6708 \\ -0.5 & 0.0236 & 0.4236 & 0.6708 \\ -0.5 & 0.3764 & -0.8236 & 0.2236 \end{bmatrix}$$

$$\boldsymbol{d} = \begin{bmatrix} 34 & 0 & 0 & 0 \\ 0 & 8.9443 & 0 & 0 \\ 0 & 0 & -8.9443 & 0 \\ 0 & 0 & 0 & -2.2348\times10^{-15} \end{bmatrix}$$

符号运算工具箱中也提供了 eig() 函数,理论上可以求解任意高阶矩阵的精确特征值。对于给定的 $\boldsymbol{A}$ 矩阵,可以由下面的命令求出特征值的精确解为 $0, 34, \pm4\sqrt{5}$。

```
>> [v,d]=eig(sym(A)) %特征值和特征向量的解析计算
```

得出的相应矩阵如下。解析运算得出的特征向量矩阵没有归一化。

$$\boldsymbol{v} = \begin{bmatrix} -1 & 1 & 12\sqrt{5}/31-41/31 & -12\sqrt{5}/31-41/31 \\ -3 & 1 & 17/31-8\sqrt{5}/31 & 8\sqrt{5}/31+17/31 \\ 3 & 1 & -4\sqrt{5}/31-7/31 & 4\sqrt{5}/31-7/31 \\ 1 & 1 & 1 & 1 \end{bmatrix},\ \boldsymbol{d} = \begin{bmatrix} 0 & 0 & 0 & 0 \\ 0 & 34 & 0 & 0 \\ 0 & 0 & -4\sqrt{5} & 0 \\ 0 & 0 & 0 & 4\sqrt{5} \end{bmatrix}$$

8.3 矩阵的变换与分解

矩阵变换与分解是矩阵分析的重要内容，通常可以引入某种变换将一般的矩阵变成更易于处理的形式，或将一个矩阵分解成几个特殊矩阵的乘积。MATLAB提供的常用变换与分解函数在表8-3中给出。

表8-3 常用矩阵变换与分解函数

分解名称	函数结构与矩阵分解的解释
Jordan分解	$[T,J]$=jordan(A)，将一般矩阵$\boldsymbol{A}$变换为Jordan矩阵$\boldsymbol{J}$，返回的$\boldsymbol{T}$为变换矩阵，使得$\boldsymbol{T}^{-1}\boldsymbol{AT}=\boldsymbol{J}$
三角分解	$[L,U]$=lu(A)，将$\boldsymbol{A}$矩阵分解成下三角矩阵$\boldsymbol{L}$和上三角矩阵$\boldsymbol{U}$的乘积，即$\boldsymbol{A}=\boldsymbol{LU}$。三角分解又称为LU分解
Cholesky分解	$[D,p]$=cholesky(A)，对称矩阵的Cholesky分解，其中，$\boldsymbol{D}$为满足$\boldsymbol{D}^{\mathrm{T}}\boldsymbol{D}=\boldsymbol{A}$的上三角矩阵。如果$\boldsymbol{A}$不是正定矩阵，则$p$非零
QR分解	$[Q,R]$=qr(A)，矩阵$\boldsymbol{A}$的QR变换，变换成正交矩阵$\boldsymbol{Q}$与上三角矩阵$\boldsymbol{R}$的乘积，即$\boldsymbol{A}=\boldsymbol{QR}$，是求取矩阵特征值的底层变换
奇异值分解	$[U,\Sigma,V]$=svd(A)，$\boldsymbol{\Sigma}$为奇异值向量构成的对角矩阵，$\boldsymbol{U}$、$\boldsymbol{V}$为正交矩阵

本节首先介绍相似变换的方法，然后分别介绍一般矩阵变换成相伴矩阵和Jordan矩阵的方法，最后介绍三角分解、Cholesky分解和奇异值分解。

8.3.1 矩阵的相似变换

对已知方阵$\boldsymbol{A}$，如果存在一个非奇异的$\boldsymbol{T}$矩阵，则可以通过下面的方式对原$\boldsymbol{A}$矩阵进行变换：

$$\boldsymbol{X}=\boldsymbol{T}^{-1}\boldsymbol{AT} \tag{8-6}$$

这种变换称为相似变换（similarity transformation），而$\boldsymbol{T}$称为相似变换矩阵。相似变换后，$\boldsymbol{X}$矩阵的秩、迹、行列式、特征多项式和特征值等均不发生变化，其值和$\boldsymbol{A}$矩阵完全一致。

如果变换矩阵$\boldsymbol{T}$已知，利用MATLAB的矩阵运算语句X=inv(T)*A*T可以立即得出变换的结果。

矩阵变换的关键是如何选择$\boldsymbol{T}$，将矩阵$\boldsymbol{A}$有意地变成特殊的形式，例如相伴矩阵形式或对角形式等。后面各节探讨需要的变换方法。

8.3.2 相伴矩阵变换

给定矩阵$\boldsymbol{A}$，若存在列向量$\boldsymbol{x}$，使得矩阵$\boldsymbol{T}=\left[\boldsymbol{x},\boldsymbol{Ax},\cdots,\boldsymbol{A}^{n-1}\boldsymbol{x}\right]$为非奇异，则矩阵$\boldsymbol{A}$可以通过线性相似变换的方式变换成类似相伴矩阵（companion matrix）的形式。

能够进行这样变换的矩阵$\boldsymbol{T}$有无穷多个，但相似变换后的结果$\boldsymbol{X}$是唯一的。如果想用MATLAB选择这样的变换矩阵，不妨用循环结构找到一个$\boldsymbol{x}$向量，使得它的元素只取0和1，或其他简单元素，使得生成的$\boldsymbol{T}$矩阵满秩（full rank）。下面通过例子演示相似变换矩阵的选取方法与变换结果。

例8-24 对例8-7给出的魔方矩阵，试将其变换为相伴矩阵。

解 可以由下面语句找到一个变换矩阵,实现给定矩阵的相伴变换。

```
>> A=magic(4);                    %输入矩阵
   while(1)                        %由循环结构寻找变换矩阵
      x=randi([0,1],[4,1]); T=sym([x A*x A^2*x A^3*x]);
      if rank(T)==4, break;      %生成满秩的整数变换矩阵
   end, end, T, X=inv(T)*A*T  %循环直到找出非奇异变换矩阵
```

这样得出的变换矩阵与相似变换结果如下。可见,这样的变换实现了预期的目标。值得指出的是,再运行这段代码有可能得到其他的 $\boldsymbol{T}$ 矩阵,但得到的 $\boldsymbol{X}$ 矩阵不变。

$$\boldsymbol{T}=\begin{bmatrix}0 & 13 & 273 & 10186\\ 0 & 8 & 281 & 9786\\ 0 & 12 & 257 & 10106\\ 1 & 1 & 345 & 9226\end{bmatrix},\quad \boldsymbol{X}=\begin{bmatrix}0 & 0 & 0 & 0\\ 1 & 0 & 0 & -2720\\ 0 & 1 & 0 & 80\\ 0 & 0 & 1 & 34\end{bmatrix}$$

8.3.3 一般矩阵的对角变换与Jordan变换

如果想用相似变换方法将一个已知的方阵变换成对角矩阵的相似,可以首先考虑特征值计算函数 [$\boldsymbol{V}$,$\boldsymbol{D}$]=eig($\boldsymbol{A}$)。如果得出的矩阵 $\boldsymbol{V}$ 是可逆的,则可以将 $\boldsymbol{V}$ 选作变换矩阵,这样,$\boldsymbol{D}$ 矩阵就是期望的对角矩阵。

当然,$\boldsymbol{V}$ 矩阵满秩是有条件的,因为只有 $\boldsymbol{A}$ 矩阵不存在相同的特征值,$\boldsymbol{V}$ 才可能满秩。所以,$\boldsymbol{A}$ 全部特征值相异是 $\boldsymbol{A}$ 矩阵可以变换出对角矩阵的充要条件。

如果 $\boldsymbol{A}$ 矩阵含有相同的特征值,则不能将其变换成对角矩阵,所以退而求其次,可以选择变换矩阵,将其变换成Jordan矩阵:[$\boldsymbol{T}$,$\boldsymbol{J}$]=jordan($\boldsymbol{A}$)。这时,返回的 $\boldsymbol{T}$ 矩阵为变换矩阵,$\boldsymbol{J}$ 为Jordan矩阵,即Jordan变换的结果。

例8-25 试通过相似变换将下面的矩阵变换成对角矩阵。

$$\boldsymbol{A}=\begin{bmatrix}-9 & -1 & -6 & -1\\ -4 & -7 & -5 & -2\\ 5 & 2 & 1 & 2\\ 8 & 3 & 11 & -2\end{bmatrix}$$

解 可以使用下面的语句对 $\boldsymbol{A}$ 矩阵进行对角化。

```
>> A=[-9,-1,-6,-1; -4,-7,-5,-2; 5,2,1,2; 8,3,11,-2];
   [V,D]=eig(A)  %直接计算,得出对角化的矩阵
```

得出的对角化矩阵为

$$\boldsymbol{D}=\begin{bmatrix}-2 & 0 & 0 & 0\\ 0 & -4.999998+3.43\times10^{-6}\mathrm{j} & 0 & 0\\ 0 & 0 & -4.999998-3.43\times10^{-6}\mathrm{j} & 0\\ 0 & 0 & 0 & -5.000004\end{bmatrix}$$

事实上,上述的结果是错误的。和其他双精度算法程序一样,MATLAB的特征值计算程序在处理有重根矩阵时会得出误差较大的特征值向量,经常还会引入微小的实部,这在双精度框架下是不能避免的。要解决这样的问题,应该在符号运算框架下重新计算,得出可靠的结果。

```
>> [V,D]=eig(sym(A)) %用解析解方法求特征值与特征向量矩阵
```

这时得出的变换矩阵 $\boldsymbol{V}$ 与特征值矩阵 $\boldsymbol{D}$ 如下：

$$\boldsymbol{V}=\begin{bmatrix}-1/2 & 0\\ -1/2 & -1\\ 1/2 & 0\\ 1 & 1\end{bmatrix},\ \boldsymbol{D}=\begin{bmatrix}-2 & 0 & 0 & 0\\ 0 & -5 & 0 & 0\\ 0 & 0 & -5 & 0\\ 0 & 0 & 0 & -5\end{bmatrix}$$

可见，原矩阵在 -5 处有三重特征值，导致 $\boldsymbol{V}$ 矩阵只有两列，是不可逆的，所以不能对 $\boldsymbol{A}$ 矩阵进行对角变换。换句话说，不存在可以将 $\boldsymbol{A}$ 矩阵变换成对角矩阵的相似变换。

例8-26 试将例8-25中的 $\boldsymbol{A}$ 矩阵变换成Jordan矩阵。

解 由下面的语句可以直接进行Jordan变换。

```
>> A=[-9,-1,-6,-1; -4,-7,-5,-2; 5,2,1,2; 8,3,11,-2];
   [T,J]=jordan(sym(A)), J1=inv(T)*A*T %将矩阵变换成Jordan矩阵
```

得出的变换矩阵与Jordan矩阵如下，实际计算的变换结果 $\boldsymbol{J}_1$ 与 $\boldsymbol{J}$ 完全一致。该矩阵右下角 3×3 子矩阵是一个Jordan块。

$$\boldsymbol{T}=\begin{bmatrix}-2 & 0 & 2 & 3\\ -2 & 1 & 2 & 2\\ 2 & 0 & -1 & -2\\ 4 & -1 & -4 & -4\end{bmatrix},\ \boldsymbol{J}_1=\boldsymbol{J}=\begin{bmatrix}-2 & 0 & 0 & 0\\ 0 & -5 & 1 & 0\\ 0 & 0 & -5 & 1\\ 0 & 0 & 0 & -5\end{bmatrix}$$

8.3.4 矩阵的三角分解

矩阵的三角分解又称为LU分解，它的目的是将一个矩阵分解成一个下三角矩阵 $\boldsymbol{L}$ 和一个上三角矩阵 $\boldsymbol{U}$ 的乘积，即 $\boldsymbol{A}=\boldsymbol{LU}$。其中，$\boldsymbol{L}$ 和 $\boldsymbol{U}$ 矩阵可以分别写成

$$\boldsymbol{L}=\begin{bmatrix}1 & & & \\ l_{21} & 1 & & \\ \vdots & \vdots & \ddots & \\ l_{n1} & l_{n2} & \cdots & 1\end{bmatrix},\ \boldsymbol{U}=\begin{bmatrix}u_{11} & u_{12} & \cdots & u_{1n}\\ & u_{22} & \cdots & u_{2n}\\ & & \ddots & \vdots\\ & & & u_{nn}\end{bmatrix} \tag{8-7}$$

MATLAB提供的解析函数 $[\boldsymbol{L},\boldsymbol{U}]=\mathtt{lu}(\boldsymbol{A})$ 可以实现矩阵的LU分解，但在双精度函数 `lu()` 中，采用了主元素算法，所以，$[\boldsymbol{L},\boldsymbol{U}]=\mathtt{lu}(\boldsymbol{A})$ 命令不能保证得出真正的下三角矩阵 $\boldsymbol{L}$。该函数的正确调用方式为 $[\boldsymbol{L},\boldsymbol{U},\boldsymbol{P}]=\mathtt{lu}(\boldsymbol{A})$，其中，$\boldsymbol{P}$ 为置换矩阵，实际上 $\boldsymbol{A}=\boldsymbol{P}^{-1}\boldsymbol{LU}$。

例8-27 再考虑例8-7中矩阵的LU分解问题。分别用两种方法调用MATLAB中的 `lu()` 函数，得出不同的结果。

解 先输入 $\boldsymbol{A}$ 矩阵，并求出三角分解矩阵。

```
>> A=magic(4); [L1,U1]=lu(sym(A)) %用解析方式对矩阵进行三角分解
```

得出的三角分解矩阵为

$$\boldsymbol{L}=\begin{bmatrix}1 & 0 & 0 & 0\\ 5/16 & 1 & 0 & 0\\ 9/16 & 47/83 & 1 & 0\\ 1/4 & 108/83 & -3 & 1\end{bmatrix},\ \boldsymbol{U}=\begin{bmatrix}16 & 2 & 3 & 13\\ 0 & 83/8 & 145/16 & 63/16\\ 0 & 0 & -68/83 & 204/83\\ 0 & 0 & 0 & 0\end{bmatrix}$$

如果采用数值方法，则应该给出下面的命令

```
>> [L,U,P]=lu(A), A1=inv(P)*L*U   %用数值方法做三角分解
```

得出的分解矩阵如下，且 $\boldsymbol{A}_1$ 可以还原 $\boldsymbol{A}$ 矩阵。

$$\boldsymbol{L}=\begin{bmatrix}1 & 0 & 0 & 0\\ 0.25 & 1 & 0 & 0\\ 0.5625 & 0.4352 & 1 & 0\\ 0.3125 & 0.7685 & 1 & 1\end{bmatrix},\ \boldsymbol{U}=\begin{bmatrix}16 & 2 & 3 & 13\\ 0 & 13.5 & 14.25 & -2.25\\ 0 & 0 & -1.9 & 5.67\\ 0 & 0 & 0 & 1.3\times 10^{-15}\end{bmatrix},\ \boldsymbol{P}=\begin{bmatrix}1 & 0 & 0 & 0\\ 0 & 0 & 0 & 1\\ 0 & 0 & 1 & 0\\ 0 & 1 & 0 & 0\end{bmatrix}$$

8.3.5 对称矩阵的Cholesky分解

如果$\boldsymbol{A}$为对称矩阵，利用对称矩阵的特点，则可以用类似LU分解的方法对其进行分解，这样可以将原来矩阵$\boldsymbol{A}$分解成

$$\boldsymbol{A}=\boldsymbol{D}^{\mathrm{T}}\boldsymbol{D}=\begin{bmatrix} d_{11} & & & \\ d_{12} & d_{22} & & \\ \vdots & \vdots & \ddots & \\ d_{1n} & d_{2n} & \cdots & d_{nn} \end{bmatrix}\begin{bmatrix} d_{11} & d_{12} & \cdots & d_{1n} \\ & d_{22} & \cdots & d_{2n} \\ & & \ddots & \vdots \\ & & & d_{nn} \end{bmatrix} \tag{8-8}$$

MATLAB提供了`chol()`函数求取矩阵的Cholesky分解矩阵$\boldsymbol{D}$，其结果为一个上三角矩阵。该函数的调用格式为`[D,p]=chol(A)`。如果矩阵$\boldsymbol{A}$不是正定矩阵，则p不等于矩阵的维数n。因此，这样的方法可以用来判定$\boldsymbol{A}$是否为正定矩阵。如果不返回p，则$\boldsymbol{D}$为非满秩矩阵时，矩阵非正定。

例8-28 试求出对称的四阶$\boldsymbol{A}$矩阵的Cholesky分解。

$$\boldsymbol{A}=\begin{bmatrix} 9 & 3 & 4 & 2 \\ 3 & 6 & 0 & 7 \\ 4 & 0 & 6 & 0 \\ 2 & 7 & 0 & 9 \end{bmatrix}$$

解 用下面的语句可以对$\boldsymbol{A}$进行Cholesky分解，得出$\boldsymbol{D}$矩阵。

```
>> A=[9,3,4,2; 3,6,0,7; 4,0,6,0; 2,7,0,9];
   D=chol(A), D1=chol(sym(A))
```

可以由解析法和数值法分别得出分解矩阵为

$$\boldsymbol{D}=\begin{bmatrix} 3 & 1 & 1.3333 & 0.6667 \\ 0 & 2.2361 & -0.5963 & 2.8324 \\ 0 & 0 & 1.9664 & 0.4068 \\ 0 & 0 & 0 & 0.6065 \end{bmatrix},\ \boldsymbol{D}_1=\begin{bmatrix} 3 & 1 & 4/3 & 2/3 \\ 0 & \sqrt{5} & -4\sqrt{5}/15 & 19\sqrt{5}/15 \\ 0 & 0 & \sqrt{15}\sqrt{58}/15 & 2\sqrt{15}\sqrt{58}/145 \\ 0 & 0 & 0 & 4\sqrt{2}\sqrt{87}/87 \end{bmatrix}$$

例8-29 试判定对称矩阵$\boldsymbol{A}$是否为正定矩阵，并对其进行Cholesky分解。

$$\boldsymbol{A}=\begin{bmatrix} 7 & 5 & 5 & 8 \\ 5 & 6 & 9 & 7 \\ 5 & 9 & 9 & 0 \\ 8 & 7 & 0 & 1 \end{bmatrix}$$

解 用下面的语句可以对$\boldsymbol{A}$矩阵进行分解，得出$\boldsymbol{D}$矩阵，并求出正定的阶次为2，从而说明原矩阵并非正定矩阵，因为$p\neq 0$。

```
>> A=[7,5,5,8; 5,6,9,7; 5,9,9,0; 8,7,0,1];
   [D,p]=chol(A) %可以判定矩阵是否为正定
```

矩阵的正定子矩阵$\boldsymbol{D}$如下。其中，$p=3\neq 0$，说明正定子矩阵为2×2矩阵，与前面得出的结果一致。

$$\boldsymbol{D}=\begin{bmatrix} 2.6458 & 1.8898 \\ 0 & 1.5584 \end{bmatrix}$$

如果矩阵$\boldsymbol{A}$不是正定矩阵，符号运算`chol()`函数不能很好地处理Cholesky分解，可以考虑使用文献[13]介绍的`cholsym()`函数处理Cholesky分解问题。

```
>> D=cholsym(sym(A)) %非正定矩阵的Cholesky分解
```

得出的Cholesky分解矩阵如下。可见，由于$\boldsymbol{A}$矩阵非正定，所以$\boldsymbol{D}$有复数项。

$$\boldsymbol{D}=\begin{bmatrix}\sqrt{7} & 5\sqrt{7}/7 & 5\sqrt{7}/7 & 8\sqrt{7}/7\\ 0 & \sqrt{7}\sqrt{17}/7 & 38\sqrt{7}\sqrt{17}/119 & 9\sqrt{7}\sqrt{17}/119\\ 0 & 0 & \sqrt{17}\sqrt{114}\mathrm{j}/17 & 73\sqrt{17}\sqrt{114}\mathrm{j}/969\\ 0 & 0 & 0 & 2\sqrt{31}\sqrt{57}/57\end{bmatrix}$$

8.3.6 奇异值分解

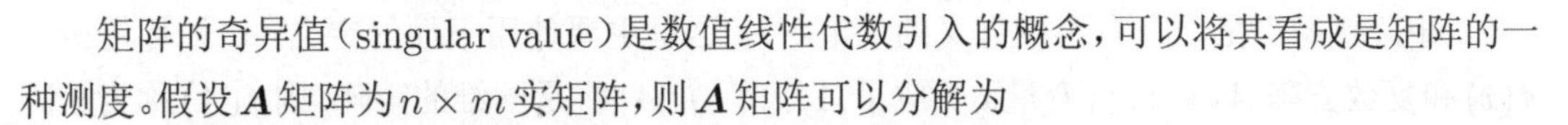

矩阵的奇异值（singular value）是数值线性代数引入的概念，可以将其看成是矩阵的一种测度。假设$\boldsymbol{A}$矩阵为$n\times m$实矩阵，则$\boldsymbol{A}$矩阵可以分解为

$$\boldsymbol{A}=\boldsymbol{L}\boldsymbol{A}_1\boldsymbol{M}^{\mathrm{T}} \tag{8-9}$$

其中，$\boldsymbol{L}$和$\boldsymbol{M}$分别为$n\times n$与$m\times m$的正交矩阵，$\boldsymbol{A}_1=\mathrm{diag}(\sigma_1,\sigma_2,\cdots,\sigma_p)$为$n\times m$对角矩阵，其对角元素满足不等式$\sigma_1\geqslant\sigma_2\geqslant\cdots\geqslant\sigma_p\geqslant 0$，$p=\min(n,m)$。若$\sigma_p=0$，则矩阵$\boldsymbol{A}$为奇异矩阵。矩阵$\boldsymbol{A}$的秩应该等于矩阵$\boldsymbol{A}_1$中非零对角元素的个数。正交矩阵（orthogonal matrix）是指满足$\boldsymbol{Q}^{\mathrm{H}}\boldsymbol{Q}=\boldsymbol{Q}\boldsymbol{Q}^{\mathrm{H}}=\boldsymbol{I}$的$\boldsymbol{Q}$矩阵，其中，$\boldsymbol{I}$为单位矩阵。

MATLAB提供了直接求取矩阵奇异值分解的函数svd()，其调用方式为

```
S=svd(A),          %只计算矩阵的奇异值
[L,A1,M]=svd(A),   %计算矩阵奇异值与变换矩阵
```

其中，$\boldsymbol{A}$为原始矩阵，返回的$\boldsymbol{A}_1$为对角矩阵，而$\boldsymbol{L}$和$\boldsymbol{M}$均为正交矩阵。

矩阵的奇异值大小通常决定矩阵的性态。如果矩阵的奇异值变化特别大，则矩阵中某个元素有一个微小的变化将严重影响到原矩阵的性质，这样的矩阵又称为病态矩阵（ill-conditioned matrix）或坏条件矩阵，而矩阵存在零奇异值时称为奇异矩阵（singular matrix）。

矩阵的最大奇异值$\sigma_{\max}$和最小奇异值$\sigma_{\min}$的比值又称为该矩阵的条件数（condition number），记作cond($\boldsymbol{A}$)，即cond($\boldsymbol{A}$) $=\sigma_{\max}/\sigma_{\min}$，矩阵$\boldsymbol{A}$的条件数可以由cond($\boldsymbol{A}$)函数直接计算。如果矩阵条件数过大，建议采用符号运算，否则可能得到误导性的结果。

例8-30　试对例8-7中给出的奇异矩阵$\boldsymbol{A}$进行奇异值分解。

解　如果调用MATLAB给出的矩阵奇异值分解函数svd()，则可以容易地求出$\boldsymbol{L}$、$\boldsymbol{A}_1$和$\boldsymbol{M}$矩阵，并可以得出该矩阵的条件数为4.7133×10^{17}。

```
>> A=magic(4); [L,A1,M]=svd(A), cond(A) %奇异值分解和条件数
```

得出的分解矩阵为

$$\boldsymbol{L}=\begin{bmatrix}-0.5 & 0.6708 & 0.5 & -0.2236\\ -0.5 & -0.2236 & -0.5 & -0.6708\\ -0.5 & 0.2236 & -0.5 & 0.6708\\ -0.5 & -0.6708 & 0.5 & 0.2236\end{bmatrix},\quad \boldsymbol{A}_1=\begin{bmatrix}34 & 0 & 0 & 0\\ 0 & 17.8885 & 0 & 0\\ 0 & 0 & 4.4721 & 0\\ 0 & 0 & 0 & 7.2\times10^{-17}\end{bmatrix}$$

$$\boldsymbol{M}=\begin{bmatrix}-0.5 & 0.5 & 0.6708 & -0.2236\\ -0.5 & -0.5 & -0.2236 & -0.6708\\ -0.5 & -0.5 & 0.2236 & 0.6708\\ -0.5 & 0.5 & -0.6708 & 0.2236\end{bmatrix}$$

可见，该矩阵含有0奇异值，故原矩阵为奇异矩阵。该矩阵的条件数可以由cond($\boldsymbol{A}$) 函数得出，趋于∞，但在双精度数值运算上有一定的误差。如果先将$\boldsymbol{A}$矩阵转换成符号型矩阵，则调用svd() 函数将得出更精确的奇异值分解矩阵。

8.4 矩阵函数

矩阵函数(matrix functions)是矩阵分析的重要内容，有很多科学与工程领域用到矩阵函数，而矩阵函数在传统线性代数类课程中完全被忽略。

“矩阵函数”是一个有不同含义的词汇[29]，这里主要使用下面的定义。已知标量函数$f(x)$和复数方阵$\boldsymbol{A}$，如果自变量x变成了$\boldsymbol{A}$矩阵，$f(\boldsymbol{A})$将是同维的矩阵，则$f(\boldsymbol{A})$称为矩阵函数。一般情况下，可以将函数表达式中的x替换成矩阵$\boldsymbol{A}$，并将标量替换成单位矩阵$\boldsymbol{I}$，则可以将变量函数$f(x)$改写成矩阵函数$f(\boldsymbol{A})$。

本节首先介绍矩阵的指数函数(exponential function)，然后将矩阵指数函数拓展到矩阵三角函数的运算，最后将介绍一般矩阵函数的计算。

8.4.1 矩阵的指数函数

在介绍矩阵指数函数之前，首先可以指数函数的Taylor幂级数展开表达式

$$\mathrm{e}^x=\sum_{i=0}^{\infty}\frac{1}{i!}\boldsymbol{x}^i=1+x+\frac{1}{2!}x^2+\frac{1}{3!}x^3+\cdots+\frac{1}{m!}x^m+\cdots \tag{8-10}$$

将变量x替换成矩阵$\boldsymbol{A}$，将标量替换成单位矩阵，则可以定义出矩阵指数函数。

$$\mathrm{e}^{\boldsymbol{A}}=\sum_{i=0}^{\infty}\frac{1}{i!}\boldsymbol{A}^i=\boldsymbol{I}+\boldsymbol{A}+\frac{1}{2!}\boldsymbol{A}^2+\frac{1}{3!}\boldsymbol{A}^3+\cdots+\frac{1}{m!}\boldsymbol{A}^m+\cdots \tag{8-11}$$

MATLAB提供的expm() 函数，可以直接计算矩阵指数函数。下面将通过例子演示该函数的使用方法。

例8-31 如果矩阵$\boldsymbol{A}$由例8-25给出，试求矩阵指数$\mathrm{e}^{\boldsymbol{A}}$和矩阵指数函数$\mathrm{e}^{\boldsymbol{A}t}$。

解 输入$\boldsymbol{A}$矩阵，然后分别用数值方法和解析方法求取矩阵的指数。

```
>> syms t; A=[-9,-1,-6,-1; -4,-7,-5,-2; 5,2,1,2; 8,3,11,-2];
   F1=expm(A), F2=expm(A*t) %矩阵的指数函数计算
```

得出$\mathrm{e}^{\boldsymbol{A}}$的数值解为

$$\boldsymbol{F}_1=\begin{bmatrix}-0.2370 & -0.1151 & -0.2572 & -0.1151\\ -0.2403 & -0.1118 & -0.2505 & -0.1185\\ 0.2505 & 0.1219 & 0.2639 & 0.1219\\ 0.4841 & 0.2336 & 0.5077 & 0.2403\end{bmatrix}$$

还可以得出$\mathrm{e}^{\boldsymbol{A}t}$的解析解为

$$\boldsymbol{F}_2=\left[\begin{matrix}\mathrm{e}^{-5t}(2t+3)-2\mathrm{e}^{-2t} & \mathrm{e}^{-5t}(2t+1)-\mathrm{e}^{-2t}\\ \mathrm{e}^{-5t}(4t+t^2+4)/2-2\mathrm{e}^{-2t} & \mathrm{e}^{-5t}(2t+t^2+4)/2-\mathrm{e}^{-2t}\\ -\mathrm{e}^{-5t}(t+2)+2\mathrm{e}^{-2t} & -\mathrm{e}^{-5t}(t+1)+\mathrm{e}^{-2t}\\ -\mathrm{e}^{-5t}(8t+t^2+8))/2+4\mathrm{e}^{-2t} & -\mathrm{e}^{-5t}(6t+t^2+4)/2+2\mathrm{e}^{-2t}\end{matrix}\right.$$

$$\left.\begin{matrix}-2\exp^{-5t}+\mathrm{e}^{-2t} & \mathrm{e}^{-5t}(2t+1)-\mathrm{e}^{-2t}\\ \mathrm{e}^{-5t}(t+2)-2\mathrm{e}^{-2t} & \mathrm{e}^{-5t}(2t+t^2+2)/2-\mathrm{e}^{-2t}\\ 2\mathrm{e}^{-2t}-\mathrm{e}^{-5t} & -\mathrm{e}^{-5t}(t+1)+\mathrm{e}^{-2t}\\ -\mathrm{e}^{-5t}(t+4)+4\mathrm{e}^{-2t} & -\mathrm{e}^{-5t}(6t+t^2+2))/2+2\mathrm{e}^{-2t}\end{matrix}\right]$$

8.4.2 矩阵的三角函数

矩阵正弦函数 $\sin\boldsymbol{A}$ 和余弦函数 $\cos\boldsymbol{A}$ 的定义分别为

$$\sin\boldsymbol{A}=\sum_{k=0}^{\infty}(-1)^k\frac{\boldsymbol{A}^{2k+1}}{(2k+1)!}=\boldsymbol{A}-\frac{1}{3!}\boldsymbol{A}^3+\frac{1}{5!}\boldsymbol{A}^5+\cdots \tag{8-12}$$

$$\cos\boldsymbol{A}=\boldsymbol{I}-\frac{1}{2!}\boldsymbol{A}^2+\frac{1}{4!}\boldsymbol{A}^4-\frac{1}{6!}\boldsymbol{A}^6+\cdots+\frac{(-1)^n}{(2n)!}\boldsymbol{A}^{2n}+\cdots \tag{8-13}$$

MATLAB没有提供对矩阵进行三角函数运算的现成函数，可以由函数funm()直接计算矩阵的三角函数或其他函数。该函数的调用方法为

```
A1=funm(A,函数名),    %例如,B=funm(A,@sin)
```

其中，函数名应该由单引号括起来或用函数句柄表示。在新版本的MATLAB中，还可以由funm(A*t,'sin')或funm(A*t,@sin)这类命令求取矩阵函数 $\sin\boldsymbol{A}t$。

其实，还可以根据著名的Euler公式 $\mathrm{e}^{\mathrm{j}\boldsymbol{A}}=\cos\boldsymbol{A}+\mathrm{j}\sin\boldsymbol{A}$ 与 $\mathrm{e}^{-\mathrm{j}\boldsymbol{A}}=\cos\boldsymbol{A}-\mathrm{j}\sin\boldsymbol{A}$ 立即推导出

$$\sin\boldsymbol{A}=\frac{1}{\mathrm{j}2}\left(\mathrm{e}^{\mathrm{j}\boldsymbol{A}}-\mathrm{e}^{-\mathrm{j}\boldsymbol{A}}\right),\quad \cos\boldsymbol{A}=\frac{1}{2}\left(\mathrm{e}^{\mathrm{j}\boldsymbol{A}}+\mathrm{e}^{-\mathrm{j}\boldsymbol{A}}\right) \tag{8-14}$$

这样，利用成熟的expm()函数也可以直接计算矩阵的三角函数。

8.4.3 任意矩阵函数

除了表2-4列出的超越函数外，还可以使用abs()、sqrt()和sign()等函数进行运算。在funm()函数调用中，可以直接使用这些函数。

例8-32 考虑例8-25中的 $\boldsymbol{A}$ 矩阵，试求矩阵函数 $\psi(\boldsymbol{A})=\mathrm{e}^{\boldsymbol{A}\cos\boldsymbol{A}t}$。

解 这是一个较复杂的复合函数。考虑矩阵函数 $\psi(\cdot)$ 中的函数嵌套关系，可以由下面的语句直接求取所需的矩阵函数。

```
>> A=[-9,-1,-6,-1; -4,-7,-5,-2; 5,2,1,2; 8,3,11,-2];
   syms t; F=expm(A*funm(A*t,@cos)), F(1,1) %直接计算所需的矩阵函数
```

得出的结果比较冗长，这里不显示全部矩阵函数，只能显示左上角元素为

$$\psi_{1,1}=3\mathrm{e}^{-5\cos 5t}-2\mathrm{e}^{-2\cos 2t}+2\cos 5t\mathrm{e}^{-5\cos 5t}-10t\sin 5t\mathrm{e}^{-5\cos 5t}$$

文献[10]提供了一个基于Jordan变换的矩阵函数求解函数funmsym()，其调用格式为 A1=funmsym(A,funx,x)。其中，x 为符号型自变量，funx为 x 的原型函数表示。调用该函数可以计算更复杂的矩阵函数。

例8-33 调用funmsym()函数重新计算例8-32中的矩阵函数。

解 由矩阵函数 $\mathrm{e}^{\boldsymbol{A}\cos\boldsymbol{A}t}$ 可见，复合函数的原型函数可以写出exp(x*cos(x*t))，用 x 替代 $\boldsymbol{A}$ 矩阵。这样，由下面的命令可以重新计算矩阵的复合函数。可以看出，这两种方法得出的结果在表现形式上不同，但完全等价。在表现形式上，这里方法得出的更简洁。

```
>> A=[-9,-1,-6,-1; -4,-7,-5,-2; 5,2,1,2; 8,3,11,-2];
   syms t x; F=funmsym(A,exp(x*cos(x*t)),x), F(1,1)
```

例8-34 考虑例8-25中的$\boldsymbol{A}$矩阵，试求$k^{\boldsymbol{A}}, k>0$。

解 输入了$\boldsymbol{A}$矩阵，可以采用两种方法直接求解$k^{\boldsymbol{A}}$。

```
>> A=[-9,-1,-6,-1; -4,-7,-5,-2; 5,2,1,2; 8,3,11,-2];
   syms k positive;  %声明k为正的符号变量
   F1=simplify(k^A), F2=funmsym(A,k^x,x), simplify(F1-F2)
```

得出的$\boldsymbol{F}_1$很烦琐，$\boldsymbol{F}_2$矩阵为

$$\frac{1}{k^5}\begin{bmatrix} 2\ln k-2k^3+3 & 2\ln k-k^3+1 & 2-2*k^3 & 2\ln k-k^3+1 \\ 2\ln k+\dfrac{\ln^2 k}{2}-2k^3+2 & \ln k+\dfrac{\ln^2 k}{2}-k^3+2 & \ln k-2k^3+2 & \ln k+\dfrac{\ln^2 k}{2}-k^3+1 \\ 2k^3-\ln k-2 & k^3-\ln k-1 & 2k^3-1 & k^3-\ln k-1 \\ 4k^3-\dfrac{\ln^2 k}{2}-4\ln k-4 & 2k^3-\dfrac{\ln^2 k}{2}-3\ln k-2 & 4k^3-\ln k-4 & 2k^3-\dfrac{\ln^2 k}{2}-3\ln k-1 \end{bmatrix}$$

8.5 习题

8.1 试判定由`syms A, A=5`命令输入的$\boldsymbol{A}$矩阵是双精度型还是符号型数据结构？

8.2 试生成一个对角元素为$a_1, a_2, \cdots, a_{12}$的对角矩阵。

8.3 试从矩阵显示的形式辨认出矩阵是双精度矩阵还是符号矩阵。如果$\boldsymbol{A}$是数值矩阵而$\boldsymbol{B}$为符号矩阵，它们的乘积$\boldsymbol{C}=\boldsymbol{A}*\boldsymbol{B}$会是什么样的数据结构？试通过简单例子验证此判断。

8.4 试生成30000个标准正态分布的伪随机数，由得出的数据求出其均值与方差，并绘制其分布的直方图。

8.5 已知$\boldsymbol{c}=[-4,-3,-2,-1,0,1,2,3,4]$，试由其生成Hankel矩阵、Vandermonde矩阵以及相伴矩阵。

8.6 试用底层命令编写出生成n阶Wilkinson矩阵的MATLAB函数。

8.7 试生成9×9的魔方矩阵，并观察数字$1\to 2\to\cdots\to 80\to 81$的走行规则。

8.8 试用随机矩阵的生成方式生成一个15×15矩阵，使得该矩阵的元素只有0和1，且矩阵行列式的值为1。

8.9 试不用循环方式将下面20×20矩阵输入计算机。

$$\boldsymbol{A}=\begin{bmatrix} x & a & a & \cdots & a \\ a & x & a & \cdots & a \\ a & a & x & \cdots & a \\ \vdots & \vdots & \vdots & \ddots & a \\ a & a & a & \cdots & x \end{bmatrix}$$

8.10 试求出以下矩阵的行列式。

$$\boldsymbol{A}=\begin{bmatrix} \sin\alpha & \cos\alpha & \sin(\alpha+\delta) \\ \sin\beta & \cos\beta & \sin(\beta+\delta) \\ \sin\gamma & \cos\gamma & \sin(\gamma+\delta) \end{bmatrix},\quad \boldsymbol{B}=\begin{bmatrix} (a^x+a^{-x})^2 & (a^x-a^{-x})^2 & 1 \\ (b^y+b^{-y})^2 & (b^y-b^{-y})^2 & 1 \\ (c^z+c^{-z})^2 & (c^z-c^{-z})^2 & 1 \end{bmatrix}$$

8.11 试求出Vandermonde矩阵的行列式，并以最简的形式显示结果。

$$\boldsymbol{A}=\begin{bmatrix} a^4 & a^3 & a^2 & a & 1 \\ b^4 & b^3 & b^2 & b & 1 \\ c^4 & c^3 & c^2 & c & 1 \\ d^4 & d^3 & d^2 & d & 1 \\ e^4 & e^3 & e^2 & e & 1 \end{bmatrix}$$

8.12 已知n阶矩阵的数学表达式如下，试求出其行列式。

$$\begin{vmatrix} n & -1 & 0 & 0 & \cdots & 0 & 0 \\ n-1 & x & -1 & 0 & \cdots & 0 & 0 \\ n-2 & 0 & x & -1 & \cdots & 0 & 0 \\ \vdots & \vdots & \vdots & \vdots & \ddots & \vdots & \vdots \\ 2 & 0 & 0 & 0 & \cdots & x & -1 \\ 1 & 0 & 0 & 0 & \cdots & 0 & x \end{vmatrix}$$

8.13 试验证100阶以下的偶数阶魔方矩阵都是奇异矩阵。

8.14 试选择一些阶次n，生成随机矩阵的符号表达式，然后求逆矩阵，并记录计算时间，得出阶次与时间之间的关系。

8.15 试求出习题8.12中n阶矩阵的迹与特征多项式。

8.16 Wilkinson矩阵是比较有趣的测试矩阵，试观察15×15 Wilkinson矩阵最大两个特征值，看它们有多大的差异。再观察30×30矩阵的最大特征值。

8.17 试选择有限的n(如$n = 50$)，验证下面矩阵的特征多项式为$s^n - a_1a_2\cdots a_n$。

$$\boldsymbol{A} = \begin{bmatrix} 0 & a_1 & 0 & \cdots & 0 \\ 0 & 0 & a_2 & \cdots & 0 \\ \vdots & \vdots & \vdots & \ddots & \vdots \\ 0 & 0 & 0 & \cdots & a_{n-1} \\ a_n & 0 & 0 & \cdots & 0 \end{bmatrix}$$

8.18 试判定下面的矩阵是否为正定矩阵。如果是，则得出其Cholesky分解矩阵。

$$\boldsymbol{A} = \begin{bmatrix} 9 & 2 & 1 & 2 & 2 \\ 2 & 4 & 3 & 3 & 3 \\ 1 & 3 & 7 & 3 & 4 \\ 2 & 3 & 3 & 5 & 4 \\ 2 & 3 & 4 & 4 & 5 \end{bmatrix}, \ \boldsymbol{B} = \begin{bmatrix} 16 & 17 & 9 & 12 & 12 \\ 17 & 12 & 12 & 2 & 18 \\ 9 & 12 & 18 & 7 & 13 \\ 12 & 2 & 7 & 18 & 12 \\ 12 & 18 & 13 & 12 & 10 \end{bmatrix}$$

8.19 试对下列矩阵进行Jordan变换，并得出变换矩阵。

$$\boldsymbol{A} = \begin{bmatrix} -2 & 0.5 & -0.5 & 0.5 \\ 0 & -1.5 & 0.5 & -0.5 \\ 2 & 0.5 & -4.5 & 0.5 \\ 2 & 1 & -2 & -2 \end{bmatrix}, \quad \boldsymbol{B} = \begin{bmatrix} -2 & -1 & -2 & -2 \\ -1 & -2 & 2 & 2 \\ 0 & 2 & 0 & 3 \\ 1 & -1 & -3 & -6 \end{bmatrix}$$

8.20 试选择合适的变换矩阵，将矩阵$\boldsymbol{A}$变换为相伴矩阵的形式。

$$\boldsymbol{A} = \begin{bmatrix} 2 & -2 & 2 & -1 & 0 \\ -2 & 1 & -1 & 2 & 1 \\ 1 & -1 & -1 & -2 & 2 \\ 1 & 1 & -1 & 2 & 2 \\ 1 & 0 & 2 & 2 & -2 \end{bmatrix}$$

8.21 试判定能否将矩阵$\boldsymbol{A}$变换成对角矩阵，如果能，变换矩阵是什么？

$$\boldsymbol{A} = \begin{bmatrix} 2 & 2 & -2 & 7 & -2 \\ 38 & 15 & -28 & 56 & -10 \\ 17 & 8 & -15 & 24 & -5 \\ -4 & -2 & 2 & -9 & 2 \\ 20 & 10 & -16 & 31 & -8 \end{bmatrix}$$

8.22 试求出下面复数矩阵的奇异值分解。

$$\boldsymbol{A} = \begin{bmatrix} -2 & -2 & 1 & -1 \\ 0 & -1 & -2 & 2 \\ 0 & -2 & 2 & -1 \\ 1 & 0 & -2 & -1 \end{bmatrix} + \mathrm{j}\begin{bmatrix} 2 & 0 & -2 & 0 \\ 2 & 1 & -2 & 1 \\ 0 & 0 & -1 & 2 \\ 0 & 0 & -1 & -1 \end{bmatrix}$$

8.23 已知自治线性微分方程$\boldsymbol{x}'(t)=\boldsymbol{A}\boldsymbol{x}(t)$的解析解可以写成$\boldsymbol{x}(t)=\mathrm{e}^{\boldsymbol{A}t}\boldsymbol{x}(0)$，试求出下面自治微分方程的解析解。

$$\boldsymbol{x}'(t)=\begin{bmatrix}-3&0&0&1\\-1&-1&1&-1\\1&0&-2&1\\0&0&0&-4\end{bmatrix}\boldsymbol{x}(t),\quad \boldsymbol{x}(0)=\begin{bmatrix}-1\\0\\3\\1\end{bmatrix}$$

8.24 试求出下面给定矩阵$\boldsymbol{A}$的对数函数矩阵$\ln\boldsymbol{A}$和$\ln\boldsymbol{A}t$，并用可靠的expm()函数验证结果。

$$\boldsymbol{A}=\begin{bmatrix}-1&-1/2&1/2&-1\\-2&-5/2&-1/2&1\\1&-3/2&-5/2&-1\\3&-1/2&-1/2&-4\end{bmatrix}$$

8.25 试求以下矩阵$\boldsymbol{A}$的平方根的数值解与解析解，并检验得到的结果的精度。

$$\boldsymbol{A}=\begin{bmatrix}-30&0&0&0\\28&-2&1&1\\-27&-28&-31&-1\\27&28&29&-1\end{bmatrix}$$

8.26 试求出下面矩阵的三角函数$\sin\boldsymbol{A}t,\cos\boldsymbol{A}t,\tan\boldsymbol{A}t$和$\cot\boldsymbol{A}t$。

$$\boldsymbol{A}_1=\begin{bmatrix}-15/4&3/4&-1/4&0\\3/4&-15/4&1/4&0\\-1/2&1/2&-9/2&0\\7/2&-7/2&1/2&-1\end{bmatrix},\quad \boldsymbol{A}_2=\begin{bmatrix}-1&0&0&0\\0&-1&1&0\\2&0&-2&1\\-1&0&0&-2\end{bmatrix}$$

8.27 假设某Jordan块矩阵$\boldsymbol{A}$及其组成部分为

$$\boldsymbol{A}=\begin{bmatrix}\boldsymbol{A}_1&&\\&\boldsymbol{A}_2&\\&&\boldsymbol{A}_3\end{bmatrix}$$

其中，

$$\boldsymbol{A}_1=\begin{bmatrix}-3&1&0\\0&-3&1\\0&0&-3\end{bmatrix},\quad \boldsymbol{A}_2=\begin{bmatrix}-5&1\\0&-5\end{bmatrix},\quad \boldsymbol{A}_3=\begin{bmatrix}-1&1&0&0\\0&-1&1&0\\0&0&-1&1\\0&0&0&-1\end{bmatrix}$$

试用解析解运算的方式得出$\mathrm{e}^{\boldsymbol{A}t}$及$\sin(2\boldsymbol{A}t+\pi/3)$。

8.28 已知如下的矩阵$\boldsymbol{A}$，试求$\mathrm{e}^{\boldsymbol{A}^2t}\boldsymbol{A}^2+\sin(\boldsymbol{A}^3t)\boldsymbol{A}t+\mathrm{e}^{\sin\boldsymbol{A}t}$。

$$\boldsymbol{A}=\begin{bmatrix}-3&-1&1&0\\-28&-57&27&-1\\-29&-56&26&-1\\1&29&-29&-30\end{bmatrix}$$

8.29 已知矩阵$\boldsymbol{A}$，试求出$\mathrm{e}^{\boldsymbol{A}t},\sin\boldsymbol{A}t$和$\mathrm{e}^{\boldsymbol{A}t}\sin\left(\boldsymbol{A}^2\mathrm{e}^{\boldsymbol{A}t}t\right)$。

$$\boldsymbol{A}=\begin{bmatrix}-4.5&0&0.5&-1.5\\-0.5&-4&0.5&-0.5\\1.5&1&-2.5&1.5\\0&-1&-1&-3\end{bmatrix}$$

8.30 试求出习题8.29中$\boldsymbol{A}$的乘方$\boldsymbol{A}^k$。

8.31 试求出习题8.29中矩阵$\boldsymbol{A}$的$k^{\boldsymbol{A}}$与$5^{\boldsymbol{A}}$，并检验结果。

第 9 章 代数方程求解

CHAPTER 9

方程(equation)是含有一个或多个变量的等式。这些变量又称为未知变量，而这些满足等式的未知变量的值又称为方程的解。

如果同时给出若干个方程，这些方程含有多个不同的变量，并要求这些方程同时成立，则这些方程称为联立方程(simultaneous equations)。

方程是无处不在的数学模型，是在工程、科学与人们的日常生活中随时都能看到的数学模型。方程分为代数方程、微分方程等，本章主要探讨代数方程的求解方法，第10章将专门介绍微分方程的求解方法。

9.1 节介绍线性代数方程组的数值与解析求解方法，对线性代数方程进行分类，分别求解代数方程的唯一解、无穷解与最小二乘解。并介绍其他形式线性代数方程的求解方法。9.2 节介绍各种可以转换为线性代数方程的方程求解方法，包括 Lyapunov 方程及广义 Lyapunov 方程的数值求解方法和解析求解方法。9.3 节介绍一般非线性代数方程的求解方法，包括图解法、准解析解方法，也介绍基于搜索的一般非线性代数方程组的求解方法。9.4 节探讨多解非线性矩阵方程的数值解方法，试图得出该方程在感兴趣区域的所有的根。

9.1 线性代数方程组的求解

线性代数方程组是最简单易解的代数方程。本节专门探讨线性代数方程组的求解方法，首先给出线性代数方程组的一般数学形式，然后分三种情况分别讨论方程组的求解问题，探讨方程的数值解与解析解方法。还将探讨简单变形后的线性代数方程组的求解方法。

9.1.1 线性方程的一般形式

线性代数方程的一般数学形式为

$$\begin{cases} a_{11}x_1 + a_{12}x_2 + \cdots + a_{1n}x_n = b_1 \\ a_{21}x_1 + a_{22}x_2 + \cdots + a_{2n}x_n = b_2 \\ \qquad\vdots \\ a_{m1}x_1 + a_{m2}x_2 + \cdots + a_{mn}x_n = b_m \end{cases} \tag{9-1}$$

如果 b_i 是一个 $1 \times p$ 行向量，则解 $\boldsymbol{X}$ 为 $n \times p$ 矩阵。

式 (9-1)给出的线性代数方程的矩阵形式为

$$\boldsymbol{A}\boldsymbol{x} = \boldsymbol{B} \tag{9-2}$$

其中，$\boldsymbol{A}$和$\boldsymbol{B}$均为给定矩阵。

$$\boldsymbol{A}=\begin{bmatrix} a_{11} & a_{12} & \cdots & a_{1n} \\ a_{21} & a_{22} & \cdots & a_{2n} \\ \vdots & \vdots & \ddots & \vdots \\ a_{m1} & a_{m2} & \cdots & a_{mn} \end{bmatrix},\quad \boldsymbol{B}=\begin{bmatrix} b_{11} & b_{12} & \cdots & b_{1p} \\ b_{21} & b_{22} & \cdots & b_{2p} \\ \vdots & \vdots & \ddots & \vdots \\ b_{m1} & b_{m2} & \cdots & b_{mp} \end{bmatrix} \tag{9-3}$$

由给定的矩阵$\boldsymbol{A}$和$\boldsymbol{B}$可以构造出方程解的判定矩阵$\boldsymbol{C}$。

$$\boldsymbol{C}=\left[\begin{array}{cccc|cccc} a_{11} & a_{12} & \cdots & a_{1n} & b_{11} & b_{12} & \cdots & b_{1p} \\ a_{21} & a_{22} & \cdots & a_{2n} & b_{21} & b_{22} & \cdots & b_{2p} \\ \vdots & \vdots & \ddots & \vdots & \vdots & \vdots & \ddots & \vdots \\ a_{m1} & a_{m2} & \cdots & a_{mn} & b_{m1} & b_{m2} & \cdots & b_{mp} \end{array}\right] \tag{9-4}$$

这样，可以不加证明地给出线性方程组解的性质的判定定理[30]。线性方程$\boldsymbol{Ax}=\boldsymbol{B}$的解应该分以下三种情况讨论。

（1）唯一解。当$m=n$且$\mathrm{rank}(\boldsymbol{A})=n$时，方程组式(9-2)有唯一解：

$$\boldsymbol{x}=\boldsymbol{A}^{-1}\boldsymbol{B} \tag{9-5}$$

（2）无穷多解。当$\mathrm{rank}(\boldsymbol{A})=\mathrm{rank}(\boldsymbol{C})=r<n$时，方程组式(9-2)有无穷多解。

（3）无解。若$\mathrm{rank}(\boldsymbol{A})<\mathrm{rank}(\boldsymbol{C})$，则方程组式(9-2)为矛盾方程，方程没有解，这时只能利用Moore–Penrose广义逆求解出方程的最小二乘解。

9.1.2 线性方程唯一解的数值与解析解法

当$\boldsymbol{A}$矩阵为$n\times n$阶方阵，且$\mathrm{rank}(\boldsymbol{A})=n$时，方程有唯一解。如何得出这个唯一解呢？下面的三种方法都是可行的：

（1）左除。利用矩阵左除直接求解：$\boldsymbol{X}$=$\boldsymbol{A}\backslash\boldsymbol{B}$。

（2）逆矩阵。利用式(9-5)给出的逆矩阵方法直接求解：$\boldsymbol{X}$=`inv(`$\boldsymbol{A}$`)*`$\boldsymbol{B}$。

（3）基本行变换。用基本行变换方法直接求解：$\boldsymbol{D}$=`rref(`$\boldsymbol{C}$`);` $\boldsymbol{X}$=$\boldsymbol{D}$`(:,`$n+1$`:end)`。

这三种方法在数学上是等效的。如果$\boldsymbol{A}$、$\boldsymbol{B}$之一为符号矩阵，则得出方程的解析解；若两个矩阵都是双精度矩阵，则得出的解是数值解。

例9-1 假设$\boldsymbol{A}$为$n\times n$给定随机矩阵，$\boldsymbol{b}$为$n\times 1$随机列向量，试对较大的n比较三种求解方法的速度、精度等指标，评价三种方法在实际方程求解中的优劣。

解 运行下面的语句，可以得出表9-1中的实测数据。从实际求解效果看，方法(3)计算量明显大于其他两种方法，如果n过大则无法运行该方法。方法(1)与方法(2)相比，计算量与精度均占优，因为无须实际计算逆矩阵。所以，对大规模矩阵方程而言，建议优先使用方法(1)。

```
>> n0=[500,1000,3000,6000,10000];     %不同的矩阵阶次
   for n=n0                            %用循环结构比较不同阶次
      A=rand(n); b=rand(n,1);          %生成随机矩阵与向量
      disp([n,1]), tic, X=A\b; norm(A*X-b), toc       %方法(1)
      disp([n,2]), tic, X=inv(A)*b; norm(A*X-b), toc %方法(2)
      disp([n,3]), if n>3000, continue, end           %方法(3)，太耗时直接跳过
      C=[A,b]; tic, D=rref(C); X=D(:,n+1:end); norm(A*X-b), toc
   end
```

表9-1 三种方程求解算法的效率比较

阶次 n	500	1000	3000	6000	10000
方法(1)耗时/s	0.012	0.074	0.607	3.322	15.516
方法(1)误差	1.1821×10^{-12}	4.5947×10^{-12}	4.6432×10^{-10}	2.2735×10^{-10}	6.0712×10^{-10}
方法(2)耗时/s	0.075	0.128	1.364	9.969	55.163
方法(2)误差	5.0223×10^{-12}	3.7154×10^{-11}	7.1765×10^{-10}	4.0334×10^{-10}	1.0754×10^{-9}
方法(3)耗时/s	1.457	5.834	443.47	—	—
方法(3)误差	1.4654×10^{-11}	2.4757×10^{-11}	1.0363×10^{-10}	—	—

如果将 $\boldsymbol{A}$ 转换成符号矩阵，则可以得出无误差的解，不过耗时过长，例如，$n=50$ 时，前两种方法的耗时分别为4.182 s和26.393 s。如果 $n=80$，方法(1)耗时24.53 s，方法(2)耗时219.36 s，误差为0。耗时与数值方法结论的趋势也是一致的。

9.1.3 无穷解的构造

当 $\text{rank}(\boldsymbol{A})=\text{rank}(\boldsymbol{C})=r<n$ 时，方程组式(9-2)有无穷多解。无穷解构造可以通过下面三个步骤获得：

(1) 构造齐次方程的无穷解。在介绍求解之前，先考虑化零空间的概念。使得齐次方程 $\boldsymbol{Az}=\boldsymbol{0}$ 成立的非零 $\boldsymbol{z}$ 向量称为化零向量(null vector)，一组线性无关的化零向量张成化零空间(null space) $\boldsymbol{Z}$。其中，$\boldsymbol{Z}$ 的列数为 $n-r$，而各列构成的向量又称为矩阵 $\boldsymbol{A}$ 的基础解系(basic set of solutions)。矩阵 $\boldsymbol{Z}$ 可以由 `Z=null(A)` 命令求出。

有了化零空间 $\boldsymbol{Z}$，则可以由下面的公式构造齐次方程的无穷解：

$$\hat{\boldsymbol{z}}=\alpha_1\boldsymbol{z}_1+\alpha_2\boldsymbol{z}_2+\cdots+\alpha_{n-r}\boldsymbol{z}_{n-r} \tag{9-6}$$

其中，α_i 为任意常数，$i=1,2,\cdots,n-r$。无穷解可以通过矩阵乘法直接构造。

(2) 找到方程的一个特解。特解为 $\boldsymbol{x}_0=\boldsymbol{A}^+\boldsymbol{B}$，可以由 `x0=pinv(A)*B` 得出。

(3) 方程的求解。上述两个解加起来，就可以得出原方程的无穷解。

$$\boldsymbol{x}=\alpha_1\boldsymbol{z}_1+\alpha_2\boldsymbol{z}_2+\cdots+\alpha_{n-r}\boldsymbol{z}_{n-r}+\boldsymbol{x}_0 \tag{9-7}$$

例9-2 求解线性代数方程组[31]。

$$\begin{bmatrix}1&4&0&-1&0&7&-9\\2&8&-1&3&9&-13&7\\0&0&2&-3&-4&12&-8\\-1&-4&2&4&8&-31&37\end{bmatrix}\boldsymbol{X}=\begin{bmatrix}3\\9\\1\\4\end{bmatrix}$$

解 输入矩阵 $\boldsymbol{A}$ 和 $\boldsymbol{B}$，并构造矩阵 $\boldsymbol{C}$，从而判定矩阵方程的可解性。

```
>> A=[1,4,0,-1,0,7,-9;2,8,-1,3,9,-13,7;
     0,0,2,-3,-4,12,-8;-1,-4,2,4,8,-31,37];
   B=[3; 9; 1; 4]; C=[A B]; rank(A), rank(C) %判定矩阵求秩
```

通过检验秩的方法得出矩阵 $\boldsymbol{A}$ 和 $\boldsymbol{C}$ 的秩相同，都等于3，小于矩阵 $\boldsymbol{A}$ 的列数7。由此可以得出结论：原线性代数方程组有无穷多组解。如需求解原代数方程组，可以先求出化零空间 $\boldsymbol{Z}$，并得出满足方程的一个特解 $\boldsymbol{x}_0$。

```
>> Z=null(sym(A)), x0=sym(pinv(A)*B)        %求基础解系和一个特解
   a=sym('a%d',[4,1]); x=Z*a+x0, E=A*x-B %构造通解并检验结果
```

可以先得到基础解系 $\boldsymbol{Z}$ 及一个特解 $\boldsymbol{x}_0$。对任意的 a_1、a_2、a_3 和 a_4，可以构造出原线性代数方程全部的解析解，得到的误差矩阵为零矩阵。

$$\boldsymbol{Z}=\left[\begin{array}{c|c|c|c}-4&-2&-1&3\\1&0&0&0\\0&-1&3&-5\\0&-2&6&-6\\0&1&0&0\\0&0&1&0\\0&0&0&1\end{array}\right],\ \boldsymbol{x}_0=\begin{bmatrix}92/395\\368/395\\459/790\\-24/79\\347/790\\247/790\\303/790\end{bmatrix}$$

$$\boldsymbol{x}=\begin{bmatrix}-4a_1-2a_2-a_3+3a_4+92/395\\a_1+368/395\\-a_2+3a_3-5a_4+459/790\\-2a_2+6a_3-6a_4-24/79\\a_2+347/790\\a_3+247/790\\a_4+303/790\end{bmatrix}$$

例9-3 试用简化行阶梯方法求解例9-2中的矩阵方程。

解 采用简化行阶梯方法也能求解该方程。

```
>> C=[A B]; D=rref(C) %矩阵先增广,然后做简化行阶梯得出阶梯形式
```

得出简化行阶梯为

$$\boldsymbol{D}=\left[\begin{array}{ccccccc|c}1&4&0&0&2&1&-3&4\\0&0&1&0&1&-3&5&2\\0&0&0&1&2&-6&6&1\\0&0&0&0&0&0&0&0\end{array}\right]$$

可见，这时的自由变量为 x_2、x_5、x_6 和 x_7，它们可以选择任意数值。令 $x_2=b_1$，$x_5=b_2$，$x_6=b_3$，$x_7=b_4$，由 $\boldsymbol{D}$ 可以写出方程的解为

$$\boldsymbol{x}=\begin{bmatrix}-4b_1-2b_2-b_3+3b_4+4\\b_1\\-b_2+3b_3-5b_4+2\\-2b_2+6b_3-6b_4+1\\b_2\\b_3\\b_4\end{bmatrix}$$

9.1.4 矛盾方程的最小二乘解

若 $\mathrm{rank}(\boldsymbol{A})<\mathrm{rank}(\boldsymbol{C})$，则方程(9-2)为矛盾方程。这时，只能利用Moore–Penrose广义逆求解出方程的最小二乘解为 $\boldsymbol{x}=\boldsymbol{A}^{+}\boldsymbol{B}$。

可以使用 x=pinv(A)*B 或 x=A\B 直接求取代数方程的最小二乘解(least squares solution)，该解不满足原方程，只能使误差的范数测度 $||\boldsymbol{Ax}-\boldsymbol{B}||$ 取最小值。

例9-4 试求解线性代数方程 $\begin{bmatrix}1&2&3&4\\2&2&1&1\\2&4&6&8\\4&4&2&2\end{bmatrix}\boldsymbol{X}=\begin{bmatrix}1\\2\\3\\4\end{bmatrix}$。

解 先输入两个矩阵，并构建解的判定矩阵 $\boldsymbol{C}$，再求解它们的秩。

```
>> A=[1 2 3 4; 2 2 1 1; 2 4 6 8; 4 4 2 2]; B=[1:4]';
   C=[A B]; rank(A), rank(C) %A与C矩阵求秩,判定解的性质
```

可见,$\text{rank}(\boldsymbol{A}) = 2 \neq \text{rank}(\boldsymbol{C}) = 3$,故原始方程是矛盾方程,不存在任何解。可以使用pinv()函数求取Moore–Penrose广义逆,从而求出原始方程的最小二乘解为

```
>> X=pinv(A)*B, norm(A*X-B)  %求矛盾方程的最小二乘解并检验结果
```

得到的解为 $\boldsymbol{X} = [0.5466, 0.4550, 0.0443, -0.0473]^{\text{T}}$,该解不满足原始代数方程组,但它能使得最小二乘误差最小。这时,得出的误差矩阵的范数为0.4472。

9.1.5 $\boldsymbol{XA} = \boldsymbol{B}$方程求解

如果线性方程为

$$\boldsymbol{XA} = \boldsymbol{B} \tag{9-8}$$

则可以对上式两端进行转置,得到

$$\boldsymbol{A}^{\text{T}}\boldsymbol{Z} = \boldsymbol{B}^{\text{T}} \tag{9-9}$$

式中,$\boldsymbol{Z} = \boldsymbol{X}^{\text{T}}$,即可以得到形如式(9-2)的新线性代数方程,则可以采用介绍过的方法求解原始线性方程组。

注意,这里使用的转置是直接转置而不是Hermite转置,否则得到的方程的解不满足原始的方程(9-8)。

9.2 特殊线性方程的方程求解

特殊线性方程是指通过某种变换可以转换成普通线性代数方程的几种特殊的代数方程,转换完成后,就可以利用9.1节介绍的方法,求出原方程的数值解甚至解析解。本节探讨几种特殊的方程形式,包括$\boldsymbol{AXB} = \boldsymbol{C}$方程、Lyapunov方程和Sylvester方程。求解方法包括基于Kronecker乘积的解析解方法,或基于MATLAB的数值函数的求解方法。

9.2.1 线性方程的Kronecker变换

式(6-2)给出了两个矩阵的Kronecker乘积定义公式。另外,前面介绍了$\boldsymbol{AX} = \boldsymbol{B}$的求解方法。本节引入基于Kronecker乘积的变换方法,将其转化成$\widetilde{\boldsymbol{A}}\boldsymbol{x} = \boldsymbol{b}$的形式,其中,$\boldsymbol{x}$与$\boldsymbol{b}$为列向量。当然,这样的变换不是为了求解这种简单的方程,而是借助这种方法探讨更复杂的方程。先考虑一个例子。

例9-5 试推导一般2×2方程的Kronecker乘积表示。

$$\begin{bmatrix} a_{11} & a_{12} \\ a_{21} & a_{22} \end{bmatrix} \begin{bmatrix} x_1 & x_3 \\ x_2 & x_4 \end{bmatrix} = \begin{bmatrix} b_1 & b_3 \\ b_2 & b_4 \end{bmatrix}$$

解 定义符号变量,则可以将原始方程变换成$\boldsymbol{Ax} = \boldsymbol{b}$形式。

```
>> A=sym('a%d%d',2);          %构造二阶任意矩阵
   syms x1 x2 x3 x4 real; X=[x1 x3; x2 x4];
   syms b1 b2 b3 b4 real; B=[b1 b3; b2 b4]; M=A*X; M(:)==B(:)
```

可以得到方程的等效形式为

$$\left[\begin{array}{cc|cc} a_{11} & a_{12} & 0 & 0 \\ a_{21} & a_{22} & 0 & 0 \\ \hline 0 & 0 & a_{11} & a_{12} \\ 0 & 0b & a_{21} & a_{22} \end{array}\right]\begin{bmatrix} x_1 \\ x_2 \\ x_3 \\ x_4 \end{bmatrix}=\begin{bmatrix} b_1 \\ b_2 \\ b_3 \\ b_4 \end{bmatrix}$$

可见，方程左边的系数矩阵可以写成$\boldsymbol{I}\otimes\boldsymbol{A}$，向量$\boldsymbol{x}$与$\boldsymbol{b}$是原来矩阵按列展开而得到的列向量。

更一般地，给出方程$\boldsymbol{AX}=\boldsymbol{B}$，该方程可以等效变换为

$$(\boldsymbol{I}_m\otimes\boldsymbol{A})\boldsymbol{x}=\boldsymbol{b} \tag{9-10}$$

其中，$\boldsymbol{A}\in\mathscr{C}^{n\times n}$，$\boldsymbol{B}\in\mathscr{C}^{n\times m}$，且$\boldsymbol{x}$、$\boldsymbol{b}$向量分别为矩阵$\boldsymbol{X}$、$\boldsymbol{B}$按列展开后构成的列向量，记作$\boldsymbol{x}=\mathrm{vec}(\boldsymbol{X})$，$\boldsymbol{b}=\mathrm{vec}(\boldsymbol{B})$。

类似地，方程$\boldsymbol{XA}=\boldsymbol{B}$也可以由Kronecker乘积的形式转换为

$$(\boldsymbol{A}^{\mathrm{T}}\otimes\boldsymbol{I}_n)\boldsymbol{x}=\boldsymbol{b} \tag{9-11}$$

其中，$\boldsymbol{X}\in\mathscr{C}^{m\times n}$，$\boldsymbol{A}\in\mathscr{C}^{n\times n}$，且$\boldsymbol{x}$与$\boldsymbol{b}$向量分别为矩阵$\boldsymbol{X}$与$\boldsymbol{B}$按列展开得出的列向量，即$\boldsymbol{x}=\mathrm{vec}(\boldsymbol{X})$，$\boldsymbol{b}=\mathrm{vec}(\boldsymbol{B})$。

9.2.2 $\boldsymbol{AXB}=\boldsymbol{C}$方程求解

如果已知$\boldsymbol{A}$及$\boldsymbol{B}$为非奇异矩阵，则可以通过简单的变换直接求解$\boldsymbol{AXB}=\boldsymbol{C}$方程，本节不准备演示这样的求解方法，读者可以由MATLAB命令求解方程。

如果引入Kronecker乘积，可以将$\boldsymbol{AXB}=\boldsymbol{C}$可以转换成下面的线性方程。

$$(\boldsymbol{B}^{\mathrm{T}}\otimes\boldsymbol{A})\boldsymbol{x}=\boldsymbol{c} \tag{9-12}$$

其中，$\boldsymbol{c}=\mathrm{vec}(\boldsymbol{C})$，$\boldsymbol{x}=\mathrm{vec}(\boldsymbol{X})$是矩阵$\boldsymbol{C}$与$\boldsymbol{X}$按列展开得到的列向量。

例9-6 试用Kronecker乘积的方法重新求解下面的方程。

$$\begin{bmatrix} 8 & 1 & 6 \\ 3 & 5 & 7 \\ 4 & 9 & 2 \end{bmatrix}\boldsymbol{X}\begin{bmatrix} 0 & 1 & 0 & 0 & 1 \\ 1 & 0 & 1 & 2 & 2 \\ 1 & 2 & 0 & 0 & 2 \\ 0 & 0 & 1 & 1 & 1 \\ 1 & 0 & 0 & 2 & 1 \end{bmatrix}=\begin{bmatrix} 0 & 2 & 0 & 0 & 2 \\ 1 & 2 & 1 & 0 & 0 \\ 2 & 1 & 1 & 1 & 0 \end{bmatrix}$$

解 可以由下面的语句直接得到方程的解析解。其实，按列展开的列向量$\mathrm{vec}(\boldsymbol{C})$可以由$\boldsymbol{C}$(:)命令获得，而得出解的列向量可以由reshape()函数恢复回矩阵。

```
>> B=[0,1,0,0,1; 1,0,1,2,2; 1,2,0,0,2; 0,0,1,1,1; 1,0,0,2,1];
   C=[0,2,0,0,2; 1,2,1,0,0; 2,1,1,1,0];
   A=[8,1,6; 3,5,7; 4,9,2]; A=sym(A); c=C(:);
   x=inv(kron(B.',A))*c; X=reshape(x,3,5), A*X*B-C %解方程并检验
```

得出的方程解如下，代入方程得出的误差矩阵为零矩阵。

$$\boldsymbol{X}=\begin{bmatrix} 257/360 & 7/15 & -29/90 & -197/360 & -29/180 \\ -179/180 & -8/15 & 23/45 & 119/180 & 23/90 \\ -163/360 & -8/15 & 31/90 & 223/360 & 31/180 \end{bmatrix}$$

9.2.3 Lyapunov方程求解

连续Lyapunov方程可以表示成

$$AX + XA^{\mathrm{T}} = -C \tag{9-13}$$

其中，矩阵$A, C, X \in \mathscr{C}^{n\times n}$。

如果读者以前没有Lyapunov方程的知识，可能直接求解这种方程比较困难。可以直接使用MATLAB控制系统工具箱提供的`lyap()`函数，其格式为X=`lyap(`A,C`)`，获得Lyapunov方程的数值解。其实，由式(9-10)和式(9-11)给出的变换方法，不难将式(9-13)给出的Lyapunov方程变换为

$$(I \otimes A + A \otimes I)x = -c \tag{9-14}$$

其中，$c = \mathrm{vec}(C)$，$x = \mathrm{vec}(X)$是矩阵C与X按列展开得到的列向量。这样，就可以利用前面介绍的方法得出方程的解析解。

例9-7 假设Lyapunov方程的A、C矩阵如下，试求解该方程，并验证解的精度。

$$A = \begin{bmatrix} 1 & 2 & 3 \\ 4 & 5 & 6 \\ 7 & 8 & 0 \end{bmatrix},\ C = -\begin{bmatrix} 10 & 5 & 4 \\ 5 & 6 & 7 \\ 4 & 7 & 9 \end{bmatrix}$$

解 输入给定的矩阵，可以由下面的MATLAB语句求出该方程的解。

```
>> A=[1 2 3;4 5 6; 7 8 0]; C=-[10,5,4; 5,6,7; 4,7,9]; %输入已知矩阵
   X=lyap(A,C), norm(A*X+X*A.'+C)  %求Lyapunov方程的数值解并检验结果
```

可以得到方程的数值解如下。从最后一行语句得出解的误差为$||AX+XA^{\mathrm{T}}+C||=2.3211\times10^{-14}$，可见得到的方程解$X$基本满足原方程，且有较高精度。

$$X = \begin{bmatrix} -3.9444444444442 & 3.8888888888887 & 0.38888888888891 \\ 3.8888888888887 & -2.7777777777775 & 0.22222222222221 \\ 0.38888888888891 & 0.22222222222221 & -0.11111111111111 \end{bmatrix}$$

例9-8 试用解析解方法求解例9-7中的Lyapunov方程。

解 利用式(9-14)给出的解析解方法，不难给出下面求解语句。

```
>> A=[1 2 3;4 5 6; 7 8 0]; C=-[10,5,4; 5,6,7; 4,7,9]; %输入已知矩阵
   A=sym(A); I=eye(3);                %将矩阵转换为符号矩阵，开启符号运算
   x=-(kron(A,I)+kron(I,A))\C(:);   %求解Lyapunov方程
   X=reshape(x,3,3), A*X+X*A'+C      %检验结果，得出误差矩阵
```

得出方程的解析解如下，将其代入方程，得出零误差矩阵。由此可见，如果引入Kronecker乘积的方法，可以获得原方程的解析解。

$$X = \begin{bmatrix} -71/18 & 35/9 & 7/18 \\ 35/9 & -25/9 & 2/9 \\ 7/18 & 2/9 & -1/9 \end{bmatrix}$$

9.2.4 Sylvester方程求解

Sylvester方程的一般形式为

$$AX + XB = -C \tag{9-15}$$

其中，$A \in \mathscr{C}^{n\times n}$，$B \in \mathscr{C}^{m\times m}$，$C, X \in \mathscr{C}^{n\times m}$。该方程又称为广义Lyapunov方程。

仍可以利用MATLAB控制系统工具箱中的lyap()函数直接求解该方程，其调用格式为$\boldsymbol{X}$=lyap($\boldsymbol{A}$,$\boldsymbol{B}$,$\boldsymbol{C}$)，该函数采用Schur分解的数值解法求解方程。此外，MATLAB还提供了Sylvester方程数值求解的函数sylvester()，其格式为$\boldsymbol{X}$=sylvester($\boldsymbol{A}$,$\boldsymbol{B}$,$-\boldsymbol{C}$)，注意这里用的是$-\boldsymbol{C}$，因为该函数求解的方程为$\boldsymbol{AX}+\boldsymbol{XB}=\boldsymbol{C}$。

类似于前述的一般Lyapunov方程，可以采用Kronecker乘积的形式将原始方程进行变换，得到下面的线性代数方程：

$$(\boldsymbol{I}_m\otimes\boldsymbol{A}+\boldsymbol{B}^{\mathrm{T}}\otimes\boldsymbol{I}_n)\boldsymbol{x}=-\boldsymbol{c} \tag{9-16}$$

其中，$\boldsymbol{c}=\mathrm{vec}(\boldsymbol{C})$，$\boldsymbol{x}=\mathrm{vec}(\boldsymbol{X})$为矩阵按列展开的列向量。

如果矩阵$(\boldsymbol{I}_m\otimes\boldsymbol{A}+\boldsymbol{B}^{\mathrm{T}}\otimes\boldsymbol{I}_n)$为非奇异方阵，则Sylvester方程有唯一解。

注意，式(9-16)中使用的转置是直接转置，不是Hermite转置。

综合上述算法，可以编写出Sylvester型方程的解析解求解函数lyapsym()。

```
function X=lyapsym(A,B,C)
if nargin==2, C=B; B=A'; end %若输入个数为2，则设置成Lyapunov方程
[nr,nc]=size(C); A0=kron(eye(nc),A)+kron(B.',eye(nr));  %系数矩阵
if rank(A0)==nr*nc, x0=-A0\C(:); X=reshape(x0,nr,nc);
else, error('singular matrix found.'), end
```

例9-9　求解下面的Sylvester方程。

$$\begin{bmatrix}8&1&6\\3&5&7\\4&9&2\end{bmatrix}\boldsymbol{X}+\boldsymbol{X}\begin{bmatrix}16&4&1\\9&3&1\\4&2&1\end{bmatrix}=\begin{bmatrix}1&2&3\\4&5&6\\7&8&0\end{bmatrix}$$

解　调用lyap()函数可以立即得到原方程的数值解。

```
>> A=[8,1,6; 3,5,7; 4,9,2]; B=[16,4,1; 9,3,1; 4,2,1]; %输入已知矩阵
   C=-[1,2,3; 4,5,6; 7,8,0]; X=lyap(A,B,C)           %求解方程
   norm(A*X+X*B+C)                                   %检验解的误差
```

该方程的数值解如下，经检验该解的误差为7.5409×10^{-15}，精度较高。

$$\boldsymbol{X}=\begin{bmatrix}0.0749&0.0899&-0.4329\\0.0081&0.4814&-0.2160\\0.0196&0.1826&1.1579\end{bmatrix}$$

sylvester()函数的误差为9.6644×10^{-15}，注意其调用格式。

```
>> X=sylvester(A,B,-C), norm(A*X+X*B+C)
```

例9-10　试求解例9-9中Sylvester方程的解析解。

解　调用lyapsym()函数可以立即得到原方程的解析解。

```
>> A=[8,1,6; 3,5,7; 4,9,2]; B=[16,4,1; 9,3,1; 4,2,1]; %输入已知矩阵
   C=-[1,2,3; 4,5,6; 7,8,0]; x=lyapsym(sym(A),B,C)   %求解析解
   norm(A*x+x*B+C)                                   %检验解
```

方程的解如下，经检验，误差为0，该解是原方程的解析解。

$$\boldsymbol{x}=\begin{bmatrix}1349214/18020305&648107/7208122&-15602701/36040610\\290907/36040610&3470291/7208122&-3892997/18020305\\70557/3604061&1316519/7208122&8346439/7208122\end{bmatrix}$$

当然，lyapsym()函数仍然可以用于求取Sylvester方程数值解。

例9-11 求解下面的Sylvester方程。

$$\boldsymbol{A}=\begin{bmatrix}8&1&6\\3&5&7\\4&9&2\end{bmatrix},\ \boldsymbol{B}=\begin{bmatrix}2&3\\4&5\end{bmatrix},\ \boldsymbol{C}=-\begin{bmatrix}1&2\\3&4\\5&6\end{bmatrix}$$

解 Sylvester方程能解决的问题中并未要求矩阵$\boldsymbol{C}$为方阵，利用上面的语句仍然能求出此方程的解析解，这里还可以尝试上面编写的求解Lyapunov方程解析解的新函数`lyapsym()`，可以直接求解上述方程。

```
>> A=[8,1,6; 3,5,7; 4,9,2]; B=[2,3; 4,5]; C=-[1,2; 3,4; 5,6]
   X=lyapsym(sym(A),B,C), norm(A*X+X*B+C) %解析解求解，经检验没有误差
```

得到的解如下所示，经检验，该解是原方程的解析解。

$$\boldsymbol{X}=\begin{bmatrix}-2853/14186&-11441/56744\\-557/14186&-8817/56744\\9119/14186&50879/56744\end{bmatrix}$$

例9-12 如果例9-11的$\boldsymbol{B}$矩阵的$b_{21}=a$，其中，a为实数，试求解Sylvester方程。

$$\boldsymbol{A}=\begin{bmatrix}8&1&6\\3&5&7\\4&9&2\end{bmatrix},\ \boldsymbol{B}=\begin{bmatrix}2&3\\a&5\end{bmatrix},\ \boldsymbol{C}=-\begin{bmatrix}1&2\\3&4\\5&6\end{bmatrix}$$

解 即使矩阵中含有变量a，则仍利用解析解方法求解Sylvester方程。

```
>> syms a real; A=[8,1,6; 3,5,7; 4,9,2];
   B=[2,3; a,5]; C=-[1,2; 3,4; 5,6];             %带有参数a的矩阵
   X=simplify(lyapsym(A,B,C)), norm(A*X+X*B+C) %解方程并验证
```

得到的解如下：

$$\boldsymbol{X}=\frac{1}{\varDelta}\begin{bmatrix}6\left(3a^3+155a^2-2620a+200\right)&-(513a^2-10716a+80420)\\4\left(9a^3-315a^2+314a+980\right)&-3\left(201a^2-7060a+36780\right)\\2\left(27a^3-1869a^2+25472a-760\right)&-477a^2+4212a+194300\end{bmatrix}$$

其中，$\varDelta=27a^3-3672a^2+69300a+6800$。另外，当分母$\varDelta=0$时方程无解。

9.3 一般非线性方程求解

非线性代数方程的求解比线性方程求解更麻烦，在很多应用中，甚至方程有多少个解都不易得出。本节首先介绍图解方法，然后介绍多项式类方程的高精度数值解方法，最后介绍基于搜索的数值方法。9.4节探讨多解矩阵方程的数值求解方法。

9.3.1 非线性方程的图解法

第5章介绍了MATLAB提供了一元函数绘制函数`fplot()`和二元隐函数的绘制函数`fimplicit()`，可以使用这两个函数获得一元方程和二元联立方程的解。利用曲线求解方程的方法称为图解法。显然，图解法是有明显局限性的，因为该方程最高可以求解二元代数方程。本节演示一元、二元非线性方程的图解方法。

1. 一元方程的图解法

一元方程的一般数学形式为

$$f(x)=0 \tag{9-17}$$

对于任意的单变量方程 $f(x)=0$，可以考虑将方程用符号表达式或匿名函数描述，然后调用fplot()函数绘制出方程的曲线，这样，就可以用图解方法求出方程曲线与横轴的交点，这些交点就是方程的解。

例9-13 根式方程的解析求解是有诸多条件的，如果条件不满足则无法解析求解。试用图解方法求解下面的根式方程。

$$\sqrt{2x^2+3}+\sqrt{x^2+3x+2}-\sqrt{2x^2-3x+5}-\sqrt{x^2-5x+2}=0$$

解 先用符号表达式表示方程的左端，则可以调用fplot()函数，并叠印上横轴，则可以得出如图9-1所示的曲线。从得出的结果看，方程与横轴只有一个交点，该交点就是方程的解。

```
>> syms x                                        %声明符号变量
   f=sqrt(2*x^2+3)+sqrt(x^2+3*x+2)-...           %用符号表达式描述方程
        sqrt(2*x^2-3*x+5)-sqrt(x^2-5*x+2);
   fplot(f), line([-5 5],[0,0])                  %绘制曲线并叠印横轴
```

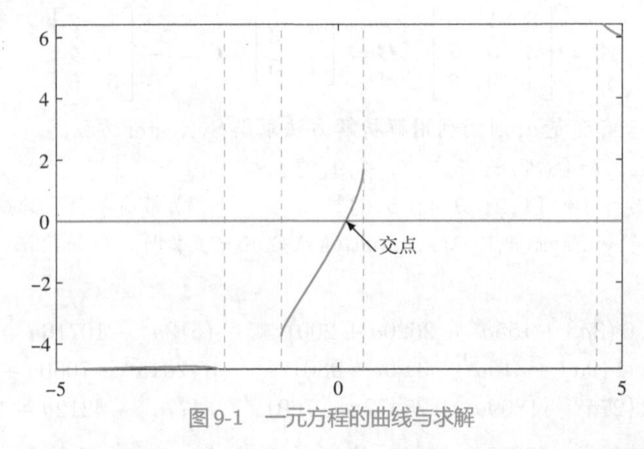

图9-1 一元方程的曲线与求解

如果想得到方程的解，则需要选择图形坐标轴工具栏中局部放大工具，对交点附近的区域做局部放大，用户可以反复地使用放大功能，直至 x 的标度都大致一样，这时，可以认为得到了方程的解。对这个具体的方程而言，通过局部放大得出方程的解为 $x=0.13809878$，代入方程则可以得出误差为 6.018×10^{-9}。

2. 二元方程的图解法

二元方程联立组的数学形式与定义在下面给出，本节将探讨利用图解的方式求解相应的二元联立方程组，并指出图解法存在的问题。

二元联立方程的一般形式为

$$\begin{cases} f(x,y)=0 \\ g(x,y)=0 \end{cases} \tag{9-18}$$

从给出方程的数学形式看，$f(x,y)=0$ 可以看成关于自变量 x 和 y 的隐函数表达式，故使用fimplicit()函数即可以直接绘制该隐函数的曲线，而曲线上的所有点都满足该方程。同样，$g(x,y)=0$ 也是隐函数的数学表达式，由fimplicit()函数可以求解该方程。如果将这两个函数在同一坐标系下绘制出来，得出的曲线交点则为联立方程的解。

例9-14　试求解二元方程在 $-2\pi \leqslant x,y \leqslant 2\pi$ 区域内的解。

$$\begin{cases} x^2 e^{-xy^2/2} + e^{-x/2}\sin(xy) = 0 \\ y^2\cos(y+x^2) + x^2 e^{x+y} = 0 \end{cases}$$

解　事实上，这个方程的图解法在例5-28中已经演示了，由下面的语句可以在默认参数下直接绘制两个方程的曲线，如图9-2所示。曲线交点就是联立方程的解。

```
>> syms x y; f1=x^2*exp(-x*y^2/2)+exp(-x/2)*sin(x*y);
   f2=y^2*cos(y+x^2)+x^2*exp(x+y); %用符号表达式描述两个方程
   fimplicit([f1 f2],[-2*pi,2*pi]) %绘制两个方程的解曲线,观察交点
```

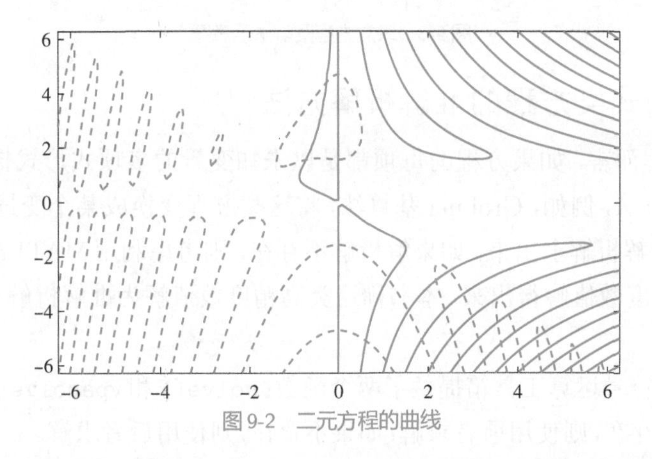

图9-2　二元方程的曲线

如果想得出某个具体交点的信息，则可以对该点做局部放大，大致地得出交点处的 x 与 y 值，不过可以预计，这样的解不会太精确。此外，由于这个联立方程存在太多交点，所以一个个局部放大求解的方式显然不适用，应该考虑引入能一次性求出所有交点的全新方法。

如果将 $(0,0)$ 点代入方程，显然该点满足方程，不过在得出的图上似乎有意避开了这个点。这样的解称为方程的孤立解，很难用搜索的方法找到该解。

例9-15　试用图解法求解下面的联立方程。

$$\begin{cases} x^2 + y^2 = 1 \\ 0.75x^3 - y = 0.9 \end{cases}$$

解　先用符号表达式表示这两个方程，然后将这两个隐函数绘制出来，得出的曲线如图9-3所示。可见，图中显示这两组曲线有两个交点。

```
>> syms x y; f1=x^2+y^2==1; f2=0.75*x^3-y==0.9; %描述两个方程
   fimplicit([f1,f2],[-pi,pi])                  %直接绘制两个隐函数曲线
```

如果将第二个表达式稍加变换，则 $y = 0.75x^3 - 0.9$，代入第一个方程，得出一个关于 x 的六次多项式方程：$0.5625x^6 - 1.35x^3 + x^2 - 0.19 = 0$。给出下面的命令

```
>> x=roots([0.5625,0,0,-1.35,1,0,-0.19]), y=0.75*x.^3-0.9
```

则可以得出方程的六个根，而不是图9-3中所示的两个根。为什么图中只给出两个根呢？因为原方程有两个实根，其他四个根应该是两对共轭复数根。在图解法中只能表示出方程的实数根，而不能显示、求取复数根。

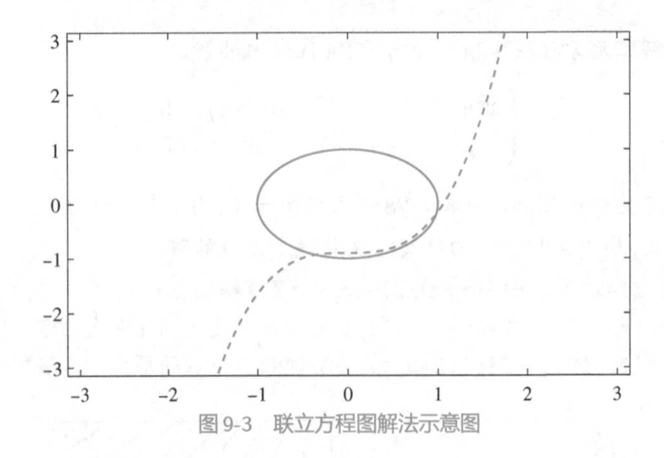

图9-3 联立方程图解法示意图

9.3.2 多项式类方程的准解析解方法

对特定的方程而言，如果方程的每项都是以未知变量的多项式形式描述的，则在数学上可能找出某种方法，例如，Gröbner基算法，将这类方程变换成某个变量的高阶多项式方程，然后将方程的解析解求出来。如果解析解不存在，则考虑利用MATLAB的符号运算机制，将方程的高精度数值解得出来。本书称这类高精度数值解为准解析解（quasi-analytical solution）。

MATLAB的符号运算工具箱提供了两个函数：solve()和vpasolve()，直接求解代数方程。如果解析解存在，则使用前者求解；如果不存在，则使用后者求解。

solve()函数的调用格式为

S=solve(eqn_1,eqn_2,$\cdots$,eqn_n), %求解方程

S=solve(eqn_1,eqn_2,$\cdots$,eqn_n,x_1,x_2,$\cdots$,x_n), %指定未知变量求解方程

式中，待求解的方程由符号表达式eqn_i表示，自变量由x_i表示。返回的解是一个结构体变量，其解由$S.x_i$直接提取。在调用格式中eqn_i可以是单个的方程也可以是向量、矩阵描述的一组方程，还可以将所有的方程描述成一个向量与矩阵符号表达式eqn_1，直接求解这些方程。

当然，用下面的调用格式还可以直接获得方程的解。

[x_1,x_2,$\cdots$,x_n]=solve(~) %输入变元与前面一致

从函数的调用和使用方面看，这种直接返回变量的调用格式比返回结构体变量的格式更实用，所以本书尽量使用这样的格式。

vpasolve()函数的格式与solve()函数是一致的。

例9-16 试利用MATLAB直接求解鸡兔同笼问题。

$$\begin{cases} x+y=35 \\ 2x+4y=94 \end{cases}$$

解 当然可以使用底层命令直接求解这个方程，不过这里只演示直接求解方法。只须用符号表达式描述两个方程，再调用solve()命令就可以得出方程的解。注意，应该用==表示方程的等号。如果方程右端为0，则可以略去等号。由下面的语句可以直接得出方程的解析解为$x_0=23$，$y_0=12$。

```
>> syms x y; [x0,y0]=solve(x+y==35,2*x+4*y==94) %解方程
```

例9-17 试求解例9-15中给出的联立方程。

解 由图解法并不能有效求解例子中的联立方程，因为原方程既含有实数根，也含有复数根。可以先将方程用符号表达式的方式输入给计算机，然后调用vpasolve()函数，则可以直接求解该方程组。对用户而言，求解这个方程和求解鸡兔同笼问题一样容易。

```
>> syms x y;
   [x0,y0]=vpasolve(x^2+y^2==1,0.75*x^3-y==0.9) %求准解析解
```

得出的结果在$\boldsymbol{x}_0$和$\boldsymbol{y}_0$向量中返回，所以要检验得出的误差并不是一件容易的事，因为要重新输入方程的表达式，再求值。另一种求解的方法是将两个方程用符号变量表示出来，再直接求解，这样得出的结果与前面是完全一致的。将解代入原方程，可以得出误差为3.6718×10^{-38}。

```
>> f1=x^2+y^2-1; f2=0.75*x^3-y-0.9; [x0,y0]=vpasolve(f1,f2)
   norm([subs(f1,{x,y},{x0,y0}),subs(f2,{x,y},{x0,y0})])
```

例9-18 试求解下面看起来很复杂的代数方程(习题1.5)。

$$\begin{cases}\dfrac{1}{2}x^2+x+\dfrac{3}{2}+\dfrac{2}{y}+\dfrac{5}{2y^2}+\dfrac{3}{x^3}=0\\[2mm] \dfrac{y}{2}+\dfrac{3}{2x}+\dfrac{1}{x^4}+5y^4=0\end{cases}$$

解 这个方程与例9-15中给出的方程不一样，至少例9-15中的方程可以将一个方程代入另一个方程，最终手工得出一个高阶的多项式方程，而这个方程就没那么容易变换了。不用说求解方程，就是判定方程有多少个根，不借助计算机也不是一件容易的事。

不过不必考虑或担心这类底层问题，只须用下面的语句将原始的方程用规范的语句原原本本地表示出来，就可以直接得出原方程的准解析解。

```
>> syms x y;
   f1(x,y)=x^2/2+x+3/2+2/y+5/(2*y^2)+3/x^3;
   f2(x,y)=y/2+3/(2*x)+1/x^4+5*y^4;            %用符号表达式描述两个方程
   [x0,y0]=vpasolve(f1,f2), size(x0)          %解方程并得到解的个数
   e1=norm(f1(x0,y0)), e2=norm(f1(x0,y0)) %检验误差
```

将得出的全部26个根代入原始方程，则能得出很小的计算误差，达到10^{-33}级，说明该方程的各个解都是非常精确的。求解这样看起来难度极高的代数方程，对用户而言，求解的难度也与鸡兔同笼问题是一样的。

9.3.3 二次型方程的准解析解方法

Riccati代数方程的数学形式为

$$\boldsymbol{A}^{\mathrm{T}}\boldsymbol{X}+\boldsymbol{X}\boldsymbol{A}-\boldsymbol{X}\boldsymbol{B}\boldsymbol{X}+\boldsymbol{C}=\boldsymbol{0} \tag{9-19}$$

式中，每个矩阵都是$n\times n$矩阵。由于该方程含有$\boldsymbol{XBX}$这样的二次项，所以，该方程又称为二次型方程(quadratic equation)。用控制系统工具箱提供的are()函数可以求出Riccati方程的一个根，而不是全部的根。如果原方程给出的形式变换出如下的形式

$$\boldsymbol{D}\boldsymbol{X}+\boldsymbol{X}\boldsymbol{A}-\boldsymbol{X}\boldsymbol{B}\boldsymbol{X}+\boldsymbol{C}=\boldsymbol{0} \tag{9-20}$$

则该方程为广义Riccati方程，这样的方法是利用are()这类函数无法求解的。本节介绍一种利用vpasolve()函数的准解析解方法。

例9-19 若已知如下矩阵，试求解广义Riccati方程。

$$A=\begin{bmatrix}-1&1&1\\1&0&2\\-1&-1&-3\end{bmatrix},\ B=\begin{bmatrix}2&1&1\\-1&1&-1\\-1&-1&0\end{bmatrix},\ C=\begin{bmatrix}0&-2&-3\\1&3&3\\-2&-2&-1\end{bmatrix},\ D=\begin{bmatrix}2&-1&-1\\1&1&-1\\1&-1&0\end{bmatrix}$$

解 求解这个方程关键的一步是如何描述未知变量。对这个具体问题而言，未知变量为 x_{11}, x_{12}, $\cdots$, x_{33}。一种很自然的定义方法是由sym()函数生成一个变量矩阵。再输入几个已知矩阵，就可以由符号表达式描述Riccati方程。这时，调用vpasolve()函数就可以直接求解方程。

```
>> A=[-1,1,1; 1,0,2; -1,-1,-3]; B=[2,1,1; -1,1,-1; -1,-1,0];
   C=[0,-2,-3; 1,3,3; -2,-2,-1]; D=[2,-1,-1; 1,1,-1; 1,-1,0];
   X=sym('x%d%d',3); F=D*X+X*A-X*B*X+C; %定义未知矩阵并描述方程
   tic, X0=vpasolve(F), toc, X0.x11      %直接求解方程
```

经过19.89s的等待，由上述求解语句可以直接得出方程的20个解。由显示的结果可见，第1、2、5、8、9、12、15、20组解为实数，其余的解为共轭复数矩阵。如果想提取第15组解，则可以给出如下命令，并计算出误差范数为 2.2902×10^{-31}。

```
>> k=15;                    %提取第15组解
   X1=[X0.x11(k),X0.x12(k),X0.x13(k); X0.x21(k),X0.x22(k),X0.x23(k);
       X0.x31(k),X0.x32(k),X0.x33(k)]
   norm(subs(F,X,X1)) %将解代入原方程
```

由上面一段命令看，如果想提取方程的一个解比较烦琐，为此，特地编写了下面的MATLAB函数，可以一次性提取方程的解，将方程的第k个解写入三维数组的$\boldsymbol{Y}(:,:,k)$，该函数可以避免逐一提取方程解的过程。

```
function Y=extract_sols(X,n,m,x)
if nargin==3, x='x'; end, eval(['N=length(X.' x '11);'])
for k=1:N, for i=1:n, for j=1:m %逐一提取解矩阵，写入三维数组
   eval(['Y(i,j,k)=X.' x int2str(i) int2str(j) '(' int2str(k) ');'])
end, end, end
```

例9-20 找出例9-19得出的20个解的最大误差。

解 重新求解例9-19的方程，利用上面函数提取方程的解并代入方程，可以得出解的最大误差为 1.0861×10^{-26}。可见，这样的求解精度远远高于双精度数据结构，代价是比较耗时。

```
>> A=[-1,1,1; 1,0,2; -1,-1,-3]; B=[2,1,1; -1,1,-1; -1,-1,0];
   C=[0,-2,-3; 1,3,3; -2,-2,-1]; D=[2,-1,-1; 1,1,-1; 1,-1,0];
   X=sym('x%d%d',3); F=D*X+X*A-X*B*X+C;              %定义未知矩阵并描述方程
   tic, X0=vpasolve(F), toc                          %直接求解方程
   Y=extract_sols(X0,3,3);                           %提取各个解
   for k=1:20, v(k)=norm(subs(F,X,Y(:,:,k))); end %得出每个解误差
   err=double(max(v))                                %找到最大误差
```

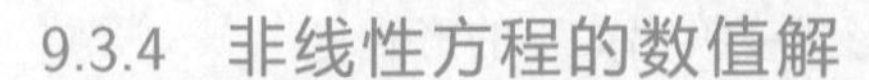

9.3.4 非线性方程的数值解

现在考虑一般非线性方程组 $\boldsymbol{f}(\boldsymbol{x})=\boldsymbol{0}$ 的数值求解方法。

上面介绍的求解方法与工具看似强大，但也有其难以回避的局限性。首先，该方法适用于多项式型方程，虽然vpasolve()函数可以求解其他形式的方程，但求解能力有限；其次，由于求解方法是在符号运算框架下实现的，速度较慢。所以在实际方程求解中应该考虑采用更好、更通用的方法。MATLAB提供了实用的求解函数fsolve()，只须给出描述方程的函数句柄和初值，就可以直接求解任意复杂的非线性方程组，由给出的初值搜索出方程的一个解。该函数的调用格式为

```
x=fsolve(f,x0),                       %简单格式
[x,F,flag,out]=fsolve(f,x0,opts), %完整调用格式
```

式中，f为方程函数的句柄；$\boldsymbol{x}_0$为初始向量或矩阵；f函数的维数与$\boldsymbol{x}_0$完全一致，正常情况下得出的$\boldsymbol{x}$为方程的数值解；$\boldsymbol{F}$为$\boldsymbol{x}$处方程函数的值矩阵；flag如果为正则说明求解成功；out变量还返回一些中间信息。用户还可以增加输入选项opts控制求解的算法与精度，后面将通过例子演示方程的求解方法。

例9-21 试利用这里介绍的求解函数直接求解例9-15中的方程。

解 由于给出的方程中，未知变量是x和y，而标准型需要向量$\boldsymbol{x}$，所以，需要变换成标准型才能求解，假设$x_1=x, x_2=y$，则替换原方程中的变量，可以得出转换后的方程与标准型为

$$\begin{cases} x_1^2+x_2^2-1=0 \\ 0.75x_1^3-x_2-0.9=0 \end{cases} \Rightarrow \boldsymbol{f}(\boldsymbol{x})=\begin{bmatrix} x_1^2+x_2^2-1 \\ 0.75x_1^3-x_2-0.9 \end{bmatrix}=\boldsymbol{0}$$

有了标准型，则可以使用匿名函数或MATLAB函数描述$\boldsymbol{f}(\boldsymbol{x})$。匿名函数为

```
>> f=@(x)[x(1)^2+x(2)^2-1; 0.75*x(1)-x(2)-0.9];
```

也可以编写下面的MATLAB函数描述方程，并存入c9mfun.m文件。

```
function y=c9mfun(x)
y=[x(1)^2+x(2)^2-1; 0.75*x(1)-x(2)-0.9];
```

选择初值$\boldsymbol{x}_0=[1;2]$，则可以直接求解方程，得出数值解为$\boldsymbol{x}=[0.9872,-0.1596]$，得出的误差向量范数为$1.7609\times10^{-9}$。

```
>> x0=[1;2]; x=fsolve(f,x0) %或x=fsolve(@c9mfun,x0)
   norm(f(x))                %或c9mfun(x)
```

如果将初值选作其他的值，如$\boldsymbol{x}_0=[-1,0]$，再求解方程，则有可能得到方程的另一该实数解为$\boldsymbol{x}=[-0.1232,-0.9924]$，误差向量的范数为$3.0342\times10^{-8}$。得出的flag值为1，说明求解成功。此外，out结构体还显示其他求解信息，如迭代次数为5，匿名函数调用次数为18。

```
>> x0=[-1; 0]; [x,f0,flag,out]=fsolve(f,x0), norm(f0)
```

9.3.5 方程求解的参数控制

从上面的求解过程可以看出，该过程存在两个问题：(1)如何得出方程的复数解？(2)如何增加求解的精度？

对于第一个问题，如果初值选择为复数，则有可能得出方程的复数解。另外，对实系数方程而言，其共轭复数有可能也是方程的解，所以可以代入方程检验。

对于第二个问题，MATLAB的fsolve()函数运行用户由optimset()函数指定求解控制选项，常用的选项在表9-2中给出。

表9-2 常用的方程求解控制参数

参数名	参数说明
Display	中间结果显示方式，其值可以取 off 表示不显示中间值；iter 表示逐步显示；notify 表示在求解不收敛时给出提示；final 只显示最终值
MaxIter	方程求解和优化过程最大允许的迭代次数，若方程未求出解，可以适当增加该值
MaxFunEvals	方程函数或目标函数的最大调用次数
TolFun	误差函数误差限控制量，当函数的绝对值小于此值即终止求解
TolX	解的误差限控制量，当解的绝对值小于此值即终止求解

MATLAB fsolve() 函数采用迭代方式求解方程，由用户选择的 $\boldsymbol{x}_0$ 出发，一步一步迭代，得出方程的解。其中，记第 k 步迭代的解为 $\boldsymbol{x}_k$。迭代过程的收敛条件无外乎下面几个：

(1)步数过多。迭代次数或匿名函数调用次数超过最大允许的次数。

(2)两步足够近。两次迭代的 $\boldsymbol{x}$ 值小于预先指定的误差限，即 $||\boldsymbol{x}_k-\boldsymbol{x}_{k-1}||\leqslant\varepsilon_1$。

(3)函数值足够小。函数的绝对值小于指定的误差限，即 $||\boldsymbol{f}(\boldsymbol{x}_k)||\leqslant\varepsilon_2$。

满足条件 (1) 时，给出警告信息，说明求解不成功，用户可以考虑增大控制选项中的 MaxIter 或 MaxFunEvals 的值；后两种情况下，可以认为求解成功。当然，如果想提高求解的精度，则需要给出更严苛的 TolX（即 ε_1）或 TolFun（即 ε_2）控制参数。

可以由下面的语句修改求解器的控制参数

```
ff=optimset; ff.TolX=1e-13; ff.TolFun=eps;
```

例9-22 例9-21演示，在某些初值下，求解误差可能高达 10^{-8}，试求出更精确的结果。

解 在例9-21中，若选择初值 $\boldsymbol{x}_0=[-1,0]$，得出的解误差偏大。在相同的初值下，可以用下面的命令重新求解问题，则得出的解误差范数为 1.1102×10^{-16}。由此可见，得出解的精度被显著提高了。

```
>> f=@(x)[x(1)^2+x(2)^2-1; 0.75*x(1)-x(2)-0.9]; %代数方程
   ff=optimset; ff.TolX=eps; ff.TolFun=eps;        %严苛的误差限
   x0=[-1; 0]; [x,f0,flag,out]=fsolve(f,x0,ff), norm(f0)
```

9.4 多解非线性矩阵方程

在实际应用中，很多代数方程是多解的，例如，前面介绍的广义 Riccati 矩阵方程有20个解，而图9-2中给出的示意图上有几十个交点，这些解如果用 fsolve() 函数逐一求解是很困难的，需要用户选择不同的初值尝试求解。本节介绍一个求解思路，并将该思路用 MATLAB 代码实现，给出一个多解非线性矩阵方程求解的通用函数，并利用这个求解函数求解一般难以甚至不能用 vpasolve() 求解的矩阵方程，并探讨伪多项式方程的求解方法。

9.4.1 多解方程求解的思路与代码实现

由前面给出的 fsolve() 求解函数可见，可以通过随机数矩阵生成的方式产生一个初始搜索点，得出方程的解。可以把这个函数作为程序的核心，外部套一层循环。在循环的内部，在感兴趣的区域内随机设置初始搜索点，调用 fsolve() 函数得出方程的一个解。如果这个解已经被记录，则可以比较这个解和已记录解的精度。如果新的解更精确，则用这个解取代已记录的解，否则舍弃；如果这个解是新的解，则记录该解。

这个循环结构设计成死循环（infinite loop），这样，有望得出感兴趣区域内方程全部的解。根据这样的思路可以编写出一个通用的求解函数，其实这个通用求解函数以前曾经发布了多个版本[10]，这个版本中，特别增加了一些处理。例如，可以尝试零矩阵是不是方程的孤立解（isolated solution）；如果找到的根比以前存储的更精确，则替换该根；如果找到的新解为复数，则检验其共轭复数是不是方程的根。基于这样的考虑，编写了下面的求解函数。这个函数还有一个特点，运行的时间越长，得出的结果可能越精确。

```
function more_sols(f,X0,varargin)
[A,tol,tlim,ff]=default_vals({1000,eps,30,optimset},varargin{:});
if length(A)==1, a=-0.5*A; b=0.5*A; else, a=A(1); b=A(2); end
ar=real(a); br=real(b); ai=imag(a); bi=imag(b);
ff.Display='off'; ff.TolX=tol; ff.TolFun=1e-20;
[n,m,i]=size(X0); X=X0; tic
if i==0, X0=zeros(n,m);             %判定零矩阵是不是方程的孤立解
  if norm(f(X0))<tol, i=1; X(:,:,i)=X0; end
end
while (1) %死循环结构,可以按 Ctrl+C 组合键中断,也可以等待
  x0=ar+(br-ar)*rand(n,m);          %生成搜索初值的随机矩阵
  if abs(imag(A))>1e-5, x0=x0+(ai+(bi-ai)*rand(n,m))*1i; end
  try, [x,~,key]=fsolve(f,x0,ff); catch, continue; end %无效解处理
  t=toc; if t>tlim, break; end      %如果长时间没有新解则结束程序
  if key>0, N=size(X,3);            %读出已记录根的个数,若找到的根已记录,则放弃
    for j=1:N, if norm(X(:,:,j)-x)<1e-4; key=0; break; end, end
    if key==0                       %如果找到的解比存储的更精确,则替换
      if norm(f(x))<norm(f(X(:,:,j))), X(:,:,j)=x; end
    elseif key>0, X(:,:,i+1)=x; %记录找到的根
      if norm(imag(x))>1e-5 && norm(f(conj(x)))<1e-8
        i=i+1; X(:,:,i+1)=conj(x);         %若找到复数解,则测试其共轭复数
      end
      assignin('base','X',X); i=i+1, tic  %更新信息
    end, assignin('base','X',X);
end, end
```

方程通用求解函数`more_sols()`的调用格式为

`more_sols(`f`,`$\boldsymbol{X}_0$`,`a`,`ϵ`,`$t_{\rm lim}$`,opts)`

式中，f为方程的函数句柄，可以由匿名函数与M-函数描述原代数方程；$\boldsymbol{X}_0$为三维数组，用于描述解的初值，如果首次求解方程，建议将其设置为`zeros(`n`,`m`,0)`，即空白三维数组，n和m为解矩阵的维数；方程的解被自动存在MATLAB工作空间中的三维数组$\boldsymbol{X}$中，如果想继续搜索方程的解，则应该在$\boldsymbol{X}_0$的位置填写$\boldsymbol{X}$；a的默认值为1000，表示在$[-500,500]$区间内大范围搜索方程的解；ϵ的默认值为eps；$t_{\rm lim}$的默认值为30，表示30 s没有找到新的

解就自动终止程序；还可以指定求解的控制选项opts，默认值为optimset。a还可以取为复数，表示需要求取方程的复数根。另外，a还可以给定为求解区间$[a,b]$。

得出的解写入MATLAB工作空间的三维数组$\boldsymbol{X}$，其中，$\boldsymbol{X}(:,:,k)$为找到的第k个解矩阵。

例9-23 试得出例9-14中方程在$-2\pi \leqslant x,y \leqslant 2\pi$内所有的解。该方程共有多少个解？这些解的最大误差是什么？

解 令$x_1=x,x_2=y$，则可以写出方程的标准型为

$$\boldsymbol{f}(\boldsymbol{x})=\begin{bmatrix} x_1^2\mathrm{e}^{-x_1x_2^2/2}+\mathrm{e}^{-x_1/2}\sin(x_1x_2) \\ x_2^2\cos(x_2+x_1^2)+x_1^2\mathrm{e}^{x_1+x_2} \end{bmatrix}=\mathbf{0}$$

这样，就利用由下面的语句描述方程，并得出方程在感兴趣区域内的所有解。

```
>> f=@(x)[x(1)^2*exp(-x(1)*x(2)^2/2)+exp(-x(1)/2)*sin(x(1)*x(2));
          x(2)^2*cos(x(2)+x(1)^2)+x(1)^2*exp(x(1)+x(2))];
   more_sols(f,zeros(2,1,0),4*pi)
```

先绘制图9-2中的隐函数曲线，然后找出感兴趣区域内的所有解，将其叠印到隐函数曲线上，得出如图9-4所示的解的图形表示。这样，总共找到41个根。这是用其他方法不能得出的。将这些解代入方程得出的最大误差为1.3706×10^{-13}。

```
>> syms x y; f1=x^2*exp(-x*y^2/2)+exp(-x/2)*sin(x*y);
   f2=y^2*cos(y+x^2)+x^2*exp(x+y);             %用符号表达式描述两个方程
   fimplicit([f1 f2],[-2*pi,2*pi])             %绘制两个方程的解曲线
   x0=X(1,1,:); y0=X(2,1,:); ii=(abs(x0)<=2*pi & abs(y0)<=2*pi);
   x0=x0(ii); y0=y0(ii); size(x0)              %找出感兴趣区域内的解
   hold on, plot(x0(:),y0(:),'o'); hold off %叠印得出的解
   er=[]; for i=1:size(X,3), er=[er f(X(:,:,i))]; end, norm(er,1)
```

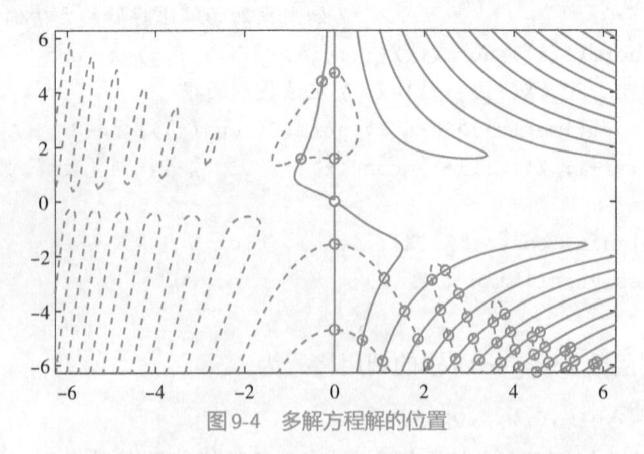

图9-4 多解方程解的位置

9.4.2 矩阵方程的求解

这里给出的方法是用前面vpasolve()函数无法实现的，因为vpasolve()函数使用之前，需要用符号运算的形式将$\boldsymbol{F}(\boldsymbol{X})$函数完全表示出来，所以很多数学函数的解析表达式是无法描述的。而这里的方法只须将方程用匿名函数描述出来，没有这样的局限性。

例9-24 用数值方法试找出例9-19中方程的20个解。

解 用匿名函数直接描述方程，再用下面语句重新求解方程，找出方程的全部20个数值解，结果在三维数组 $\boldsymbol{X}$ 中返回。值得指出的是，这样得出的精度是双精度结构下最高的，但远远低于前面的准解析解方法。

```
>> A=[-1,1,1; 1,0,2; -1,-1,-3];  B=[2,1,1; -1,1,-1; -1,-1,0];
   C=[0,-2,-3; 1,3,3; -2,-2,-1]; D=[2,-1,-1; 1,1,-1; 1,-1,0];
   f=@(X)D*X+X*A-X*B*X+C;                   %用匿名函数直接描述方程
   more_sols(f,zeros(3,3,0),1000+1000i) %大范围搜索方程的复数解
```

例9-25 试求解非线性矩阵方程。

$$e^{\boldsymbol{A}\boldsymbol{X}}\sin\boldsymbol{B}\boldsymbol{X}-\boldsymbol{C}\boldsymbol{X}+\boldsymbol{D}=\boldsymbol{0}$$

其中 $\boldsymbol{A}$、$\boldsymbol{B}$、$\boldsymbol{C}$ 和 $\boldsymbol{D}$ 矩阵在例9-19中给出，试求出该方程的全部实数解。

解 若采用9.3.3节的方法，用 F=expm($\boldsymbol{A}$*$\boldsymbol{X}$)*funm($\boldsymbol{B}$*$\boldsymbol{X}$,@sin)-$\boldsymbol{C}$*$\boldsymbol{X}$+$\boldsymbol{D}$ 命令无法生成 F 的符号表达式，所以该方法无法求解这个方程。可以用下面的语句直接求解这里给出的复杂非线性矩阵方程，已经找到120个实数解。用户还可以自己尝试，看能不能得出更多的实数解(解的存储文件为data9_25.mat)。

```
>> A=[2 1 9; 9 7 9; 6 5 3]; B=[0 3 6; 8 2 0; 8 2 8];
   C=[7 0 3; 5 6 4; 1 4 4]; D=[3 9 5; 1 2 9; 3 3 0];
   f=@(X)expm(A*X)*funm(B*X,@sin)-C*X+D; %用匿名函数描述方程
   more_sols(f,zeros(3,3,0),10); X       %求解非线性矩阵方程
```

9.4.3 伪多项式方程的求解

式(6-1)给出了伪多项式的数学形式。迄今为止，没有任何求解伪多项式方程的方法。本节将用例子演示用more_sols()搜索伪多项式方程解的方法。

例9-26 试求解无理阶次伪多项式方程 $s^{\sqrt{5}}+25s^{\sqrt{3}}+16s^{\sqrt{2}}-3s^{0.4}+7=0$。

解 more_sols()函数是求解这类方程的唯一方法，可以由下面的语句直接求解该方程。可见，该无理阶次伪多项式方程只有两个解，位置为 $s=-0.0812\pm0.2880\mathrm{j}$。将得出的解代回原方程，得出误差为 9.1551×10^{-16}，该解在数值意义下足够精确。

```
>> f=@(s)s^sqrt(5)+25*s^sqrt(3)+16*s^sqrt(2)-3*s^0.4+7;
   more_sols(f,zeros(1,1,0),100+100i); x0=X(:) %求解方程
   err=norm(f(x0(1)))                          %将解代入方程求误差
```

9.5 习题

9.1 试判定下面的线性代数方程是否有解。

$$\begin{bmatrix}16&2&3&13\\5&11&10&8\\9&7&6&12\\4&14&15&1\end{bmatrix}\boldsymbol{X}=\begin{bmatrix}1\\3\\4\\7\end{bmatrix}$$

9.2 试求出线性代数方程的解析解，并验证解的正确性。

$$\begin{bmatrix} 2 & 9 & 4 & 12 & 5 & 8 & 6 \\ 12 & 2 & 8 & 7 & 3 & 3 & 7 \\ 3 & 0 & 3 & 5 & 7 & 5 & 10 \\ 3 & 11 & 6 & 6 & 9 & 9 & 1 \\ 11 & 2 & 1 & 4 & 6 & 8 & 7 \\ 5 & -18 & 1 & -9 & 11 & -1 & 18 \\ 26 & -27 & -1 & 0 & -15 & -13 & 18 \end{bmatrix} \boldsymbol{X} = \begin{bmatrix} 1 & 9 \\ 5 & 12 \\ 4 & 12 \\ 10 & 9 \\ 0 & 5 \\ 10 & 18 \\ -20 & 2 \end{bmatrix}$$

9.3 试求解下面的线性代数方程。

$$\begin{cases} x_1 + 2x_2 + x_3 + 2x_5 + x_6 + x_8 = 1 \\ 2x_1 + x_2 + 4x_3 + 4x_4 + 4x_5 + x_6 + 3x_7 + 3x_8 = 1 \\ 2x_1 + x_3 + x_4 + 3x_5 + 2x_6 + 2x_7 + 2x_8 = 0 \\ 2x_1 + 4x_2 + 2x_3 + 4x_5 + 2x_6 + 2x_8 = 2 \end{cases}$$

9.4 试求下面矩阵的基础解系矩阵 $\boldsymbol{Z}$，满足齐次方程 $\boldsymbol{AZ} = \boldsymbol{0}$。

$$\boldsymbol{A} = \begin{bmatrix} 3 & 1 & 2 & 1 & 1 \\ 1 & 2 & 3 & 3 & 2 \\ 4 & 1 & 4 & 2 & 1 \\ 4 & 4 & 4 & 4 & 4 \\ 3 & 2 & 1 & 1 & 2 \end{bmatrix}$$

9.5 试求解如下的矩阵方程。

$$\begin{bmatrix} 1 & 2 & 3 \\ 3 & 5 & 7 \\ 4 & 9 & 2 \end{bmatrix} \boldsymbol{X} \begin{bmatrix} 0 & 1 & 0 & 0 & 1 \\ 1 & 0 & 1 & 2 & 2 \\ 1 & 2 & 0 & 0 & 2 \\ 0 & 0 & 1 & 1 & 1 \\ 1 & 0 & 0 & 2 & 1 \end{bmatrix} = \begin{bmatrix} 1 & 1 & 2 & 2 & 2 \\ 1 & 1 & 2 & 2 & 2 \\ 1 & 1 & 2 & 2 & 2 \end{bmatrix}$$

9.6 试判定下面的方程是否有解。如果有，试求出其所有的解。

$$\begin{bmatrix} -1 & -1 & 0 & 0 & -1 & 0 \\ 1 & 1 & -1 & 0 & -1 & -1 \\ 1 & 1 & 0 & 0 & 1 & 0 \end{bmatrix} \boldsymbol{X} \begin{bmatrix} 0 & 0 & 0 \\ 1 & 1 & -1 \\ 1 & -1 & 0 \\ -1 & -1 & 0 \\ 0 & 0 & 1 \end{bmatrix} = \begin{bmatrix} 4 & 4 & 0 \\ -2 & -2 & -2 \\ -4 & -4 & 0 \end{bmatrix}$$

9.7 试求解方程 $\boldsymbol{A}_1\boldsymbol{X}\boldsymbol{B}_1 + \boldsymbol{A}_2\boldsymbol{X}\boldsymbol{B}_2 = \boldsymbol{C}$ 并验证结果，其中

$$\boldsymbol{A}_1 = \begin{bmatrix} 4+4\mathrm{j} & 1+\mathrm{j} \\ 1+4\mathrm{j} & 4+2\mathrm{j} \end{bmatrix},\ \boldsymbol{A}_2 = \begin{bmatrix} 3+\mathrm{j} & 2+2\mathrm{j} \\ 1+2\mathrm{j} & 4+2\mathrm{j} \end{bmatrix}$$

$$\boldsymbol{B}_1 = \begin{bmatrix} 3 & 4 & 1 & 1 \\ 2 & 4 & 1 & 1 \\ 1 & 2 & 1 & 2 \\ 4 & 3 & 1 & 2 \end{bmatrix},\ \boldsymbol{B}_2 = \begin{bmatrix} 2 & 1 & 4 & 4 \\ 3 & 4 & 2 & 3 \\ 4 & 1 & 4 & 3 \\ 2 & 3 & 2 & 3 \end{bmatrix}$$

$$\boldsymbol{C} = \begin{bmatrix} 141+47\mathrm{j} & 77+3\mathrm{j} & 98+27\mathrm{j} & 122+37\mathrm{j} \\ 115+58\mathrm{j} & 72+4\mathrm{j} & 93+34\mathrm{j} & 106+46\mathrm{j} \end{bmatrix}$$

9.8 如果习题9.7中的矩阵 $\boldsymbol{A}_1$、$\boldsymbol{B}_1$ 变成下面的奇异矩阵，原方程还能求解吗？试求解方程并检验结果。

$$\boldsymbol{A}_1 = \begin{bmatrix} 1 & 3 \\ 4 & 2 \end{bmatrix},\ \boldsymbol{B}_1 = \begin{bmatrix} 16 & 2 & 3 & 13 \\ 5 & 11 & 10 & 8 \\ 9 & 7 & 6 & 12 \\ 4 & 14 & 15 & 1 \end{bmatrix}$$

9.9 试用数值方法和解析方法求解下面的Sylvester方程，并验证得到的结果。

$$\begin{bmatrix} 3 & -6 & -4 & 0 & 5 \\ 1 & 4 & 2 & -2 & 4 \\ -6 & 3 & -6 & 7 & 3 \\ -13 & 10 & 0 & -11 & 0 \\ 0 & 4 & 0 & 3 & 4 \end{bmatrix} \boldsymbol{X} + \boldsymbol{X} \begin{bmatrix} 3 & -2 & 1 \\ -2 & -9 & 2 \\ -2 & -1 & 9 \end{bmatrix} = \begin{bmatrix} -2 & 1 & -1 \\ 4 & 1 & 2 \\ 5 & -6 & 1 \\ 6 & -4 & -4 \\ -6 & 6 & -3 \end{bmatrix}$$

9.10 试求出下面矩阵方程解析解并验证得到的结果，a 满足什么条件时方程无解？

$$\begin{bmatrix} -2 & 2 & c \\ -1 & 0 & -1 \\ 1 & -1 & 2 \end{bmatrix} \boldsymbol{X} + \boldsymbol{X} \begin{bmatrix} -2 & -1 & 2 \\ a & 3 & 0 \\ b & -2 & 2 \end{bmatrix} + \begin{bmatrix} 0 & -1 & 0 \\ -1 & 1 & 0 \\ 1 & -1 & -1 \end{bmatrix} = \boldsymbol{0}$$

9.11 试求离散Lyapunov方程 $\boldsymbol{AXA}^{\mathrm{T}} - \boldsymbol{X} + \boldsymbol{Q} = \boldsymbol{0}$ 的数值解与解析解，其中

$$\boldsymbol{A} = \begin{bmatrix} -2 & -1 & 0 & -3 \\ -2 & -2 & -1 & -3 \\ 2 & 2 & -3 & 0 \\ -3 & 1 & 1 & -3 \end{bmatrix}, \quad \boldsymbol{Q} = \begin{bmatrix} -12 & -16 & 14 & -8 \\ -20 & -25 & 11 & -20 \\ 3 & 1 & -16 & 1 \\ -4 & -10 & 21 & 10 \end{bmatrix}$$

9.12 试求解某多项Sylvester方程并检验结果，其中各个矩阵在习题9.7中给出；如果 $\boldsymbol{A}_1$ 和 $\boldsymbol{B}_1$ 变成习题9.8中的奇异矩阵，试求解多项Sylvester方程并检验结果。

9.13 某Riccati方程数学表达式为 $\boldsymbol{PA} + \boldsymbol{A}^{\mathrm{T}}\boldsymbol{P} - \boldsymbol{PBR}^{-1}\boldsymbol{B}^{\mathrm{T}}\boldsymbol{P} + \boldsymbol{Q} = \boldsymbol{0}$，且已知

$$\boldsymbol{A} = \begin{bmatrix} -27 & 6 & -3 & 9 \\ 2 & -6 & -2 & -6 \\ -5 & 0 & -5 & -2 \\ 10 & 3 & 4 & -11 \end{bmatrix}, \quad \boldsymbol{B} = \begin{bmatrix} 0 & 3 \\ 16 & 4 \\ -7 & 4 \\ 9 & 6 \end{bmatrix}$$

$$\boldsymbol{Q} = \begin{bmatrix} 6 & 5 & 3 & 4 \\ 5 & 6 & 3 & 4 \\ 3 & 3 & 6 & 2 \\ 4 & 4 & 2 & 6 \end{bmatrix}, \quad \boldsymbol{R} = \begin{bmatrix} 4 & 1 \\ 1 & 5 \end{bmatrix}$$

试求解该方程，得到 $\boldsymbol{P}$ 矩阵，并检验得到的解的精度。

9.14 试求出并检验扩展Riccati方程 $\boldsymbol{AX} + \boldsymbol{XD} - \boldsymbol{XBX} + \boldsymbol{C} = \boldsymbol{0}$ 的全部解，其中

$$\boldsymbol{A} = \begin{bmatrix} 2 & 1 & 9 \\ 9 & 7 & 9 \\ 6 & 5 & 3 \end{bmatrix}, \quad \boldsymbol{B} = \begin{bmatrix} 0 & 3 & 6 \\ 8 & 2 & 0 \\ 8 & 2 & 8 \end{bmatrix}, \quad \boldsymbol{C} = \begin{bmatrix} 7 & 0 & 3 \\ 5 & 6 & 4 \\ 1 & 4 & 4 \end{bmatrix}, \quad \boldsymbol{D} = \begin{bmatrix} 3 & 9 & 5 \\ 1 & 2 & 9 \\ 3 & 3 & 0 \end{bmatrix}$$

9.15 试求出习题9.14的高精度数值解，并检查解的精度。

9.16 如果习题9.14的方程变成 $\boldsymbol{AX} + \boldsymbol{XD} - \boldsymbol{XBX}^{\mathrm{T}} + \boldsymbol{C} = \boldsymbol{0}$，重新求解该方程，并尝试求解方程的高精度数值解。

9.17 试求解下面的联立超越方程[32]。

$$\begin{cases} 0.5\sin x_1x_2 - 0.25x_2/\pi - 0.5x_1 = 0 \\ (1 - 0.25/\pi)\left[\mathrm{e}^{2x_1} - \mathrm{e}\right] + \mathrm{e}x_2/\pi - 2\mathrm{e}x_1 = 0 \end{cases}$$

其中，$0.25 \leqslant x_1 \leqslant 1$，$1.5 \leqslant x_2 \leqslant 2\pi$。

9.18 试求出如下联立非线性方程组在 $-\pi \leqslant x, y \leqslant \pi$ 区域内的全部解。

$$\begin{cases} x^2\mathrm{e}^{-xy^2/2} + \mathrm{e}^{-x/2}\sin(xy) = 0 \\ y^2\cos(x + y^2) + x^2\mathrm{e}^{x+y} = 0 \end{cases}$$

9.19 试求解下面的机器人动力学方程，看总共可以找到多少实数解[32]。

$$\begin{cases} 4.731\times10^{-3}x_1x_3-0.3578x_2x_3-0.1238x_1+x_7-1.637\times10^{-3}x_2-0.9338x_4=0.3571 \\ 0.2238x_1x_3+0.7623x_2x_3+0.2638x_1-x_7-0.07745x_2-0.6734x_4-0.6022=0 \\ x_6x_8+0.3578x_1+4.731\times10^{-3}x_2=0 \\ -0.7623x_1+0.2238x_2+0.3461=0 \\ x_1^2+x_2^2-1=0 \\ x_3^2+x_4^2-1=0 \\ x_5^2+x_6^2-1=0 \\ x_7^2+x_8^2-1=0 \end{cases}$$

且$-1\leqslant x_i\leqslant 1, i=1,2,\cdots,8$。试验证得出的方程的解。如果扩大求解区间，能否找到其他的解？该方程有复数解吗？

9.20 试求解伪多项式方程$x^{2.3}+5x^{1.6}+6x^{1.3}-5x^{0.4}+7=0$。

9.21 试求出伪多项式方程$x^{\sqrt{11}}+2x^{\sqrt{7}}+3x^{\sqrt{2}}+4=0$所有的解，并检验结果。

9.22 已知多项式方程

$$p(s)=s^8+12s^7+62s^6+180s^5+321s^4+360s^3+248s^2+96s+16=0$$

试采用不同的方法求解该方程并比较得到的结果。提示：该方程的解析解或准解析解可以由符号运算工具箱提供的函数直接得出；数值解可以尝试几种方法，包括由多项式直接求解，也可以构造相伴矩阵求特征值。

9.23 试求出下面方程的全部复数解[33]。

$$(18s+9)\mathrm{e}^{-s}+3+29s+46s^2+20s^3=0$$

第 10 章 常微分方程求解

CHAPTER 10

在科学技术研究中，甚至在日常生活与社会科学领域，通常可以将某一种现象或某一个系统用微分方程描述。所以，常微分方程（ordinary differential equation，ODE）是动态系统建模的数学基础。本章介绍微分方程的求解方法。

10.1 节介绍常微分方程的解析解方法，侧重常系数线性微分方程的解析解方法，并介绍某些特殊非线性方程的求解方法。本章的剩余内容介绍微分方程的数值解方法。10.2 节介绍微分方程的初值问题求解方法，首先介绍微分方程数值求解的标准型形式，并给出 MATLAB 提供的微分方程求解程序及使用方法。此外，还介绍将一般微分方程变换成标准型，然后进行数值求解的方法。10.3 节介绍特殊微分方程的求解方法，如隐式微分方程、微分代数方程及延迟微分方程求解方法。10.4 节介绍微分方程边值问题的求解方法。

10.1 常微分方程的解析解

一般高等数学课程中介绍线性常系数微分方程的求解方法，需要首先构造微分方程对应的多项式方程，得出特征值并构造微分方程的解析解。其实，有了 MATLAB 这样的数学工具，求解微分方程是很简单的，完全可以依赖符号运算工具箱提供的求解函数 `dsolve()`，直接求解微分方程。

函数 `dsolve()` 与第 9 章介绍的 `solve()` 函数的调用格式比较接近，只须将微分方程按照规定的格式描述处理，就可以直接求解。该函数的调用格式为

```
sols=dsolve(f1,f2,···,fm);                 %直接求解
[x,y,···]=dsolve(f1,f2,···,fm,varlist);    %指明返回函数的变量名
```

MATLAB 的早期版本中，允许使用符号表达式和字符串描述各个微分方程 f_i，而在以后的版本中，有可能只支持符号表达式的描述方式。所以，本书将只介绍基于符号表达式描述与求解方式，不再给出字符串的描述方式。

10.1.1 高阶线性常系数微分方程

如果把微分方程用符号表达式表示出来，则可以利用 `dsolve()` 函数直接求解，得出微分方程的通解。下面通过例子演示微分方程的解析求解方法。

例10-1 假设输入信号为$u(t)=\mathrm{e}^{-5t}\cos(2t+1)+5$,试求出下面微分方程的通解。

$$y^{(4)}(t)+10y'''(t)+35y''(t)+50y'(t)+24y(t)=u'(t)+2u(t)$$

解 由于需要描述$y(t)$函数的各阶导数及其初值,所以首先应该将需要求解的函数y设置成符号函数$y(t)$,然后定义一些中间变量描述$y(t)$的各阶导数。例如,可以用变量y_3描述中间变量$y'''(t)$。从规范求解的角度看,采用这样的记号会使得方程描述更简洁易懂。有了这些准备,就可以将整个微分方程用符号表达式直接描述,再调用dsolve()函数求解。注意,在用符号表达式描述方程时,应该用==表示等号。

```
>> syms t y(t); u=exp(-5*t)*cos(2*t+1)+5;
   y1=diff(y); y2=diff(y,2); y3=diff(y,3); y4=diff(y,4);
   y0=dsolve(y4+10*y3+35*y2+50*y1+24*y==diff(u)+2*u); %求解微分方程
   y0(t)=simplify(y0)                                 %化简得出的结果
```

得出的解析解如下,其中,C_i为任意给定常数,又称为待定系数(undetermined coefficients)。

$$y(t)=C_1\mathrm{e}^{-4t}+C_2\mathrm{e}^{-3t}+C_3\mathrm{e}^{-2t}+C_4\mathrm{e}^{-t}+\frac{\mathrm{e}^{-5t}}{40}\left(\cos(2t+1)+\sin(2t+1)\right)+\frac{5}{24}$$

将得出的解代回原方程,则误差为0。可见,无论C_i如何取值,得出的解都满足原方程,所以,该解是原方程的解析解。

```
>> simplify(diff(y0,4)+10*diff(y0,3)+35*diff(y0,2)+50*diff(y0)+...
      24*y0-diff(u)-2*u)
```

例10-2 重新考虑例10-1中的微分方程,若已知初值$y(0)=3, y'(0)=2, y''(0)=y'''(0)=0$,试求该微分方程的解析解。

解 从例10-1可见,得出的通解带有四个待定系数。所以,需要四个独立的条件,唯一地确定这些系数的值,得出微分方程的一个解。由于解本身过于冗长,这里略去显示。下面的语句还可以得出如图10-1所示的曲线。

```
>> syms t y(t); u=exp(-5*t)*cos(2*t+1)+5;
   y1=diff(y); y2=diff(y,2); y3=diff(y,3); y4=diff(y,4);
   y0=dsolve(y4+10*y3+35*y2+50*y1+24*y==diff(u)+2*u,...
           y(0)==3,y1(0)==2,y2(0)==0,y3(0)==0);
   y0=simplify(y0), fplot(y0,[0,2*pi]) %微分方程的求解与绘图
```

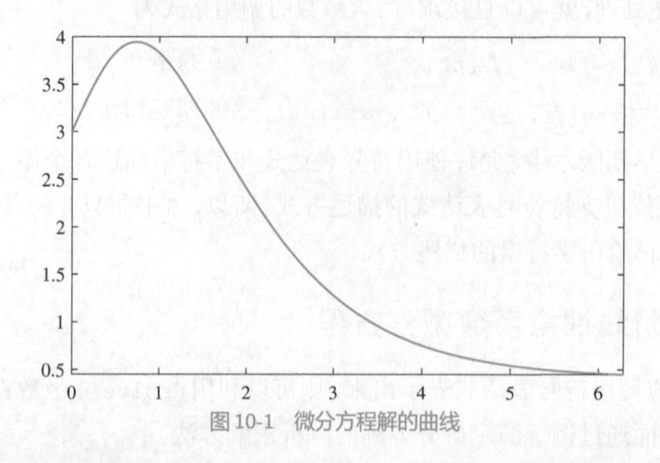

图10-1 微分方程解的曲线

例 10-3 仍考虑例 10-1 中给出的微分方程，假设已知一些点的函数值：$y(0)=1, y'(\pi)=0, y''(2\pi)=y'(2\pi)=0$，试求解该微分方程，并检验解的正确性，绘制解的曲线。

解 和例 10-2 相比，这个例子还给出了 $t=\pi$ 和 $t=2\pi$ 点处的已知值，所以可以直接采用类似的语句求解方程。经检验，在已知点处的函数值与已知值的误差为 10^{-69} 级别，满足原始条件。该解对应的函数曲线如图 10-2 所示。

```
>> syms t y(t); u(t)=exp(-5*t)*cos(2*t+1)+5;
   y1=diff(y); y2=diff(y,2); y3=diff(y,3); y4=diff(y,4);
   y0(t)=dsolve(y4+10*y3+35*y2+50*y1+24*y==diff(u)+2*u,...
          y(0)==1,y1(pi)==0,y1(2*pi)==0,y2(2*pi)==0);
   err=[y0(0),subs(diff(y0),t,[pi,2*pi]),subs(diff(y0,2),t,2*pi)];
   double(err-[1 0 0 0]), fplot(y0,[0,2*pi]) %求解微分方程并绘图
```

尽管这个方程的手工求解方法极其复杂，甚至不可能实现，但采用计算机的求解方法与求解例 10-2 方程一样容易，只须将已知点的信息描述出来就可以了。

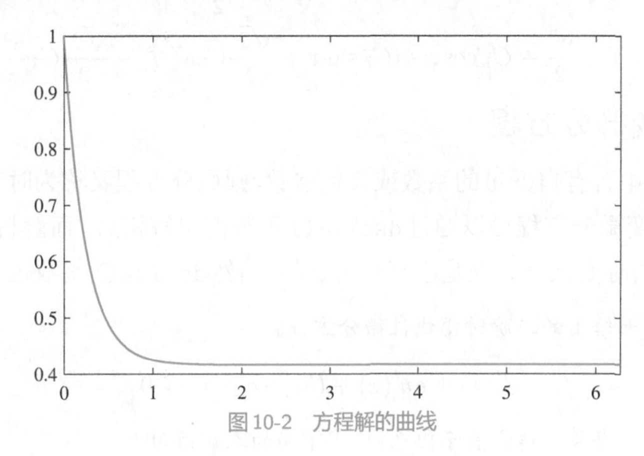

图 10-2 方程解的曲线

10.1.2 高阶微分方程组

如果已知微分方程组，则可以将各个微分方程用符号表达式直接表示出来，再调用 `dsolve()` 函数求解方程组。如果已知某些点处的信息，也可以将这些信息代入求解函数，得出方程的解。

例 10-4 试求解线性微分方程组。

$$\begin{cases} x''(t)+2x'(t)=x(t)+2y(t)-\mathrm{e}^{-t} \\ y'(t)=4x(t)+3y(t)+4\mathrm{e}^{-t} \end{cases}$$

解 线性微分方程组也可以用 `dsolve()` 函数直接求解。上述线性微分方程组可以由下面的 MATLAB 语句直接求解。

```
>> syms t x(t) y(t) %声明符号变量与函数，下面的语句直接求解微分方程
   [x,y]=dsolve(diff(x,2)+2*diff(x)==x+2*y-exp(-t),...
                diff(y)==4*x+3*y+4*exp(-t)) %微分方程求解
```

得出的微分方程通解结果为

$$\begin{cases} x(t)=-6t\mathrm{e}^{-t}+C_1\mathrm{e}^{-t}+C_2\mathrm{e}^{(1+\sqrt{6})t}+C_3\mathrm{e}^{-(-1+\sqrt{6})t} \\ y(t)=6t\mathrm{e}^{-t}-C_1\mathrm{e}^{-t}+2\left(2+\sqrt{6}\right)C_2\mathrm{e}^{\left(1+\sqrt{6}\right)t}+2\left(2-\sqrt{6}\right)C_3\mathrm{e}^{-\left(-1+\sqrt{6}\right)t}+\mathrm{e}^{-t}/2 \end{cases}$$

例10-5 试求出下面线性微分方程组的解析解。

$$\begin{cases} \dfrac{\mathrm{d}^2y(x)}{\mathrm{d}x^2}+2y(x)+4z(x)=\mathrm{e}^x \\ \dfrac{\mathrm{d}^2z(x)}{\mathrm{d}x^2}-y(x)-3z(x)=-x \end{cases}$$

解 先声明y和z为x的函数。由下面的语句可以直接求解本例的线性微分方程组。

```
>> syms x y(x) z(x)
   [y1,z1]=dsolve(diff(y,2)+2*y+4*z==exp(x),diff(z,2)-y-3*z==-x)
   y1=simplify(y1), z1=simplify(z1) %微分方程组求解与化简
   simplify(diff(y1,x,2)+2*y1+4*z1-exp(x))
   simplify(diff(z1,x,2)-y1-3*z1+x) %微分方程解的检验
```

得出方程组的解如下，经检验该通解满足原始方程组。

$$\begin{cases} y_1(x)=\mathrm{e}^x-2x-4C_1\cos x-4C_2\sin x-\dfrac{\sqrt{2}}{2}C_3\mathrm{e}^{\sqrt{2}x}+\dfrac{\sqrt{2}}{2}C_4\mathrm{e}^{-\sqrt{2}x} \\ z_1(x)=x-\dfrac{\mathrm{e}^x}{2}+C_1\cos x+C_2\sin x+\dfrac{\sqrt{2}}{2}C_3\mathrm{e}^{\sqrt{2}x}-\dfrac{\sqrt{2}}{2}C_4\mathrm{e}^{-\sqrt{2}x} \end{cases}$$

10.1.3 时变微分方程

如果微分方程中含有自变量的系数或其他参数，则微分方程又称为时变（time varying）微分方程。某些时变微分方程可以通过dsolve()函数得出解析解，而解析解中可能含有特殊函数。绝大多数的时变微分方程是没有解析解的，当然dsolve()函数也无能为力。

例10-6 考虑下面给出的二阶时变线性微分方程。

$$y''(x)+ay'(x)+(bx+c)y(x)=0$$

解 将微分方程用符号表达式表示出来，使用下面的求解语句：

```
>> syms x a b c y(x)
   y=dsolve(diff(y,2)+a*diff(y)+(b*x+c)*y==0) %求解微分方程
```

可以得出微分方程的解析解如下。

$$y(x)=\frac{C_1}{\sqrt{\mathrm{e}^{ax}}}\mathrm{Ai}\left(-\frac{-a^2+4c+4bx}{4\sqrt[3]{b^2}}\right)+\frac{C_2}{\sqrt{\mathrm{e}^{ax}}}\mathrm{Bi}\left(-\frac{-a^2+4c+4bx}{4\sqrt[3]{b^2}}\right)$$

其中用到了Airy特殊函数$\mathrm{Ai}(\cdot)$和$\mathrm{Bi}(\cdot)$，其数学形式为[15]

$$\begin{cases} \mathrm{Ai}(z)=\dfrac{1}{\pi}\displaystyle\int_0^{\infty}\cos\left(\frac{t^3}{3}+zt\right)\mathrm{d}t \\ \mathrm{Bi}(z)=\dfrac{1}{\pi}\displaystyle\int_0^{\infty}\left[\exp\left(-\frac{t^3}{3}+zt\right)+\sin\left(\frac{t^3}{3}+zt\right)\right]\mathrm{d}t \end{cases}$$

例10-7 试求解下面给出的三阶线性时变微分方程在$t\in(0.2,\pi)$时的解析解[34]，并绘制解的曲线。

$$x^5y'''(x)=2(xy'(x)-2y(x)),\ y(1)=1,\ y'(1)=0.5,\ y''(1)=-1$$

解 无论哪类微分方程，都可以尝试使用常规方法求解。对这里给出的微分方程与初值条件而言，可直接定义中间变量并求解微分方程。如果能得到方程的解，则可以绘制出方程解的曲线，如图10-3所示。

```
>> syms x y(x); y1=diff(y); y2=diff(y1); y3=diff(y2);
   y0=dsolve(x^5*y3==2*(x*y1-2*y),y(1)==1, y1(1)==0.5, y2(1)==-1)
   y=simplify(y0); fplot(y,[0.2,pi])  %求解微分方程并绘图
```

得出方程的解析解为

$$y(x)=x^2-\frac{3\sqrt{2}e^{\sqrt{2}}}{8}x^2e^{-\sqrt{2}/x}+\frac{3\sqrt{2}e^{-\sqrt{2}}}{8}x^2e^{\sqrt{2}/x}$$

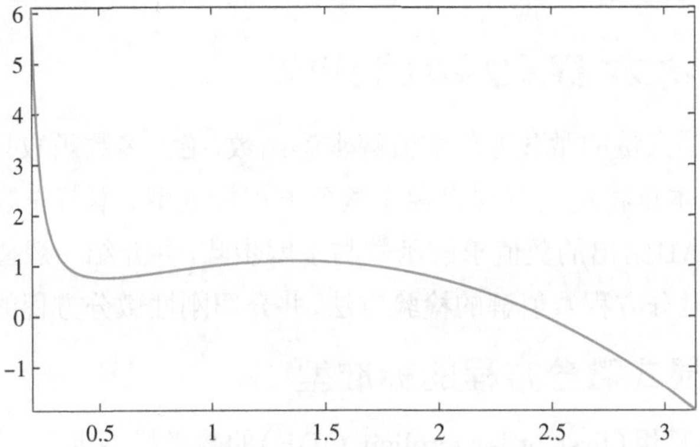

图10-3 方程解曲线

10.1.4 非线性微分方程

极少数非线性微分方程存在解析解的，绝大多数没有解析解，只能追求方程的数值解。不妨尝试使用dsolve()函数求解，能解出来当然更好，如果解不出来，则可以用后面介绍的方法求取微分方程的数值解。

例10-8 试求解下面的一阶非线性微分方程。

$$\frac{dy(t)}{dt}+8y(t)+y^2(t)=-15,\ y(0)=0$$

解 可以用前面介绍的常规方法描述并求解微分方程，得出的解为 $y=-(15e^{2t}-15)/(5e^{2t}-3)$。可以看出，这里介绍的方法更直接，无须任何技巧，只要规范地将微分方程用指定的格式描述出来，再调用求解函数，即可得出原始非线性微分方程的解。

```
>> syms t y(t)
   y=dsolve(diff(y)+8*y+y^2==-15, y(0)==0);
   simplify(y)  %进行求解与化简
```

例10-9 试求出一阶非线性微分方程 $x'(t)=x(t)(1-x^2(t))$ 的解析解。

解 这类一阶非线性方程可以考虑用dsolve()函数直接求解。

```
>> syms t x(t); x=dsolve(diff(x)==x*(1-x^2)) %非线性方程的直接求解
```

该微分方程的解析解为 $x(t)=\sqrt{-1/\left(e^{C-2t}-1\right)}$。此外，常数 ±1 与0均为方程的解。

例10-10 试求出一阶非线性微分方程 $x'(t)=x(t)(1-x^2(t))+1$ 的解析解。

解 该微分方程只是对例10-9做了微小变化，即等号右侧加1。可尝试使用下面的语句求解该方程。但是执行不成功，并得到警告信息Unable to find symbolic solution(无法找到符号解)，说明该方程的解析解是不存在的。

```
>> syms t x(t);
   x=dsolve(diff(x)==x*(1-x^2)+1) %方程的解析解是不存在的
```

可见，微分方程解析解求解函数dsolve()并不能直接应用于一般非线性方程解析解的求解。因此，非线性微分方程只能使用数值解法求解。即使看起来很简单的非线性微分方程也可能是没有解析解的，只有极特殊的非线性微分方程解析可解。后续各节内容将集中介绍各类非线性微分方程的数值解方法。

10.2 微分方程的初值问题

MATLAB提供了大量的微分方程数值解求解函数，绝大多数函数只能直接求解一阶显式微分方程组，所以本章将这类方程组称作微分方程标准型。本节先给出标准型的数学形式，然后介绍MATLAB给出的数值求解函数与求解步骤，并介绍一般微分方程转换为标准型的方法。最后介绍微分方程数值解的检验方法，并介绍刚性微分方程的求解方法。

10.2.1 一阶显式微分方程的标准型

一阶显式微分方程组（first-order explicit ODE）的数学模型为

$$\boldsymbol{x}'(t)=\boldsymbol{f}\big(t,\boldsymbol{x}(t)\big) \tag{10-1}$$

其中，未知变量向量$\boldsymbol{x}(t)=\big[x_1(t),x_2(t),\cdots,x_n(t)\big]^{\mathrm{T}}$称为状态向量（state vector），函数向量$\boldsymbol{f}(\cdot)=\big[f_1(\cdot),f_2(\cdot),\cdots,f_n(\cdot)\big]^{\mathrm{T}}$可以是任意非线性函数。

如果已知状态变量向量的初值$\boldsymbol{x}_0(t_0)=\big[x_1(t_0),x_2(t_0),\cdots,x_n(t_0)\big]^{\mathrm{T}}$，且已知式（10-1）描述的一阶显式微分方程组，则该问题称为微分方程的初值问题（initial value problem）。

10.2.2 微分方程的直接求解

如果由匿名函数或M-函数描述一阶显式微分方程组，则可以调用MATLAB的求解函数直接求解微分方程。MATLAB提供的微分方程求解函数在表10-1中列出。后面将通过实例专门比较各个求解函数的精度与速度。

表10-1 一阶显式微分方程组数值解函数

求解函数	求解函数的解释
ode45()	4级5阶Runge–Kutta–Felberg求解算法，是首先应该尝试的求解器
ode23()	2级3阶Runge–Kutta求解算法，效率较低，不建议使用
ode15s()	刚性微分方程推荐算法，求解阶次在1～5根据需要自适应选择，有时精度较低
ode113()	变步长、变阶次的Adams–Bashforth–Moulton预报校正算法，这个求解函数的精度有时高于其他的算法
ode23s()	如果微分方程带有一定程度的刚性，可以选用这个方法
ode23tb()	一种刚性微分方程的求解方法，经实例测试，上述两种方法效果不佳，不建议使用
ode87()	8阶7级算法[35]，对某些特定微分方程而言，该算法效率远优于其他算法

一般情况下，非刚性微分方程推荐使用ode45()函数，而刚性方程推荐使用ode15s()。如果这两个函数失效，可以尝试其他的求解函数。这些函数的调用格式基本上是一致的：

$[\boldsymbol{t},\boldsymbol{x}]=$求解函数$(f,\mathtt{tspan},\boldsymbol{x}_0,$控制选项$)$

sol=求解函数$(f,\mathtt{tspan},\boldsymbol{x}_0,$控制选项$)$

其中,"求解函数"在表10-1中列出,f为描述微分方程的函数句柄,可以为匿名函数,也可以是MATLAB函数;$\boldsymbol{x}_0$为状态向量的初始值$\boldsymbol{x}(t_0)$;tspan为时间向量,通常取作$[t_0,t_\mathrm{n}]$,表示求解区间,并允许$t_0>t_\mathrm{n}$;"控制选项"包括求解精度等控制选项,后面将专门介绍。返回的$\boldsymbol{t}$为变步长时间列向量,$\boldsymbol{x}$为各个状态变量解列向量构成的矩阵。第二种调用格式返回结构体变量sol,其成员变量x为第一种调用格式中$\boldsymbol{t}$对应的行向量,而y为$\boldsymbol{x}$的转置矩阵。除此之外,该结构体还会返回其他的信息。如果求解函数调用时指定了Events选项并检测到事件,则成员变量xe为事件发生的时间,ye为事件发生时刻状态变量的值,ie为事件发生时时间向量的下标。

如果想让该求解函数返回等间距的解,则可以把tspan替换成一个等间距的时间向量$\boldsymbol{t}$。这时采用的方法仍然是变步长算法,不是定步长算法。

下面简单总结微分方程的数值求解步骤。

(1)写出微分方程的数学形式标准型。$\boldsymbol{x}'(t)=\boldsymbol{f}(t,\boldsymbol{x}(t))$,且已知$\boldsymbol{x}(t_0)$。

(2)用MATLAB描述微分方程。可以用匿名函数或MATLAB函数直接描述微分方程的标准型。注意,对于函数输入变元t,即使原始微分方程不显含t,也应该保留该变元占位,不能舍弃。

(3)微分方程的求解。可调用ode45()或其他函数直接求解。

(4)解的检验。解的检验(validation)是微分方程求解的重要环节,后面将专门介绍。

有了规范的微分方程数值解方法与步骤,就可以通过例子进一步学习与掌握一般微分方程的直接求解方法与技巧。

例10-11 考虑Lotka–Volterra捕食者与猎物模型方程。

$$\begin{cases}x'(t)=4x(t)-\alpha x(t)y(t)\\ y'(t)=\beta x(t)y(t)-3y(t)\end{cases}$$

其中,$\alpha=2,\beta=1$,且初值为$x(0)=2,y(0)=3$。试求解该微分方程,并绘制响应曲线。

解 本例要求解的函数为$x(t)$和$y(t)$,而标准型中要求的向量$\boldsymbol{x}(t)$,所以需要引入状态变量。例如,令$x_1(t)=x(t),x_2(t)=y(t)$,就可以写出如下的标准型模型。

$$\boldsymbol{x}'(t)=\boldsymbol{f}(t,\boldsymbol{x}(t)),\quad\text{其中 }\boldsymbol{f}(t,\boldsymbol{x}(t))=\begin{bmatrix}4x_1(t)-\alpha x_1(t)x_2(t)\\ \beta x_1(t)x_2(t)-3x_2(t)\end{bmatrix},\ \boldsymbol{x}(0)=\begin{bmatrix}2\\3\end{bmatrix}$$

有了标准型模型,可用匿名函数直接描述该微分方程,并进行求解,最后绘制出$x(t)$与$y(t)$之间的关系曲线(又称为相平面曲线),如图10-4所示。另外,可以测出该求解语句耗时0.0105 s,计算的点数为153。得出的曲线比较粗糙,其正确性值得怀疑,有待检验。

```
>> x0=[2; 3]; tn=10; a=2; b=1;
   f=@(t,x)[4*x(1)-a*x(1)*x(2); b*x(1)*x(2)-3*x(2)];
   tic, [t,x]=ode45(f,[0,tn],x0); toc %求数值解并计时
   length(t), plot(x(:,1),x(:,2))      %绘制解的相平面曲线
```

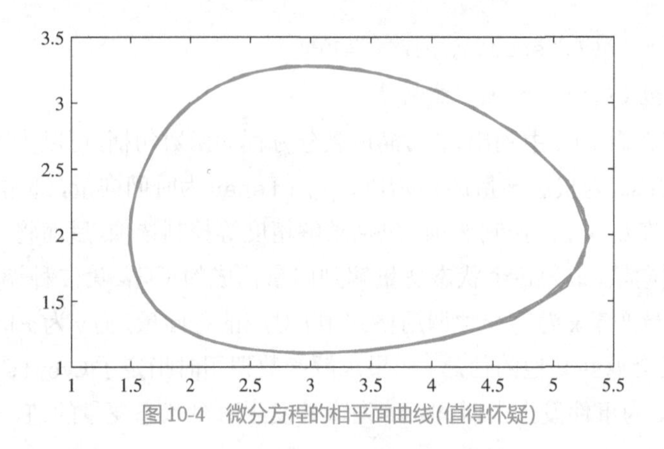

图 10-4　微分方程的相平面曲线(值得怀疑)

10.2.3　微分方程解的检验

MATLAB提供的微分方程数值解求解函数都支持自适应变步长算法。例如，`ode45()`函数采用五阶算法求解微分方程，采用四阶算法检验方程的结果。如果二者得出的结果差异大于预先指定的值，则说明当前的步长选择过大，该算法会自动减小步长重新计算，直至得出满足误差要求的解；如果误差过小，则会自动增大步长，加快求解速度。

类似于前面介绍的`fsolve()`函数，由`options=odeset`命令可以读入微分方程控制参数选项，其中，`options`是结构体变量，其常用的成员变量在表10-2中列出。在诸多成员变量中，`RelTol`是控制精度最有效的控制变量，其最小的允许值为2.2205×10^{-14}。在实际应用中，所求解的问题往往不存在解析解，怎么检验所得结果的正确性呢？下面介绍几种可以参考的验证思路。

(1)控制参数。修改仿真控制参数，如可接受的误差限。将精度控制选项设置成一个更小的值，观察所得的结果是否和上次得出的结果完全一致，如果存在不能接受的差异，则应该考虑进一步减小误差限。为稳妥起见，也可以将这些控制选项直接设置为最小的$100\times$`eps`，或3×10^{-14}，得出双精度数据结构下最可信的解。

(2)仿真算法。选择不同的微分方程数值求解算法，可以交叉检验所得结果的正确性。

表 10-2　常微分方程求解函数的控制参数表

参数名	参数说明
`RelTol`	相对误差容许上限(relative error tolerance)，默认值为0.001(即0.1%的相对误差)。为了保证较高的精度，应当再适当减小该值，最小允许取值为2.2205×10^{-14}，本书统一设置为3×10^{-14}
`AbsTol`	一个向量，其分量表示每个状态变量允许的绝对误差(absolute error tolerance)，其默认值为10^{-6}。可以自由设置其值，以改变求解精度。为保证精度可以设置成`eps`
`MaxStep`	求解方程时允许的最大步长
`Mass`	微分代数方程中的质量矩阵，用于描述微分代数方程
`Jacobian`	描述Jacobi矩阵函数$\partial f/\partial x$的函数名。若已知该Jacobi矩阵，能加速仿真过程，得出所期望方程的解
`Events`	事件响应属性，可以将其设置为事件的函数句柄
`OutputFcn`	每步成功计算后自动调用自定义函数，可以调用`odeplot()`等函数绘制中间结果

例10-12 例10-11中微分方程的解曲线显得很粗糙，试验证该方程的解。

解 将相对误差限设置为10^{-10}，则耗时增加为0.0757 s，计算点数为669，得出的曲线为光滑曲线（曲线从略）。再选择更小的值得出的曲线也是完全一致的。如果将相对误差限设置为3×10^{-14}，计算点数也是669。可见，对一般微分方程而言，可以将误差限设置为很小的值，而不必担心增加太多计算量。

```
>> x0=[2; 3]; tn=10; ff=odeset; ff.RelTol=1e-10; %设置控制选项
   a=2; b=1; f=@(t,x)[4*x(1)-a*x(1)*x(2); b*x(1)*x(2)-3*x(2)];
   tic, [t,x]=ode45(f,[0,tn],x0,ff); toc            %求数值解并计时
   length(t), plot(x(:,1),x(:,2))                  %绘制解的相平面曲线
```

10.2.4 微分方程的变换方法

10.2节介绍了常微分方程初值问题的求解方法，所介绍的方法的前提是微分方程本身由一阶显式微分方程组描述，其标准型为$\boldsymbol{x}'(t)=\boldsymbol{f}\big(t,\boldsymbol{x}(t)\big)$，且已知初始状态向量$\boldsymbol{x}(t_0)$。

对一般微分方程研究而言，这显然是不够的，应该探讨更多形式的常微分方程（组）的数值求解方法。实际上，求解不同种类微分方程的基本想法是：设法将要探讨的微分方程变换成一阶显式微分方程组的标准型，然后调用求解函数`ode45()`直接进行求解。本节探讨各种微分方程到标准型的转换方法。

1. 单个高阶微分方程

假设一个高阶常微分方程的一般形式为

$$y^{(n)}(t)=f\big(t,y(t),y'(t),y''(t),\cdots,y^{(n-1)}(t)\big) \tag{10-2}$$

且已知输出变量$y(t)$及其各阶导数初始值为$y(t_0),y'(t_0),y''(t_0),\cdots,y^{(n-1)}(t_0)$，选择一组状态变量，例如，$x_1(t)=y(t)$，$x_2(t)=y'(t)$，$x_3(t)=y''(t)$，$\cdots$，$x_n(t)=y^{(n-1)}(t)$，就可以将原高阶常微分方程模型变换成下面的一阶显式微分方程组形式。

$$\begin{cases}x_1'(t)=x_2(t)\\x_2'(t)=x_3(t)\\\quad\vdots\\x_n'(t)=f\big(t,x_1(t),x_2(t),\cdots,x_n(t)\big)\end{cases} \tag{10-3}$$

且初值$x_1(t_0)=y(t_0)$，$x_2(t_0)=y'(t_0)$，$x_3(t_0)=y''(t_0)$，$\cdots$，$x_n(t_0)=y^{(n-1)}(t_0)$。可以直接调用`ode45()`函数求解变换后的方程组以获得原方程的数值解。

例10-13 重新考虑例10-7中的时变微分方程，为方便起见，下面给出了原始问题的改写形式，将自变量改写为t。

$$t^5y'''(t)=2(ty'(t)-2y(t)),\ y(1)=1,\ y'(1)=0.5,\ y''(1)=-1$$

且已知方程的解析解为

$$y(t)=t^2-\frac{3\sqrt{2}\mathrm{e}^{\sqrt{2}}}{8}t^2\mathrm{e}^{-\sqrt{2}/t}+\frac{3\sqrt{2}\mathrm{e}^{-\sqrt{2}}}{8}t^2\mathrm{e}^{\sqrt{2}/t}$$

解 因为$t\neq0$，所以，方程两端同时除以t^5，可以得出显式微分方程形式。

$$y'''(t)=2(ty'(t)-2y(t))/t^5,\ y(1)=1,\ y'(1)=0.5,\ y''(1)=-1$$

由于方程的最高阶导数为三阶，所以可以选择状态变量$x_1(t)=y(t), x_2(t)=y'(t), x_3(t)=y''(t)$。这样，三阶微分方程可以改写成一阶显式微分方程组的标准型形式。

$$\begin{bmatrix} x_1'(t) \\ x_2'(t) \\ x_3'(t) \end{bmatrix} = \begin{bmatrix} x_2(t) \\ x_3(t) \\ 2(tx_2(t)-2x_1(t))/t^5 \end{bmatrix}, \quad \begin{bmatrix} x_1(1) \\ x_2(1) \\ x_3(1) \end{bmatrix} = \begin{bmatrix} 1 \\ 0.5 \\ 01 \end{bmatrix}$$

求解区间为$[0.2,\pi]$，已知的$t=1$只是其中的内点，所以，应该将求解区间分成两个部分：$[1,0.2]$和$[1,\pi]$。注意，第一个求解区间是逆序的，因为$t=1$点的值已知，只能从$t=1$算起，反推到$t=0.2$。这样，得出的解也应该逆序处理。得到解后，应该将第一段的解逆序排列，与第二段的解接起来，构成方程的数值解。将数值解与解析解相比，则可以得出最大误差。为确保得到双精度数据结构下最精确的结果，可以设置相对误差限为3×10^{-14}。

```
>> f=@(t,x)[x(2); x(3); 2*(t*x(2)-2*x(1))/t^5]; s2=sqrt(2);
   x0=[1;0.5;-1]; ff=odeset; ff.RelTol=3e-14; ff.AbsTol=eps;
   tic, [t1 x1]=ode45(f,[1,0.2],x0,ff);  %求[1,0.2]区间数值解
   [t2 x2]=ode45(f,[1,pi],x0,ff); toc    %求[1,π]区间数值解
   t=[t1(end:-1:2); t2];
   y=[x1(end:-1:2,1); x2(:,1)];          %统一数值解
   y0=t.^2-3*s2*exp(s2)/8*t.^2.*exp(-s2./t)+...
      3*s2*exp(-s2)/8*t.^2.*exp(s2./t);  %计算感兴趣时间点上的精确解
   err=max(abs((y-y0))), length(t)       %计算最大误差和求解点数
```

将语句中的ode45()替换成其他求解函数，则可以比较这些算法的精度与求解效率，比较结果在表10-3中给出。可以看出，对非刚性微分方程而言，刚性微分方程算法的精度很低；低阶算法为保证苛刻的精度要求不得不选择很小的步长，导致计算点数过多，耗时过长；对这个特例而言，第三方的ode87()函数精度和效率明显高于其他算法，其次是ode45()函数。本书尽量使用该函数，而对某些耗时的问题，将尝试ode87()函数。

表10-3　各种算法的精度与速度比较

算法	ode87()	ode45()	ode15s()	ode23()	ode113()	ode23t()	ode23tb()
耗时/s	0.053642	0.131885	0.532784	3.134208	0.188951	6.602893	16.524891
最大误差	4.92×10^{-15}	5.12×10^{-14}	7.63×10^{-11}	2.46×10^{-13}	1.43×10^{-12}	7.04×10^{-9}	3.97×10^{-9}
计算点数	37	7397	2230	182260	398	322964	293512

2. 高阶微分方程组

这里以两个高阶微分方程构成的微分方程组为例，介绍如何将其变换成一个一阶显式微分方程组。如果可以显式地将两个方程写成

$$\begin{cases} x^{(m)}(t)=f(t,x(t),x'(t),\cdots,x^{(m-1)}(t),y(t),y'(t),\cdots,y^{(n-1)}(t)) \\ y^{(n)}(t)=g(t,x(t),x'(t),\cdots,x^{(m-1)}(t),y(t),y'(t),\cdots,y^{(n-1)}(t)) \end{cases} \tag{10-4}$$

其中，每个方程为相应未知函数最高阶导数的显式表达式。选择状态变量$x_1(t)=x(t)$，$x_2(t)=x'(t)$，$\cdots$，$x_m(t)=x^{(m-1)}(t)$，令$x_{m+1}=y(t)$，$x_{m+2}=y'(t)$，$\cdots$，$x_{m+n}(t)=$

$y^{(n-1)}(t)$,可以将原方程组变换成

$$\begin{cases} x_1'(t) = x_2(t) \\ \quad\vdots \\ x_m'(t) = f(t, x_1(t), x_2(t), \cdots, x_{m+n}(t)) \\ x_{m+1}'(t) = x_{m+2}(t) \\ \quad\vdots \\ x_{m+n}'(t) = g(t, x_1(t), x_2(t), \cdots, x_{m+n}(t)) \end{cases} \tag{10-5}$$

对初值进行相应的变换,可以得出所期望的一阶微分方程组。下面通过例子演示常微分方程组的变换与求解。

例10-14 已知Apollo卫星的运动轨迹(x,y)满足下面的方程:

$$\begin{cases} x''(t) = 2y'(t) + x(t) - \mu^*(x(t)+\mu)/r_1^3(t) - \mu(x(t)-\mu^*)/r_2^3(t) \\ y''(t) = -2x'(t) + y(t) - \mu^* y(t)/r_1^3(t) - \mu y/r_2^3(t) \end{cases}$$

其中,$\mu = 1/82.45, \mu^* = 1-\mu$,且

$$r_1(t) = \sqrt{(x(t)+\mu)^2 + y^2(t)},\ r_2(t) = \sqrt{(x(t)-\mu^*)^2 + y^2(t)}$$

试在初值$x(0) = 1.2, x'(0) = 0, y(0) = 0, y'(0) = -1.04935751$下进行求解,并绘制出Apollo卫星位置$(x,y)$的轨迹。

解 选择一组状态变量$x_1(t) = x(t), x_2(t) = x'(t), x_3(t) = y(t), x_4(t) = y'(t)$,得出一阶常微分方程组为

$$\boldsymbol{x}'(t) = \begin{bmatrix} x_2(t) \\ 2x_4(t) + x_1(t) - \mu^*(x_1(t)+\mu)/r_1^3(t) - \mu(x_1(t)-\mu^*)/r_2^3(t) \\ x_4(t) \\ -2x_2(t) + x_3(t) - \mu^* x_3(t)/r_1^3(t) - \mu x_3(t)/r_2^3(t) \end{bmatrix}$$

式中,$r_1(t) = \sqrt{(x_1(t)+\mu)^2 + x_3^2(t)}, r_2(t) = \sqrt{(x_1(t)-\mu^*)^2 + x_3^2(t)}$,且$\mu = 1/82.45, \mu^* = 1-\mu$,状态变量向量的初值为$\boldsymbol{x}_0 = [1.2, 0, 0, -1.04935751]^{\mathrm{T}}$。

由于该模型需要首先计算中间变量$r_1(t)$和$r_2(t)$,再计算$\boldsymbol{x}'(t)$,所以不宜使用匿名函数的形式描述,只能用M-函数的方式描述原方程。

```
function dx=apolloeq(t,x)
mu=1/82.45; mu1=1-mu;
r1=sqrt((x(1)+mu)^2+x(3)^2); r2=sqrt((x(1)-mu1)^2+x(3)^2);
dx=[x(2); 2*x(4)+x(1)-mu1*(x(1)+mu)/r1^3-mu*(x(1)-mu1)/r2^3;
    x(4); -2*x(2)+x(3)-mu1*x(3)/r1^3-mu*x(3)/r2^3]; %描述微分方程
```

当然,若不想建立M-函数,也可以用下面的匿名函数描述,但其结构比较麻烦。

```
>> mu=1/82.45; mu1=1-mu; r1=@(x)sqrt((x(1)+mu)^2+x(3)^2);
   r2=@(x)sqrt((x(1)-mu1)^2+x(3)^2);                    %设置中间参数
   f=@(t,x)[x(2);                                        %描述微分方程
         2*x(4)+x(1)-mu1*(x(1)+mu)/r1(x)^3-mu*(x(1)-mu1)/r2(x)^3;
         x(4); -2*x(2)+x(3)-mu1*x(3)/r1(x)^3-mu*x(3)/r2(x)^3];
```

调用`ode45()`函数可以求出该方程的数值解。

```
>> x0=[1.2;0;0;-1.04935751];
   tic, [t,y]=ode45(@apolloeq,[0,20],x0); toc %求解
   length(t), plot(y(:,1),y(:,3))                 %读取数据向量长度,绘制相平面图
```

得出的轨迹如图10-5(a)所示,通过计算共得出689个数据点,耗时0.014s。

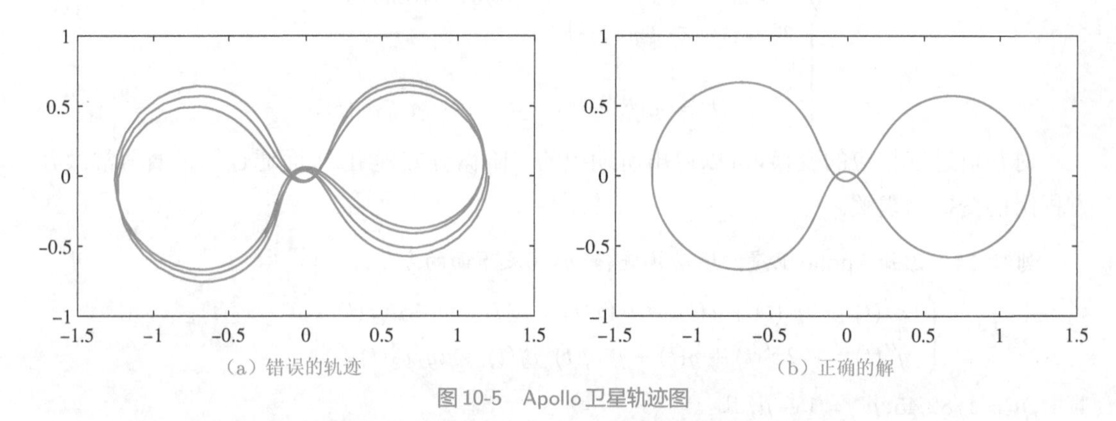

图10-5 Apollo卫星轨迹图

其实,这样直接得出的Apollo卫星轨道是不正确的,因为ode45()函数选择的默认精度控制RelTol设置得太大,从而导致较高的误差传递。可以减小该值,直至减小到10^{-6},就可以得到一致的结果。为得到双精度数据结构下最精确的结果,可以使用下面的语句进行仿真研究。得出的轨迹如图10-5(b)所示,得出数据点64753个,耗时0.23s。

```
>> ff=odeset; ff.AbsTol=eps; ff.RelTol=3e-14;
   tic, [t1,y1]=ode45(@apolloeq,[0,20],x0,ff); toc %重新求解方程
   length(t1), plot(y1(:,1),y1(:,3))                %读向量长度,绘制相平面图
```

用下面的MATLAB命令可求出求解全程所采用的最小步长的值为$h=1.5879\times10^{-6}$,并绘制出计算步长的曲线,如图10-6所示。其中,diff()函数与第7章的意义不一样,该章使用diff()操作符号表达式,得出的是导数,而这里是对时间向量进行操作,得出的结果是差分,即后项减前项,得出实际的步长。该向量的长度比t少1。

```
>> h=min(diff(t1))                    %求最小的步长
   plot(t1(1:end-1),diff(t1)) %绘制实际使用的步长变化曲线
```

从得出的图形可以看出变步长算法的意义,即在需要小步长时取小步长,而变化缓慢时取大

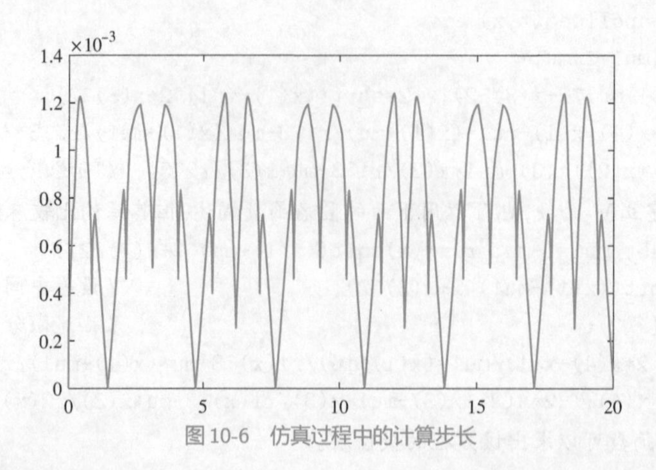

图10-6 仿真过程中的计算步长

步长计算，这样可以保证以较高的效率求解方程。

由给出的计算步长图可以看出，部分时间段使用了大于0.001的步长，这是一般定步长计算问题求解中不能采用的大步长。为了保证某些具体时间点上的计算精度，还会自动采用2×10^{-6}的小步长。换言之，在这些点上如果采用比该值大的步长，则计算误差就不能保证在10^{-14}以下。考虑定步长计算的方式，如果想保证10^{-14}以下的误差，全程选择的步长就应该是这样的值，计算的点数就要达到1.26×10^7，是变步长算法的195倍。

3. 更复杂的微分方程组

前面的介绍中，每个微分方程单独只包含一个未知函数的最高阶导数，可以很容易将其变换成一阶显式微分方程组。这里介绍一类高阶微分方程组的形式，某个方程同时含有两个未知函数的最高阶导数。通过简单的解方程方法可以推导出方程的解，从而写出一阶显式微分方程组。下面通过例子演示这类方程的变换方法。

例 10-15　假设系统模型以二元方程组的形式如下给出，试将其变换成一阶微分方程组。

$$\begin{cases} x''(t)+2y'(t)x(t)=2y''(t) \\ x''(t)y'(t)+3x'(t)y''(t)+x(t)y'(t)-y(t)=5 \end{cases}$$

解　上述两个方程均同时含有$x''(t)$和$y''(t)$，选择一组状态变量$x_1(t)=x(t)$，$x_2(t)=x'(t)$，$x_3(t)=y(t)$，$x_4(t)=y'(t)$，通过简单变换求解关于$x''(t)$和$y''(t)$（即$x_2'(t)$和$x_4'(t)$）的线性代数方程。记$p_1(t)=x''(t)=x_2'(t)$，$p_2(t)=y''(t)=x_4'(t)$，可以用下面的语句得出方程的解。

```
>> syms x1 x2 x3 x4 p1 p2 %声明符号变量，求解代数方程
   [p1,p2]=solve(p1+2*x4*x1==2*p2,p1*x4+3*x2*p2+x1*x4-x3==5,[p1,p2])
```

可以得出

$$p_1(t)=\frac{2x_3(t)+10-2x_1(t)x_4(t)-6x_1(t)x_2(t)x_4(t)}{2x_4(t)+3x_2(t)}$$
$$p_2(t)=\frac{x_3(t)+5-x_1(t)x_4(t)+2x_1(t)x_4^2(t)}{2x_4(t)+3x_2(t)}$$

由此可以列写出方程的一阶显式微分方程组的标准型为

$$\boldsymbol{x}'(t)=\begin{bmatrix} x_2(t) \\ \dfrac{2x_3(t)+10-2x_1(t)x_4(t)-6x_1(t)x_2(t)x_4(t)}{2x_4(t)+3x_2(t)} \\ x_4(t) \\ \dfrac{x_3(t)+5-x_1(t)x_4(t)+2x_1(t)x_4^2(t)}{2x_4(t)+3x_2(t)} \end{bmatrix}$$

10.2.5 刚性微分方程

刚性微分方程（stiff differential equation）是传统显式微分方程数值方法不适用的一类微分方程。通常的现象是，微分方程的解析解（如果存在）曲线应该是光滑的，由于数值算法的引入，在不同的计算步长下可能人为地引入大量的毛刺。如果采用变步长机制，则步长必须设置得十分微小才有可能精确求解，但这样做会导致计算量急剧增加，使得微分方程的求解变得困难甚至不可能，必须寻求针对刚性微分方程的特殊算法。

例 10-16 Van der Pol方程的数学形式为$y''(t)+\mu(y^2(t)-1)y'(t)+y(t)=0$，若已知$y(0)=-0.2, y'(0)=-0.7, \mu=1000$，试求van der Pol方程在$t\in(0,3000)$区间的数值解。

解　对给出的二阶方程，选择状态变量$x_1(t)=y(t)$, $x_2(t)=y'(t)$，则可以写出其标准型为

$$\boldsymbol{x}'(t)=\begin{bmatrix}x_2(t)\\-\mu(x_1^2(t)-1)x_2(t)-x_1(t)\end{bmatrix},\ \boldsymbol{x}(0)=\begin{bmatrix}-0.2\\-0.7\end{bmatrix}$$

尝试下面的求解语句，并将ode15s()函数替换成其他函数，可以得出表10-4中的实测数据。其中，经过超长时间的运算，ode87()函数无法得出方程的解，ode23t()函数在$t=806$左右异常退出。其余求解函数得出的解曲线是一致的。由于解析解未知，无从评价结果的精度。可以测出计算耗时、总计算点数和最小步长。从得出的结果看，刚性方程求解时，ode15s()模型明显优于其他求解函数。

```
>> ff=odeset; ff.RelTol=3e-14; ff.AbsTol=eps; %设置控制参数
   x0= [2;0]; tn=3000; mu=1000;                %已知参数与终止时间
   f=@(t,x)[x(2); -mu*(x(1)^2-1)*x(2)-x(1)];  %描述微分方程
   tic, [t,y]=ode15s(f,[0,tn],x0,ff); toc     %求解方程并计时
   length(t), h=diff(t); min(h), plot(t(1:end-1),h)
```

表10-4　刚性方程各种算法的速度比较

算法	ode87()	ode45()	ode15s()	ode23()	ode113()	ode23t()	ode23tb()
耗时/s	无解	19.044	0.634	27.873	69.092	3.84(失败)	61.446
最小步长	–	6.42×10^{-9}	3.16×10^{-10}	2.04×10^{-8}	1.63×10^{-10}	2.84×10^{-12}	1.47×10^{-8}
计算点数	–	10821721	30767	4873878	3529603	217128	1786955

ode45()和ode15s()函数的步长曲线如图10-7所示。可以看出，在某些特定点处必须选择10^{-10}级别的步长，而在这几个点外，ode15s()自动选择的步长远大于ode45()。所以，对刚性微分方程而言，ode15s()函数的效率更高。

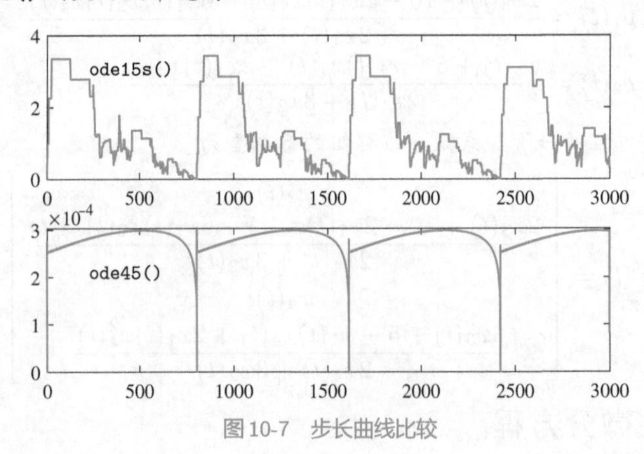

图10-7　步长曲线比较

结合表10-3可见，对非刚性微分方程，应该优先使用ode45()函数或ode87()函数；如果方程为刚性的(例如，调用ode45()函数长时间无解)，则优先使用ode15s()函数。

10.3　特殊微分方程

常规的微分方程可以通过前面介绍的求解方法直接得出数值解，但对一些特定的微分方程而言，这些函数是不能直接求解的。例如，微分代数方程、隐式微分方程和延迟微分方程等，本节侧重探讨这些方程的求解方法。

10.3.1　微分代数方程

一类比较常用的半显式（semi-explicit）微分代数方程可以写成

$$\boldsymbol{M}(t,\boldsymbol{x}(t))\boldsymbol{x}'(t)=\boldsymbol{f}(t,\boldsymbol{x}(t)) \tag{10-6}$$

其中，$\boldsymbol{M}(t,\boldsymbol{x}(t))$ 又称为质量矩阵（mass matrix），该矩阵奇异。

MATLAB提供了指数1型半显式微分代数方程（differential algebraic equation，DAE）的数值求解方法。在普通微分方程求解命令的控制选项中，成员变量Mass表示质量矩阵，它可以为常数矩阵，也可以为函数矩阵的句柄。考虑了这些因素，可以使用ode45()等函数直接求解微分代数方程。下面通过例子演示微分代数方程的直接求解方法。

例10-17　考虑下面给出的微分代数方程。

$$\begin{cases}x_1'(t)=-0.2x_1(t)+x_2(t)x_3(t)+0.3x_1(t)x_2(t)\\ x_2'(t)=2x_1(t)x_2(t)-5x_2(t)x_3(t)-2x_2^2(t)\\ \quad 0=x_1(t)+x_2(t)+x_3(t)-1\end{cases}$$

已知初值 $x_1(0)=0.8, x_2(0)=x_3(0)=0.1$，试求出该方程的数值解。

解　可以看出，最后一个方程为代数方程，可以视之为三个状态变量间的约束关系。该微分代数方程用矩阵的形式可以表示为

$$\begin{bmatrix}1&0&0\\0&1&0\\0&0&0\end{bmatrix}\begin{bmatrix}x_1'(t)\\x_2'(t)\\x_3'(t)\end{bmatrix}=\begin{bmatrix}-0.2x_1(t)+x_2(t)x_3(t)+0.3x_1(t)x_2(t)\\2x_1(t)x_2(t)-5x_2(t)x_3(t)-2x_2^2(t)\\x_1(t)+x_2(t)+x_3(t)-1\end{bmatrix}$$

写出相应的MATLAB函数如下：

```
>> f=@(t,x)[-0.2*x(1)+x(2)*x(3)+0.3*x(1)*x(2);
        2*x(1)*x(2)-5*x(2)*x(3)-2*x(2)*x(2);
        x(1)+x(2)+x(3)-1];          %微分方程右侧的描述
```

将矩阵 $\boldsymbol{M}$ 输入MATLAB工作空间，并在命令窗口中运行如下命令，可以得出此微分代数方程的解，解曲线如图10-8所示。求解过程耗时0.283 s，计算点数为4087。

```
>> M=[1,0,0; 0,1,0; 0,0,0];          %输入质量矩阵
   ff=odeset; ff.AbsTol=eps; ff.RelTol=3e-14;
   ff.Mass=M; x0=[0.8; 0.1; 0.1]; %设置质量矩阵与初值
```

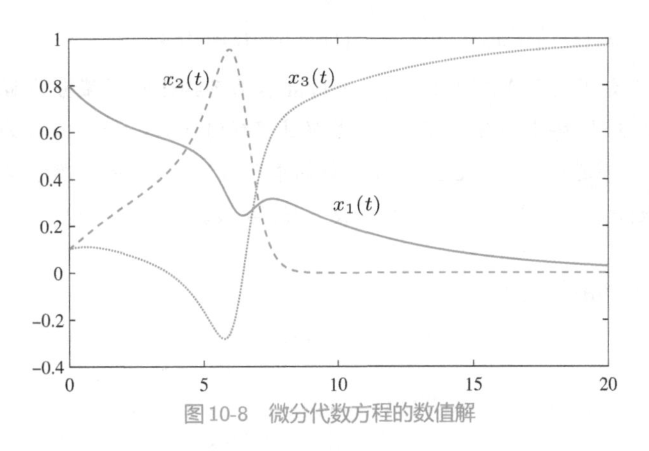

图10-8　微分代数方程的数值解

```
tic, [t,x]=ode15s(f,[0,20],x0,ff); toc
plot(t,x), length(t)             %求解并绘图
```

10.3.2 隐式微分方程

隐式微分方程(implicit differential equation)的一般数学模型为

$$\boldsymbol{F}\big(t,\boldsymbol{x}(t),\boldsymbol{x}'(t)\big)=\boldsymbol{0} \tag{10-7}$$

且已知$\boldsymbol{x}(t_0)=\boldsymbol{x}_0,\boldsymbol{x}'(t_0)=\boldsymbol{x}'_0$。

从给出的标准型可见,不要求一阶微分方程的显式表达式,只须直接给出微分方程的隐式表达式,这使方程格式更加灵活。不过,隐式方程标准型需要$\boldsymbol{x}_0$和状态变量一阶导数的初值$\boldsymbol{x}'_0$,这比一阶显式微分方程的要求更苛刻。将已知的t_0和$\boldsymbol{x}(t_0)$代入式(10-7),则通过代数方程求解的方法直接可以得出$\boldsymbol{x}'(t_0)$。MATLAB的`decic()`函数可以直接求$\boldsymbol{x}'_0$。

$[\boldsymbol{x}_0,\boldsymbol{x}'_0]$=`decic`($f,t_0,\boldsymbol{x}_0^*,\boldsymbol{x}_0^{\rm F},\boldsymbol{x}'^*_0,\boldsymbol{x}'^{\rm F}_0$,`options`)

其中,f为隐式微分方程句柄,$\boldsymbol{x}'^*_0$为方程求解的搜索初值,$\boldsymbol{x}_0^{\rm F}$与$\boldsymbol{x}'^{\rm F}_0$为标志向量,通常前者为幺向量,后者为零向量,表示由已知的$\boldsymbol{x}_0$求取相容的$\boldsymbol{x}'_0$。

MATLAB提供的`ode15i()`函数可以直接求解隐式微分方程。

$[\boldsymbol{t},\boldsymbol{x}]$=`ode15i`($f$,`tspan`,$\boldsymbol{x}_0^*,\boldsymbol{x}'^*_0$,`options`)

其中,`tspan`的定义与前面一致,可以是$[t_0,t_{\rm n}]$构成的区间向量,也可以是指定的时间向量$\boldsymbol{t}$;`options`为控制选项。下面通过例子给出隐式微分方程的数学描述与求解方法。

例10-18 试求解下面的隐式微分方程

$$\begin{cases} x''(t)\sin y'(t)+(y''(t))^2=-2x(t)y(t)\mathrm{e}^{-x'(t)}+x(t)x''(t)y'(t)\\ x(t)x''(t)y''(t)+\cos y''(t)=3y(t)x'(t)\mathrm{e}^{-x(t)} \end{cases}$$

该方程初值为$x(0)=y'(0)=1,x'(0)=y(0)=0$。

解 选择状态变量$x_1(t)=x(t),x_2(t)=x'(t),x_3(t)=y(t),x_4(t)=y'(t)$,则原方程可以变换成隐式微分方程标准型。

$$\begin{bmatrix} x'_1(t)-x_2(t)\\ x'_2(t)\sin x_4(t)+(x'_4(t))^2+2x_1(t)x_3(t)\mathrm{e}^{-x_2(t)}-x_1(t)x'_2(t)x_4(t)\\ x'_3(t)-x_4(t)\\ x_1(t)x'_2(t)x'_4(t)+\cos x'_4(t)-3x_3(t)x_2(t)\mathrm{e}^{-x_1(t)} \end{bmatrix}=\boldsymbol{0}$$

依据该方程可以给出如下的MATLAB语句,先用匿名函数描述隐式微分方程,然后得出相容初值,并直接求解微分方程,得出微分方程的解。求解过程耗时0.94s,计算点数为6334,得出的结果如图10-9所示。文献[15]还给出基于`ode45()`函数的求解方法,这时将代数方程嵌入微分方程的求解方法,每步求解微分方程都需要求解一次代数方程,故该算法比较耗时,达12.65s,计算点数为2217。

```
>> f=@(t,x,xd)[xd(1)-x(2);
     xd(2)*sin(x(4))+xd(4)^2+2*exp(-x(2))*x(1)*x(3)-x(1)*xd(2)*x(4);
     xd(3)-x(4);
     x(1)*xd(2)*xd(4)+cos(xd(4))-3*exp(-x(1))*x(3)*x(2)];
```

```
ff=odeset; ff.AbsTol=eps; ff.RelTol=100*eps;
x0=[1,0,0,1]'; x0F=ones(4,1); xd0=rand(4,1); x0F1=zeros(4,1);
[x0,xd0,f0]=decic(f,0,x0,x0F,xd0,x0F1,1e-10); %获得相容初值
tic, [t,x]=ode15i(f,[0,2],x0,xd0,ff); toc      %求解隐式微分方程
plot(t,x), length(t)                           %微分方程的结果
```

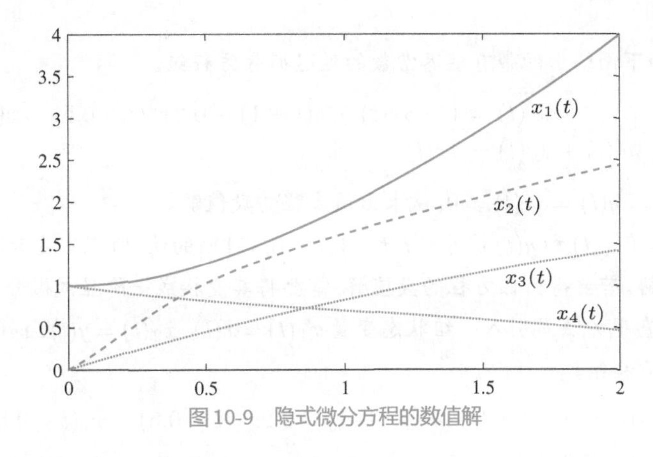

图 10-9 隐式微分方程的数值解

10.3.3 延迟微分方程

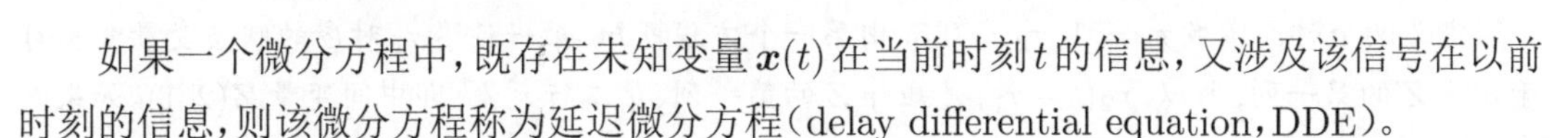

如果一个微分方程中，既存在未知变量 $\boldsymbol{x}(t)$ 在当前时刻 t 的信息，又涉及该信号在以前时刻的信息，则该微分方程称为延迟微分方程(delay differential equation，DDE)。

带有延迟常数的延迟微分方程组的一般形式为

$$\boldsymbol{x}'(t)=\boldsymbol{f}\big(t,\boldsymbol{x}(t),\boldsymbol{x}(t-\tau_1),\boldsymbol{x}(t-\tau_2),\cdots,\boldsymbol{x}(t-\tau_m)\big) \tag{10-8}$$

其中，$\tau_i \geqslant 0$ 为状态变量 $\boldsymbol{x}(t)$ 的延迟时间常数或 t、$\boldsymbol{x}(t)$ 的函数。

1. 常数延迟的延迟微分方程

如果各个延迟 τ_i 都是常数，则可以使用MATLAB提供的隐式Runge–Kutta算法函数 `dde23()`，可以直接求解延迟微分方程。该函数的调用格式为

sol=dde23(f_1,τ,f_2,[t_0,t_n],options)

和前面介绍的一样，`options` 变元是微分方程求解器的控制模板，其初始常数可以由函数 `ddeset()` 获得。该函数与 `odeset()` 比较相似，几个重要的属性名也相同。例如，`AbsTol`、`RelTol`、`OutputFcn`、`Events` 等，其定义与普通常微分方程大同小异，甚至二者可以混用。值得注意的是，相对误差限不能选得过小，否则可能得不出结果，下面将通过实例比较不同相对误差限对求解速度的影响。

在求解语句中，f_1 为描述延迟微分方程的MATLAB语言函数，其具体格式后面将通过例子演示；f_2 为描述 $t \leqslant t_0$ 时的状态变量值的函数。如果是函数则可以为MATLAB函数句柄，如果为常量则可以由向量直接给出。描述延迟微分方程时，除了常规的标量 t 和状态向量 $\boldsymbol{x}$ 外，还需要给出矩阵 $\boldsymbol{Z}$，其第 k 列的向量 $Z(:,k)$ 为状态变量的 τ_k 时间延迟向量，即 $\boldsymbol{x}(t-\tau_k)$。

该函数返回的变量sol为结构体数据，其成员变量sol.x为时间向量$\boldsymbol{t}$，成员变量sol.y为各个时刻的状态向量构成的矩阵$\boldsymbol{x}$。与ode45()等返回的$\boldsymbol{x}$矩阵不同，此处是按照行排列的，即$\boldsymbol{x}$矩阵的转置矩阵。

下面通过例子演示简单延迟微分方程的设置求解方法，并对控制选项的选择给出指导建议。

例10-19　已知下面给出的带有延迟常数的延迟微分方程组。

$$\begin{cases} x'(t) = 1 - 3x(t) - y(t-1) - 0.2x^3(t-0.5) - x(t-0.5) \\ y''(t) + 3y'(t) + 2y(t) = 4x(t) \end{cases}$$

其中，$t \leqslant 0$时，$x(t) = y(t) = y'(t) = 0$，试求出该方程的数值解。

解　该方程中含有$x(t)$和$y(t)$信号在$t, t-1, t-0.5$时刻的值，所以需要专门的延迟微分方程求解算法和程序求解。若要得出该方程的数值解，需要将其变换成一阶显式微分方程组。

实现转换的最直观方法是引入一组状态变量$x_1(t)=x(t)$，$x_2(t)=y(t)$，$x_3(t)=y'(t)$，可以得出如下的一阶微分方程组。

$$\begin{cases} x_1'(t) = 1 - 3x_1(t) - x_2(t-1) - 0.2x_1^3(t-0.5) - x_1(t-0.5) \\ x_2'(t) = x_3(t) \\ x_3'(t) = 4x_1(t) - 2x_2(t) - 3x_3(t) \end{cases}$$

定义两个时间常数$\tau_1 = 1, \tau_2 = 0.5$。由第一个方程可知，第一延迟τ_1对应的状态变量向量存于矩阵$\boldsymbol{Z}$的第一列，所以，$x_2(t-\tau_1)$是矩阵$\boldsymbol{Z}$的第一列、第二行元素，即中间变量$\boldsymbol{Z}(2,1)$。如果需要状态变量$x_1(t-\tau_2)$，则需要提取元素$\boldsymbol{Z}(1,2)$。这样，可以得出延迟微分方程的标准型为

$$\begin{cases} x_1'(t) = 1 - 3x_1(t) - \boldsymbol{Z}(2,1) - 0.2\boldsymbol{Z}^3(1,2) - \boldsymbol{Z}(1,2) \\ x_2'(t) = x_3(t) \\ x_3'(t) = 4x_1(t) - 2x_2(t) - 3x_3(t) \end{cases}$$

编写如下的匿名函数描述延迟微分方程。

```
>> f=@(t,x,Z)[1-3*x(1)-Z(2,1)-0.2*Z(1,2)^3-Z(1,2);
              x(3);
              4*x(1)-2*x(2)-3*x(3)];
```

选择不同的相对误差限ee，用下面的MATLAB语句可以得出该延迟微分方程的数值解，如图10-10所示。

```
>> ff=ddeset; ee=1e-7; ff.RelTol=ee; ff.AbsTol=eps;
   tau=[1 0.5]; x0=zeros(3,1);                  %设置含有两个延迟时间常数的向量
   tic, tx=dde23(f,tau,x0,[0,10],ff); toc %求解方程
   plot(tx.x,tx.y), length(tx.x)                %绘制延迟微分方程的状态变量
```

注意，返回的变量tx.y是按行存储的，如果只想绘制原方程$y(t)$信号的曲线，需要使用tx.y(2,:)，而不是tx.y(:,2)。

由于这里的精度要求设置得比较严苛，所以求解过程是很费时的，共耗时89.82s，计算点数为60042。测试不同的误差限ee值，可以得出表10-5所示的结果。精度要求差不多每增加一个数量级，计算点数增加一倍。如果ee过小，无法得出数值解。

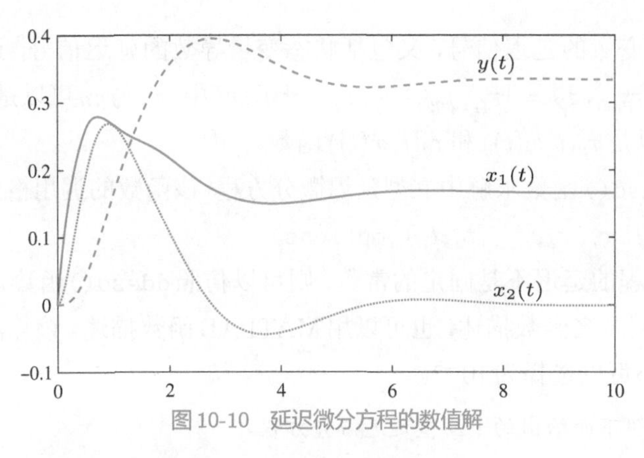

图10-10 延迟微分方程的数值解

表10-5 误差限设置与耗时的关系

误差限 ee	10^{-13}	10^{-12}	10^{-11}	10^{-10}	10^{-9}	10^{-8}	10^{-7}	10^{-6}	默认
耗时/s	–	89.8232	16.3755	4.2757	1.2198	0.3679	0.1134	0.058	0.0155
计算点数	–	60042	29986	14900	7382	3647	1779	891	70

2. 变延迟微分方程

MATLAB提供的ddesd()函数可以用于求解各类延迟微分方程,该函数的时间延迟向量允许使用变时间延迟的函数句柄,因此该函数完全可以处理带有时变延迟的延迟微分方程。ddesd()函数的调用格式为

sol=ddesd(f,f_τ,f_2,[t_0,t_n],options)

其中,f为描述显式微分方程的函数句柄,f_τ为描述延迟的函数句柄,f_2为描述历史函数的函数句柄,这些函数句柄都可以是MATLAB函数或匿名函数。

例10-20 试重新求解下面带有广义延迟的延迟微分方程,其中$\alpha=0.77$。

$$\begin{cases} x_1'(t)=-2x_2(t)-3x_1(t-0.2|\sin t|) \\ x_2'(t)=-0.05x_1(t)x_3(t)-2x_2(\alpha t)+2 \\ x_3'(t)=0.3x_1(t)x_2(t)x_3(t)+\cos(x_1(t)x_2(t))+2\sin 0.1t^2 \end{cases}$$

解 在这个延迟微分方程中,第一个延迟为$t-0.2|\sin t|$,第二个方程中含有$x_2(0.77t)$项,可使用下面的匿名函数描述延迟函数句柄,并直接求解延迟微分方程。

```
>> tau=@(t,x)[t-0.2*abs(sin(t)); 0.77*t]; %延迟描述函数
   f=@(t,x,Z)[-2*x(2)-3*Z(1,1);
        -0.05*x(1)*x(3)-2*Z(2,2)+2;        %微分方程的显式形式
        0.3*x(1)*x(2)*x(3)+cos(x(1)*x(2))+2*sin(0.1*t^2)];
   ff=ddeset; ff.RelTol=1e-10; ff.AbsTol=eps;
   sol=ddesd(f,tau,zeros(3,1),[0,30],ff); plot(sol.x,sol.y)
```

3. 中立型延迟微分方程

中立型(neutral-type)延迟微分方程的一般形式为

$$\boldsymbol{x}'(t)=\boldsymbol{f}\big(t,\boldsymbol{x}(t),\boldsymbol{x}(t-\tau_{p_1}),\cdots,\boldsymbol{x}(t-\tau_{p_m}),\boldsymbol{x}'(t-\tau_{q_1}),\cdots,\boldsymbol{x}'(t-\tau_{q_k})\big) \tag{10-9}$$

该方程既包括状态变量的延迟信号，又包括状态变量导数的延迟信号，这可以由两个向量 $\boldsymbol{\tau}_1=[\tau_{p_1},\tau_{p_2},\cdots,\tau_{p_m}]$，$\boldsymbol{\tau}_2=[\tau_{q_1},\tau_{q_2},\cdots,\tau_{q_k}]$ 表示。其中，τ_p 与 τ_q 可以是常数向量，表示延迟时间常数，也可以是 $\tau_p(t,\boldsymbol{x}(t))$ 和 $\tau_q(t,\boldsymbol{x}(t))$ 函数。

可以使用ddensd()函数求解中立型延迟微分方程，该函数的调用格式为

sol=ddensd(f,$\boldsymbol{\tau}_1$,$\boldsymbol{\tau}_2$,f_2,[t_0,$t_{\rm n}$],options)

如果该微分方程的延迟不是固定的常数，则可以仿照ddesd()函数，将 $\boldsymbol{\tau}_1$ 和 $\boldsymbol{\tau}_2$ 表示成函数句柄，既可以用匿名函数描述，也可以用MATLAB函数描述。该算法中相对误差限不能选择得过小，最小可以选择为 10^{-5}。

例10-21　试求解下面给出的中立型延迟微分方程。

$$\boldsymbol{x}'(t)=\boldsymbol{A}_1\boldsymbol{x}(t-0.15)+\boldsymbol{A}_2\boldsymbol{x}'(t-0.5)+\boldsymbol{B}u(t)$$

其中，输入信号 $u(t)\equiv1$，且已知矩阵为

$$\boldsymbol{A}_1=\begin{bmatrix}-13 & 3 & -3\\ 106 & -116 & 62\\ 207 & -207 & 113\end{bmatrix},\ \boldsymbol{A}_2=\begin{bmatrix}0.02 & 0 & 0\\ 0 & 0.03 & 0\\ 0 & 0 & 0.04\end{bmatrix},\ \boldsymbol{B}=\begin{bmatrix}0\\1\\2\end{bmatrix}$$

解　因为方程中同时包含 $\boldsymbol{x}'(t)$ 和 $\boldsymbol{x}'(t-0.5)$ 项，所以仅采用dde23()函数是无法求解的，需要引入ddensd()函数进行求解。状态信号的延迟为 $\boldsymbol{\tau}_1=0.15$，状态变量导数的延迟为 $\boldsymbol{\tau}_2=0.5$，因此可以用下面的匿名函数描述中立型延迟微分方程，然后可以由下面的语句直接求解，得出状态变量的时间响应曲线如图10-11所示。

```
>> A1=[-13,3,-3; 106,-116,62; 207,-207,113];
   A2=diag([0.02,0.03,0.04]); B=[0; 1; 2];               %输入已知矩阵
   u=1; x0=zeros(3,1); f=@(t,x,z1,z2)A1*z1+A2*z2+B*u;%描述方程
   ff=ddeset; ff.RelTol=1e-5; ff.AbsTol=eps;              %相对误差限不能过小
   sol=ddensd(f,0.15,0.5,x0,[0,15],ff);                   %中立型微分方程
   plot(sol.x,sol.y), length(sol.x)                       %微分方程求解与曲线绘制
```

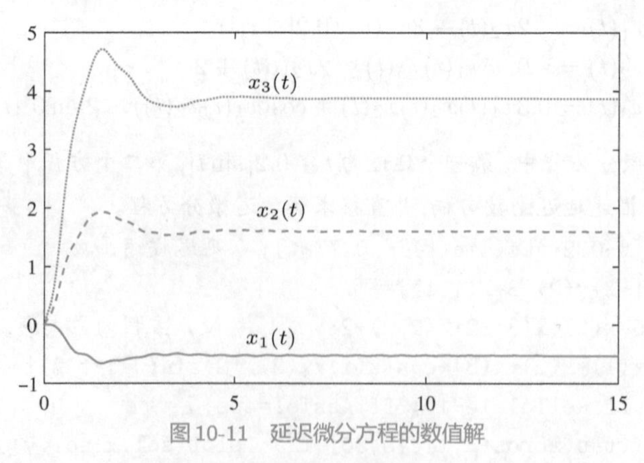

图10-11　延迟微分方程的数值解

10.4　微分方程的边值问题

前面介绍的微分方程数值解法只限于初值问题，即已知 $\boldsymbol{x}(t_0)$，通过逐步推演，求解方程的数值解。在实际应用中，经常会遇到这样的问题：已知部分状态在 $t=t_0$ 时刻的值，还知道

部分状态在 $t=t_\mathrm{n}$ 时刻的值，这类问题即边值问题（boundary value problem）。边值问题是 ode45() 类函数无法直接求解的一类问题。本节将重点探讨微分方程边值问题的求解方法。

10.4.1 边值问题的数学形式

对二阶微分方程而言，以前介绍的初值问题需要已知 $y(a)$ 和 $y'(a)$ 才能求解。如果 $y'(a)$ 未知，已知 $y(b)$，则微分方程属边值问题。如何求解边值问题呢？比较有效的底层方法是打靶法，假设 $y'(a)$ 已知（枪口的初始角度），求解初值问题，可以得出一个靶点 $\hat{y}(b)$，显然，靶点和期望的 $y(b)$ 有一个偏差。根据偏差反复修正枪口的初始角度，这种可能打中期望的 $y(b)$，由此得出边值问题的数值解。

更一般地，可以给出边值问题的数学形式。含有待定参数的一阶显式微分方程组的一般形式为

$$\boldsymbol{y}'(t)=\boldsymbol{f}\big(t,\boldsymbol{y}(t),\boldsymbol{\theta}\big) \tag{10-10}$$

其中，$\boldsymbol{y}(t)$ 为状态变量向量，$\boldsymbol{\theta}$ 为方程中所含待定参数构成的向量。该方程已知的边界值为

$$\boldsymbol{\phi}\big(\boldsymbol{y}(a),\boldsymbol{y}(b),\boldsymbol{\theta}\big)=\boldsymbol{0} \tag{10-11}$$

10.4.2 一般边值问题求解

MATLAB 提供的 bvp5c() 函数[36] 可以很好地求解微分方程的边值问题。正确求解一个常微分方程的边值问题，一般有以下几个步骤。

（1）参数的插值点。调用 bvpinit() 函数即可输入信息。当然，这样的描述不局限于边值，其他待定参数也可以在这里一起描述，其调用格式为

sinit=bvpinit($\boldsymbol{v}$,$\boldsymbol{x}_0$,$\boldsymbol{\theta}_0$)

其中，$\boldsymbol{v}$ 应该包含测试的时间向量，可以用 v=linspace(a,b,n) 或冒号表达式生成。注意，为保证计算速度，n 不宜取得过大，一般取 $n=5$。除了 $\boldsymbol{v}$ 向量，还应给出状态变量初值 $\boldsymbol{x}_0$ 和待定参数 $\boldsymbol{\theta}_0$ 的插值点。其实，如果选择可足够严苛的相对误差限，n 的选择对求解影响不大。

（2）微分方程和边值问题的 MATLAB 函数描述。微分方程本身的描述和初值问题完全一致，边值问题描述出式（10-11）中的各个式子即可，具体格式将由下面的例子演示。

（3）边值问题的求解。调用 bvp5c() 函数可直接求解边值问题，其调用格式为

sol=bvp5c(fun1,fun2,sinit,控制选项)

其中，fun1 和 fun2 分别为描述微分方程和边值条件的 MATLAB 函数句柄，它们也可以通过匿名函数直接表示；“控制选项”与 ode45() 中的定义基本一致；返回的 sol 为结构体变量，其 sol.$\boldsymbol{x}$ 分量为 $\boldsymbol{t}$ 行向量，sol.$\boldsymbol{y}$ 的每一行对应一个状态变量，sol.parameters 将返回待定参数 $\boldsymbol{\theta}$。

例 10-22 试求解下面给出的微分方程边值问题[37]，并评价解的精度。

$$\big(x^3u''(x)\big)''=1,\ 1\leqslant x\leqslant 2$$

已知，$u(1)=u''(1)=u(2)=u''(2)=0$，且已知解析解为

$$u(x)=\frac{1}{4}(10\ln 2-3)(1-x)+\frac{1}{2}\left[\frac{1}{x}+(3+x)\ln x-x\right]$$

解　这样的方程是无法直接进行数值求解的，必须推导出一阶显式微分方程组的标准型，然后才能求解。对本例而言，等号左边还需要做一些手工推导，或借助MATLAB的符号运算功能进行必要的推导。

```
>> syms c u(x), diff(x^3*diff(u,2),2) %等号左边的表达式推导
```

可以推导出

$$x^3u^{(4)}(x)+6x^2u'''(x)+6xu''(x)=1$$

由于求解区间是$x\in(1,2)$，则$x\neq 0$，所以可以立即写出其显式形式为

$$u^{(4)}(x)=-\frac{6}{x}u'''(x)-\frac{6}{x^2}u''(x)+\frac{1}{x^3}$$

选择$y_1(x)=u(x),y_2(x)=u'(x),y_3(x)=u''(x),y_4(x)=u'''(x)$，则可以写出一阶显式微分方程组的标准型为

$$\boldsymbol{y}'(x)=\begin{bmatrix}y_2(x)\\y_3(x)\\y_4(x)\\-6y_4(x)/x-6y_3(x)/x^2+1/x^3\end{bmatrix}$$

边值条件可以写成$y_1(a)=0,y_3(a)=0,y_1(b)=0,y_3(b)=0$。按边值条件标准型的表示格式，不难改写成$\boldsymbol{y}_a(1)=0,\boldsymbol{y}_a(3)=0,\boldsymbol{y}_b(1)=0,\boldsymbol{y}_b(3)=0$。

调用下面的语句可以直接求解这样的边值问题，求解语句与前面介绍的几乎完全一致，不同的只有微分方程与边界条件的描述语句。求解过程耗时13.037 s，得出的结果误差为2.7274×10^{-15}，函数$u(x)$及$u''(x)$的曲线如图10-12所示。可见，$u(x)$曲线与理论值完全重合。

```
>> f=@(x,y)[y(2:4); -6*y(4)/x-6*y(3)/x^2+1/x^3];      %微分方程
   g=@(ya,yb)[ya(1); ya(3); yb(1); yb(3)];             %边值条件
   ff=odeset; ff.RelTol=3e-14; ff.AbsTol=eps; tic, N=10;
   x0=rand(4,1); S1=bvpinit(linspace(1,2,N),x0);       %计算参考中间点
   s1=bvp5c(f,g,S1,ff); x=s1.x; y=s1.y; toc            %求解边值问题
   y0=(10*log(2)-3)*(1-x)/4+(1./x+(3+x).*log(x)-x)/2;  %求精确解
   plot(x,y([1,3],:),x,y0,'--'); norm(y(1,:)-y0)       %绘图并计算误差
```

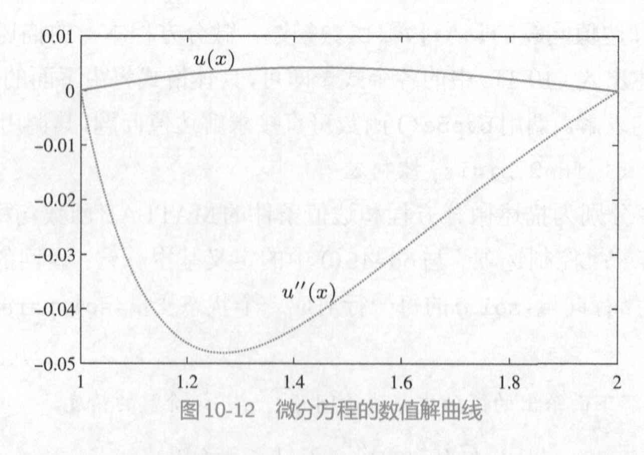

图10-12　微分方程的数值解曲线

10.4.3　含有参数的边值问题求解

如果某个微分方程的边值问题带有待定参数，可以将其归入边值问题标准型中的$\boldsymbol{\theta}$向量，仍可以用边值问题求解函数bvp5c()直接求解该问题，得出方程的解，同时得出待定参

数的估计值。一般情况下，一个待定参数需要有一个已知的边值条件与其对应。如果没有足够的已知边值，则无法得出未知的待定参数，也无法求解微分方程。本节通过例子演示带有待定参数的微分方程边值问题的求解方法与待定参数的确定。

例10-23 已知某常微分方程模型如下，试求出α和β并求解微分方程。

$$\begin{cases} x'(t) = 4x(t) - \alpha x(t)y(t) \\ y'(t) = -2y(t) + \beta x(t)y(t) \end{cases}$$

已知$x(0) = 2, y(0) = 1, x(3) = 4, y(3) = 2$。

解 引入状态变量$x_1(t) = x(t), x_2(t) = y(t)$，令$v_1 = \alpha, v_2 = \beta$，则可以将原问题变换成关于$\boldsymbol{x}$的微分方程。

$$\boldsymbol{x}'(t) = \begin{bmatrix} 4x_1(t) - v_1x_1(t)x_2(t) \\ -2x_2(t) + v_2x_1(t)x_2(t) \end{bmatrix}$$

与普通边值问题一样，记$a=0, b=3$，则边值问题的标准型可以记作$\boldsymbol{x}_a(1)-2=0, \boldsymbol{x}_a(2)-1=0$, $\boldsymbol{x}_b(1)-4=0, \boldsymbol{x}_b(2)-2=0$，这样，可以如下描述微分方程和边值问题。

```
>> f=@(t,x,v)[4*x(1)+v(1)*x(1)*x(2);
         -2*x(2)+v(2)*x(1)*x(2)];                 %微分方程
   g=@(xa,xb,v)[xa(1)-2; xa(2)-1; xb(1)-4; xb(2)-2]; %边值条件
```

先调用bvpinit()初始化函数定义求解时间区间及网格划分方法，并令状态初始值和参数α和β的初始值。因为有两个初始状态和两个未定参数，所以它们的初值均可以设置为随机数向量rand(2,1)。定义了这些参数，则可以调用bvp5c()函数求解边值问题的α和β参数，并求解在此参数下的系统方程，得出的结果如图10-13所示。

```
>> x1=rand(2,1); v1=rand(2,1);
   sinit=bvpinit(linspace(0,3,20),x1,v1);  %中间点
   ff=odeset; ff.RelTol=3e-14; ff.AbsTol=eps;
   sol=bvp5c(f,g,sinit,ff); sol.parameters %显示待定参数
   plot(sol.x,sol.y);                      %绘制解的时域响应曲线
```

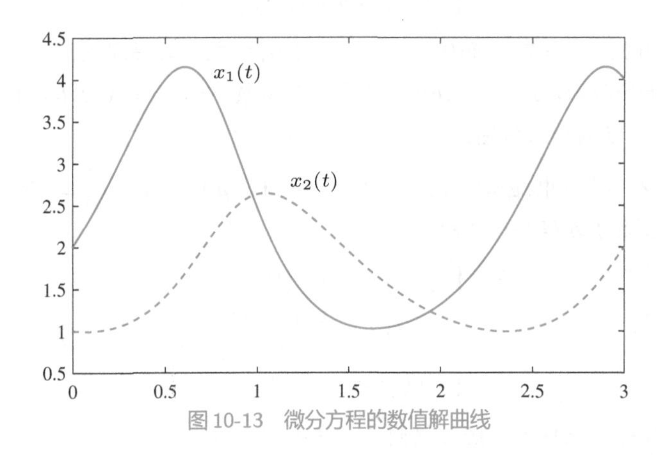

图10-13 微分方程的数值解曲线

同时，可以求出$\alpha = -2.3721, \beta = 0.8934$。由仿真曲线可以看出，方程状态的边值条件可以满足，所以求出的解是正确的。选择初值向量$\boldsymbol{x}_1$和$\boldsymbol{v}_1$时应注意，选择不当可能使得求解过程中的Jacobi矩阵奇异，所以实际求解时若出现此现象，则应该重新选择初值。

10.5 习题

10.1 试求出下面线性微分方程的通解。

$$y^{(5)} + 13y^{(4)} + 64y'''(t) + 152y''(t) + 176y'(t) + 80y(t) = u(t)$$

其中，$u(t)=\mathrm{e}^{-2t}\left[\sin(2t+\pi/3)+\cos 3t\right]$，且已知条件 $y(0)=1, y(1)=3, y(\pi)=2, y'(0)=1, y'(1)=2$，试求出满足该条件的微分方程的解析解，并绘制解的函数曲线。

10.2 试求出下面微分方程的通解。

(1) $\begin{cases} x''(t) - 2y''(t) + y'(t) + x(t) - 3y(t) = 0 \\ 4y''(t) - 2x''(t) - x'(t) - 2x(t) + 5y(t) = 0 \end{cases}$

(2) $\begin{cases} 2x''(t) + 2x'(t) - x(t) + 3y''(t) + y'(t) + y(t) = 0 \\ x''(t) + 4x'(t) - x(t) + 3y''(t) + 2y'(t) - y(t) = 0 \end{cases}$

10.3 试求解下面微分方程的通解以及满足条件 $x(0)=1, x(\pi)=2, y(0)=0$ 的解析解。

$$\begin{cases} x''(t) + 5x'(t) + 4x(t) + 3y(t) = \mathrm{e}^{-6t}\sin 4t \\ 2y'(t) + y(t) + 4x'(t) + 6x(t) = \mathrm{e}^{-6t}\cos 4t \end{cases}$$

10.4 试求解下面的非线性微分方程的解析解。

(1) $y'(x) = y^4(x)\cos x + y(x)\tan x$，(2) $xy^2(x)y'(x) = x^2 + y^2(x)$

(3) $xy'(x) + 2y(x) + x^5y^3(x)\mathrm{e}^x = 0$

10.5 试求出下面非线性微分方程的解析解。

$$x^2y(x)y''(x) - \left[2x^2\left(y'(x)\right)^2 + axy(x)y'(x) + ay^2(x)\right] = 0$$

10.6 考虑如下著名的Rössler化学反应方程组。

$$\begin{cases} x'(t) = -y(t) - z(t) \\ y'(t) = x(t) + ay(t) \\ z'(t) = b + (x(t) - c)z(t) \end{cases}$$

选定 $a = b = 0.2, c = 5.7$，且 $x(0) = y(0) = z(0)$，绘制仿真结果的三维相空间轨迹，并得出其在 xy 平面上的投影。建议将 a、b 和 c 作为附加参数，若设 $a = 0.2, b = 0.5, c = 10$ 时，绘制出状态变量的二维图和三维图。

10.7 下面的微分方程组[38]中，$\mathrm{g}=0.032, \gamma=0.02$，初值为 $y(0)=0, v(0)=0.5, \phi(0)$ 分别取0.3782和9.7456，试求微分方程的数值解。

$$\begin{cases} y'(t) = \tan\phi(t) \\ v'(t) = -\dfrac{\mathrm{g}\sin\phi(t)\gamma v^2(t)}{v(t)\cos\phi(t)} \\ \phi'(t) = -\mathrm{g}/v^2(t) \end{cases}$$

10.8 Chua电路方程是混沌理论中经常提到的微分方程[39]。

$$\begin{cases} x'(t) = \alpha[y(t) - x(t) - f(x(t))] \\ y'(t) = x(t) - y(t) + z(t) \\ z'(t) = -\beta y(t) - \gamma z(t) \end{cases}$$

其中，$f(x)$ 为 Chua 电路的二极管分段线性特性，即

$$f(x) = bx + \frac{1}{2}(a-b)(|x+1| - |x-1|)$$

且 $a < b < 0$。试编写出 MATLAB 函数描述该微分方程，并绘制出 $\alpha = 15, \beta = 20, \gamma = 0.5$, $a = -8/7, b = -5/7$，且初值为 $x(0) = -2.121304, y(0) = -0.066170, z(0) = 2.881090$ 时的相空间曲线。

10.9 试求解下面微分方程的数值解[40]。

$$\begin{cases} y'(x) = -2xy(x)\ln z(x) \\ z'(x) = 2xz(x)\ln y(x) \end{cases}$$

已知初值为 $y(0)=\mathrm{e}, z(0)=1$，且该微分方程的解析解为 $y(x)=\mathrm{e}^{\cos x^2}, z(x)=\mathrm{e}^{\sin x^2}$。试对比各种算法在求解该问题时的速度与精度。

10.10 下面的微分方程[41]中，$K_a = 31\times10^{-8}$，$K_w = 3.25\times10^{-18}$，$\alpha = 55.5\times10^6$，$\beta = 10^{-5}$，$\gamma = 1.11\times10^6$。若已知各个状态变量的初值均为 0，试求解该微分方程。

$$\begin{cases} w'(t) = \alpha K_w + \beta y(t) - \gamma x(t)w(t) - \alpha w(t)z(t) \\ x'(t) = -x(t) + \beta y(t) - \gamma x(t)w(t) - y(t)z(t)/K_a \\ y'(t) = x(t) - \beta y(t) + \gamma x(t)w(t) - y(t)z(t)/K_a \\ z'(t) = \alpha K_w + x(t) + \alpha w(t)z(t) - y(t)z(t)/K_a \end{cases}$$

10.11 考虑 Duffing 方程。

$$x''(t) + \mu_1 x'(t) - x(t) + 2x^3(t) = \mu_2 \cos t,\ \text{其中},\ x_1(0) = \gamma,\ x_2(0) = 0$$

(1) 若 $\mu_1 = \mu_2 = 0$，试求方程的数值解。若 $\gamma = [0.1 : 0.1 : 2]$，试对不同初值绘制相平面曲线；

(2) 若 $\mu_1 = 0.01, \mu_2 = 0.001$，选取 $\gamma = 0.99, 1.01$，试绘制不同初值的相平面曲线；

(3) 若 $x_2(0) = 0.2$，试对不同的 γ 值绘制相平面曲线。

10.12 试选择状态变量，将下面的非线性微分方程组变换成一阶显式微分方程组，并用 MATLAB 对其求解，绘制出解的相平面或相空间曲线。

(1) $\begin{cases} x''(t) = -x(t) - y(t) - (3x'(t))^2 + (y'(t))^3 + 6y''(t) + 2t \\ y'''(t) = -y''(t) - x'(t) - \mathrm{e}^{-x(t)} - t \end{cases}$

其中，$x(1) = 2, x'(1) = -4, y(1) = -2, y'(1) = 7, y''(1) = 6$。

(2) $\begin{cases} x''(t) - 2x(t)z(t)x'(t) = 3t^2x^2(t)y(t) \\ y''(t) - \mathrm{e}^{y(t)}y'(t) = 4t^2x(t)z(t) \\ z''(t) - 2tz'(t) = 2t\mathrm{e}^{x(t)y(t)} \end{cases}$

其中，$z'(1) = x'(1) = y'(1) = 2, z(1) = x(1) = y(1) = 3$。

(3) $\begin{cases} x^{(4)}(t) - 8\sin t y(t) = 3t - \mathrm{e}^{-2t} \\ y^{(4)}(t) + 3t\mathrm{e}^{-5t}x(t) = 12\cos t \end{cases}$

已知 $x(0)=y(0)=0, x'(0)=y'(0)=0.3, x''(0)=y''(0)=1, x'''(0)=y'''(0)=0.1$。

10.13 试用解析解和数值解的方法求解下面的微分方程组。

$$\begin{cases} x''(t) = -2x(t) - 3x'(t) + \mathrm{e}^{-5t}, & x(0) = 1, x'(0) = 2 \\ y''(t) = 2x(t) - 3y(t) - 4x'(t) - 4y'(t) - \sin t, & y(0) = 3, y'(0) = 4 \end{cases}$$

10.14 化工领域催化流化床(catalytic fluidized bed)的简化动态模型为[42]

$$\begin{cases} x'(t) = 1.30\big(y_2(t) - x(t)\big) + 2.13\times 10^6 k y_1(t) \\ y_1'(t) = 1.88\times 10^3\big[y_3(t) - y_1(t)(1+k)\big] \\ y_2'(t) = 1752 - 269y_2(t) + 267x(t) \\ y_3'(t) = 0.1 + 320y_1(t) - 321y_2(t) \end{cases}$$

已知$x(0) = 761$, $y_1(0) = 0$, $y_2(0) = 600$, $y_3(0) = 0.1$, 且$k = 0.006\mathrm{e}^{20.7-15000/x(t)}$。如果$t \in (0, 100)$,试求该刚性微分方程的数值解。

10.15 试求解下面的线性刚性微分方程[43]。

$$\boldsymbol{y}'(t) = \begin{bmatrix} -2a & a & & & & \\ 1 & -2 & 1 & & & \\ 0 & 1 & -2 & 1 & & \\ & & \ddots & \ddots & \ddots & \\ & & & 1 & -2 & 1 \\ & & & & b & -2b \end{bmatrix}\boldsymbol{y}(t) + \begin{bmatrix} 0 \\ 0 \\ 0 \\ \vdots \\ 0 \\ b \end{bmatrix}$$

其中,$a = 900$, $b = 1000$。如果初值$\boldsymbol{y}(0)$为零向量,系数矩阵的阶次$n = 9$,求解区间$t \in (0, 120)$,试求解刚性微分方程。

10.16 下面的非线性刚性微分方程[43]中,$\gamma = 100, t \in (0, 1)$,初始状态为零向量,试求解该方程。

$$\begin{cases} y_1'(t) = y_2(t) \\ y_2'(t) = y_3(t) \\ y_3'(t) = y_4(t) \\ y_4'(t) = \big(y_1^2(t) - \sin y_1(t) - \gamma^4\big) + \left(\dfrac{y_2(t)y_3(t)}{y_1^2(t)+1} - 4\gamma^3\right) \\ \qquad\qquad +(1-6\gamma^2)y_3(t) + \big(10\mathrm{e}^{-y_4^2(t)} - 4\gamma\big)y_4(t) + 1 \end{cases}$$

10.17 下面的微分代数方程[44]中,若已知初值$\boldsymbol{x}(0) = [1, 0, 0, 0]^{\mathrm{T}}$, $\boldsymbol{y}(t) = \boldsymbol{0}$,常数$g = 9.81$,且$t \in (0, 6)$,试得出此微分代数方程的数值解。

$$\begin{cases} x_1'(t) = x_3(t) - 2x_1(t)y_2(t) \\ x_2'(t) = x_4(t) - 2x_2(t)y_2(t) \\ x_3'(t) = -2x_1(t)y_1(t) \\ x_4'(t) = -g - 2x_2(t)y_1(t) \\ x_1^2(t) + x_2^2(t) = 1 \\ x_1(x)x_3(t) + x_2(t)x_4(t) = 0 \end{cases}$$

10.18 考虑下面的时变线性微分代数方程[45]。已知$x_1(0) = x_2(0) = 1$, α为常数,且已知解析解为$x_1(t) = x_2(t) = \mathrm{e}^t$, $z(t) = -\mathrm{e}^t/(2-t)$,试求解该微分代数方程。

$$\begin{cases} x_1'(t) = \big(\alpha - 1/(2-t)\big)x_1(t) + (2-t)\alpha z(t) + (3-t)/(2-t) \\ x_2'(t) = (1-\alpha)x_1(t)/(t-2) - x_2(t) + (\alpha-1)z(t) + 2\mathrm{e}^{-t} \\ 0 = (t+2)x_1(t) + (t^2-4)x_2(t) - (t^2+t-2)\mathrm{e}^t \end{cases}$$

10.19 考虑下面的隐式微分方程[46]。其中,$m_1 = m_2 = 0.1, L = 1, g = 9.81, \boldsymbol{y}_0 = [0, 4, 2, 20, -\pi/2, 2]^{\mathrm{T}}$,

时间区间$t\in(0,4)$，试求解该隐式微分方程。

$$\begin{cases} 0=y_1'(t)-y_2(t)\\ 0=(m_1+m_2)y_2'(t)-m_2Ly_6'(t)\sin y_5(t)-m_2Ly_6^2(t)\cos y_5(t)\\ 0=y_3'(t)-y_4(t)\\ 0=(m_1+m_2)y_4'(t)+m_2Ly_6'(t)\cos y_5(t)-m_2Ly_6'(t)\sin y_5(t)+(m_1+m_2)g\\ 0=y_5'(t)-y_6(t)\\ 0=-Ly_2'(t)\sin y_5(t)-Ly_4'(t)\cos y_5(t)-L^2y_6^2(t)+gL\cos y_5(t) \end{cases}$$

10.20 考虑下面给出的延迟微分方程[47]。其中，$t\leqslant 0$时，$y_1(t)=5, y_2(t)=0.1, y_3(t)=1$，试求解该延迟微分方程，求解区间为$t\in(0,40)$。

$$\begin{cases} y_1'(t)=-y_1(t)y_2(t-1)+y_2(t-10)\\ y_2'(t)=y_1(t)y_2(t-1)-y_2(t)\\ y_3'(t)=y_2(t)-y_2(t-10) \end{cases}$$

10.21 试求解下面的延迟微分方程。其中，$a=0.1, b=0.2, n=10$且$r=20$，求解区间$t\leqslant 1000$。

$$y'(t)=\frac{by(t-\tau)}{1+y^n(t-\tau)}-ay(t)$$

10.22 试求解下面给出的免疫学延迟微分方程[47]。

$$\begin{cases} V'(t)=\big(h_1-h_2F(t)\big)V(t)\\ C'(t)=\xi(m(t))h_3F(t-\tau)V(t-\tau)-h_5\big(C(t)-1\big)\\ F'(t)=h_4\big(C(t)-F(t)\big)-h_8F(t)V(t) \end{cases}$$

其中，$\tau=0.5, h_1=2, h_2=0.8, h_3=104, h_4=0.17, h_5=0.5, h_7=0.12, h_8=8$，且$h_6$可以分别取10或300。在$t\leqslant 0$时，$V(t)=\max(0,10^{-6}+t), C(t)=F(t)=1$。函数$\xi(m(t))$由下面的分段函数定义，其中，$m(t)$满足微分方程$m'(t)=h_6V(t)-h_7m(t)$，且$t\leqslant 0$时$m(t)=0$。

$$\xi(m(t))=\begin{cases} 1, & m(t)\leqslant 0.1\\ 10\big(1-m(t)\big)/9, & 0.1<m(t)\leqslant 1 \end{cases}$$

10.23 试求解下面的延迟微分方程问题[38]。其中，$t\leqslant 0$时，$y_1(t)=y_4(t)=y_5(t)=\mathrm{e}^{t+1}$，$y_2(t)=\mathrm{e}^{t+0.5}, y_3(t)=\sin(t+1)$，且求解区间为$t\in[0,1]$。

$$\begin{cases} y_1'(t)=y_5(t-1)+y_3(t-1)\\ y_2'(t)=y_1(t-1)+y_2(t-0.5)\\ y_3'(t)=y_3(t-1)+y_1(t-0.5)\\ y_4'(t)=y_5(t-1)y_4(t-1)\\ y_5'(t)=y_1(t-1) \end{cases}$$

10.24 试求解下面的变延迟微分方程[48]。已知$0\leqslant t\leqslant 1$时，$y(t)=1$。

$$y'(t)=\frac{t-1}{t}y\big(t-\ln t-1\big)y(t),\ \ t\geqslant 1$$

10.25 试求解下面的延迟微分方程[49]。其中，$t\leqslant 0$时，$x(t)=\sin t$。已知方程的解析解为$x(t)=\sin t$，试评价解的精度。

$$x'(t)=-x\big(t-1-\mathrm{e}^{-t}\big)+\cos t+\sin\big(t-1-\mathrm{e}^{-t}\big)$$

10.26 试求解下面的简单中立型延迟微分方程[48]。

$$y'(t)=y(t)+y'(t-1)$$

其中，$t \leqslant 0$时$y(t)=1, t \in (0,3)$。已知原方程的解析解为

$$y(t)=\begin{cases} \mathrm{e}^t, & 0 \leqslant t \leqslant 1 \\ \mathrm{e}^t+(t-1)\mathrm{e}^{t-1}, & 1<t<2 \\ \mathrm{e}^t+\mathrm{e}^{t-1}+(t-2)(t+2\mathrm{e})\mathrm{e}^{t-2}/2, & 2 \leqslant t \leqslant 3 \end{cases}$$

10.27 试求解下面的微分方程的边值问题。其中，$y(0)=0, y(1)=\ln 2, y''(0)=-1, y''(1)=-0.25$，解析解$y(t)=\ln(1+t)$。

$$y^{(4)}(t)=6\mathrm{e}^{-4y(t)}-\frac{12}{(1+t)^4}$$

10.28 试求解下面的微分方程边值问题[50]。

$$y''(x)-400y(x)=400\cos^2 \pi x+2\pi^2\cos 2\pi x，\text{其中，} y(0)=y(1)=0$$

方程的解析解为

$$y(x)=\frac{\mathrm{e}^{-20}}{1+\mathrm{e}^{-20}}\mathrm{e}^{20x}+\frac{1}{1+\mathrm{e}^{-20}}\mathrm{e}^{-20x}-\cos^2 \pi x$$

10.29 试求解下面的微分方程边值问题[50]。

$$\begin{cases} y_1'(t)=ay_1(t)\big(y_3(t)-y_1(t)\big)/y_2(t) \\ y_2'(t)=-a\big(y_3(t)-y_1(t)\big) \\ y_3'(t)=\big[b-c\big(y_3(t)-y_5(t)\big)-ay_3(t)\big(y_3(t)-y_1(t)\big)\big]/y_4(t) \\ y_4'(t)=a\big(y_3(t)-y_1(t)\big) \\ y_5'(t)=-c\big(y_5(t)-y_3(t)\big)/d \end{cases}$$

其中，$a=100$，$b=0.9$，$c=1000$，$d=10$，且已知边值条件为$y_1(0)=y_2(0)=y_3(0)=1$，$y_4(0)=-10, y_3(1)=y_5(1)$。

10.30 试求解下面的微分方程边值问题[38]。

$$\begin{cases} y_1'(t)=y_2(t) \\ y_2'(t)=y_3(t) \\ y_3'(t)=-(3-n)y_1(t)y_3(t)/2-ny_2^2(t)+1-y_4^2(t)+sy_2(t) \\ y_4'(t)=y_5(t) \\ y_5'(t)=-(3-n)y_1(t)y_3(t)/2-(n-1)y_2(t)y_4(t)+s\big(y_4(t)-1\big) \end{cases}$$

其中，$n=-0.1$，$s=0.2$，且已知边值条件为$y_1(0)=y_2(0)=y_4(0)=y_2(b)=0$，$y_4(b)=1$，$b=11.3$。

10.31 试求解下面的半无穷区间微分方程边值问题[51]。已知边值条件$y(0)=0, z(0)=1, y'(\infty)=z'(\infty)=0$。

$$\begin{cases} 3y(t)y''(t)=2\big(y'(t)-z(t)\big) \\ z''(t)=-y(t)z'(t) \end{cases}$$

10.32 考虑下面的微分方程边值问题[37]。

$$\begin{cases} f'''(t)-R\big[(f'(t))^2-f(t)f''(t)\big]+AR=0 \\ h''(t)+Rf(t)h'(t)+1=0 \\ \theta''(t)+Pf(t)\theta'(t)=0 \end{cases}$$

其中，$R=10$，$P=0.7R$，A为待定常数。若已知边值$f(0)=f'(0)=0$，$f(1)=1$，$f'(1)=0$，$h(0)=h(1)=\theta(0)=0, \theta(1)=1$，试求解该微分方程。如果$R=10000$，试重新求解微分方程。

第 11 章 最优化问题求解

CHAPTER 11

最优化技术是科学与工程领域重要的数学工具，也是解决科学与工程问题的有效手段。毫不夸张地说，学会了最优化问题的理念与求解方法，可以将科研的水平提高一个档次，因为原本得到问题的一个解就满足了，学习了最优化的思想，很自然地将追求问题最好的解。

本章介绍各种最优化问题的求解方法。11.1 节首先介绍无约束最优化问题的求解方法，11.2 节介绍线性规划和二次型规划问题的求解方法，并引入新的基于问题的描述与求解方法。11.3 节介绍一般非线性优化问题的求解方法。11.4 节简单介绍 MATLAB 全局最优化工具箱的几个智能优化问题求解函数。该节还介绍基于 MATLAB 现有求解函数创建的全局最优化问题求解方法，以期得出问题的全局最优解。从求解的对比研究看，这些求解函数的性能明显优于全局最优化工具箱的智能方法[14]。

11.1 无约束最优化

无约束最优化（unconstrained optimization）问题是最常见也是最简单的一类最优化问题。本节介绍无约束最优化问题的求解方法。

11.1.1 无约束最优化问题的数学形式

无约束最优化问题的一般数学描述为

$$\min_{\boldsymbol{x}} f(\boldsymbol{x}) \tag{11-1}$$

式中，$\boldsymbol{x}=[x_1,x_2,\cdots,x_n]^{\mathrm{T}}$ 称为决策变量（decision variables）；标量函数 $f(\cdot)$ 称为目标函数（objective function）。

上述数学描述的物理含义是如何找出求取一组 $\boldsymbol{x}$ 向量，使得目标函数 $f(\boldsymbol{x})$ 的值为最小，故该问题又称为最小化问题。由于这里的 $\boldsymbol{x}$ 向量的值可以任取，所以这类最优化问题又称为无约束最优化问题。

其实，这里给出的最小化是最优化问题的通用描述，它不失普遍性。若要想求解最大化问题，那么只须给目标函数 $f(\boldsymbol{x})$ 乘以 -1 就能立即将其转换成最小化问题。所以本章及后续介绍中描述的全部问题都只考虑最小化问题，非最小化问题应事先转换成最小化标准型。

11.1.2 无约束最优化问题的求解

MATLAB语言中提供了求解无约束最优化的函数fminsearch()，其最优化工具箱中还提供了函数fminunc()，二者的调用格式完全一致，为

```
x=fminsearch(Fun,x0),                          %最简求解语句
[x,f0,flag,out]=fminsearch(Fun,x0,opt),        %带有控制选项
[x,f0,flag,out]=fminsearch(Fun,x0,opt,p1,p2,···), %带有附加参数
```

式中，Fun为描述目标函数的函数句柄，它可以是MATLAB函数的文件名，也可以是匿名函数或inline函数；$\boldsymbol{x}_0$为搜索初值向量；opt为控制选项。除此之外，该函数还允许使用附加参数$p_1,p_2,\cdots$，但不建议使用附加参数，后面将介绍一种替代附加参数的方法。在返回的变量中，$\boldsymbol{x}$为决策变量的最优解；f_0为最优的传递函数值；flag为计算结果的标志，若flag为0，则说明求解过程不成功，flag为1则表示求解成功；返回量out包含一些求解的中间信息，如迭代步数等。

fminsearch()函数采用了文献[52]中提出的改进单纯形算法，而fminunc()函数可以使用拟Newton算法、置信域（trust region）求解算法等。从采用的算法看，fminsearch()函数无须目标函数的梯度信息，拟Newton算法的fminunc()函数也无须目标函数的梯度信息，而fminunc()采用置信域算法时是需要用户提供梯度信息的。

例11-1 重新考虑例5-21中的二元函数$z=f(x,y)=(x^2-2x)\mathrm{e}^{-x^2-y^2-xy}$，试用MATLAB提供的求解函数求出其最小值，并解释解的几何意义。

解 因为函数中给出的自变量是x和y，而最优化函数需要求取的是自变量向量$\boldsymbol{x}$，故在求解前应该先进行变量替换，如令$x_1=x,x_2=y$，这样就可以将目标函数手工地修改成

$$z=f(\boldsymbol{x})=(x_1^2-2x_1)\mathrm{e}^{-x_1^2-x_2^2-x_1x_2}$$

如果想求解最优化问题，首先需要将目标函数用MATLAB表示出来。通常可以采用两种方法描述目标函数：其一是采用MATLAB函数的方法；另一种是匿名函数的方法。先看一下MATLAB函数的编程方法，在这种方法下需要由决策向量$\boldsymbol{x}$直接计算目标函数的值y。

```
function y=c11mopt(x)
y=(x(1)^2-2*x(1))*exp(-x(1)^2-x(2)^2-x(1)*x(2));
```

当然，对这样的简单问题而言，可以采用匿名函数直接描述目标函数，这样做的一个好处是无须建立一个实体的MATLAB函数文件，只须给出动态命令即可；另一个好处是可以直接使用MATLAB工作空间中的变量。用下面的语句可以先用匿名函数定义出目标函数，然后求解最优化问题，得出最优解为$\boldsymbol{x}=[0.6110,-0.3055]$，即原始二元函数的$x=0.6110$，$y=-0.3055$。对比图5-21中绘制的表面图不难看出，最优化的结果就是曲面的谷底。由返回的d结构体可以看出，迭代次数为46，目标函数调用次数为90。

```
>> f=@(x)(x(1)^2-2*x(1))*exp(-x(1)^2-x(2)^2-x(1)*x(2)); %目标函数
   x0=[2; 1]; [x,b,flag,d]=fminsearch(f,x0)            %由初值搜索最优值
```

同样的问题用fminunc()函数求解，则可以得出同样的结果。这时，目标函数的调用次数为66，总的迭代步数为7。求解效率明显优于fminsearch()。

```
>> [x,b,flag,d]=fminunc(f,[2; 1]) %另一个求解函数
```

11.1.3 无约束最优化问题的求解精度控制

在无约束最优化求解语句的格式中，有一个opt变元，与第9章的fsolve()语句中的选项是一致的，可以由optimset()函数读入，其TolX成员变量可以用于精度控制。为得到双精度数据结构下最精确的结果，不妨将其设置为eps。

例11-2 试得出例11-1中问题的最精确的解。

解 可以将控制量TolX设置成eps，则迭代次数为113，目标函数调用次数为262。与例11-1相比，仅增加了一倍多的计算量，但可以确保得到的结果是最精确的。

```
>> f=@(x)(x(1)^2-2*x(1))*exp(-x(1)^2-x(2)^2-x(1)*x(2)); %目标函数
   x0=[2; 1]; ff=optimset; ff.TolX=eps; ff.TolFun=eps;
   [x,b,flag,d]=fminsearch(f,x0,ff)                     %由初值搜索最优值
```

11.2 线性规划与二次型规划

无约束最优化问题中，决策变量$\boldsymbol{x}$的选择没有任何限制。在实际应用中有时还需要研究有约束最优化问题。本节介绍有约束最优化问题的两个特例——线性规划问题与二次型规划问题的求解方法，并介绍基于问题的描述方法。

11.2.1 线性规划

线性规划(linear programming)问题的标准数学描述为

$$\min_{\boldsymbol{x}\ \text{s.t.}\left\{\begin{array}{l}\boldsymbol{A}\boldsymbol{x}\leqslant\boldsymbol{b}\\ \boldsymbol{A}_{\text{eq}}\boldsymbol{x}=\boldsymbol{b}_{\text{eq}}\\ \boldsymbol{x}_{\text{m}}\leqslant\boldsymbol{x}\leqslant\boldsymbol{x}_{\text{M}}\end{array}\right.} \boldsymbol{f}^{\text{T}}\boldsymbol{x} \tag{11-2}$$

其中，s.t. 为subject to，所以，min符号下面的数学表达式称为约束条件(constraints)。该表达式的物理意义是如何在满足约束条件的前提下，选择决策变量$\boldsymbol{x}$的值，使得目标函数的值最小。这里的约束条件为线性等式约束$\boldsymbol{A}_{\text{eq}}\boldsymbol{x}=\boldsymbol{b}_{\text{eq}}$、线性不等式约束$\boldsymbol{A}\boldsymbol{x}\leqslant\boldsymbol{b}$、$\boldsymbol{x}$变量的上界向量$\boldsymbol{x}_{\text{M}}$和下界向量$\boldsymbol{x}_{\text{m}}$。由于约束条件是线性的，目标函数也是决策变量的线性表达式，所以这里的有约束最优化问题称为线性规划问题。

对不等式约束而言，MATLAB定义的标准型是$\leqslant$关系式。如果约束条件中某个不等式是$\geqslant$关系式，则在不等号两边同时乘以-1就可以转换成$\leqslant$关系式了。所以，本书统一采用$\leqslant$不等式描述约束条件。

MATLAB提供了线性规划问题的求解函数，其调用格式为

$[\boldsymbol{x}, f_{\text{opt}}$,flag,out]=linprog($\boldsymbol{f},\boldsymbol{A},\boldsymbol{b},\boldsymbol{A}_{\text{eq}},\boldsymbol{b}_{\text{eq}},\boldsymbol{x}_{\text{m}},\boldsymbol{x}_{\text{M}}$,options)

$[\boldsymbol{x}, f_{\text{opt}}$,flag,out]=linprog(problem)

其中，第一种调用格式中的$\boldsymbol{f}$、$\boldsymbol{A}$、$\boldsymbol{b}$、$\boldsymbol{A}_{\text{eq}}$、$\boldsymbol{b}_{\text{eq}}$、$\boldsymbol{x}_{\text{m}}$和$\boldsymbol{x}_{\text{M}}$与式11-2中列出的约束与目标函数公式中的记号是完全一致的。各个矩阵约束如果不存在，则应该用空矩阵[]占位。options为控制选项。最优化运算完成后，结果将在变元$\boldsymbol{x}$中返回，最优化的目标函数将在f_{opt}变元中返回。由于线性规划为凸问题(convex problem)，所以若能得出问题的最优解，则该最优

解为原始问题的全局最优解，无须人为选择搜索初值。flag为正说明求解成功，out变元还可以返回其他附加信息。

第二种调用格式中，problem为描述整个线性规划问题的结构体变量，其各个成员变量在表11-1中给出。

表11-1 线性规划结构体成员变量

成员变量名	成员变量说明
f	目标函数系数向量 $\boldsymbol{f}$
Aineq,bineq	线性不等式约束的矩阵 $\boldsymbol{A}$ 和向量 $\boldsymbol{b}$
Aeq,beq	线性等式约束的矩阵 $\boldsymbol{A}_{\mathrm{eq}}$ 和向量 $\boldsymbol{b}_{\mathrm{eq}}$，其中，若某项约束条件不存在，则可以将其设置为空矩阵，或不进行设置
ub,lb	决策变量的上界 $\boldsymbol{x}_{\mathrm{M}}$ 与下界向量 $\boldsymbol{x}_{\mathrm{m}}$
options	控制选项的设置，用户可以修改控制选项再赋给options成员变量
solver	必须将其设置为'linprog'

这里将通过下面的例子演示线性规划的求解问题。

例11-3 试求解例1-7演示过的线性规划问题。

$$\min \quad -2x_1-x_2-4x_3-3x_4-x_5$$
$$\boldsymbol{x}\ \text{s.t.}\begin{cases}2x_2+x_3+4x_4+2x_5\leqslant 54\\3x_1+4x_2+5x_3-x_4-x_5\leqslant 62\\x_1,x_2\geqslant 0,x_3\geqslant 3.32,x_4\geqslant 0.678,x_5\geqslant 2.57\end{cases}$$

解 对照上面给出的数学公式和线性规划问题的标准型可见，其目标函数可以用其系数向量 $\boldsymbol{f}=[-2,-1,-4,-3,-1]^{\mathrm{T}}$ 表示，不等式约束可以由矩阵形式表示。

$$\boldsymbol{A}=\begin{bmatrix}0&2&1&4&2\\3&4&5&-1&-1\end{bmatrix},\ \boldsymbol{b}=\begin{bmatrix}54\\62\end{bmatrix}$$

另外，由于没有等式约束，故可以定义 $\boldsymbol{A}_{\mathrm{eq}}$ 和 $\boldsymbol{b}_{\mathrm{eq}}$ 为空矩阵。由给出的数学问题还可以看出，$\boldsymbol{x}$ 的下界可以定义为 $\boldsymbol{x}_{\mathrm{m}}=[0,0,3.32,0.678,2.57]^{\mathrm{T}}$，且对上界没有限制，故可以将其写成空矩阵。由前面的分析，可以给出如下的MATLAB命令求解线性规划问题，并立即得出结果为 $\boldsymbol{x}=[19.785,0,3.32,11.385,2.57]^{\mathrm{T}}$，$f_{\mathrm{opt}}=-89.5750$。

```
>> f=-[2 1 4 3 1]'; A=[0 2 1 4 2; 3 4 5 -1 -1]; b=[54; 62];
   Ae=[]; be=[]; xm=[0,0,3.32,0.678,2.57]; %输入相关矩阵与向量
   [x,f_opt,key,c]=linprog(f,A,b,Ae,be,xm) %求线性规划问题
```

从列出的结果看，key值为1表示求解是成功的。以上只用了两次迭代就得出了线性规划问题的解，可见求解程序功能是很强大的，可以很容易地得出线性规划问题的解。

例11-4 试用结构体的形式描述并重新求解例11-3问题。

解 可以用下面的结构体方式构造出线性规划问题的变量 P，某些值为默认值的成员变量可以不指定，如Aeq成员变量的默认值为空矩阵，既然本问题没有涉及 $\boldsymbol{A}_{\mathrm{eq}}$ 矩阵，不给出该成员变量，可以同样描述原始问题，得出的解与前面方法完全一致。这里由于初值和决策变量上限采用了默认值，所以无须对结构体的相应成员变量赋值。注意，求解之前应该采用clear命令清除 P 变量，否则以前使用的 P 变量的一些成员变量可能遗留下来，影响本次求解。

```
>> clear P; P.f=-[2 1 4 3 1]';                        %先清除工作空间现有的P
   P.Aineq=[0 2 1 4 2; 3 4 5 -1 -1]; P.Bineq=[54; 62];
   P.lb=[0,0,3.32,0.678,2.57]; P.solver='linprog';
   ff=optimset; ff.TolX=eps; P.options=ff;      %输入控制选项
   [x,f_opt,key,c]=linprog(P)  %用结构体形式描述线性规划问题并求解
```

例11-5　考虑下面的四元线性规划问题，试求解此问题。

$$\max \quad 3x_1/4-150x_2+x_3/50-6x_4$$
$$x \text{ s.t.} \begin{cases} x_1/4-60x_2-x_3/50+9x_4\leqslant 0 \\ -x_1/2+90x_2+x_3/50-3x_4\geqslant 0 \\ x_3\leqslant 1, x_1\geqslant -5, x_2\geqslant -5, x_3\geqslant -5, x_4\geqslant -5 \end{cases}$$

解　原问题中求解的是最大值问题，所以需要首先将之转换成最小值问题，即将原目标函数乘以-1，则目标函数将改写成$-3x_1/4+150x_2-x_3/50+6x_4$。另外，由第二条约束条件，可以得出线性规划问题的标准型为

$$\min \quad -3x_1/4+150x_2-x_3/50+6x_4$$
$$x \text{ s.t.} \begin{cases} x_1/4-60x_2-x_3/50+9x_4\leqslant 0 \\ x_1/2-90x_2-x_3/50+3x_4\leqslant 0 \\ x_3\leqslant 1, x_1\geqslant -5, x_2\geqslant -5, x_3\geqslant -5, x_4\geqslant -5 \end{cases}$$

套用线性规划的格式可以得出$\boldsymbol{f}^{\mathrm{T}}$向量为$[-3/4, 150, -1/50, 6]$。约束条件矩阵为

$$\boldsymbol{A}=\begin{bmatrix} 1/4 & -60 & -1/50 & 9 \\ 1/2 & -90 & -1/50 & 3 \end{bmatrix}, \quad \boldsymbol{B}=\begin{bmatrix} 0 \\ 0 \end{bmatrix}$$

另外，可确定自变量的最小值向量和最大值向量为

$$\boldsymbol{x}_{\mathrm{m}}=[-5,-5,-5,-5]^{\mathrm{T}}, \quad \boldsymbol{x}_{\mathrm{M}}=[+\infty,+\infty,1,+\infty]^{\mathrm{T}}$$

其中，可以使用Inf表示$+\infty$。约束条件的前两条均为不等式约束，其中第二条为$\geqslant$表示，已经将两端均乘以-1，转换成$\leqslant$不等式，这样可以写出不等式约束为

由于原问题中没有等式约束，故应该令$\boldsymbol{A}_{\mathrm{eq}}$=[]，$\boldsymbol{B}_{\mathrm{eq}}$=[]，表示空矩阵。最终可以输入如下的命令求解此最优化问题，得出原问题的最优解。

```
>> f=[-3/4,150,-1/50,6]; Aeq=[]; Beq=[];            %目标函数与等式约束
   A=[1/4,-60,-1/50,9; 1/2,-90,-1/50,3]; B=[0;0]; %线性不等式约束
   xm=[-5;-5;-5;-5]; xM=[Inf;Inf;1;Inf];          %决策变量边界
   F=optimset; F.TolX=eps; F.TolFun=1e-10;        %精度设定
   [x,f0,key,c]=linprog(f,A,B,Aeq,Beq,xm,xM,[],F) %直接求解
```

可见，经过三步迭代，就能得出原问题的最优解为$\boldsymbol{x}=[-5,-0.1947,1,-5]^{\mathrm{T}}$，该最优解的精度很高。最后一个语句可以用下面语句取代，得出完全一致的结果。

```
>> clear P; P.f=f; P.Aineq=A; P.Bineq=B; P.solver='linprog';
   P.lb=xm; P.ub=xM; P.options=F; linprog(P)      %用结构体描述线性规划
```

11.2.2　二次型规划

一般二次型规划（quadratic programming）问题的数学表示为

$$\min \quad \boldsymbol{f}^{\mathrm{T}}\boldsymbol{x}+\frac{1}{2}\boldsymbol{x}^{\mathrm{T}}\boldsymbol{H}\boldsymbol{x} \tag{11-3}$$
$$\boldsymbol{x} \text{ s.t.} \begin{cases} \boldsymbol{A}\boldsymbol{x}\leqslant \boldsymbol{b} \\ \boldsymbol{A}_{\mathrm{eq}}\boldsymbol{x}=\boldsymbol{b}_{\mathrm{eq}} \\ \boldsymbol{x}_{\mathrm{m}}\leqslant \boldsymbol{x}\leqslant \boldsymbol{x}_{\mathrm{M}} \end{cases}$$

与线性规划问题相比，约束条件是完全一致的，不同的是目标函数描述。二次型规划目标函数中多了一个二次项$\boldsymbol{x}^{\mathrm{T}}\boldsymbol{H}\boldsymbol{x}/2$项，用以描述$x_i^2$和$x_ix_j$项，所以需要根据实际问题构造出$\boldsymbol{H}$矩阵。如果$\boldsymbol{H}$为正定矩阵，则二次型规划问题为凸问题，得出的解为全局最优解。

MATLAB提供了求解二次型规划问题的quadprog()函数，其调用格式为

$[\boldsymbol{x}, f_{\mathrm{opt}}, \mathrm{flag}, \mathrm{out}]$=quadprog(problem)

$[\boldsymbol{x}, f_{\mathrm{opt}}, \mathrm{flag}, \mathrm{out}]$=quadprog($\boldsymbol{H}, \boldsymbol{f}, \boldsymbol{A}, \boldsymbol{b}, \boldsymbol{A}_{\mathrm{eq}}, \boldsymbol{b}_{\mathrm{eq}}, \boldsymbol{x}_{\mathrm{m}}, \boldsymbol{x}_{\mathrm{M}}$,options)

若二次型规划问题由结构体描述，则可将其H成员变量描述为$\boldsymbol{H}$矩阵，solver成员变量设置为'quadprog'即可。注意：如果二次型规划问题非凸，则该函数不能得出原始问题的全局最优解，甚至可能不能得出可行解。

11.2.3 基于问题的描述方法与求解

前面介绍了线性规划与二次型规划问题的两类求解方法，但使用这些方法的前提是需要把最优化问题手工转换为标准型的形式。本节介绍基于问题（problem based）的描述方法，使得最优化问题的MATLAB描述更直观。

下面给出基于问题的线性规划问题描述与求解步骤。

(1) 最优化问题的创建。可以由optimproblem()函数创建一个新的空白最优化问题，该函数的基本调用格式如下：

prob=optimproblem('ObjectiveSense','max')

如果不给出'ObjectiveSense'属性，则求解默认的最小值问题。

(2)决策变量的定义。可以由optimvar()函数实现，该语句的一般格式为

$\boldsymbol{x}$=optimvar('x',n,m,k,'LowerBound',$\boldsymbol{x}_{\mathrm{m}}$)

其中，n、m和k为三维数组的维数；如果不给出k，则可以定义出$n\times m$决策矩阵$\boldsymbol{x}$；若m为1，则可以定义$n\times 1$决策列向量。如果$\boldsymbol{x}_{\mathrm{m}}$为标量，则可以将全部决策变量的下限都设置成相同的值。属性名LowerBound可以简化成Lower。也可以用类似的方法定义UpperBound属性，简称Upper。

有了上述两条定义之后，就可以为prob问题定义出目标函数和约束条件属性，具体的定义格式后面将通过例子直接演示。

(3) 最优化问题的求解。有了prob问题之后，则可以调用sols=solve(prob)函数直接求解相关的最优化问题，得出的结果将在结构体sols返回，该结构体的$\boldsymbol{x}$成员变量则为最优化问题的解。注意，这里的最优化问题只能是线性规划与二次型规划问题。如果不设置Constraints，该函数还可以求解无约束最优化问题。

例11-6 试用基于问题的描述方式重新求解例11-5中的线性规划问题。为方便演示，重新给出原始问题，以便对比公式与代码。

$$\max_{\boldsymbol{x}\ \mathrm{s.t.}\left\{\begin{array}{l}x_1/4-60x_2-x_3/50+9x_4\leqslant 0\\ -x_1/2+90x_2+x_3/50-3x_4\geqslant 0\\ x_3\leqslant 1,x_1\geqslant -5,x_2\geqslant -5,x_3\geqslant -5,x_4\geqslant -5\end{array}\right.} 3x_1/4-150x_2+x_3/50-6x_4$$

解 由于原问题中有很多地方和一般线性规划模型给出的标准型不一致,需要手工转换,例如,最大值问题、⩾不等式问题、矩阵的提取等,容易出现错误,所以这里演示一种简单、直观的基于问题的描述与求解语句,得出的结果与例11-5完全一致。

```
>> P=optimproblem('ObjectiveSense','max'); %最大值问题
   x=optimvar('x',4,1,'LowerBound',-5);      %决策变量及下界
   P.Objective=3*x(1)/4-150*x(2)+x(3)/50-6*x(4);
   P.Constraints.cons1=x(1)/4-60*x(2)-x(3)/50+9*x(4)<=0;
   P.Constraints.cons2=-x(1)/2+90*x(2)+x(3)/50-3*x(4)>=0;
   P.Constraints.cons3=x(3)<=1;                %决策变量上界
   sols=solve(P); x0=sols.x                    %直接求解,并提取得出的解
```

例11-7 试用基于问题的方法重新描述并求解下面的线性规划问题。

$$\max \quad 30x_1+40x_2+20x_3+10x_4-(15s_1+20s_2+10s_3+8s_4)$$
$$\boldsymbol{x},\boldsymbol{s}\ \text{s.t.}\begin{cases}0.3x_1+0.3x_2+0.25x_3+0.15x_4\leqslant 1000\\0.25x_1+0.35x_2+0.3x_3+0.1x_4\leqslant 1000\\0.45x_1+0.5x_2+0.4x_3+0.22x_4\leqslant 1000\\0.15x_1+0.15x_2+0.1x_3+0.05x_4\leqslant 1000\\x_1+s_1=800,\ x_2+s_2=750\\x_3+s_3=600,\ x_4+s_4=500\\x_j\geqslant 0,\ s_j\geqslant 0,\ j=1,2,3,4\end{cases}$$

解 如果想用前面介绍的方法求解问题,则需要对原始的问题进行手工变换,将其变换成标准型问题。例如,需要引入新的统一的决策变量向量,改写原始问题,得出标准型,再套用函数linprog()的格式,求解该最优化问题。这样的过程比较麻烦,容易出错。如果采用基于问题的方法描述原始问题,则不必进行手工转换,直接按照原始数学模型描述最优化问题,再进行求解,即可以得出原问题的解,得出的结果为$\boldsymbol{x}=[800,750,387.5,500]^{\mathrm{T}}$,$\boldsymbol{s}=[0,0,212.5,0]^{\mathrm{T}}$。

```
>> P=optimproblem('ObjectiveSense','max');  %最大值问题
   x=optimvar('x',4,1,'LowerBound',0);        %决策变量及下界
   s=optimvar('s',4,1,'LowerBound',0);        %决策变量及下界
   P.Constraints.c1=0.3*x(1)+0.3*x(2)+0.25*x(3)+0.15*x(4)<=1000;
   P.Constraints.c2=0.25*x(1)+0.35*x(2)+0.3*x(3)+0.1*x(4)<=1000;
   P.Constraints.c3=0.45*x(1)+0.5*x(2)+0.4*x(3)+0.22*x(4)<=1000;
   P.Constraints.c4=0.15*x(1)+0.15*x(2)+0.1*x(3)+0.05*x(4)<=1000;
   P.Constraints.c5=x+s==[800;750;600;500]; %向量化描述
   P.Objective=30*x(1)+40*x(2)+20*x(3)+10*x(4) ...
          -(15*s(1)+20*s(2)+10*s(3)+8*s(4));
   sols=solve(P); x0=sols.x, s0=sols.s
```

例11-8 试求解下面的四元二次型规划问题。

$$\min \quad (x_1-1)^2+(x_2-2)^2+(x_3-3)^2+(x_4-4)^2$$
$$\boldsymbol{x}\ \text{s.t.}\begin{cases}x_1+x_2+x_3+x_4\leqslant 5\\3x_1+3x_2+2x_3+x_4\leqslant 10\\x_1,x_2,x_3,x_4\geqslant 0\end{cases}$$

解 二次型也可以由基于问题的描述方法输入并求解,则没有必要按传统的方法手工推导$\boldsymbol{H}$矩阵,可以给出下面的语句描述原始问题,并由solve()函数得出原始问题的解。目标函数

和约束条件还可以采用向量化的方法描述，使得描述语句更简洁。运行这段语句的结果为 $\boldsymbol{x}=[0,0.6667,1.6667,2.6667]$。

```
>> P=optimproblem; x=optimvar('x',4,1,'LowerBound',0);
   P.Objective=sum((x-[1:4]').^2);          %用向量化方式描述目标函数
   P.Constraints.cons1=sum(x)<=5;           %两条不等式约束使用不同的形式
   P.Constraints.cons2=[3 3 2 1]*x<=10;     %两种方式都可以由向量运算实现
   sols=solve(P); x0=sols.x                 %求解问题并提取结果
```

11.3 一般非线性规划

前面介绍的线性规划与二次型规划都是非线性规划的特殊形式，约束条件都是线性的，所以这类问题都是凸问题，可以确保得出问题的全局最优解，一般非线性规划则不然。本节首先介绍一般非线性规划的数学形式，然后介绍非线性规划的直接求解方法。

11.3.1 非线性规划的数学形式

有约束非线性规划(constrained nonlinear programming)问题数学模型的一般形式为

$$\min_{\boldsymbol{x}\ \text{s.t.}\ \left\{\begin{array}{l}\boldsymbol{A}\boldsymbol{x}\leqslant\boldsymbol{b}\\ \boldsymbol{A}_{\mathrm{eq}}\boldsymbol{x}=\boldsymbol{b}_{\mathrm{eq}}\\ \boldsymbol{x}_{\mathrm{m}}\leqslant\boldsymbol{x}\leqslant\boldsymbol{x}_{\mathrm{M}}\\ \boldsymbol{C}(\boldsymbol{x})\leqslant\boldsymbol{0}\\ \boldsymbol{C}_{\mathrm{eq}}(\boldsymbol{x})=\boldsymbol{0}\end{array}\right.} f(\boldsymbol{x}) \tag{11-4}$$

其中，$\boldsymbol{x}=[x_1,x_2,\cdots,x_n]^{\mathrm{T}}$ 为决策变量，目标函数 $f(\boldsymbol{x})$ 为标量函数。

满足式(11-4)全部约束条件的 $\boldsymbol{x}$ 范围称为非线性规划问题的可行解区域(feasible region)。

11.3.2 非线性规划的直接求解

MATLAB最优化工具箱中提供了一个 `fmincon()` 函数，专门用于求解各种约束下的最优化问题。该函数的调用格式为

$[x,f_0,\texttt{flag},\texttt{out}]=\texttt{fmincon(problem)}$

$[x,f_0,\texttt{flag},\texttt{c}]=\texttt{fmincon}(f,\boldsymbol{x}_0,\boldsymbol{A},\boldsymbol{b},\boldsymbol{A}_{\mathrm{eq}},\boldsymbol{b}_{\mathrm{eq}},\boldsymbol{x}_{\mathrm{m}},\boldsymbol{x}_{\mathrm{M}},\texttt{C},\texttt{ff},p_1,p_2,\cdots)$

其中，f 是为目标函数写的M-函数或匿名函数；$\boldsymbol{x}_0$ 为初始搜索点；各个矩阵约束如果不存在，则应该用空矩阵占位。C是为非线性约束函数写的M-函数，该函数带有两个返回变元——$\boldsymbol{c}$ 和 $\boldsymbol{c}_{\mathrm{eq}}$，前者描述非线性不等式，后者描述非线性等式。由于需要返回两个变元，所以不能采用匿名函数的格式描述非线性约束条件，只能采用M-函数的形式；ff为控制选项；该函数还支持附加变量 $p_1,p_2,\cdots$ 的使用。

如果用结构体描述一般非线性规划问题，则相关的成员变量在表11-2中列出。这些成员变量可以直接设置，如果没有相关的约束也可以不设置。如果采用结构体描述最优化问题，则不支持附加参数的使用，用户可以通过全局变量传递相关的附加参数，或将附加参数写入相应的MATLAB描述函数。

表11-2 非线性规划结构体成员变量

成员变量名	成员变量说明
Objective	目标函数的句柄
Aineq,bineq	线性不等式约束的矩阵 $\boldsymbol{A}$ 和向量 $\boldsymbol{b}$
Aeq,beq	线性等式约束的矩阵 $\boldsymbol{A}_{\rm eq}$ 和向量 $\boldsymbol{b}_{\rm eq}$，其中，若某项约束条件不存在，则可以将其设置为空矩阵，或不进行设置
ub,lb	决策变量的上界 $\boldsymbol{x}_{\rm M}$ 与下界向量 $\boldsymbol{x}_{\rm m}$
options	控制选项的设置，用户可以像前面例子介绍的那样，自己修改控制选项，然后将选项赋给 options 成员变量
solver	可以将其设置为'fmincon'
nonlcon	非线性约束的MATLAB函数句柄，该函数应该返回两个变元，即 $\boldsymbol{c}$ 和 $\boldsymbol{c}_{\rm eq}$
x0	初始搜索点向量 $\boldsymbol{x}_0$

例11-9 试求解下面的有约束最优化问题。

$$\min \quad 1000 - x_1^2 - 2x_2^2 - x_3^2 - x_1x_2 - x_1x_3$$
$$\boldsymbol{x}\ \text{s.t.} \begin{cases} x_1^2+x_2^2+x_3^2-25=0 \\ 8x_1+14x_2+7x_3-56=0 \\ x_1,x_2,x_3\geqslant 0 \end{cases}$$

解 分析给出的最优化问题可以发现，约束条件中含有非线性不等式，故而不能使用二次型规划的方式求解，必须用非线性规划的方式求解。根据给出的问题可以直接写出目标函数为

```
>> f=@(x)1000-x(1)*x(1)-2*x(2)*x(2)-x(3)*x(3)-x(1)*x(2)-x(1)*x(3);
```

同时，给出的两个约束条件均为等式约束，应该将不等式约束设置为空矩阵，这样可以写出如下的非线性约束函数。注意，不能用匿名函数描述非线性约束条件。

```
function [c,ceq]=opt_con1(x)
c=[];   %没有非线性不等式约束，所以设置为空矩阵
ceq=[x(1)*x(1)+x(2)*x(2)+x(3)*x(3)-25; 8*x(1)+14*x(2)+7*x(3)-56];
```

描述了给出的非线性等式约束后，则 $\boldsymbol{A}$、$\boldsymbol{b}$、$\boldsymbol{A}_{\rm eq}$ 和 $\boldsymbol{b}_{\rm eq}$ 都将为空矩阵。另外，应该设置最优化问题的决策变量下界为 $\boldsymbol{x}_{\rm m} = [0,0,0]^{\rm T}$，再选择搜索初值向量 $\boldsymbol{x}_0 = [1,1,1]^{\rm T}$，则可以调用 fmincon() 函数求解约束最优化问题。

```
>> ff=optimset; ff.TolFun=eps; ff.TolX=eps; ff.TolCon=eps;
   x0=[1;1;1]; xm=[0;0;0]; xM=[];
   A=[]; B=[]; Aeq=[]; Beq=[]; %约束条件
   [x,f_opt,flag,d]=fmincon(f,x0,A,B,Aeq,Beq,xm,xM,@opt_con1,ff)
```

上述语句可以得出最优结果为 $\boldsymbol{x} = [3.5121, 0.2170, 3.5522]^{\rm T}$，目标函数最优值为 $f_{\rm opt} = 961.7151$。由 d 的分量还可以看出，求解过程中共进行了15步迭代，调用目标函数的总次数是138次。

非线性规划问题还可以通过下面的语句描述并求解，得出的结果与前面得出的完全一致。可见用结构体的方法描述原始问题将更简洁，求解也更直观。

```
>> clear P; P.objective=f; P.nonlcon=@opt_con1;
   P.x0=x0; P.lb=xm; P.options=ff;                %最优化问题的结构体描述
   P.solver='fmincon'; [x,f_opt,c,d]=fmincon(P) %求解
```

第二个约束条件是线性等式约束，可以将其从非线性约束函数中除去，则该约束函数简化为

```
function [c,ceq]=opt_con2(x)
ceq=x(1)*x(1)+x(2)*x(2)+x(3)*x(3)-25; c=[]; %剔除了线性等式约束
```

线性等式约束可以由相应的矩阵定义出来，这时可以用下面的命令求解原始的最优化问题，且可以得出与前面完全一致的结果。剔除线性约束条件后，迭代次数为16，目标函数调用次数为107，在实际求解中计算量也没有显著影响。

```
>> x0=[1;1;1]; Aeq=[8,14,7]; Beq=56; %用矩阵描述前面提出的等式约束
   [x,f_opt,c,d]=fmincon(f,x0,A,B,Aeq,Beq,xm,xM,@opt_con2,ff)
```

11.3.3 局部最优解与全局最优解

想象一下例11-1中的函数曲面，该函数碰巧只有一个谷底。如果函数有多个谷底，而这些谷底的函数值不同，则从不同的初始值出发，搜索最优值，很可能最终找到不同的谷底。如果一个谷底的函数值比另一个谷底的大，则称这个解为局部最优解（local optima）。只有函数值最小的谷底称为全局最优解（global optimum）。一般情况下，获得局部最优解没有什么意义，应该想办法获得问题的全局最优解。

当然，最优化问题的全局最优解并不总是这么容易判断。对多决策变量的最优化问题而言，不可能用图形方式描述最优值。另外，如果某个非线性规划问题不存在解析解，一般不用“全局最优解”这个词，应该使用“最好已知解”（best known solution）一词。

下面将通过例子给出局部最优解的演示，并演示获得全局最优解的一种可行的方法。

例11-10 试求解下面的非线性规划问题[53]。

$$\min_{\boldsymbol{q},w,k \text{ s.t.} \begin{cases} q_3+9.625q_1w+16q_2w+16w^2+12-4q_1-q_2-78w=0 \\ 16q_1w+44-19q_1-8q_2-q_3-24w=0 \\ 2.25-0.25k\leqslant q_1\leqslant 2.25+0.25k \\ 1.5-0.5k\leqslant q_2\leqslant 1.5+0.5k \\ 1.5-1.5k\leqslant q_3\leqslant 1.5+1.5k \end{cases}} k$$

解 从给出的最优化问题看，这里要求解的决策变量为$\boldsymbol{q}$、w和k，而标准最优化方法只能求解向量型决策变量，所以应该做变量替换，把需要求解的决策变量由决策变量向量表示出来。对本例来说，可以引入$x_1=q_1,x_2=q_2,x_3=q_3,x_4=w,x_5=k$，另外，需要将一些不等式进一步处理，可以将原始问题手工改写成

$$\min_{\boldsymbol{x} \text{ s.t.} \begin{cases} x_3+9.625x_1x_4+16x_2x_4+16x_4^2+12-4x_1-x_2-78x_4=0 \\ 16x_1x_4+44-19x_1-8x_2-x_3-24x_4=0 \\ -0.25x_5-x_1\leqslant -2.25 \\ x_1-0.25x_5\leqslant 2.25 \\ -0.5x_5-x_2\leqslant -1.5 \\ x_2-0.5x_5\leqslant 1.5 \\ -1.5x_5-x_3\leqslant -1.5 \\ x_3-1.5x_5\leqslant 1.5 \end{cases}} x_5$$

从手工变换后的结果看，原始问题有两个非线性等式约束，没有不等式约束，所以可以由下面语句描述原问题的非线性约束条件。

```
function [c,ce]=c11mnls(x)
c=[]; %非线性约束条件，其中，不等式约束为空矩阵
```

```
ce=[x(3)+9.625*x(1)*x(4)+16*x(2)*x(4)+16*x(4)^2+12...
        -4*x(1)-x(2)-78*x(4);
    16*x(1)*x(4)+44-19*x(1)-8*x(2)-x(3)-24*x(4)];
```

原模型的线性约束可以写成线性不等式的矩阵形式 $\boldsymbol{Ax} \leqslant \boldsymbol{b}$，其中

$$\boldsymbol{A}=\begin{bmatrix} -1 & 0 & 0 & 0 & -0.25 \\ 1 & 0 & 0 & 0 & -0.25 \\ 0 & -1 & 0 & 0 & -0.5 \\ 0 & 1 & 0 & 0 & -0.5 \\ 0 & 0 & -1 & 0 & -1.5 \\ 0 & 0 & 1 & 0 & -1.5 \end{bmatrix},\ \boldsymbol{b}=\begin{bmatrix} -2.25 \\ 2.25 \\ -1.5 \\ 1.5 \\ -1.5 \\ 1.5 \end{bmatrix}$$

该问题没有线性等式约束，也没有决策变量的下界与上界约束，所以可以将这些约束条件用空矩阵表示，或直接采用结构体描述最优化问题，可以不用考虑这些约束的设置。为方便起见这里采用结构体形式描述原始问题。可以随机选择初值求解原问题，从而得出原问题的解为 $\boldsymbol{x}=[1.9638, 0.9276, -0.2172, 0.0695, 1.1448]$，且标志 flag 为 1，说明求解成功。

```
>> clear P; P.objective=@(x)x(5);
   P.nonlcon=@c11mnls; P.solver='fmincon'; %问题的结构体描述
   P.Aineq=[-1,0,0,0,-0.25; 1,0,0,0,-0.25;
            0,-1,0,0,-0.5; 0,1,0,0,-0.5;
            0,0,-1,0,-1.5; 0,0,1,0,-1.5];
   P.Bineq=[-2.25; 2.25; -1.5; 1.5; -1.5; 1.5];
   P.options=optimset;
   P.x0=rand(5,1); [x,f0,flag]=fmincon(P)  %给出初值并求解
```

一般情况下，反复执行若干次上面最后一行语句，就能得到性能更好的解，其对应的目标函数值为 0.8175。这至少可以说明，前面得出的解是局部最优解。可以看出，在没有对全局最优解任何先验知识的前提下，如果多试一些随机初值，是有可能得出问题全局最优解的。

11.4 全局最优解的探讨

前面介绍的传统最优化方法有一个重大缺陷，就是经常不能得到最优化问题的全局最优解。MATLAB 提供了全局最优化工具箱，实现了一些常用的智能优化算法。所谓智能优化算法，是研究者受自然现象、人类智能等启发而提出的一些最优化问题求解算法，比较有代表意义的包括遗传算法、粒子群优化算法、蚁群算法、免疫算法等。本节介绍全局优化工具箱提供的几个函数，并通过例子对一些最优化问题的全局寻优进行尝试。

11.4.1 MATLAB全局优化工具箱简介

MATLAB 的全局优化工具箱主要提供了模式搜索算法 `patternsearch()` 函数、遗传算法求解函数 `ga()`、模拟退火求解函数 `simulannealbnd()`，后来又提供了粒子群优化求解函数 `particleswarm()`。这 4 种方法都能直接求解带有决策变量边界受限的无约束最优化问题。另外，遗传算法求解函数与模式搜索算法函数号称能够处理有约束的最优化问题，而遗传算法函数还可以求解混合整数规划问题。

1. 遗传算法求解

遗传算法(genetic algorithm,GA)求解函数ga()的调用格式为

$[x, f_0,$ flag,out$]=$ga$(f, n, \boldsymbol{A}, \boldsymbol{b}, \boldsymbol{A}_{\rm eq}, \boldsymbol{b}_{\rm eq}, \boldsymbol{x}_{\rm m}, \boldsymbol{x}_{\rm M},$ nfun,intcon)

$[x, f_0,$ flag,out$]=$ga(problem)

可见，该函数的调用格式与fmincon()很接近，并能通过设置intcon变元求解混合整数规划问题。不同的是，用户需要提供决策变量的个数n，而无须提供搜索初值$\boldsymbol{x}_0$。该函数还支持结构体的描述方法，相关的成员变量在表11-3中给出。

表11-3 ga()函数的结构体成员变量列表

成员变量名	成员变量说明
fitnessfcn	需要将该成员变量设置成函数句柄，用来描述适应度函数(等效于最优化问题的目标函数)
nvars	决策变量的个数n
options	默认设置，可以用optimset()函数或optimoptions()函数设定
solver	应该设置为'ga'，以上这四个成员变量是必须提供的
Aineq等	这类成员变量还包括bineq、Aeq、beq、lb与ub，除此之外还有nonlcon与intcon，这些成员变量的定义与其他求解函数是完全一致的

2. 模式搜索算法求解

模式搜索(pattern search)算法函数patternsearch()的调用格式为

$[x, f_0,$ flag,out$]=$patternsearch$(f, \boldsymbol{x}_0, \boldsymbol{A}, \boldsymbol{b}, \boldsymbol{A}_{\rm eq}, \boldsymbol{b}_{\rm eq}, \boldsymbol{x}_{\rm m}, \boldsymbol{x}_{\rm M},$ nfun)

$[x, f_0,$ flag,out$]=$patternsearch(problem)

与ga()函数相比，patternsearch()函数不支持intcon的使用，即不能求解混合整数规划问题，另外，该函数需要用户提供参考的初始搜索向量$\boldsymbol{x}_0$，不必输入n。如果最优化问题用结构变量problem表示，则与遗传算法不同的是，不能使用fitnessfcn成员变量，而应该使用objective成员变量描述目标函数。

3. 粒子群优化算法求解

粒子群优化(particle swarm optimization,PSO)函数particleswarm()的调用格式为

$[x, f_0,$ flag,out$]=$particleswarm$(f, n, \boldsymbol{x}_{\rm m}, \boldsymbol{x}_{\rm M},$ options)

$[x, f_0,$ flag,out$]=$particleswarm(problem)

可见，particleswarm()函数只能求解带有决策变量限制的无约束最优化问题。如果用结构体描述最优化问题，则需要给出objective、nvars、lb或ub等成员变量，这些变量的说明见前面介绍的内容。

4. 模拟退火算法求解

模拟退火(simulated annealing)求解函数simulannealbnd()的调用格式为

$[x, f_0,$ flag,out$]=$simulannealbnd$(f, \boldsymbol{x}_0, \boldsymbol{x}_{\rm m}, \boldsymbol{x}_{\rm M},$ options)

$[x, f_0,$ flag,out$]=$simulannealbnd(problem)

可以看出，该函数与particleswarm()的调用格式很接近，不同的是无须提供n，而应该给出一个参考的搜索初值向量$\boldsymbol{x}_0$。成员变量的使用与前面的函数也是很接近的，这里就

不再赘述了。

11.4.2 无约束全局最优解的程序实现

类似于前面介绍的方程求解的思路，可以采用下面的新算法做全局寻优。首先，用随机的方式在感兴趣区域(a,b)选择初值，则通过普通的搜索方法得出最优解$\boldsymbol{x}$，并得出最优目标函数$f_1=f(\boldsymbol{x})$，如果得出的最优目标值比已经得到的还小，则记录该最优值。重复N次这类求解过程，则可能得出问题的全局最优解。基于此思路，可以编写出如下的MATLAB函数求解全局最优化问题。

```
function [x,f0]=fminunc_global(f,a,b,n,N,varargin)
k0=0; f0=Inf;
if isstruct(f), k0=1; end                   %可以用结构体描述
for i=1:N, x0=a+(b-a).*rand(n,1);           %用循环结构生成随机初始搜索点
   if k0==1, f.x0=x0; [x1,f1,key]=fminunc(f);        %结构体描述问题求解
   else, [x1,f1,key]=fminunc(f,x0,varargin{:}); end %无约束最优化
   if key>0 && f1<f0, x=x1; f0=f1; end %如果得到更好的解,则更新记录
end
```

该函数的调用格式为$[x,f_0]$=fminunc_global(fun,a,b,n,N)，其中，fun为描述目标函数的MATLAB函数，它可以为匿名函数也可以是MATLAB函数，还可以是描述整个优化问题的结构体变量。a和b是决策变量可能的区间，n是自变量的个数，N是尝试的次数。如果N的选择得当，则返回的变量$\boldsymbol{x}$与f_0很可能是原始最优化问题的全局最优解。如果需要，a和b还可以选择为向量。

值得指出的是，虽然函数调用时给出了a和b参数，这只是自动生成初值的范围，得出的最终解很可能超出这个范围。

例11-11 考虑改进的Rastrigin多峰函数[14]

$$f(x_1,x_2)=20+\left(\frac{x_1}{30}-1\right)^2+\left(\frac{x_2}{20}-1\right)^2-10\left[\cos 2\pi\left(\frac{x_1}{30}-1\right)+\cos 2\pi\left(\frac{x_2}{20}-1\right)\right]$$

其中，$-100\leqslant x_1,x_2\leqslant 100$。试比较作者编写的fminsearch_global()函数与全局优化工具箱中的四个函数，每个函数执行100次，观察是否为问题的全局最优解，并评价算法的耗时，从而给出有意义的结论。

解 可以给出下面的命令，对同样的问题而言每种算法函数都运行100次，观察找到全局最优解的成功率，具体对比在表11-4中给出。其中，耗时测试指的是单独运行某一函数100次耗费的总时间，运行时注释掉其他的求解函数。

```
>> f=@(x)20+(x(1)/30-1)^2+(x(2)/20-1)^2-...
      10*(cos(2*pi*(x(1)/30-1))+cos(2*pi*(x(2)/20-1))); %目标函数
   A=[]; B=[]; Aeq=[]; Beq=[]; xm=-100*ones(2,1); xM=-xm; F=[]; tic
   for i=1:100, x0=100*rand(2,1); %运行各种求解函数100次
      [x,f0]=ga(f,2,A,B,Aeq,Beq,xm,xM); F=[F; x(:)',f0];
      [x,f0]=patternsearch(f,x0,A,B,Aeq,Beq,xm,xM); F=[F; x(:)',f0];
      [x,f0]=particleswarm(f,2,xm,xM); F=[F; x(:)',f0];
      [x,f0]=simulannealbnd(f,x0,xm,xM); F=[F; x(:)',f0];
```

```
    [x,f0]=fminunc_global(f,-100,100,2,100); F=[F; x(:)',f0];
end, toc
r=nnz(F(:,3)<1e-5)                    %求成功率。模拟退火方法选择误差限为1e-2
f1=F(F(:,3)<1e-5,3); mean(f1) %成功时的平均精度
```

表11-4　各种优化算法成功率比较

求解函数	ga()	patternsearch()	particleswarm()	simulannealbnd()	fminunc_global()
成功率/%	21	5	89	23*	85
耗时/s	8.46	2.75	2.11	25.26	49.02
平均精度	3.2312×10^{-10}	3.3404×10^{-9}	1.8876×10^{-9}	0.0026	7.3802×10^{-13}

可以看出，速度最快的是粒子群优化算法，作者开发的fminunc_global()函数的成功率最高，精度也明显高于其他算法，虽然耗时多一些，不过在可接受的范围(求解一次平均耗时0.49s)，可以放心使用。遗传算法的成功率虽然不那么高，但正常情况下运行5~6次一般总可以得出问题的全局最优解，也不失是一种可以尝试的全局优化算法。模式搜索算法与模拟退火算法比较依赖初值的选择，这里有意识地选择了在[0,100]区间生成随机数，但得到全局最优解的成功率不高，如果将随机数范围设置为[0,1]，则成功率几乎为0。另外，模拟退火算法比较的目标函数值是1e-2，如果也和其他方法一样采用1e-5，则成功率为0，说明该方法精度很低。这两种方法不适合求解本例中的问题。

例11-12　对于下面给出的Griewangk基准测试问题($n=50$)

$$\min_{\boldsymbol{x}}\left(1+\sum_{i=1}^{n}\frac{x_i^2}{4000}-\prod_{i=1}^{n}\cos\frac{x_i}{\sqrt{i}}\right),\ x_i\in[-600,600]$$

试比较各种智能优化算法的优劣。

解　显然，这个无约束最优化问题的全局最优解为$x_i=0$，最优目标函数值为0。下面尝试一下各种智能优化算法与作者编写的fminunc_global()函数，在表11-5中列出得到的结果。与表11-4不同的是，由于这里测试的问题规模比较大，因此智能优化算法的结果不那么精确，所以在统计成功率时使用了不同的误差限ϵ。

```
>> n=50; f=@(x)1+sum(x.^2/4000)-prod(cos(x(:)./[1:n]'));
   A=[]; B=[]; Aeq=[]; Beq=[]; xm=-600*ones(n,1); xM=-xm; F=[]; tic
   for i=1:100, i, x0=600*rand(n,1);                   %运行各种求解函数各100次
      [x,f0]=ga(f,n,A,B,Aeq,Beq,xm,xM); F=[F; f0];
      [x,f0]=patternsearch(f,x0,A,B,Aeq,Beq,xm,xM); F=[F; f0];
      [x,f0]=particleswarm(f,n,xm,xM); F=[F; f0];
      [x,f0]=simulannealbnd(f,x0,xm,xM); F=[F; f0];
      [x,f0]=fminunc_global(f,-600,600,n,10); F=[F; f0];
   end, toc
   ee=1e-2; r=nnz(F<ee), f1=F(F<ee); mean(f1) %适当缩小误差限ee
```

显然，这里最可靠的方法是作者开发的fminunc_global()函数，找到全局最优解的成功率为100%，其平均精度高出其他方法10多个数量级！运行时间也可以接受(平均每次寻优只有0.42s)。遗传算法求解函数在这里排名第二，虽然误差限设为10^{-2}时成功率可以达到96%，但明显该方法

表11-5 各种优化算法成功率比较

求解函数	ga()	patternsearch()	particleswarm()	simulannealbnd()	fminunc_global()
$\epsilon=10^{-4}$	56%	1%	10%	0%	100%
$\epsilon=10^{-3}$	95%	1%	10%	0%	100%
$\epsilon=10^{-2}$	96%	4%	18%	0%	100%
平均精度	2.4539×10^{-4}	0.0074	0.0044	–	6.3109×10^{-12}
耗时/s	481.78	319.38	42.11	2045.52	41.84

的精度比较低、速度慢；例11-11中表现出众的粒子群优化算法在这样严苛的例子中只有18%的成功率，且精度明显低于fminunc_global()函数；模式搜索方法求解这个例子的成功率只有4%，不能实际应用；最耗时的模拟退火算法的成功率为0，运行100次找到的最小的目标函数值为7.2352，远大于理论值0。

即使$n=500$，用其他智能优化函数都不能得出全局最优解，而fminunc_global()函数照样能够求解，得出的目标函数为$f_0=1.1858\times10^{-11}$，单次运行耗时6.46s。

```
>> n=500; f=@(x)1+sum(x.^2/4000)-prod(cos(x(:)./[1:n]'));
   tic, [x,f0]=fminunc_global(f,-600,600,n,10), toc
```

11.4.3 有约束全局最优解的程序实现

仿照fminuc_global()函数的思路，可以编写出求解有约束最优化问题的MATLAB函数，其最终目标是得出非线性规划问题的全局最优解。

```
function [x,f0,flag]=fmincon_global(f,a,b,n,N,varargin)
x0=rand(n,1); k0=0;
if isstruct(f), k0=1; end                    %处理结构体
if k0==1, f.x0=x0; [x,f0,flag]=fmincon(f); %结构体描述的问题直接求解
else, [x,f0,flag]=fmincon(f,x0,varargin{:}); end
if flag==0, f0=1e10; end
for i=1:N
   x0=a(:)+(b(:)-a(:)).*rand(n,1); %用循环结构尝试不同的随机搜索初值
   if k0==1, f.x0=x0; [x1,f1,flag]=fmincon(f);          %结构体问题求解
   else, [x1,f1,flag]=fmincon(f,x0,varargin{:}); end %非结构体问题
   if flag>0 && f1<f0, x=x1; f0=f1; end       %如果找到更好的解,保存该解
end
```

其调用格式为$[x,f_0]$=fmincon_global(fun,a,b,n,N,其他参数)，其中，fun可以是结构体变量，也可以是目标函数的函数句柄；a与b为决策变量所在的区间，如果$\boldsymbol{x}_\mathrm{m}$与$\boldsymbol{x}_\mathrm{M}$为有限的向量，还可以直接将$a$和$b$设置成$\boldsymbol{x}_\mathrm{m}$和$\boldsymbol{x}_\mathrm{M}$向量；$n$为决策变量的个数；$N$为每次寻优中，底层函数fmincon()的调用次数，通常情况下$N=5\sim10$就足够。如果fun为目标函数的函数句柄，则“其他参数”应该包含描述约束的参数，具体格式与顺序与fmincon()函数完全一致，亦即fmincon()函数调用中除了F与$\boldsymbol{x}_0$之外所有的后续变元。返回的变量$\boldsymbol{x}$很可能是问题的全局最优解，f_0为最优目标函数。

例11-13 例11-10中给出的有约束最优化问题。试用fmincon_global()函数求解100次该问

题，测试找到全局最优解的成功率。

解 运行100次fmincon_global()函数，耗时92.52 s，找到全局最优解的成功率为100%，目标函数的标准差为3.8540×10^{-10}，说明每次运行都得到几乎完全一致的结果。

```
>> clear P; P.objective=@(x)x(5);                    %定义目标函数
   P.nonlcon=@c11mnls; P.solver='fmincon';           %问题的结构体描述
   P.Aineq=[-1,0,0,0,-0.25; 1,0,0,0,-0.25;
           0,-1,0,0,-0.5; 0,1,0,0,-0.5;
           0,0,-1,0,-1.5; 0,0,1,0,-1.5];
   P.Bineq=[-2.25; 2.25; -1.5; 1.5; -1.5; 1.5];
   P.options=optimset; P.x0=rand(5,1); F=[]; tic %构造结构体P
   for i=1:100   %调用100次fmincon_global()函数求解最优化问题
      [x,f0]=fmincon_global(P,-10,10,5,20); F=[F; x(:)' f0];
   end, toc, std(F(:,6))
```

全局优化工具箱提供的四个求解函数中，只有ga()和patternsearch()函数支持有约束最优化问题的求解，下面将实测这两个函数的求解能力。

例11-14 试利用全局优化工具箱中的函数重新求解例11-10中给出的有约束最优化问题。

解 现在尝试使用遗传算法求解函数ga()求解同样的问题。下面的代码运行9次ga()函数，耗时18.01 s，得到了9组不同的结果，在表11-6中列出。遗憾的是，没有一次能得到由*标注的全局最优解，得出的目标函数值远大于全局最优的目标函数值，说明ga()函数求解失败。如果采用patternsearch()函数求解这个问题，则调用9次求解函数，得出的结果更差。

表11-6 调用ga()函数得出的9组解

组号	x_1	x_2	x_3	x_4	x_5	$f(x)$
1	1.7118	0.9806	11.9480	2.4541	12.5689	12.5689
2	0.0194	2.2527	10.48	0.63864	16.3616	16.3616
3	−2.0987	11.6811	−11.1412	0.0272	20.8280	20.8280
4	0.5110	5.5544	−0.6817	−0.5980	9.0191	9.0191
5	5.0060	1.1473	2.1174	1.1126	11.0331	11.0331
6	4.9042	1.4428	−1.4808	1.0877	10.736	10.736
7	0.7634	7.3772	3.9484	−2.8401	12.358	12.358
8	1.9921	2.7221	−6.1384	1.205	8.0358	8.0358
9	4.9178	1.3533	−0.3205	1.0962	12.2399	12.2399
*	2.4544	1.9088	2.7263	1.3510	0.8175	0.8175

```
>> clear P; P.fitnessfcn=@(x)x(5);
   P.nonlcon=@c11mnls; P.solver='ga'; P.nvars=5;
   P.Aineq=[-1,0,0,0,-0.25; 1,0,0,0,-0.25; 0,-1,0,0,-0.5;
             0,1,0,0,-0.5; 0,0,-1,0,-1.5; 0,0,1,0,-1.5];
   P.Bineq=[-2.25; 2.25; -1.5; 1.5; -1.5; 1.5];
   P.options=optimoptions('ga'); F=[]; tic
   for i=1:9          %连续运行9次ga()函数，记录结果
```

```
    [x,f0,flag]=ga(P); if flag==1, F=[F; x(:).' f0]; end
end, toc
```

其实，文献 [14] 也给出了大量的实测例子，一般情况下，这些智能算法在默认的参数设置下都无法得出问题的全局最优解，有时甚至解比较离谱，而本书提供的两个全局最优解搜索函数表现良好，都能得出问题的全局最优解，且精度极高。所以在求解实际问题时，建议采用这样的求解方法。

11.5 习题

11.1 试求解下面的无约束最优化问题。

$$\min_{\boldsymbol{x}} \begin{array}{l} 100(x_2-x_1^2)^2+(1-x_1)^2+90(x_4-x_3^2)^2+(1-x_3)^2 \\ \quad +10.1\left[(x_2-1)^2+(x_4-1)^2\right]+19.8(x_2-1)(x_4-1) \end{array}$$

11.2 试找出下面二元函数曲面的全局谷底。

$$f(x_1,x_2)=-\frac{\sin\left(0.1+\sqrt{(x_1-4)^2+(x_2-9)^2}\right)}{1+(x_1-4)^2+(x_2-9)^2}$$

11.3 试求解 Ackley 基准测试问题 [54]。

$$\min_{\boldsymbol{x}} \left[20+10^{-20}\exp\left(-0.2\sqrt{\frac{1}{p}\sum_{i=1}^{p}x_i^2}\right)-\exp\left(\frac{1}{p}\sum_{i=1}^{p}\cos 2\pi x_i\right)\right]$$

11.4 试求解 Kursawe 基准测试问题。

$$J=\min_{\boldsymbol{x}} \sum_{i=1}^{p}|x_i|^{0.8}+5\sin^3 x_i+3.5828$$

其中，可取 $p=2$ 或 $p=20$。

11.5 试求解扩展的 Freudenstein–Roth 函数的最小值问题($n=20$)。

$$f(x)=\sum_{i=1}^{n/2}\big(-13+x_{2i-1}+((5-x_{2i})x_{2i}-2)x_{2i}\big)^2+\big(-29+x_{2i-1}+((x_{2i}+1)x_{2i}-14)x_{2i}\big)^2$$

初始点 $\boldsymbol{x}_0=[0.5,-2,\cdots,0.5,-2]^{\mathrm{T}}$，解析解 $\boldsymbol{x}^*=[5,4,\cdots,5,4]^{\mathrm{T}}$，$f_{\mathrm{opt}}=0$。如果搜索范围变大，一般求解方法还能否得出问题的全局最优解？

11.6 试求解扩展 Rosenbrock 函数的最小值问题($n=20$)。

$$f(x)=\sum_{i=1}^{n/2}100\big(x_{2i}-x_{2i-1}^2\big)^2+(1-x_{2i-1})^2$$

初始点 $\boldsymbol{x}_0=[-1.2,1,\cdots,-1.2,1]$，解析解 $x_i=1$，$f_{\mathrm{opt}}=0$。如果将 $x_{2i}-x_{2i-1}^2$ 替换成 $x_{2i}-x_{2i-1}^3$，则变成扩展 White–Holst 问题，试求解该问题。

11.7 试求解扩展 Beale 函数的最小值问题($n=20$)。

$$f(x)=\sum_{i=1}^{n/2}\left[1.5-x_{2i-1}(1-x_{2i})\right]^2+\left[2.25-x_{2i-1}(1-x_{2i}^2)^2\right]^2+\left[2.625-x_{2i-1}(1-x_{2i}^3)^2\right]^2$$

初始值 $\boldsymbol{x}_0=[1,0.8,\cdots,1,0.8]^{\mathrm{T}}$，解析解未知。

11.8 试求解两个Raydan函数的最小值问题($n=20$)。

$$f_1(x)=\sum_{i=1}^{n}\frac{i}{10}\left(\mathrm{e}^{x_i}-x_i\right),\quad f_2(x)=\sum_{i=1}^{n}\left(\mathrm{e}^{x_i}-x_i\right)$$

初始值$\boldsymbol{x}_0=[1,1,\cdots,1]^{\mathrm{T}}$,解析解$x_i=0, f_{1\mathrm{opt}}=\dfrac{1}{10}\sum\limits_{i=1}^{n}i, f_{2\mathrm{opt}}=n$。

11.9 试求解下面的线性规划问题。

(1) $\min\limits_{\boldsymbol{x} \text{ s.t.} \begin{cases}0.5x_1-5.5x_2-2.5x_3+9x_4\leqslant 0\\0.5x_1-1.5x_2-0.5x_3+x_4\geqslant 0\\x_1\leqslant 1\\x_1,x_2,x_3,x_4\geqslant 0\end{cases}} 10x_1-57x_2+9x_3-24x_4$,

(2) $\max\limits_{\boldsymbol{x},v \text{ s.t.} \begin{cases}-x_2+2x_3+v\leqslant 0\\3x_1-4x_3+v\leqslant 0\\-5x_1+6x_2+v\leqslant 0\\x_1+x_2+x_3=1\\x_1,x_2,x_3\geqslant 0\end{cases}} v$

11.10 试求解下面的线性规划问题。

$$\max_{\boldsymbol{x} \text{ s.t.} \begin{cases}x_1+4x_3+x_4-5x_5-2x_6+3x_7-6x_8=7\\x_2-3x_3-x_4+4x_5+x_6-2x_7+5x_8=-3\\0\leqslant x_1\leqslant 8,\ 0\leqslant x_2\leqslant 6,\ 0\leqslant x_3\leqslant 10,\ 0\leqslant x_4\leqslant 15\\0\leqslant x_5\leqslant 2,\ 0\leqslant x_6\leqslant 10,\ 0\leqslant x_7\leqslant 4,\ 0\leqslant x_8\leqslant 3\end{cases}} -3x_1-x_2+x_3+2x_4-x_5+x_6-x_7-4x_8$$

11.11 试求解Finkbeiner–Kall二次型规划问题[55]。

$$\min_{\boldsymbol{x} \text{ s.t.} \begin{cases}x_1+2x_2+x_3=8\\x_1+2x_2+x_4=5\\x_{1,2,3,4}\geqslant 0\end{cases}} \frac{1}{2}x_1^2+\frac{1}{2}x_2^2+3x_1+7x_2+x_4$$

11.12 试由基于问题的方法将二次型规划问题[56]输入MATLAB环境,并求解该问题。

$$\min_{\boldsymbol{x} \text{ s.t.} \begin{cases}\boldsymbol{AX}\leqslant\boldsymbol{b},\ \ \boldsymbol{X}=[\boldsymbol{x};\boldsymbol{y}]\\\boldsymbol{0}\leqslant\boldsymbol{X}\leqslant\boldsymbol{1}\end{cases}} \boldsymbol{c}^{\mathrm{T}}\boldsymbol{x}+\boldsymbol{d}^{\mathrm{T}}\boldsymbol{y}-\frac{1}{2}\boldsymbol{x}^{\mathrm{T}}\boldsymbol{Q}\boldsymbol{x}$$

其中,

$$\boldsymbol{A}=\begin{bmatrix}-2&-6&-1&0&-3&-3&-2&-6&-2&-2\\6&-5&8&-3&0&1&3&8&9&-3\\-5&6&5&3&8&-8&9&2&0&-9\\9&5&0&-9&1&-8&3&-9&-9&-3\\-8&7&-4&-5&-9&1&-7&-1&3&-2\\-7&-5&-2&0&-6&-6&-7&-6&7&7\\1&-3&-3&-4&-1&0&-4&1&6&0\\1&-2&6&9&0&-7&9&-9&-6&4\\-4&6&7&2&2&0&6&6&-7&4\\1&1&1&1&1&1&1&1&1&1\\-1&-1&-1&-1&-1&-1&-1&-1&-1&-1\end{bmatrix},\ \boldsymbol{b}=\begin{bmatrix}-4\\22\\-6\\-23\\-12\\-3\\1\\12\\15\\9\\-1\end{bmatrix}$$

其中,$\boldsymbol{x}$有七个元素,$\boldsymbol{y}$有三个元素,$\boldsymbol{Q}=10\boldsymbol{I}$,且

$$\boldsymbol{d}=[10,10,10]^{\mathrm{T}},\quad \boldsymbol{c}=[-20,-80,-20,-50,-60,-90,0]^{\mathrm{T}}$$

11.13 试求解下面的最优化问题。

$$\max_{x,y \text{ s.t.} \begin{cases}y\leqslant 2x^4-8x^3+8x^2+2\\y\leqslant 4x^4-32x^3+88x^2-96x+36\\0\leqslant x\leqslant 3,\ 0\leqslant y\leqslant 4\end{cases}} x+y$$

11.14 试求解下面的凸二次型规划问题。

$$\max \quad \boldsymbol{c}^{\mathrm{T}}\boldsymbol{x}+dy+\frac{1}{2}\boldsymbol{x}^{\mathrm{T}}\boldsymbol{Q}\boldsymbol{x}$$

$$\boldsymbol{x},\boldsymbol{y}\ \text{s.t.}\begin{cases}6x_1+3x_2+3x_3+2x_4+x_5\leqslant 6.5\\10x_1+10x_3+y\leqslant 20\\0\leqslant x_i\leqslant 1,\ y>0\end{cases}$$

且 $\boldsymbol{c}^{\mathrm{T}}=[-10.5,-7.5,-3.5,-2.5,-1.5],\boldsymbol{Q}=\boldsymbol{I},d=1$。

11.15 试求解下面的非线性规划问题。

$$\min \quad \frac{1}{2\cos x_6}\left[x_1x_2(1+x_5)+x_3x_4\left(1+\frac{31.5}{x_5}\right)\right]$$

$$\boldsymbol{x}\ \text{s.t.}\begin{cases}0.003079x_1^3x_2^3x_5-\cos^3 x_6\geqslant 0\\0.1017x_3^3x_4^3-x_5^2\cos^3 x_6\geqslant 0\\0.09939(1+x_5)x_1^3x_2^2-\cos^2 x_6\geqslant 0\\0.1076(31.5+x_5)x_3^3x_4^2-x_5^2\cos^2 x_6\geqslant 0\\x_3x_4(x_5+31.5)-x_5[2(x_1+5)\cos x_6+x_1x_2x_5]\geqslant 0\\0.2\leqslant x_1\leqslant 0.5,14\leqslant x_2\leqslant 22,0.35\leqslant x_3\leqslant 0.6\\16\leqslant x_4\leqslant 22,5.8\leqslant x_5\leqslant 6.5,0.14\leqslant x_6\leqslant 0.2618\end{cases}$$

11.16 试求解下面的非线性规划问题[56]。

$$\min \quad 37.293239x_1+0.8356891x_1x_5+5.3578547x_3^2-40792.141$$

$$\boldsymbol{x}\ \text{s.t.}\begin{cases}-0.0022053x_3x_5+0.0056858x_2x_5+0.0006262x_1x_4-6.665593\leqslant 0\\0.0022053x_3x_5-0.0056858x_2x_5-0.0006262x_1x_4-85.334407\leqslant 0\\0.0071317x_2x_5+0.0021813x_3^2+0.0029955x_1x_2-29.48751\leqslant 0\\-0.0071317x_2x_5-0.0021813x_3^2-0.0029955x_1x_2+9.48751\leqslant 0\\0.0047026x_3x_5+0.0019085x_3x_4+0.0012547x_1x_3-15.699039\leqslant 0\\-0.0047026x_3x_5-0.0019085x_3x_4-0.0012547x_1x_3+10.699039\leqslant 0\\78\leqslant x_1\leqslant 102,\ 33\leqslant x_2\leqslant 45,\ 27\leqslant x_3,x_4,x_5\leqslant 45\end{cases}$$

11.17 试求解下面的最优化问题[56]。

(1)
$$\min \quad x_1^{0.6}+x_2^{0.6}+x_3^{0.4}+2u_1+5u_2-4x_3-u_3$$

$$\boldsymbol{x}\ \text{s.t.}\begin{cases}x_2-3x_1-3u_1=0\\x_3-2x_2-2u_2=0\\4u_1-u_3\leqslant 0\\x_1+2u_1\leqslant 4\\x_2+u_2\leqslant 4\\x_3+u_3\leqslant 6\\x_1\leqslant 3,\ u_2\leqslant 2,\ x_3\leqslant 4\\x_1,x_2,x_3,u_1,u_2,u_3\geqslant 0\end{cases}$$

(2)
$$\min \quad x_1^{0.6}+x_2^{0.6}-6x_1-4u_1+3u_2$$

$$\boldsymbol{x}\ \text{s.t.}\begin{cases}x_2-3x_1-3u_1=0\\x_1+2u_1\leqslant 4\\x_2+2u_2\leqslant 4\\x_1\leqslant 3,\ u_2\leqslant 1\\x_1,x_2,u_1,u_2\geqslant 0\end{cases}$$

11.18 试求解下面的非线性规划问题并试图得到全局最优解[57]。

$$\max \quad 5x_1+\mathrm{e}^{-2x_2}-\mathrm{e}^{-x_2}+x_1x_3+4x_3+6x_4+\frac{5x_5}{x_5+1}+\frac{6x_6}{x_6+1}$$

$$\boldsymbol{x}\ \text{s.t.}\begin{cases}x_1+x_2+x_3+x_4+x_5+x_6\leqslant 10\\x_1+x_3+x_4\leqslant 5\\x_1-x_2^2+x_3+x_5+x_6^2\leqslant 5\\x_2+2x_4+x_5+0.8x_6=5\\x_3^2+x_5^2+x_6^2=5\end{cases}$$

11.19 试求解下面的非线性规划问题[58]，其中目标函数为

$$f(x) = l(x_1x_2 + x_3x_4 + x_5x_6 + x_7x_8 + x_9x_{10})$$

约束条件为

$$\frac{6Pl}{x_9x_{10}^2} - \sigma_{\max} \leqslant 0,\ \frac{6P(2l)}{x_7x_8^2} - \sigma_{\max} \leqslant 0$$

$$\frac{6P(3l)}{x_5x_6^2} - \sigma_{\max} \leqslant 0,\ \frac{6P(4l)}{x_3x_4^2} - \sigma_{\max} \leqslant 0,\ \frac{6P(5l)}{x_1x_2^2} - \sigma_{\max} \leqslant 0$$

$$\frac{Pl^3}{E}\left(\frac{244}{x_1x_2^3} + \frac{148}{x_3x_4^3} + \frac{76}{x_5x_6^3} + \frac{28}{x_7x_8^3} + \frac{4}{x_9x_{10}^3}\right) - \delta_{\max} \leqslant 0$$

$$\frac{x_2}{x_1} - 20 \leqslant 0,\ \frac{x_4}{x_3} - 20 \leqslant 0,\ \frac{x_6}{x_5} - 20 \leqslant 0,\ \frac{x_8}{x_7} - 20 \leqslant 0,\ \frac{x_{10}}{x_9} - 20 \leqslant 0$$

且已知决策变量的上下界满足

$$1 \leqslant x_{1,7,9} \leqslant 5,\ 30 \leqslant x_{2,8,10} \leqslant 65,\ 2.4 \leqslant x_{3,5} \leqslant 3.1,\ 45 \leqslant x_{4,6} \leqslant 60$$

其中，$l = 100, P = 50000, \delta_{\max} = 2.7, \sigma_{\max} = 14000, E = 2\times 10^7$。

11.20 试用智能优化算法求解上面的最优化问题，看能否得出问题的全局最优解。

11.21 试用本书给出的两个全局最优化程序求解上面的最优化问题，看能否得出问题的全局最优解。试评价获得全局最优解的成功率与求解精度。

第 12 章 数据处理与数理统计

CHAPTER 12

在科学与工程研究中经常会通过实验测出一些数据，根据这些数据对某种规律进行研究是数据插值与函数逼近所要解决的问题。可以将已知数据看成是样本点，所谓数据插值就是在样本点的基础上求出不在样本点上的其他点处的函数值。12.1 节将介绍一维、二维甚至多维数据插值问题的求解方法，并介绍一种样条插值及基于样条插值技术的求取数值微积分的方法。12.2 节介绍由样本点数据获得数学模型的方法，包括数据的多项式拟合、最小二乘曲线逼近和神经网络模型的拟合方法。12.3 节介绍基于伪随机数的统计试验方法，还介绍数据的箱线图表示与离群值检测等内容。12.4 节介绍数据的统计分析方法，介绍均值、方差等统计值的计算，还介绍数据的假设检验方法与方差分析方法等。

12.1 数据插值

所谓数据插值，就是指在函数一些已知点的基础上计算函数在新的点处函数值的方法。本节介绍一维、二维甚至多维插值问题的求解方法，并介绍数值微积分问题的求解方法。

12.1.1 一维数据插值

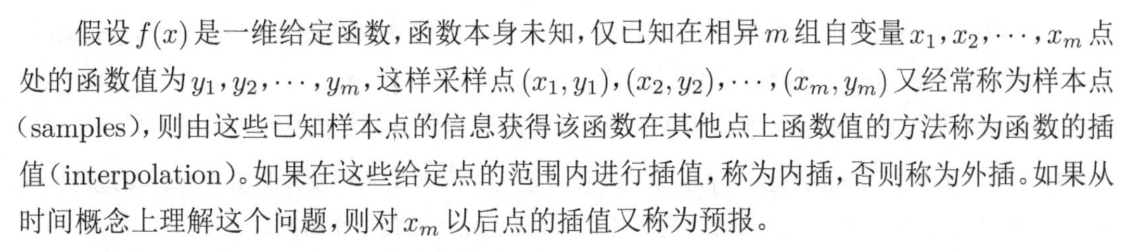

假设 $f(x)$ 是一维给定函数，函数本身未知，仅已知在相异 m 组自变量 $x_1,x_2,\cdots,x_m$ 点处的函数值为 $y_1,y_2,\cdots,y_m$，这样采样点 $(x_1,y_1),(x_2,y_2),\cdots,(x_m,y_m)$ 又经常称为样本点(samples)，则由这些已知样本点的信息获得该函数在其他点上函数值的方法称为函数的插值(interpolation)。如果在这些给定点的范围内进行插值，称为内插，否则称为外插。如果从时间概念上理解这个问题，则对 x_m 以后点的插值又称为预报。

一维插值函数 `interp1()` 的调用格式为 y_1=`interp1(`x,y,x_1`,'spline')`，其中，$\boldsymbol{x}=[x_1,\ x_2,\ \cdots,x_m]^{\mathrm{T}}$，$\boldsymbol{y}=[y_1,y_2,\cdots,y_m]^{\mathrm{T}}$ 两个向量分别表示给定的一组自变量和函数值数据，可以用这两个向量表示已知的样本点坐标，且不要求 $\boldsymbol{x}$ 向量为单调的。$\boldsymbol{x}_1$ 为用户指定的一组新的插值点的横坐标，它可以是标量、向量或矩阵，而得出的 $\boldsymbol{y}_1$ 是在这一组插值点处的插值结果。这里给出的`'spline'`是本书推荐的插值方法选项，表示采用三次样条插值的插值方法。除此之外，还可以采用`'linear'`（线性插值，它在两个样本点间简单地采用直线拟合）、`'nearest'`（最近点等值方式）和`'pchip'`（三次 Hermite 插值）等，但从插值精度看建议使用`'spline'`选项。

例12-1 假设已知的数据点来自函数 $f(x)=(x^2-3x+5)\mathrm{e}^{-5x}\sin x$，试根据生成的数据进行插值处理，得出较平滑的曲线，并与原函数做出比较，评价插值算法。

解 根据给出的函数可以直接生成数据的样本点，构造 $\boldsymbol{x}$、$\boldsymbol{y}$ 向量。由这两个向量为基础就可以进行插值处理了。这里只演示'pchip'插值方法和'spline'插值方法，其他的插值方法由于效果太差，这里就不比较了。插值效果与理论值的比较如图12-1所示。可以看出，两种插值都能得出光滑的插值曲线，不过'pchip'插值误差较大，'spline'选项可能得出更好的插值效果。

```
>> x=0:0.1:1; y=(x.^2-3*x+5).*exp(-5*x).*sin(x);        %生成样本点
   x0=0:0.02:1; y0=(x0.^2-3*x0+5).*exp(-5*x0).*sin(x0);%理论值数据
   y1=interp1(x,y,x0,'pchip'); y2=interp1(x,y,x0,'spline');
   plot(x0,y0,x,y,'o',x0,y1,'--',x0,y2,':')             %比较各种插值方法效果
```

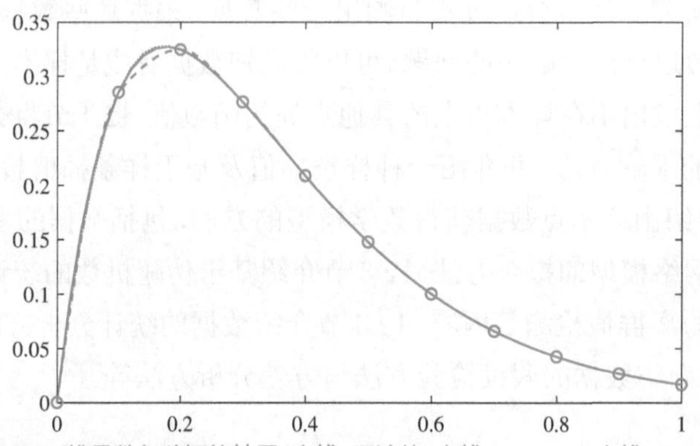

图12-1 一维函数各种插值结果(实线:理论值,虚线:'pchip',点线:'spline')

12.1.2 二维与多维插值

二维插值有两类问题需要求解：一类是样本点由网格形式给出；另一类是样本点为散点的形式给出。本节介绍这两类插值问题的求解方法，然后介绍多维插值的求解方法。

1. 网格样本点的插值方法

MATLAB下提供了二维插值的函数interp2()。若样本点由网格型矩阵 $\boldsymbol{x}_0$, $\boldsymbol{y}_0$, $\boldsymbol{z}_0$ 描述，而插值点由 $\boldsymbol{x}_1$, $\boldsymbol{y}_1$ 给出，则插值结果 $\boldsymbol{z}_1$ 由 z_1=interp2(x_0,y_0,z_0,x_1,y_1,'spline')命令得出。虽然该函数还支持其他的插值算法，但一般效果不佳，这里不推荐其他算法。

例12-2 假设由二元函数 $z=f(x,y)=(x^2-2x)\mathrm{e}^{-x^2-y^2-xy}$ 可以计算出一些较稀疏的网格数据，试根据这些数据对整个函数曲面进行各种插值拟合，并比较拟合结果。

解 考虑给出的二元函数，则可以由下面的命令生成已知的网格数据。再选择较密的网格型插值点，则可以用下面的MATLAB语句进行插值，得出的结果与图5-21中给出的理论值曲面几乎完全一致。还可以由数学函数计算出理论值，这样可以绘制如图12-2所示的插值误差曲面。

```
>> [x,y]=meshgrid(-3:.6:3, -2:.4:2);                 %生成稀疏的样本点
   z=(x.^2-2*x).*exp(-x.^2-y.^2-x.*y);
   [x1,y1]=meshgrid(-3:.1:3, -2:.1:2);               %选择更密集的插值点
   z1=interp2(x,y,z,x1,y1,'spline');                 %二维插值计算
   z0=(x1.^2-2*x1).*exp(-x1.^2-y1.^2-x1.*y1); %计算理论值
   surf(x1,y1,abs(z1-z0))                            %绘制插值误差曲面
```

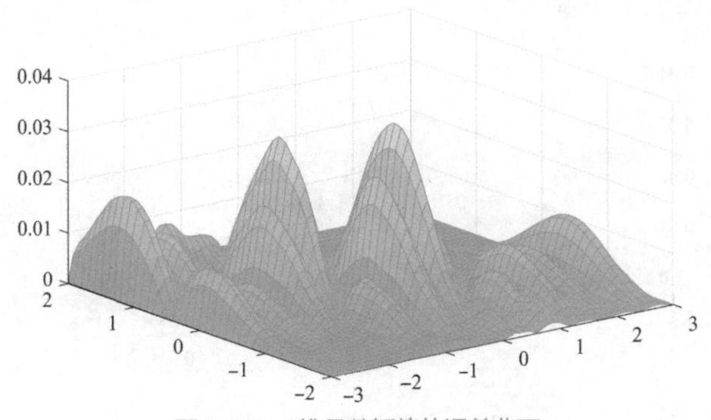

图12-2 二维函数插值的误差曲面

2. 散点样本点的插值方法

在实际应用中，大部分问题都是以实测的(x_i, y_i, z_i)散点（scattered points）给出的，所以不能直接使用函数`interp2()`进行二维插值。

MATLAB语言中提供了一个更一般的`griddata()`函数，用来专门解决这样的问题。该函数的调用格式为z=`griddata(`x_0`,`y_0`,`z_0`,`x`,`y`,'v4')`，其中，$\boldsymbol{x}_0$，$\boldsymbol{y}_0$，$\boldsymbol{z}_0$是已知的样本点坐标，这里并不要求是网格型的，可以是任意分布的，均由向量给出。$\boldsymbol{x}$，$\boldsymbol{y}$是期望的插值位置，得出的$\boldsymbol{z}$的维数应该和$\boldsymbol{x}$，$\boldsymbol{y}$一致，表示插值的结果。`'v4'`选项是指采用MATLAB 4.0版本中提供的插值算法，公认该算法效果较好，但没有一个正式的名称，所以这里用`'v4'`表明采用该算法。除了`'v4'`选项外，还可以使用`'linear'`、`'cubic'`和`'nearest'`等算法，但效果一般比`'v4'`差很多。

例12-3 仍考虑原型函数$z=f(x,y)=(x^2-2x)\mathrm{e}^{-x^2-y^2-xy}$，在$x\in[-3,3]$，$y\in[-2,2]$矩形区域内随机选择一组$(x_i, y_i)$坐标，就可以生成一组$z_i$的值。以这些值为已知数据，用一般散点数据插值函数`griddata()`进行插值处理，并进行误差分析。

解 这里选择200个随机数构成的点，则可以用下面的语句生成$\boldsymbol{x}$，$\boldsymbol{y}$，$\boldsymbol{z}$向量，但由于这些数据不是网格数据，所以得出的数据向量不能直接用三维曲面的形式表示。生成密集的网格型插值点$\boldsymbol{x}_1$、$\boldsymbol{y}_1$矩阵，则可以调用`griddata()`函数直接进行插值计算，得出的插值曲面仍然与图5-21中给出的理论值曲面几乎完全一致。和理论值相比，由散点插值得出的误差曲面如图12-3所示。

```
>> x=-3+6*rand(200,1); y=-2+4*rand(200,1);        %随机生成样本点
   z=(x.^2-2*x).*exp(-x.^2-y.^2-x.*y);            %由样本点计算函数值
   [x1,y1]=meshgrid(-3:0.1:3, -2:0.1:2);          %生成网格型插值点
   z1=griddata(x,y,z,x1,y1,'v4');                 %散点插值，得出网格数据
   z0=(x1.^2-2*x1).*exp(-x1.^2-y1.^2-x1.*y1);     %计算理论值
   surf(x1,y1,abs(z1-z0))                         %绘制插值误差曲面
```

3. 多维样本点的插值方法

多维插值问题可以由`interpn()`和`griddatan()`直接计算，前者是对网格型样本点的插值处理，后者可以处理多维散点插值问题。

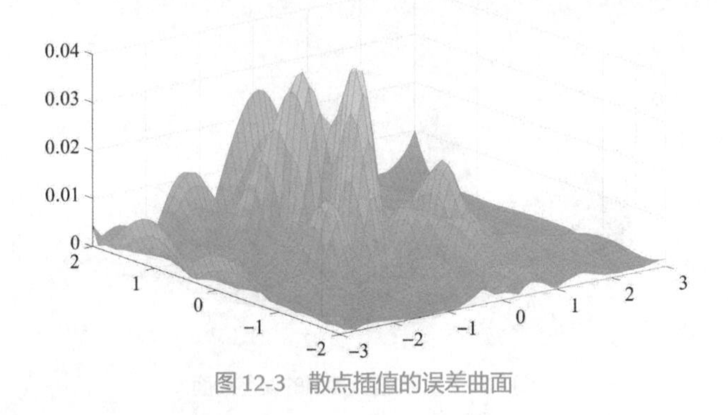

图12-3 散点插值的误差曲面

12.1.3 样条插值求解方法

为改善插值效果，MATLAB提供了三次样条（cubic spline）与B样条（B spline）类，可以由下面的命令分别生成三次样条对象和B样条对象。

S=csapi($\boldsymbol{x}$,$\boldsymbol{y}$)，　　%生成三次样条对象

S=spapi(k,$\boldsymbol{x}$,$\boldsymbol{y}$)，　%生成k阶B样条对象，k一般选择4或5即可

其中，$\boldsymbol{x}$、$\boldsymbol{y}$为样本点数据，S为生成的样条对象。csapi()函数与interp1()函数的效果是完全一致的。所以，对多元问题而言，可以由下面的格式生成样条对象：

S=spapi({k_1,k_2,$\cdots$,k_n},{$\boldsymbol{x}_1$,$\boldsymbol{x}_2$,$\cdots$,$\boldsymbol{x}_n$},$\boldsymbol{z}$)，%多元问题的B样条插值

MATLAB提供了四个样条对象的操作函数，如表12-1所示。这些函数可以直接用于单变量问题与多变量的插值问题计算与数值微积分问题求解。下面通过例子演示样条插值的插值计算与绘图方法。

表12-1 样条对象的操作函数

操作	函数名	函数的调用格式与解释
绘图	fnplt()	fnplt(S)，由对象S绘图，单变量问题绘制插值曲线，双变量绘制插值曲面
计算	fnval()	y=fnval(S,x)，计算插值点的函数值，其作用类似于interp1()等函数
微分	fnder()	S_1=fnder(S,n)，由对象S直接计算其n阶导数，得出的结果是插值对象S_1。对多变量问题而言，偏导数计算可以将n替换成向量[k_1,k_2,$\cdots$]
积分	fnint()	S_1=fnint(S)，由对象S直接计算其积分对象S_1，不能用于单变量插值对象。多变量插值对象的积分可以由fnder()函数实现

例12-4 考虑例12-1给出的数据与原函数，试比较不同插值算法的精度。

解 可以首先输入样本点数据，然后利用样本点数据直接建立两种样条对象，并直接绘制插值曲线。与解析解函数可以在同一坐标系下绘出并比较，从得出的结果看，这两个插值对象得到的插值效果是很理想的。

```
>> x=0:0.12:1; y=(x.^2-3*x+5).*exp(-5*x).*sin(x);                 %生成样本点
   syms x0; fplot((x0^2-3*x0+5)*exp(-5*x0)*sin(x0),[0,1]) %理论值数据
   hold on; S1=csapi(x,y); S2=spapi(4,x,y);                         %得出两个样条对象
   fnplt(S1), fnplt(S2); hold off                                   %直接叠印插值结果
```

例12-5 考虑一个稀疏数据的例子。假设已知$x = 0, 0.4, 1, 2, \pi$这5个点的正弦函数值，试由这5个样本点进行插值，比较不同插值算法的精度。

解 可以将样本点数据输入MATLAB工作空间，然后利用样本点建立样条对象，进行插值计算，并与理论值进行比较，得出的最大误差在表12-2中给出。可以看出，三次样条对象与interp1()函数是完全一致的，B样条的效果优于三次样条。对这个具体例子而言，5阶样条可以得出最精确的插值结果，几乎可以还原正弦函数。

```
>> x=[0,0.4,1,2,pi]; y=sin(x);          %生成稀疏的样本点
   x0=linspace(0,pi,30); y0=sin(x0); %理论值数据
   y1=interp1(x,y,x0,'spline'); max(abs(y1-y0))
   S=spapi(4,x,y); y2=fnval(S,x0); max(abs(y2-y0))
```

表12-2 各种操作方法与参数比较

插值方法	interp1()	三次样条	3阶B样条	4阶B样条	5阶B样条	6阶B样条
最大误差	0.0363	0.0363	0.0466	0.0309	0.0012	0.0012

二维与多维插值问题也可以使用csapi()这类函数直接求解。该函数的使用条件比较苛刻，与常规的meshgrid()数据结构不同，该函数只能接受ndgrid()函数生成的网格数据。下面通过例子演示二维插值与插值曲面的绘制方法。

例12-6 用样条插值重新求解例12-2中的二维插值问题。

解 可以生成x、y轴的刻度向量$\boldsymbol{x}$和$\boldsymbol{b}$，然后调用ndgrid()函数生成样本点数据。有了样本点数据，就可以构造两个样条对象。spapi()函数允许用户独立选择两个坐标轴的阶次。获得样条对象之后，调用fnplt()函数就可以直接绘制插值曲面。对本例而言，插值效果是令人满意的。

```
>> a=-3:0.6:3; b=-2:0.4:2; [x,y]=ndgrid(a,b);  %生成样本点数据
   z=(x.^2-2*x).*exp(-x.^2-y.^2-x.*y);        %计算样本点函数值
   S1=csapi({a,b},z); S2=spapi({4,4},{a,b},z); %构造样条对象
   fnplt(S2)                                     %由样条对象绘制二维插值曲面
```

12.1.4 基于样条插值的数值微积分运算

如果已知样本点，还可以利用fnder()和fnint()直接获得数值微积分。注意，fnint()函数直接获得的是数值积分的原函数，但该函数不能求解多元函数的数值积分问题，可以改用fnder()函数求解。

从理论上看，三次样条对象求解一阶微分得到的是二次函数，再求导得到的是线性函数，所以三次样条不适合高阶数值微分的计算；对积分问题而言，三次样条的一阶积分结果也是三次样条对象，所以也不能很好地求解数值微分问题，所以尽量不要使用三次样条对象求解数值微积分问题。相比之下，高阶B样条对象可以比较好地解决数值微积分问题。下面将通过例子演示数值微积分的计算。

例12-7 试由数值微分的方法与样条插值的方法求解例7-37的三阶导数。

解 第7章求解的数值微分问题与基于样条的数值微分不尽相同。传统数值微分得出的是样本点上的微分函数值，而基于插值的数值微分可以得到样本点区间内任意点的微分函数值。对这

个具体问题而言，为保险起见，可以将B样条的阶次选择为$n+3$，使得求导后仍能保持三阶B样条模型，这样得出的微分曲线与理论值几乎完全一致，无法分辨。用样条插值的方法可以较好地解决例7-37失败的7阶导数问题，得到的样条插值结果如图12-4所示。除了插值区间两端外，其余点上的拟合效果都很令人满意。

```
>> syms x; f(x)=log(1+x)/2-log(x^2-x+1)/4+atan((2*x-1)/sqrt(3))/sqrt(3);
   h=0.02; x0=1.5:h:3.5; y0=double(f(x0)); %生成已知样本点
   n=7; f1=diff(f,n); S=spapi(n+3,x0,y0); S1=fnder(S,n)
   fplot(f1,[1.5,3.5]), hold on, fnplt(S1), hold off
```

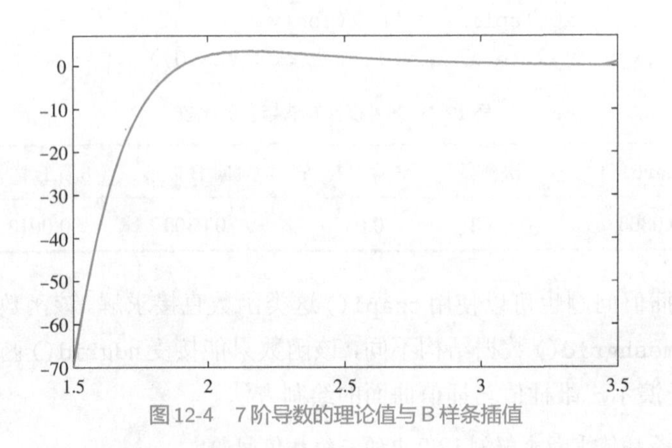

图12-4 7阶导数的理论值与B样条插值

例12-8 试利用插值方法绘制下面函数的积分曲面。

$$J=\int_{-1}^{1}\int_{-2}^{2}\mathrm{e}^{-x^2/2}\sin(x^2+y)\mathrm{d}x\mathrm{d}y$$

解 可以先建立起B样条模型，然后调用fnder()函数，对x、y都做-1阶导数运算，则可以得出所需的积分函数。还可以绘制出积分函数的三维曲面，如图12-5所示。和第7章的数值积分相比，这里给出的是积分函数，而第7章只能得出定积分的值。

```
>> x0=-2:0.1:2; y0=-1:0.1:1; [x y]=ndgrid(x0,y0);          %生成样本点
   z=exp(-x.^2/2).*sin(x.^2+y); S=spapi({5,5},{x0,y0},z); %B样条
   S1=fnder(S,[-1 -1]); S2=fnval(S1,{x0,y0}); surf(y0,x0,S2)
```

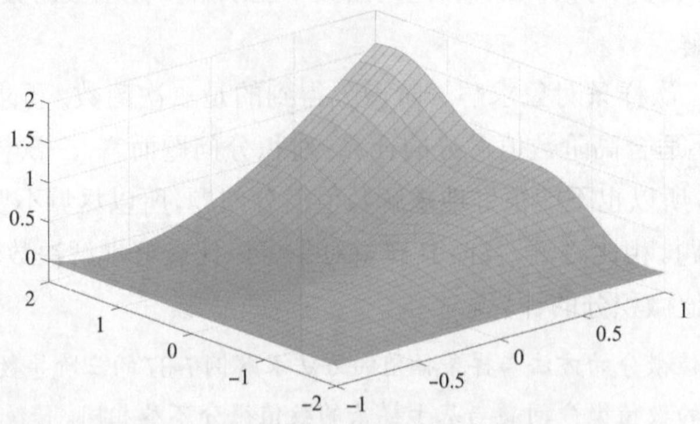

图12-5 由样条插值得到的积分曲面

12.2 由数据拟合函数模型

前面介绍了数据插值分析方法，数据插值的侧重点在获得感兴趣点处的函数值。本节介绍由数据拟合出函数模型的方法，首先介绍多项式的拟合方法，然后介绍已知原型函数的最小二乘拟合方法，最后简单介绍基于人工神经网络的拟合方法。当然，前面介绍的三次样条和B样条插值获得的模型也是函数的数学模型。

12.2.1 多项式拟合

第7章介绍了函数的Taylor幂级数展开，演示了函数可以由多项式逼近（polynomial fitting）的近似效果。如果已知样本点数据，也可以尝试用多项式逼近样本点数据，得出最优的多项式系数。MATLAB提供的polyfit()函数可以直接获得最优的多项式系数，其调用格式为c=polyfit(x,y,n)，其中，$\boldsymbol{x}$、$\boldsymbol{y}$为一维问题的样本点数据，n为期望的拟合多项式阶次，得出的$\boldsymbol{c}$为降幂排列的拟合多项式系数向量。

例12-9 试用不同阶次多项式拟合例12-1的样本点，并评价拟合效果。

解 可以由下面语句生成样本点数据，并尝试不同阶次的多项式拟合，三次和六次多项式拟合的效果如图12-6所示。可以看出，三次多项式效果较差，六次多项式可以很好地逼近原函数。另外，还可以得出不同阶次多项式逼近的最大误差，在表12-3中列出。可以看出，六次多项式得到的结果已经足够好了，在实际意义中没有必要再继续增加多项式的阶次，否则可能会有副作用，如产生数值稳定性问题。

```
>> x=0:0.1:1; y=(x.^2-3*x+5).*exp(-5*x).*sin(x);           %生成样本点
   x0=0:0.02:1; y0=(x0.^2-3*x0+5).*exp(-5*x0).*sin(x0); %理论值数据
   n=3; c1=polyfit(x,y,n); y1=polyval(c1,x0); max(abs(y0-y1))
   n=6; c2=polyfit(x,y,n); y2=polyval(c2,x0); max(abs(y0-y1))
   plot(x0,y0,x,y,'o',x0,y1,'--',x0,y2,':')  %比较不同阶次多项式的逼近效果
```

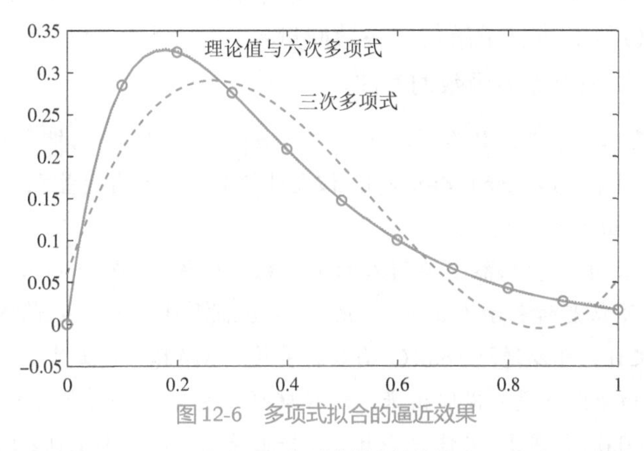

图12-6 多项式拟合的逼近效果

表12-3 多项式拟合的比较

拟合次数	3	4	5	6	7	8	9
最大误差	0.0769	0.0323	0.0104	0.0029	7.1313×10^{-4}	1.6584×10^{-4}	3.7256×10^{-5}

12.2.2 最小二乘曲线拟合

如果函数的原型$\hat{y}(x)=f(\boldsymbol{a},x)$是已知的,其中,$\boldsymbol{a}$为待定系数向量,则最小二乘曲线拟合的目标就是求出这一组待定系数的值,可以定义出下面的最优化问题。

$$J=\min_{\boldsymbol{a}}\sum_{i=1}^{m}[y_i-\hat{y}(x_i)]^2=\min_{\boldsymbol{a}}\sum_{i=1}^{m}[y_i-f(\boldsymbol{a},x_i)]^2 \tag{12-1}$$

MATLAB的最优化工具箱中提供了lsqcurvefit()函数,可以解决最小二乘曲线拟合的问题。该函数的调用格式为

[$\boldsymbol{a}$,$J_{\rm m}$]=lsqcurvefit(Fun,$\boldsymbol{a}_0$,$\boldsymbol{x}$,$\boldsymbol{y}$,$\boldsymbol{a}_{\rm m}$,$\boldsymbol{a}_{\rm M}$,options)

其中,Fun为原型函数的MATLAB表示,可以是M-函数或匿名函数;$\boldsymbol{a}_0$为最优化的初值;$\boldsymbol{x}$、$\boldsymbol{y}$为原始输入、输出数据向量;$\boldsymbol{a}_{\rm m}$、$\boldsymbol{a}_{\rm M}$为允许的$\boldsymbol{a}$参数边界,没有边界约束可以使用空矩阵;options则为最优化工具箱通用的控制模板。

例12-10 仍考虑例12-1中的问题,假设已知$f(x)=(a_1x^2-a_2x+a_3)\mathrm{e}^{-a_4x}\sin x$为原型函数,但未知系数$a_i$,试根据样本点拟合出原型函数的待定系数的值。

解 生成样本点数据,并用匿名函数描述原型函数,则可以直接调用拟合函数,得出精确的待定系数向量$\boldsymbol{a}=[1,3,5,5]$,误差可达10^{-13}级。

```
>> x=0:0.1:1; y=(x.^2-3*x+5).*exp(-5*x).*sin(x);
   f=@(a,x)(a(1)*x.^2-a(2)*x+a(3)).*exp(-a(4)*x).*sin(x);
   ff=optimset; ff.TolX=eps; ff.TolFun=eps;
   a0=rand(1,4); a=lsqcurvefit(f,a0,x,y,[],[],ff)
```

在某些初值下,上述命令可以给出警告信息Solver stopped prematurely(求解过程过早结束),得出的结果是不正确的,再次运行语句可能得出正确的结果。

如果某函数含有若干个自变量,且已知其原型函数$\boldsymbol{z}=f(\boldsymbol{a},x_1,\ x_2,\cdots,x_m)$,则仍然可以使用lsqcurvefit()函数拟合参数$\boldsymbol{a}$,其中,$\boldsymbol{a}=[a_1,a_2,\cdots,a_n]$。仍需描述原型函数,然后调用lsqcurvefit()函数直接求解待定系数向量$\boldsymbol{a}$,下面将通过例子演示多变量函数最小二乘拟合的求解方法。注意匿名函数的写法。

例12-11 假设某三元原型函数为$v=a_1x^{a_2x}+a_3y^{a_4(x+y)}+a_5z^{a_6(x+y+z)}$,且已知一组输入、输出数据,由文本文件c12data1.dat给出,该文件的前三列为自变量x,y,z,第四列为返回向量,试采用拟合方法得出待定系数a_i。

解 解决这类问题第一步仍然需要引入向量型的自变量$\boldsymbol{x}$,如令$x_1=x$,$x_2=y$,$x_3=z$,这样,原型函数可以重新表示为$v=a_1x_1^{a_2x_1}+a_3x_2^{a_4(x_1+x_2)}+a_5x_3^{a_6(x_1+x_2+x_3)}$。因为给出的数据是纯文本文件,可以通过load()函数将其读入MATLAB工作空间,用子矩阵提取的方法将输入矩阵$\boldsymbol{X}$和输出向量$\boldsymbol{v}$提取出来,这样就可以用下面语句拟合出待定系数的值$\boldsymbol{a}=[0.1,0.2,0.3,0.4,0.5,0.6]$。事实上,文件中给出的数据正是假设$\boldsymbol{a}=[0.1,0.2,0.3,0.4,0.5,0.6]$生成的,所以用这类给出的拟合方法可以很精确地得出待定系数。

```
>> f=@(a,X)a(1)*X(:,1).^(a(2)*X(:,1))+...          %三元原型函数的描述
      a(3)*X(:,2).^(a(4)*(X(:,1)+X(:,2)))+...   %注意输入矩阵的写法
      a(5)*X(:,3).^(a(6)*(X(:,1)+X(:,2)+X(:,3)));
```

```
XX=load('c12data1.dat'); X=XX(:,1:3); v=XX(:,4); %样本点数据读入
a0=[2 3 2 1 2 3]; a=lsqcurvefit(f,a0,X,v)        %最小二乘拟合
```

12.2.3 基于神经网络的数据拟合

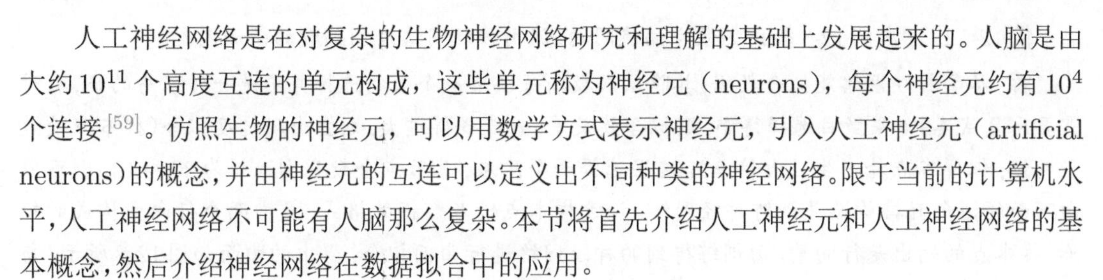

人工神经网络是在对复杂的生物神经网络研究和理解的基础上发展起来的。人脑是由大约10^{11}个高度互连的单元构成，这些单元称为神经元（neurons），每个神经元约有10^4个连接[59]。仿照生物的神经元，可以用数学方式表示神经元，引入人工神经元（artificial neurons）的概念，并由神经元的互连可以定义出不同种类的神经网络。限于当前的计算机水平，人工神经网络不可能有人脑那么复杂。本节将首先介绍人工神经元和人工神经网络的基本概念，然后介绍神经网络在数据拟合中的应用。

单个人工神经元的数学表示形式如图12-7所示。其中，$x_1,x_2,\cdots,x_n$为一组输入信号，它们经过权值（weights）w_i加权后求和，再加上阈值（threshold）b，则得出u_i的值，可以认为该值为输入信号与阈值所构成的广义输入信号的线性组合。该信号经过传输函数$f(\cdot)$可以得出神经元的输出信号y。可见，单个神经元的参数为权值、阈值与传输函数。在不引起歧义的前提下，本书略去“人工”二字。

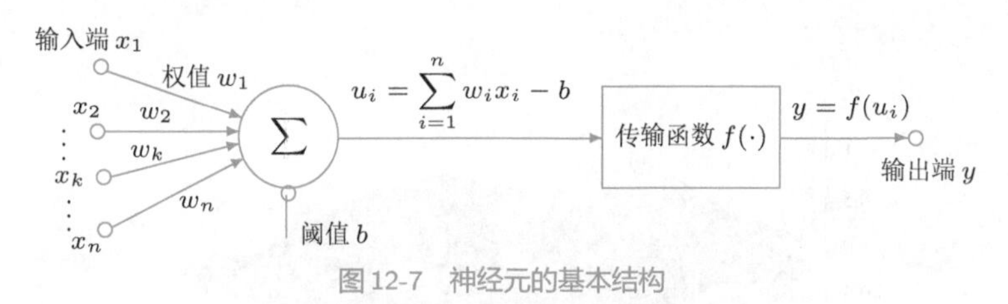

图12-7 神经元的基本结构

将若干个神经元以一定的方式互连，则可以构建神经网络模型。例如，可以建立一个m层网络，第i层网络的神经元个数为h_i，则可以建立起神经网络的雏形。

如果不想深究神经网络的内部结构，可以将神经网络理解成一个信息处理单元，它可以接收p路输入信号，输出q路信号。神经网络有内部参数，例如，各个神经元的权值等。神经网络的内部参数需要由已知的样本点数据$\boldsymbol{X}_0$、$\boldsymbol{Y}_0$训练而得。训练完成的神经网络就可以完成预定的任务。例如，对数据拟合类神经网络而言，可以将其理解成数据插值的装置（或数学模型），将新的数据$\boldsymbol{X}$馈入神经网络，则其输出信号$\boldsymbol{Y}$就是$\boldsymbol{X}$点处的插值。使用MATLAB的神经网络工具箱建立神经网络模型需要以下几个步骤：

（1）建立网络。若用于数据拟合，由`net=fitnet(`$[h_1,h_2,\cdots,h_m]$`)`就可以构造一个空白的神经网络`net`，一般情况下$m=1$或2即可。

（2）训练（training）。由`net=train(net,`$\boldsymbol{X}_0$`,`$\boldsymbol{Y}_0$`)`命令即可得出训练后的神经网络模型。其中，对多元数据而言，$\boldsymbol{X}_0$和$\boldsymbol{Y}_0$可以为多行矩阵，表示样本点的输入和输出矩阵。

（3）泛化（generalization）。如果神经网络名为`net`，则可以由$\boldsymbol{Y}$`=net(`$\boldsymbol{X}$`)`命令得到插值结果，或使用$\boldsymbol{Y}$`=sim(net,`$\boldsymbol{X}$`)`进行插值运算。

如果有一组样本点，通常可以随机将其分为两组，一组用于训练，另一组用于检验。值得指出的是，神经网络内部参数没有物理意义，应该原封不动使用训练的结果，不能人为“微

调”，否则可能得到完全没有意义的神经网络模型。

例1-8演示了神经网络在一元数据插值中的应用，下面将通过例子演示二元函数的神经网络插值方法。

例12-12 考虑例12-3给出的散点插值问题，试用神经网络绘制函数的曲面图。

解 尽管神经网络能拟合数据，其隐层层数与每层节点个数的选择并不是一件容易的事，有时需要反复试凑。如果数目选择得小，则拟合效果差，若选择得过大，则会出现过度拟合（样本点处效果变好，但样本点外产生巨大偏差）。这里选择两个隐层，其节点个数分别选择为20和10，则可以由下面的语句直接构造并训练神经网络。注意样本点输入数据的格式，是由两个行向量构成的矩阵。样本点的输出是行向量。由训练得到的神经网络进行曲面拟合，得出的曲面如图12-8所示。与前面介绍的插值方法相比，神经网络拟合效果差得多。

```
>> x=-3+6*rand(1,200); y=-2+4*rand(1,200);          %随机生成样本点
   z=(x.^2-2*x).*exp(-x.^2-y.^2-x.*y);               %由样本点计算函数值
   [x1,y1]=meshgrid(-3:0.1:3, -2:0.1:2);             %生成网格型插值点
   net=fitnet([20,10]); net=train(net,[x; y],z);    %构造、训练神经网络
   z1=net([x1(:).'; y1(:).']); z1=reshape(z1,size(x1)); surf(x1,y1,z1)
```

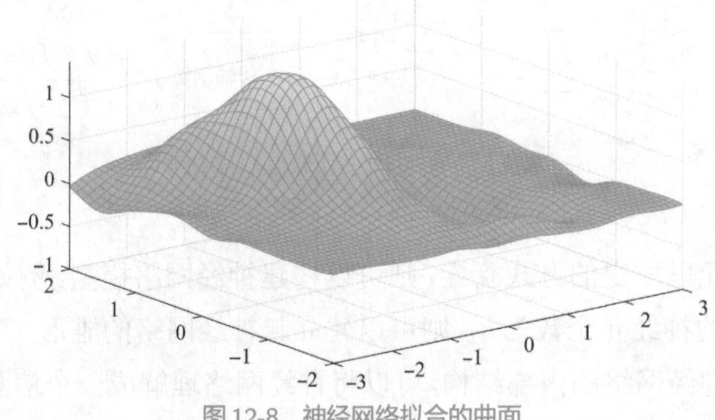

图12-8 神经网络拟合的曲面

MATLAB还提供了径向基（radial basis）神经网络，由net=newrbe($\boldsymbol{X}_0, \boldsymbol{Y}_0$)创建并训练径向基神经网络。通常情况下，默认设置下的径向基网络的拟合效果明显优于前面介绍的神经网络。

例12-13 试用径向基网络处理例12-3给出的散点插值问题。

解 由newrbe()函数构造神经网络，可以自动选择径向基神经网络结构与参数，直接得出插值曲面，如图12-9所示。可见，插值效果明显优于fitnet()网络调用的结果，但比插值方法得出的效果差很多。

```
>> x=-3+6*rand(1,150); y=-2+4*rand(1,150); %随机生成样本点
   z=(x.^2-2*x).*exp(-x.^2-y.^2-x.*y);      %由样本点计算函数值
   [x1,y1]=meshgrid(-3:0.1:3, -2:0.1:2);    %生成网格型插值点
   net=newrbe([x; y],z);                    %构造、训练径向基神经网络
   z1=net([x1(:)'; y1(:)']); z1=reshape(z1,size(x1)); surf(x1,y1,z1)
```

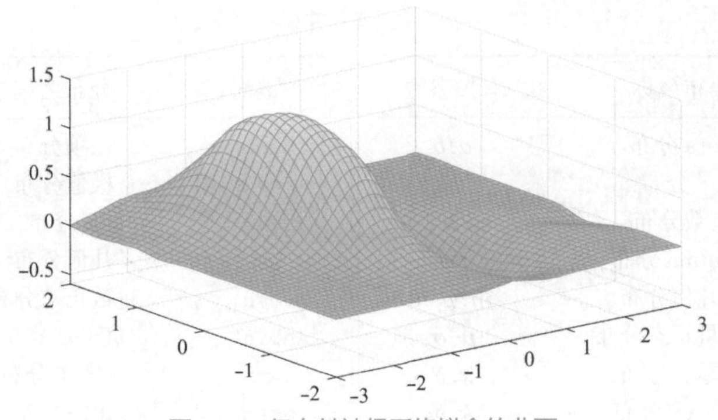

图12-9 径向基神经网络拟合的曲面

12.3 数据的统计分析

本节首先介绍伪随机数的生成与分析方法，并介绍一般数据的均值、方差计算方法，最后介绍离群值的概念与检测方法。

12.3.1 概率密度与分布函数

连续随机变量概率密度函数（probability density function，PDF）一般记作 $p(x)$，概率密度函数满足

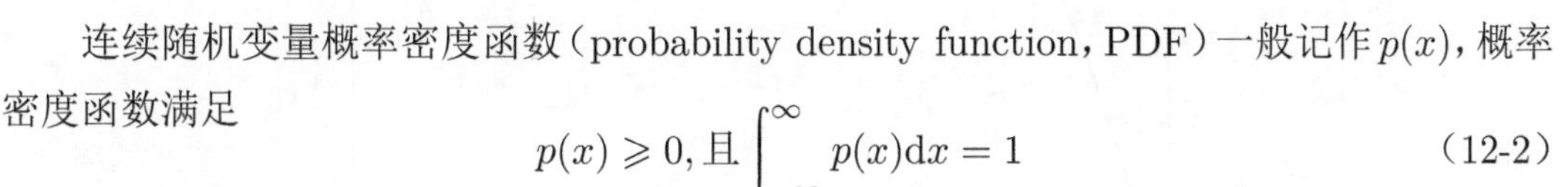

$$p(x) \geqslant 0, \text{且} \int_{-\infty}^{\infty} p(x)\mathrm{d}x = 1 \tag{12-2}$$

由概率密度函数可以定义概率分布函数（cumulative distribution function，CDF）

$$F(x) = \int_{-\infty}^{x} p(t)\mathrm{d}t \tag{12-3}$$

概率分布函数 $F(x)$ 的物理意义是随机变量 ξ 满足 $\xi \leqslant x$ 发生的概率，该函数为单调递增函数，且满足

$$0 \leqslant F(x) \leqslant 1, \quad \text{且} \quad F(-\infty) = 0, \; F(\infty) = 1 \tag{12-4}$$

若已知某概率分布函数 $f_i = F(x_i)$，需要求出 x_i 的值，在统计学的教材中给出了各种表格，可以查出所需的 x_i 值。因为概率分布函数是单调的，所以应该能查询出合适的 x_i 值，这样的问题称为逆分布函数（inverse CDF）问题。

MATLAB的统计学工具箱中提供了基于分布的分析函数。常用统计分布对应的关键词和参数在表12-4中给出。依赖这些函数可以求取概率密度函数、累积分布函数和逆分布函数。如果已知横坐标 $\boldsymbol{x}$ 向量，则可以由下面的语句绘制某种分布的概率密度曲线：

$\boldsymbol{y}$=pdf(关键词,$\boldsymbol{x}$,p_1,p_2,$\cdots$,p_k), plot($\boldsymbol{x}$,$\boldsymbol{y}$)

用类似的命令还可以得出概率分布函数与逆概率分布函数的信息。

$\boldsymbol{y}_1$=cdf(关键词,$\boldsymbol{x}$,p_1,p_2,$\cdots$,p_k), $\boldsymbol{y}_1$=icdf(关键词,$\boldsymbol{x}$,p_1,p_2,$\cdots$,p_k)

例12-14 如果 $b = 1$，试绘制Rayleigh分布的概率密度函数曲线。

解 Rayleigh分布的关键词是rayl，参数 $b = 1$，选择横坐标区间 $[0, 4]$，则可以由pdf()函数计算概率密度函数，并绘制其曲线，如图12-10所示。

```
>> x=0:0.01:4; b=1; y=pdf('rayl',x,b); plot(x,y)
```

表12-4 统计学工具箱中函数名关键词

关键词	分布名称	有关参数	关键词	分布名称	有关参数
beta	Beta分布	a,b	bino	二项分布	n,p
chi2	χ^2分布	k	ev	极值分布	μ,σ
exp	指数分布	λ	f	F分布	p,q
gam	Gamma分布	a,λ	geo	几何分布	p
hyge	超几何分布	m,p,n	logn	对数正态分布	μ,σ
mvn	多变量正态分布	$\boldsymbol{\mu},\boldsymbol{\sigma}$	nbin	负二项分布	ν_1,ν_2,δ
ncf	非零F分布	k,δ	nct	非零T分布	k,δ
ncx2	非零χ^2分布	k,δ	norm	正态分布	μ,σ
poiss	Poisson分布	λ	rayl	Rayleigh分布	b
t	T分布	k	unif	均匀分布	a,b
wbl	Weibull分布	a,b			

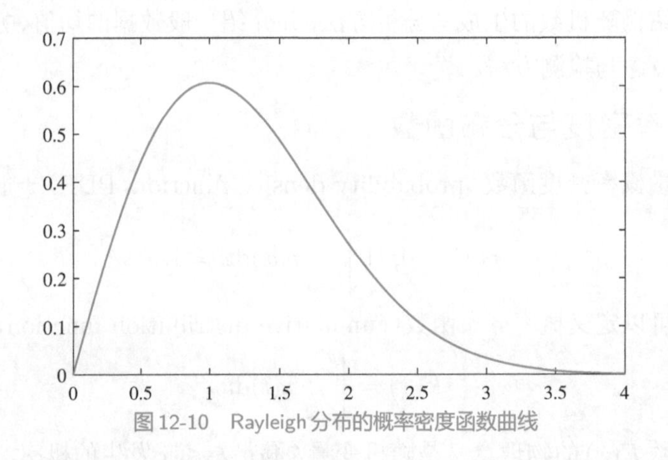

图12-10 Rayleigh分布的概率密度函数曲线

从这个例子可以看出，用这样简单方法就可以绘制出任何一种常用分布、任意参数组合下的概率密度函数、概率分布函数等曲线。

12.3.2 伪随机数生成

MATLAB提供了大量的伪随机数生成函数，利用表12-4中给出的关键词，可以生成满足某种分布的伪随机数。

$\boldsymbol{X}$=random(关键词,p_1,p_2,$\cdots$,p_k,n,m)

其中，n、m为伪随机数矩阵的行数和列数。

例12-15 试生成一个10000×5伪随机数矩阵，使其元素满足$b=1$的Rayleigh分布。

解 由表12-4可以查出Rayleigh分布的关键词为'rayl'，所以，可以由下面语句直接生成所需的伪随机数。

```
>> b=1; X=random('rayl',b,10000,5); %生成所需的伪随机数矩阵
```

伪随机数的特色在“伪”。伪随机数是基于数学公式产生、由随机数“种子(seeds)”计算而得的、满足随机分布的确定性数据。用户可以控制随机数的种子，生成可重复的伪随机数，实现可重复的“随机试验”。由s=rng命令可以获得伪随机数的种子信息，其中s是结构

体变量。在下次生成伪随机数之前，可以用rng(s)命令设置伪随机数种子，以便生成完全相同的伪随机数，用于重复实验。

例12-16 正常情况下连续两次运行例12-15中的语句，则生成两个完全不同的伪随机数矩阵。试控制随机数生成种子，生成两个完全一样的伪随机数矩阵。

解 在生成第一组伪随机数之前先获取随机数种子，并在生成第二组伪随机数之前使用相同的种子，则可以得出两组完全一样的随机数。

```
>> s=rng; b=1; X1=random('rayl',b,10000,5);          %生成伪随机数矩阵
   rng(s); X2=random('rayl',b,10000,5); norm(X1-X2) %误差为0
```

12.3.3 均值与方差

若已知一组样本数据构成的向量 $\boldsymbol{x}=[x_1,x_2,x_3,\cdots,x_n]^{\mathrm{T}}$，则可以由下面的式子求出其均值(mean)$\mu$、方差(variance)$\sigma^2$和标准差(standard deviation)$s$。

$$\mu=\frac{1}{n}\sum_{i=1}^{n}x_i,\ \sigma^2=\frac{1}{n}\sum_{i=1}^{n}(x_i-\mu)^2,\ s=\frac{1}{n-1}\sqrt{\sum_{i=1}^{n}(x_i-\mu)^2} \tag{12-5}$$

直接使用MATLAB函数mean()、var()和std()求出该向量各个元素的均值、方差和标准差。这三个函数的调用格式为μ=mean($\boldsymbol{x}$)，s_2=var($\boldsymbol{x}$)，s=std($\boldsymbol{x}$)，这三个函数还可以处理$\boldsymbol{x}$为矩阵的形式。具体的解释是，对矩阵$\boldsymbol{x}$的每个列向量进行均值、方差和标准差分析就可以得出一个行向量。若想将矩阵或多维数组$\boldsymbol{x}$全部元素进行统计分析，例如求样本均值，则最简单的格式是μ=mean($\boldsymbol{x}$(:))，其中，$\boldsymbol{x}$(:)命令将$\boldsymbol{x}$的所有元素展开成列向量。

另一个重要的统计量是中位数(median value，又称仲数)。对给定的一组排序后的数据$x_1\leqslant x_2\leqslant\cdots\leqslant x_n$，如果$n$为奇数，中位数的定义为$x_{(n+1)/2}$，若$n$为偶数，则中位数的定义为$(x_{n/2-1}+x_{n/2+1})/2$。中位数可以由$m$=median($x$)直接计算。

考虑有一组正态分布于$(-5,5)$区间的数据，其中有个别值位于很远的位置，例如位于30左右，这些值在统计上又称为离群值(outliers，又称野点，12.3.4节将详细介绍)，由于这些值的存在，均值将受这些离群值严重影响，得出错误的结论，而中位数则不会有很大的变化。

例12-17 试生成一组30000个正态分布随机数，使其均值为0.5，标准差为1.5。分析这些数据实际的均值、方差、标准差和中位数。如果减小随机数的个数，会有什么结果？

解 可以用下面的语句生成所需的随机数，并求出该变量的均值为0.4879，方差为2.2748，标准差为1.5083，中位数为0.5066。可见，这样得出的数据均值和方差与理论值比较接近，也说明伪随机数生成的质量比较令人满意。

```
>> p=random('norm',0.5,1.5,30000,1);  %生成正态分布的伪随机数
   mean(p), var(p), std(p), median(p) %数据的统计量计算
```

若减少随机数个数，例如生成300个随机数，则可以由以下的语句得出新生成随机数的均值为0.4745，方差为1.9118，标准差为1.3827。可见，得出的随机数标准差与理论值相差较大，所以在进行较精确的统计分析时不能选择太少的样本点。

```
>> p=random('norm',0.5,1.5,300,1); mean(p), var(p), std(p)
```

12.3.4 离群值检测

离群值是位于整体分布形式之外的观测值[60]。离群值可以由直接观测、直方图或数据分布图等手段检出。在多变量问题实际应用中，离群值检验在统计分析中尤其有意义。

前面介绍过向量 $\boldsymbol{v}$ 的中位数，记作 q_2。以中位数为分界值就可以将向量分成两个子向量，比中位数小的子向量记作 $\boldsymbol{v}_1$，另一个子向量记作 $\boldsymbol{v}_2$。对两个子向量再分别取中位数则得出 q_1 和 q_3，这样，向量 $\boldsymbol{q}=[q_1,q_2,q_3]$ 称为四分位数(quantile)，更确切地，三个四分位数分别称为数据集的第一、第二和第三个四分位数。四分位数向量可以由 `q=quantile(v,3)` 直接求出，还可以定义出四分位距(interquartile range, IQR)，其值为第一和第三个四分位数之间的距离，即 $\mathrm{IQR}=q_3-q_1$，而超出 q_3 值 $1.5\times\mathrm{IQR}$ 的，或低于 q_1 值 $1.5\times\mathrm{IQR}$ 的称为离群值。

数据向量 $\boldsymbol{v}$ 的箱线图可以由函数 `boxplot(v)` 直接绘制，在 `boxplot()` 函数调用时，如果 $\boldsymbol{v}$ 是一个 m 列的矩阵，则将同时显示 m 个箱线图。下面将给出演示例子。

例 12-18 假设已知一批200支荧光灯的寿命数据，在表12-5中给出[61]，可以看出，这些数据分布在区间 $(500,1500)$ 内。试绘制箱线图并计算四分位数与离群值。

表12-5 200支荧光灯的寿命(数据来源：文献[61])

1067	919	1196	785	1126	936	918	1156	920	948	855	1092	1162	1170
929	950	905	972	1035	1045	1157	1195	1195	1340	1122	938	970	1237
956	1102	1022	978	832	1009	1157	1151	1009	765	958	902	923	1333
811	1217	1085	896	958	1311	1037	702	521	933	928	1153	946	858
1071	1069	830	1063	930	807	954	1063	1002	909	1077	1021	1062	1157
999	932	1035	944	1049	940	1122	1115	833	1320	901	1324	818	1250
1203	1078	890	1303	1011	1102	996	780	900	1106	704	621	854	1178
1138	951	1187	1067	1118	1037	958	760	1101	949	992	966	824	653
980	935	878	934	910	1058	730	980	844	814	1103	1000	788	1143
935	1069	1170	1067	1037	1151	863	990	1035	1112	931	970	932	904
1026	1147	883	867	990	1258	1192	922	1150	1091	1039	1083	1040	1289
699	1083	880	1029	658	912	1023	984	856	924	801	1122	1292	1116
880	1173	1134	932	938	1078	1180	1106	1184	954	824	529	998	996
1133	765	775	1105	1081	1171	705	1425	610	916	1001	895	709	610
916	1001	895	709	860	1110	1149	972	1002					

解 该表中的数据由文件 `c12dlamp.dat` 提供，可以先将数据读入MATLAB工作空间，然后调用函数 `boxplot()` 直接得出箱线图，如图12-11所示。在得出的箱线图中，可以看到中间有三条横线，表示三个四分位数 $\boldsymbol{q}=[904.75,996,1106]$，此外，还有一些十字标志，表示数据集的离群值，通过局部放大可知，这些离群值为1425，521和529。另外，两条横线分别为 $q_3+1.5\mathrm{IQR}$ 和 $q_1-1.5\mathrm{IQR}$ 线。

```
>> A=load('c12dlamp.dat'); boxplot(A) %绘制箱线图
   q=quantile(A,3)                    %计算四分位数
```

还可以使用第三方软件 `outliers()`[62] 提取向量 $\boldsymbol{v}$ 中的离群值，该函数的调用格式为 `[v1,v2]=outliers(v,opts,α)`。用户可以选择使用四分位距方法检测离群值，也可以采用Grubbs算法。其中，`opts` 可以选择为 `'grubbs'` 和 `'quartile'`。使用前者时还可以选择显著

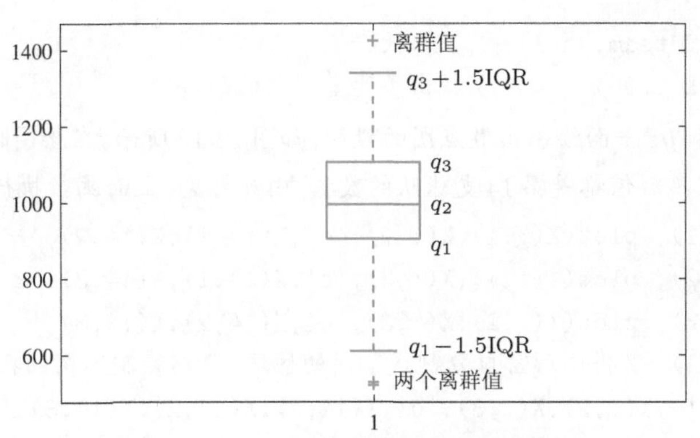

图 12-11　标注四分位数与离群值的箱线图

性水平 α，使用后者可以设置 $\alpha=1.5$。返回的向量 $\boldsymbol{v}_2$ 包含离群值，而 $\boldsymbol{v}_1$ 是离群值移除后的数据向量。该函数源代码有误，本书工具箱提供的函数已修正该错误。

例 12-19　考虑例 12-18 中的数据，试用 Grubbs 算法找出离群值。

解　使用下面语句可以直接检测出离群值向量为 $\boldsymbol{v}_2=[521,529]^{\mathrm{T}}$，$\boldsymbol{v}_4=[521,\ 529,1425]^{\mathrm{T}}$，后者与图 12-11 中给出的完全一致。

```
>> A=load('c12dlamp.dat');                %读入数据
   [v1 v2]=outliers(A,'grubbs',0.05)      %用Grubbs算法检测离群值
   [v3 v4]=outliers(A,'quartile',1.5)     %用四分位距法检测离群值
```

对多变量问题而言，可以使用第三方函数 `moutlier1()` 检测离群值[63]，其调用格式为 `moutlier1(`$\boldsymbol{X}$`,`α`)`，其中，$\boldsymbol{X}$ 为由 m 列构成的矩阵，α 为显著性水平。

例 12-20　表 12-6 中给出了 29 支 NBA 球队的数据[60]，试检测此多元问题的离群值。

表 12-6　一些 NBA 球队的数据（数据来源：文献 [60]，单位：百万美元）

球队序号	球队价值	场馆价值	收入	球队序号	球队价值	场馆价值	收入
1	447	149	22.8	2	401	160	13.5
3	356	119	49	4	338	117	−17.7
5	328	109	2	6	290	97	25.6
7	284	102	23.5	8	283	105	18.5
9	282	109	21.5	10	280	94	10.1
11	278	82	15.2	12	275	102	−16.8
13	274	98	28.5	14	272	97	−85.1
15	258	72	3.8	16	249	96	10.6
17	244	94	−1.6	18	239	85	13.8
19	236	91	7.9	20	230	85	6.9
21	227	63	−19.7	22	218	75	7.9
23	216	80	21.9	24	208	72	15.9
25	202	78	−8.4	26	199	80	13.1
27	196	70	2.4	28	188	70	7.8
29	174	70	−15.1				

解　该表数据由 `c12dteam.dat` 文件提供。先将数据输入 MATLAB 工作空间，然后调用 `moutlier1()` 函数，则可以检测出第 14 支球队的数据是离群值。

```
>> X=load('c12dteam.dat'); %输入数据
   moutlier1(X,0.05)        %找出多变量问题的离群值
```

可以在xz平面和yz平面绘制出散点图的投影，如图12-12所示。在绘图时还叠印了第14支球队的信息。可以发现，离群值都是第14支球队的数据，由此可见，上面函数执行的结果是正确的。

```
>> subplot(221), plot(X(:,1),X(:,2),'o',X(14,1),X(14,2),'x')   %xy平面投影
   subplot(222), plot(X(:,1),X(:,3),'o',X(14,1),X(14,3),'x')   %xz平面投影
   subplot(223), plot(X(:,2),X(:,3),'o',X(14,2),X(14,3),'x')   %yz平面投影
   subplot(224)  %将图形窗口分割成不同的区域，分别绘制不同的投影效果
   plot3(X(:,1),X(:,2),X(:,3),'o',X(14,1),X(14,2),X(14,3),'x') %三维图
```

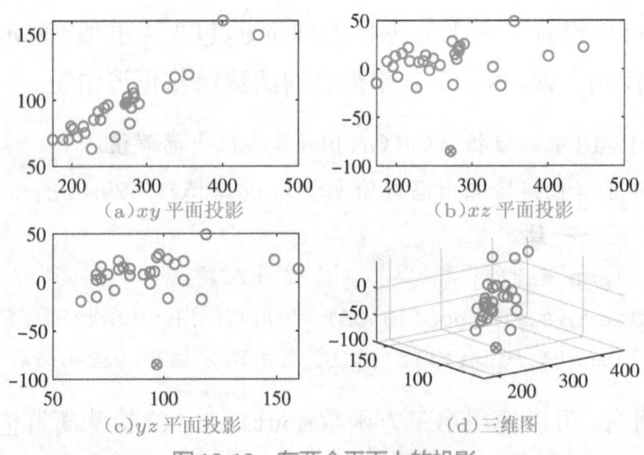

图12-12 在两个平面上的投影

12.4 假设检验与方差分析

如果有了数据，则可以考虑基于数据提取出更有意义的信息。本节主要介绍假设检验方法与方差分析方法，侧重于利用MATLAB直接进行统计分析，得出有意义的结论。

12.4.1 数据的假设检验

先假设总体具有某种统计特征（如具有某种参数或遵从某种分布），然后再检验这个假设是否可信，这种方法称为统计假设检验（hypothesis test）方法。统计假设检验在统计学中是有重要地位的。例如，有人提出这样的假设，某灯泡厂生产的某种型号的灯泡平均寿命在3000 h以上，如何检验这个假设是否正确。该方法的确切检验方法，即将所有灯泡使用到烧坏为止显然是没有意义的。在统计学中，可以随机选择一些样本对该假设进行检验。本节主要介绍两种问题的假设检验求解方法。

1. 显著性检验

可以假设一个产品的指标为μ_0，要想测试这个假设是不是正确，则应该从这批产品中随机选择n个样本，并计算出样本均值$\bar{x}$与样本标准差s。这样就可以在数学上提出一个假设$\mathscr{H}_0: \mu=\mu_0$，其含义为，这批产品的均值为μ_0。可以按下面的步骤检验是否可以接受这个假设：

（1）构造统计量。计算$u=\dfrac{\sqrt{n}(\bar{x}-\mu_0)}{s}$，已知$u$满足标准正态分布N(0,1)。

（2）给出显著性水平。由于统计检验毕竟不是确切性检验，所以无论接受还是拒绝该假设都有可能出现错误。引入α的意义是判定出现"取伪"错误的概率。由于研究的是随机问题，当然不可能令$\alpha=0$。一般经常取$\alpha=0.05$或$\alpha=0.02$，用语言表示即为"可以有95%或98%的把握接受或拒绝该假设"。

（3）计算K值。有了α值，则可以用逆正态分布函数求出K的值，使得

$$\int_{-K}^{K}\frac{1}{\sqrt{2\pi}}\mathrm{e}^{-x^2/2}\mathrm{d}x<1-\alpha \tag{12-6}$$

由MATLAB语句计算K=norminv(1 − α/2)或K=icdf('norm',1 − α/2,0,1)。

（4）做出决定。如果$|u|<K$，则假设$\mathscr{H}_0$不能拒绝，否则可以有$(1-\alpha)\times100\%$的把握拒绝假设$\mathscr{H}_0$。

例12-21 已知某产品的平均强度为$\mu_0=9.94$kg。现在改变制作方法，并从新产品中随意抽取200件，算得它们的平均强度为$\bar{x}=9.73$kg，标准差$s=1.62$kg，问制作方法的改变对强度有无显著影响[30]？

解 可以先做出假设，$\mathscr{H}_0$: $\mu=9.94$ kg，其数学含义是：改变制作方法后产品的平均强度没受影响。要解决这样的假设检验问题，则可以依照上述步骤给出下面的语句

```
>> n=200; mu0=9.94; xbar=9.73; s=1.62;                  %输入已知信息
   u=sqrt(n)*(mu0-xbar)/s                               %生成统计变量u
   alpha=0.02; K=norminv(1-alpha/2), H=abs(u)<K %假设检验
```

得出中间结果$u=1.8332$，$K=2.3263$，更重要的，$H=1$，亦即$|u|<K$。这样，假设$\mathscr{H}_0$不能被拒绝。换句话说，可以得出结论：新的制作方法并不影响产品的强度。

2. 两组数据有无统计学意义下的明显差异

可以从两组数据中分别随机选择n_1和n_2个样本，并计算出其样本均值$\bar{x}_1$、$\bar{x}_2$与样本标准差s_1、s_2。这样可以做出下面的假设$\mathscr{H}_0$：$\mu_1=\mu_2$，即，这两组数据没有显著性差异。可以按下面的步骤做假设检验：

（1）构造统计量。计算统计量$t=\dfrac{\bar{x}_1-\bar{x}_2}{\sqrt{s_1^2/n_1+s_2^2/n_2}}$，且已知$t$满足T分布。

（2）选择显著性水平α。计算逆概率分布T=tinv(α/2,k)或T=icdf('t',α/2,k)，其中，$k=\min(n_1-1,n_2-1)$。

（3）做出决定。若$|t|<|T|$，则假设$\mathscr{H}_0$不能拒绝，否则，有$(1-\alpha)\times100\%$信心拒绝该假设。

例12-22 有两组失眠病患者，将其随机地分成两组，A组和B组，每组10个病人，每组分别使用不同的药物进行治疗。治疗后分别测出延长睡眠的小时数，在表12-7中给出。现在想测试一下两种药物的药效是否在统计学意义下有显著性差异。

表12-7 延长睡眠的小时数

A	1.9	0.8	1.1	0.1	−0.1	4.4	5.5	1.6	4.6	3.4
B	0.7	−1.6	−0.2	−1.2	−0.1	3.4	3.7	0.8	0	2

解　可以先做出假设 $\mathscr{H}_0$: $\mu_1=\mu_2$，两组药物的均值相同，即两组药物的疗效没有显著性差异。依照前面的假设检验步骤，可以给出下面MATLAB语句。

```
>> x=[1.9,0.8,1.1,0.1,-0.1,4.4,5.5,1.6,4.6,3.4];
   y=[0.7,-1.6,-0.2,-1.2,-0.1,3.4,3.7,0.8,0,2];            %输入检测参数
   n1=length(x); n2=length(y); k=min(n1-1,n2-1);           %获得向量长度并取小
   t=(mean(x)-mean(y))/sqrt(std(x)^2/n1+std(y)^2/n2)  %计算统计量t
   a=0.05; T=tinv(a/2,k), H=abs(t)<abs(T)                    %假设检验
```

得出 $t=1.8608, k=9, T_0=-2.2622$。因为 $H=1$，不能拒绝该假设。换句话说，这两种药物的疗效没有统计学意义下的显著性差异。

由于这两组样本是已知的，还可以绘制出箱线图，如图12-13所示。从得出的结果看，因为箱子的本体有重叠部分，所以上述结论是正确的。

```
>> boxplot([x(:) y(:)])  %绘制两个数据向量的箱线图
```

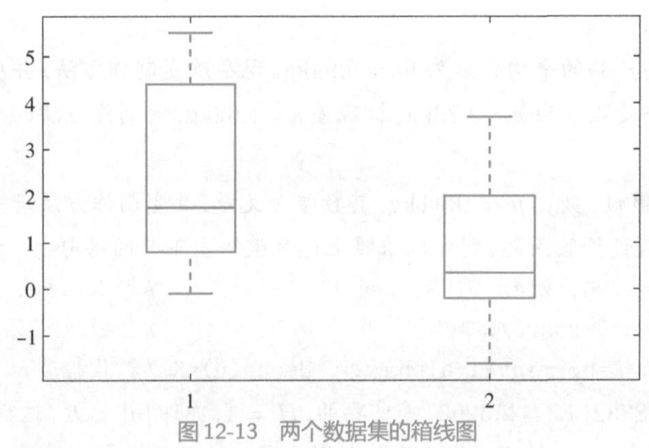

图12-13　两个数据集的箱线图

12.4.2　方差分析

方差分析（analysis of variance，ANOVA）是Ronald Fischer提出的一种分析方法[64]，在医学研究、科学试验和现代工业质量控制等众多领域有着广泛的应用。方差分析技术是假设检验的拓展。考虑有 N 组样本，假设这些样本的均值是相同的，即做出如下假设：

$$\mathscr{H}_0: \mu_1=\mu_2=\cdots=\mu_N \tag{12-7}$$

试验样本的影响方式不同，则采用方差分析方法也不同，一般采用单因子（one-way）、双因子（two-way）和 n 因子（n-way）方法。下面将分别介绍各种形式下的方差分析方法及其MATLAB实现。

1. 单因子方差分析

顾名思义，单因子方差分析就是指对一些观察来说，只有一个外界因素可能对观测的现象产生影响。假设需要研究 N 种药物对某病症的疗效，可以采用这样的方法。将病人随机地分成 N 组，每组有 m 个病人，这样将每个病人的疗效观测指标（如治愈需要的天数）记作 $x_{i,j}$，其中，下标 i 表示第 i 组，$i=1,2,\cdots,N$，j 表示某组内病人的编号，$j=1,2,\cdots,m$。由这些数据可以构造一个 $\boldsymbol{X}$ 矩阵。

调用anova1()函数：[p,tab,stats]=anova1($\boldsymbol{X}$)，则可以得出ANOVA表tab和数据

的箱线图，最重要的是参数p，即"统计p值"。如果不想深入学习方差分析的理论知识，只想利用方差分析处理实际问题，得到统计p值就足够了。若得出的$p<\alpha$，$1-\alpha$为置信度，则应该拒绝假设$\mathscr{H}_0$，否则不能拒绝假设。下面通过例子演示单因子方差分析的使用方法。

例12-23 设有5种治疗某病的药物，要比较它们的疗效，假定将30个病人随机地分成5组，每组6人，令每组病人使用同一种药物，并记录病人从使用药物开始到痊愈的时间，如表12-8所示，试评价疗效有无显著差异。

表12-8 治愈天数的实验数据表(例子及数据来源：文献[65])

病人编号	药物1	药物2	药物3	药物4	药物5	病人编号	药物1	药物2	药物3	药物4	药物5
1	5	4	6	7	9	2	8	6	4	4	3
3	7	6	4	6	5	4	7	3	5	6	7
5	10	5	4	3	7	6	8	6	3	5	6

解 根据给出的表格，可以按规则立即建立起$\boldsymbol{A}$矩阵，先求出各列的均值，并对各组数据进行单因子方差分析，得出如下的方差分析结果，$\boldsymbol{m}=[7.5,5,4.3333,5.1667,6.1667]$，且概率值$p=0.0136$。

```
>> A=[5,4,6,7,9; 8,6,4,4,3; 7,6,4,6,5; 7,3,5,6,7;
      10,5,4,3,7; 8,6,3,5,6];
   m=mean(A), [p,tbl,stats]=anova1(A) %求均值,并做方差分析
```

同时，anova1()函数还将自动打开两个图形窗口，分别给出如表12-9所示的ANOVA表和如图12-14所示的箱线图。由于得出的概率值$p=0.0136<\alpha$，其中，$\alpha=0.02$或0.05，故应该拒绝给出的假设，认为这些药物确实对治愈时间有显著影响。事实上，从得出的箱线图可以看出，第三种药物的治愈时间显然低于第一种药物。

表12-9 得出的ANOVA表

来源	平方和	自由度	均方值	F值	概率p
列	36.4667	4	9.1167	3.896	0.0136
误差	58.5	25	2.34		
合计	94.9667	29			

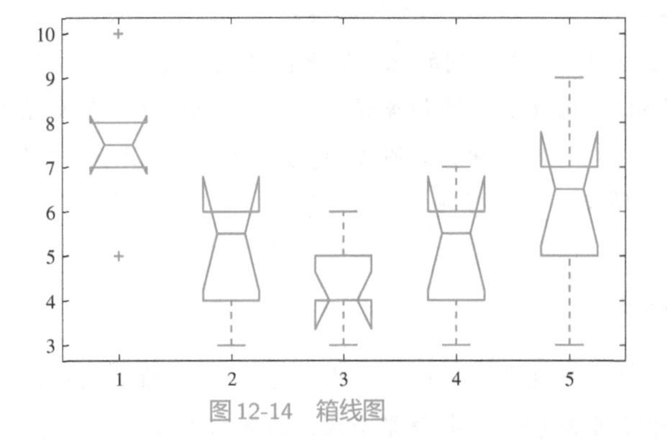

图12-14 箱线图

2. 双因子方差分析

如果有两种因素可能影响到某现象的统计规律，则应该引入双因子方差分析的概念。求解双因子方差分析问题的MATLAB统计学工具箱函数为anova2()，其调用格式与单因子方差分析函数anova1()很相近：[p,tab,stats]=anova2($\boldsymbol{X}$)。下面通过例子演示双因子方差分析的使用方法。

例12-24 为比较三种松树在四个不同地区的生长情况有无差别，在每个地区对每种松树随机地选择五株，测量它们的胸径，得出的数据在表12-10中给出（第三种树在第四地区的第一个数值16，原数据为18，但和后面分析结果对不上，故改），试判定树种或地区对松树的生长有无影响。

表12-10 松树数据(例子及数据来源：文献[65])

松树种类	地区 1					地区 2					地区 3					地区 4				
1	23	15	26	13	21	25	20	21	16	18	21	17	16	24	27	14	17	19	20	24
2	28	22	25	19	26	30	26	26	20	28	19	24	19	25	29	17	21	18	26	23
3	18	10	12	22	13	15	21	22	14	12	23	25	19	13	22	16	12	23	22	19

解 因为要分析树种和地区两个因素对松树生长的影响，所以需要采用双因子方差分析方法。按下面的方式将表中数据输入MATLAB环境，然后调用anova2()函数，在表12-11中给出方差分析结果。该表格与文献[65]中的结果完全一致。

```
>> B=[23,15,26,13,21,25,20,21,16,18,21,17,16,24,27,14,17,19,20,24;
      28,22,25,19,26,30,26,26,20,28,19,24,19,25,29,17,21,18,26,23;
      18,10,12,22,13,15,21,22,14,12,23,25,19,13,22,16,12,23,22,19];
   [p,tab]=anova2(B',5); %双因子方差分析,注意矩阵的结构
```

表12-11 得出的ANOVA表

来源	平方和	自由度	均方值	F值	概率p
列	355.6	2	177.8	9.6762	2.9466×10^{-4}
行	49.65	3	16.55	0.9007	0.4478
交互效应	106.4	6	17.7333	0.9651	0.4588
误差	882	48	18.375		
合计	1393.6	59			

得出的ANOVA表中，最末一列的三个概率值特别重要，p_1对应第一因子。p_2对应第二因子，p_3对应两个因子共同作用。如果某个概率值小于α，则说明该因子有显著影响。从得出的结果看，由于p_1的值很小，所以应该拒绝相关的假设。可以认为，第一因子对观测现象有显著影响，得出结论为树种对观测树的胸径有显著影响。

12.5 习题

12.1 用$y(t)=t^2\mathrm{e}^{-5t}\sin t$生成一组较稀疏的数据，并用一维数据插值的方法对给出的数据进行曲线拟合和神经网络建模，并将结果与理论曲线相比较。

12.2 用 $y(t)=\sin(10t^2+3)$ 在 $(0,3)$ 区间内生成一组较稀疏的数据，用一维数据插值的方法对给出的数据进行曲线拟合，并将结果与理论曲线相比较。

12.3 用 $f(x,y)=\dfrac{1}{3x^3+y}\mathrm{e}^{-x^2-y^4}\sin(xy^2+x^2y)$ 原型函数生成一组网格数据或随机数据，分别拟合出曲面并建立神经网络模型，并和原曲面进行比较。

12.4 假设已知一组数据如表 12-12 所示，试用插值方法绘制出 $x\in(-2,4.9)$ 区间内的光滑函数曲线，比较各种插值算法的优劣。

表 12-12 习题 12.4 数据

x_i	−2	−1.7	−1.4	−1.1	−0.8	−0.5	−0.2	0.1	0.4	0.7	1	1.3
y_i	0.1029	0.1174	0.1316	0.1448	0.1566	0.1662	0.1733	0.1775	0.1785	0.1764	0.1711	0.1630
x_i	1.6	1.9	2.2	2.5	2.8	3.1	3.4	3.7	4	4.3	4.6	4.9
y_i	0.1526	0.1402	0.1266	0.1122	0.0977	0.0835	0.0702	0.0577	0.0469	0.0373	0.0291	0.0224

12.5 假设已知一组实测数据在文件 `c12pdat.dat` 中给出，试绘制出三维曲面。

12.6 假设已知数据由文件 `c12pdat3.dat` 给出，其中数据的第一列～第三列分别为 x、y 和 z 坐标，第四列为测出的 $V(x,y,z)$ 函数值，试用三维插值方法对其进行插值。

12.7 考虑函数 $f(x)=\dfrac{\sqrt{1+x}-\sqrt{x-1}}{\sqrt{2+x}+\sqrt{x-1}}$，在 $\boldsymbol{x}$=`3:0.4:8` 处生成一组样本点，采用分段三次样条和B样条分别对数据进行拟合，并由数据结果求二阶导数，试比较得出的结果与理论曲线。

12.8 重新考虑习题 12.4 中给出的数据，试考虑用多项式插值的方法对其数据进行逼近，并选择一个能较好拟合原数据的多项式阶次。

12.9 假设习题 12.4 中给出的数据满足原型 $y(x)=\dfrac{1}{\sqrt{2\pi}\sigma}\mathrm{e}^{-(x-\mu)^2/2\sigma^2}$，试用最小二乘法求出 μ 和 σ 的值，并用得出的函数将函数曲线绘制出来，观察拟合效果。

12.10 试生成满足正态分布 $\mathrm{N}(0.5,1.4^2)$ 的 30000 个伪随机数，对其均值和方差进行验证，并用直方图的方式观察其分布与理论值是否吻合。若改变直方图区间的宽度会得出什么结论？这样的数据中是否有离群值？

12.11 10个失眠者服用A、B两种药后，延长睡眠时间由表 12-13 给出，试判定两种药物对失眠的疗效有无显著差异。

表 12-13 延长睡眠时间(单位：小时)

A	1.9	0.8	1.1	0.1	−0.1	4.4	5.5	1.6	4.6	3.4
B	0.7	−1.6	−0.2	−1.2	−0.1	3.4	3.7	0.8	0	2

12.12 假设两个随机变量A、B的样本点如表 12-14所示，试判定二者是否有显著差异。

表 12-14 两个随机变量的样本点

A	10.42	10.48	7.98	8.52	12.16	9.74	10.78	10.18	8.73	8.88	10.89	8.1
B	12.94	12.68	11.01	11.68	10.57	9.36	13.18	11.38	12.39	12.28	12.03	10.8

12.13 一批由同种原料织成的布，用不同的染整工艺处理，每台进行缩水率试验，目的是考查不同的工艺对布的缩水率是否有显著影响。现采用五种不同的染整工艺，每种工艺处理四块布样，测得缩水率的百分数如表 12-15 所示。试判定染整工艺对缩水率有无显著影响。

表 12-15　印染缩水率数据

布样	染整工艺数据					布样	染整工艺数据				
1	4.3	6.1	6.5	9.3	9.5	2	7.8	7.3	8.3	8.7	8.8
3	3.2	4.2	8.6	7.2	11.4	4	6.5	4.2	8.2	10.1	7.8

12.14 抽查某地区三所小学五年级男学生的身高由表12-16给出，问该地区这三所小学五年级男学生的平均身高是否有显著差别($\alpha = 0.05$)？

表 12-16　小学生身高记录

学校	实测身高数据					
1	128.1	134.1	133.1	138.9	140.8	127.4
2	150.3	147.9	136.8	126	150.7	155.8
3	140.6	143.1	144.5	143.7	148.5	146.4

12.15 表12-17记录了三位操作工分别在四台不同机器上操作的日产量，试检验：(1)操作工之间的差异是否显著？(2)机器之间的差异是否显著？(3)交互作用是否显著($\alpha = 0.05$)？

表 12-17　操作记录

机	操作工									机	操作工								
器	1			2			3			器	1			2			3		
M_1	15	15	17	19	19	16	16	18	21	M_3	15	17	16	18	17	16	18	18	18
M_2	17	17	17	15	15	15	19	22	22	M_4	18	20	22	15	16	17	17	17	17

第13章 Simulink建模与仿真

CHAPTER 13

系统仿真是根据被研究的真实系统的数学模型或物理行为研究系统性能的一门学科，现在尤指利用计算机研究系统行为的方法。计算机仿真的基本内容包括系统、模型、算法、计算机程序设计与仿真结果显示、分析与验证等环节。

系统仿真技术已经成为继理论研究和科学实验之后科学研究手段上的第三种方式，成为一种认识世界、改造世界的重要手段[66]。系统仿真技术可以完成很多普通理论研究与科学实验做不到的工作，例如，危险环境下无法实验的问题、成本过高无法实验的问题、过于耗时的问题等，更适合使用系统仿真技术替代科学实验，得到可信赖的研究结果。仿真技术已经成功用于科学与工程的各个领域。

MathWorks公司在1990年推出了Simulab环境，可以用框图式方法建立复杂系统的仿真模型，并对系统直接进行仿真研究。1992年Simulab改名为Simulink，逐渐成为系统建模与仿真领域的主流工具。1997年，MathWorks公司推出了Stateflow程序，支持有限状态机(finite-state machine，FSM)建模。MATLAB R2008a版本提出了多领域物理建模(multi-domain physical modeling)概念，并推出了仿真工具Simscape及Simscape语言，允许用户用搭积木的方式对机械、电气、电子、控制等领域在Simulink统一平台下进行物理建模，并进行仿真研究，极大提升了Simulink对工程系统的仿真能力。MATLAB R2019b版推出了全新的Simulink 10.0版本，提供了全新的界面，使得基于Simulink的建模与仿真更加方便。

本章与第14章将系统介绍基于Simulink的系统建模与仿真分析方法。本章13.1节先介绍Simulink模块库、工具栏与界面的基本使用方法。13.2节简单介绍Simulink提供的各种常用模块组和模块，为Simulink模型搭建奠定必要的基础。13.3节介绍Simulink的参数设置方法，侧重于介绍求解器参数与输入、输出参数的设置方法。13.4节介绍常微分方程的Simulink建模与求解方法。给出一般微分方程的Simulink建模规则，并通过例子演示各种微分方程的建模与求解方法。

13.1 Simulink的界面

所谓Simulink建模是指用Simulink把要仿真的系统在其框架下绘制出来。Simulink提供了强大的模块库，包括Simulink自己的模块组、各个工具箱的模块集或用户自编或下载的第三方模块集。用户可以由Simulink提供的模块在模型窗口中绘制出来，然后利用Simulink

提供的仿真功能对其进行仿真，得出系统的仿真结果。本节首先介绍Simulink模块库的打开方法和空白模型窗口的创建方法，然后介绍Simulink工具栏的基本操作方法。

13.1.1 Simulink的模块库与空白模型窗口

Simulink的模块库有各种打开方法，这里推荐一种打开模块库的方法：在MATLAB命令窗口提示符下给出命令`open_system('simulink')`，则打开如图13-1所示的Simulink模块库窗口。模块库中的图标称为模块组，每个模块组带有模块图标和下一级的子模块组。

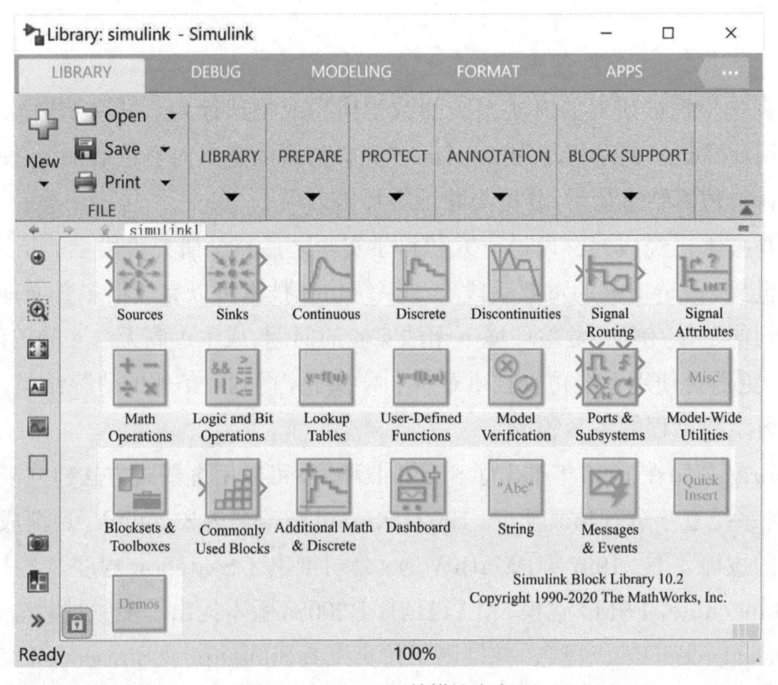

图13-1 Simulink的模块库窗口

MATLAB R2021b版的Simulink的模块库如图13-2所示。其中，Simulink界面元素给出了中文标识，模块组仍保留英文标识，模块安排略有变化。为兼顾不同版本用户的使用方便，以后在描述界面元素时给出英文标识，同时在括号中给出中文版的标识。

模块库还有其他的打开方法，例如，在MATLAB命令窗口给出`simulink`命令，或单击工具栏中的Simulink图标，也可以打开模块库，不过模块库的表现形式与图13-1的不同。本书不推荐这些模块库的打开方法。

单击模块库工具栏的New（新建）图标，则打开一个如图13-3所示的空白Simulink模型窗口。用户可以将所需的模块由模块库直接拖到模型窗口中，或通过“复制”“粘贴”的方法复制到模型窗口中，并将模块连接起来，就可以建立系统的仿真模型。

13.1.2 Simulink的工具栏

从模块库窗口和空白模型窗口中都可以看出，Simulink提供了工具栏，展开的主工具栏如图13-4所示。工具栏的上部有各种标签，当前的标签是SIMULATION（仿真）；下部有各个

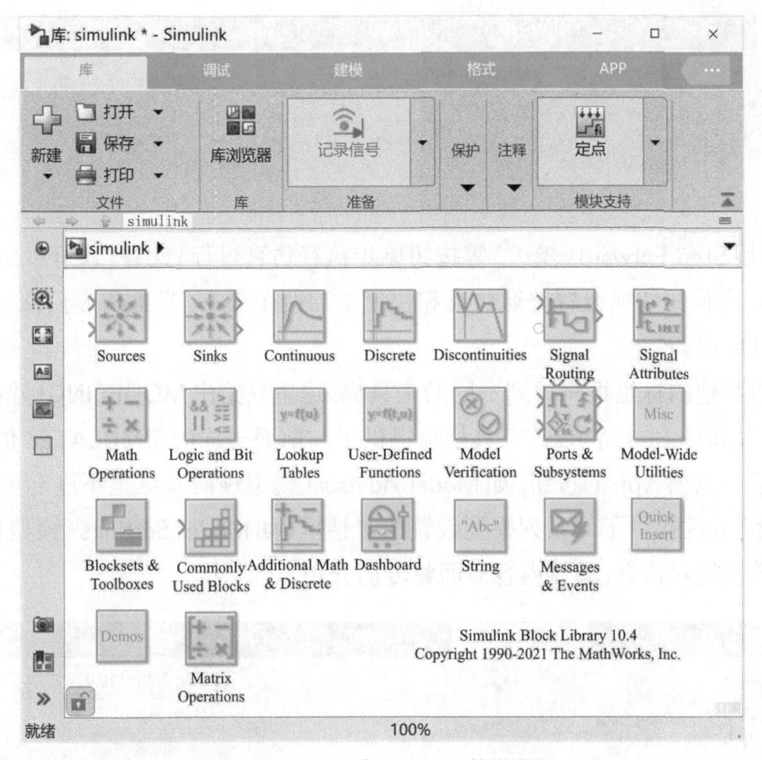

图13-2 2021b版Simulink的模块库

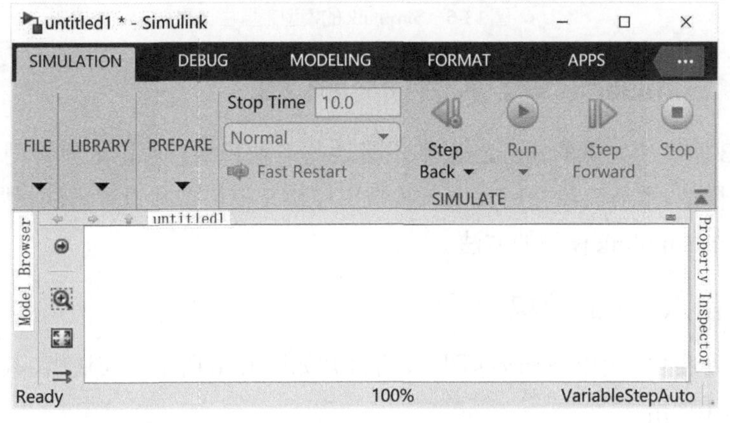

图13-3 Simulink的空白模型窗口

分区，如FILE（文件）、LIBRARY（库）、PREPARE（准备）、SIMULATE（仿真）等。FILE（文件）分区提供了各种文件操作的按钮，可以新建、打开或存储模型。每个按钮的旁边还有▼符号，类似于下拉式菜单，提供了更多文件操作的选项。MATLAB模型文件有两种形式：一种是可读的`.mdl`文件；另一种是不可读的`.slx`，后者是默认的形式。

LIBRARY（库）分区的Library Browser（库浏览器）按钮允许用户打开模块库窗口。若模块库已经打开，则将其提到前台。PREPARE（准备）分区提供了各种App，本书不深入介绍。

SIMULATE（仿真）分区是Simulink的重要工具栏分区，几个标签页下都有这个分区。可以用这个工具栏设置仿真时间段，可以由Run（运行）和Stop（停止）按钮控制仿真进程的

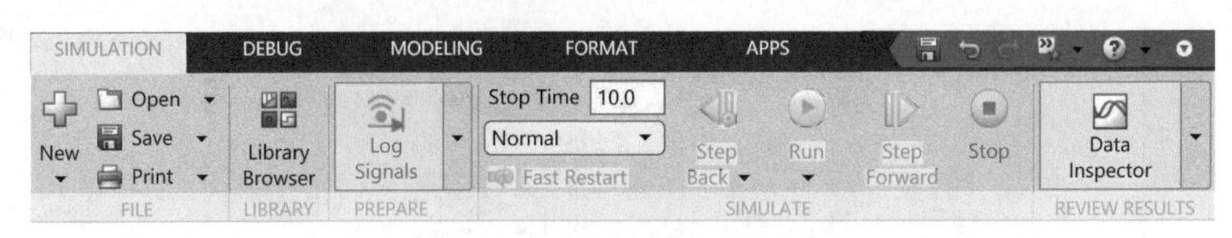

图 13-4　Simulink 的主工具栏

启停，还可以用 Step Forward（步进）等按钮单步执行仿真过程。此外，还可以由 Fast Restart（快速重启）双态按钮切换设置普通仿真和快速重启两个模态。后面将专门探讨快速重启的仿真模态及其应用。

如果单击其他的标签页将得到不同的工具栏。这里只给出 MODELING（建模）标签页下的工具栏截图，如图 13-5 所示。该工具栏也提供了与前面一样的 SIMULATE（仿真）分区。该工具栏提供了一系列 App 的按钮，如 Model Advisor（模型顾问），这里不进一步展开介绍了。SETUP（设置）分区提供了一系列模型设置的对话框，如 Model Settings（模型设置）按钮打开模型参数设置对话框，具体内容后面将专门介绍。

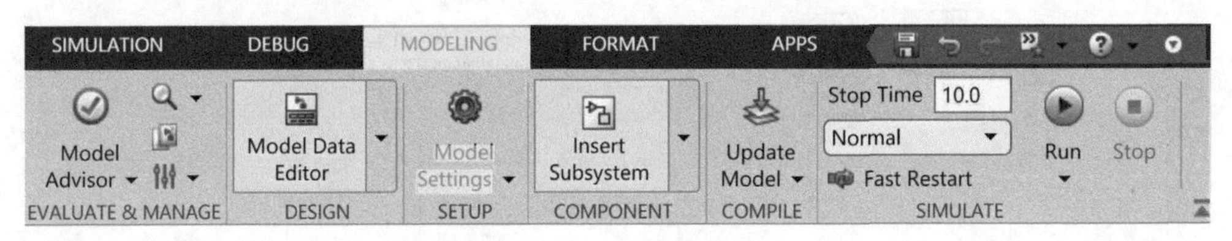

图 13-5　Simulink 的模型工具栏

13.2 Simulink 的常用模块组

MATLAB 提供了大量的 Simulink 基本模块与专业模块，理论上允许用户建立任意复杂系统的仿真模型。本节简单介绍其中一些常用模块及模块参数设置方法，然后演示利用常用模块搭建简单 Simulink 模型的方法。

13.2.1 输入、输出模块

双击图 13-1 模块库中的 Sources 图标，将打开如图 13-6 所示的模块组，其中的常用输入源模块在表 13-1 列出。

表 13-1　常用输入源模块

模块名称	模块解释与主要参数（括号内为默认值）
Step	阶跃输入模块，常用参数包括跳跃时间（1，但通常应该改为 0）、初值（0）和终值（1）
In1	输入端子模块，其序号由 Simulink 自动安排
Clock	时钟模块，生成时间变量 t
Sine Wave	正弦输入模块，参数为幅值（1）、频率（1）与初相（0）
Constant	常数模块，参数为常数值（1）；允许输入向量型常数信号（多路信号）
Signal Generator	信号发生器，可以生成正弦波、锯齿波、方波等信号

双击 Sinks 模块组图标，则打开输出池模块组，其常用输出模块在表 13-2 中列出。该模块组的模块可以直接显示 Simulink 模型中的信号变化。

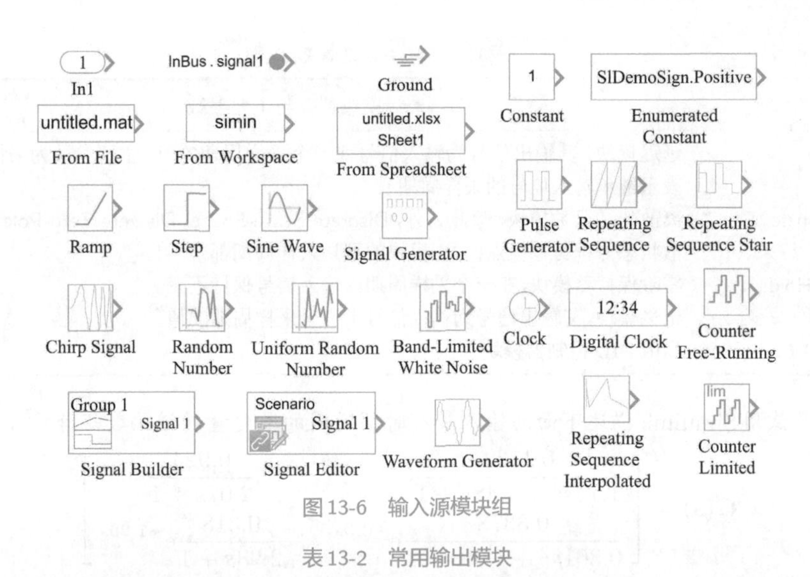

图13-6 输入源模块组

表13-2 常用输出模块

模块名称	模块解释与主要参数
Scope	示波器模块，可以接到某个感兴趣的信号线上，这样在仿真过程中会自动显示该曲线
Out1	输出端子模块，其序号由Simulink自动安排
Terminator	终结器模块，可以将悬空的信号线接到这个模块上，避免出现警告信息提示
STOP Simulation	停止仿真模块。如果输入信号为`true`，将自动终止仿真进程
z xTo Workspace	写入工作空间模块，可以将连接的信号直接写入MATLAB的工作空间

13.2.2 连续与离散系统

Simulink提供的连续与离散模块组也提供了描述线性系统的大多数模块。其中，Continuous模块组的常用连续模块在表13-3中列出。

表13-3 常用连续模块

模块名称	模块解释与主要参数
Integrator	积分器模块，其输出信号为输入信号的积分。常用参数为积分器的初值(0)。积分器还有多种变形模块，如Integrator Limited等
Transfer Fcn	传递函数模块，参数为分子多项式系数（1）和分母多项式系数（`[1,1]`），默认传递函数为$1/(s+1)$。传递函数分子、分母多项式由降幂排列的多项式系数向量表示
State Space	状态方程模块，直接描述系统的连续状态方程模型，可以描述多变量系统模型
Zero Pole	零极点模块，主要参数为传递函数的零极点系数向量与模块增益(1)
Transport Delay	延迟模块，主要参数为延迟时间常数(1)，输出信号为输入信号1s以前的值
PID Controller	PID控制器模块，此外还提供了二自由度PID控制器模块等

双击Discrete模块组图标，则打开离散模块组，其常用离散模块在表13-4中列出。可以看出，一般线性系统都可以用这两个模块组中的模块直接描述。

不过这两个模块组在底层构造某些模型时可能很麻烦，如带有延迟的多变量传递函数矩阵$\boldsymbol{G}(s)$[33]，这需要引入更简洁的模块。双击Simulink模块组的Blocksets and Toolboxes图标，则可以进入关联的其他模块库，从中选择Control System Toolbox，该组的LTI System模块就可以用MATLAB控制系统工具箱的格式直接表示线性时不变(LTI)对象。

表13-4 常用离散模块

模块名称	模块解释与主要参数
Unit Delay	延迟模块，其输出信号为输入信号前一个采样周期的值，主要参数为采样周期（-1，表示继承输入信号的采样周期）
Discrete Transfer Fcn	离散传递函数模块，除此之外，Discrete State-Space、Discrete Zero-Pole可以处理离散状态方程与零极点模型，模块的默认采样周期都是-1
Zero-Order Hold	零阶保持器模块，在一个采样周期内输入信号保持不变
Memory	记忆模块，其输出信号为输入信号上一个采样周期的值
Discrete PID Controller	离散PID控制器模块

例13-1 试用Simulink描述下面的输入带有时间延迟的多变量传递函数矩阵[67]。

$$G(s)=\begin{bmatrix} \dfrac{0.1134}{1.78s^2+4.48s+1}\mathrm{e}^{-0.72s} & \dfrac{0.924}{2.07s+1} \\ \dfrac{0.3378}{0.361s^2+1.09s+1}\mathrm{e}^{-0.3s} & -\dfrac{0.318}{2.93s+1}\mathrm{e}^{-1.29s} \end{bmatrix}$$

解 对这样的多变量系统，只须先输入各个子传递函数矩阵，再按照常规矩阵的方式输入整个传递函数矩阵。具体的MATLAB命令如下：

```
>> g11=tf(0.1134,[1.78 4.48 1],'ioDelay',0.72);  %输入四个子传递函数
   g21=tf(0.3378,[0.361 1.09 1],'ioDelay',0.3);
   g12=tf(0.924,[2.07 1]); g22=tf(-0.318,[2.93 1],'ioDelay',1.29);
   G=[g11, g12; g21, g22]; %和矩阵定义一样，这样可以输入传递函数矩阵
```

在MATLAB工作空间中建立了G变量之后，就可以使用上面介绍的LTI System模块，将模块名G输入该模块的参数对话框，这样，就可以用Simulink直接描述该模型。

13.2.3 运算模块

Simulink允许用户对信号做各种运算，例如，将信号馈入非线性环节或数学运算环节，则可以直接得出操作后的信号。另外，还可以编写函数对输入信号进行更复杂的运算。本节主要介绍Simulink信号的直接运算，并介绍信号路由模块的使用方法。

1. 非线性运算模块组

如果将信号馈入Discontinuities模块组的模块，则可以对信号做非线性运算。双击该模块组图标，则可以打开该模块组。其中，常用的非线性模块在表13-5中给出。

表13-5 常用的非线性模块

模块名称	模块解释与主要参数
Saturation	饱和非线性模块，常用的参数为饱和区的上、下界（±0.5），Dynamic Saturation还支持动态上、下界，这时，上、下界用外部信号描述
Dead-Zone	死区非线性模块，常用的参数为死区的上、下界（±0.5），还提供Dynamic Dead-Zone模块
Backlash	磁滞回环非线性
Relay	继电非线性模块

2. 数学函数模块组

双击Math Operations模块组图标，则可以打开该模块组。表13-6中列出该模块组常用的数学函数模块。利用这些模块可以对输入信号做加、减、乘、除等数学函数运算。

表13-6 常用的数学函数模块

模块名称	模块解释与主要参数
Sum	加法模块，可以将两路甚至多路信号加起来构成输出信号。Simulink的乘除运算可以由Product和Divide实现
Abs	绝对值运算，如果将信号馈入该模块，其输出信号是输入信号的绝对值
Gain	增益模块，可以求输入信号增益后的结果。增益模块支持数学乘法运算与点乘运算
Algebraic Constraints	代数约束模块，利用该模块可以直接求解代数方程

3. 自定义函数模块组

除了上面介绍的固定函数运算外，Simulink还允许用户自定义函数，理论上可以实现信号任意复杂的运算。User-Defined Functions模块组提供的常用模块在表13-7中列出。

表13-7 常用的自定义函数模块

模块名称	模块解释与主要参数
Fcn	简单函数模块，如果模块的输入信号为u，则用户可以将函数写入Fcn模块的对话框，例如，`u(2)^2*sin(u(1)*u(2))`，则模块的输入信号的数学表达式为$u_2^2\sin(u_1u_2)$。遗憾的是，从MATLAB 2020b版开始该模块已经取消，可以使用MATLAB Function模块，或使用早期版本的Fcn模块
Interpreted MATLAB Function	解释性MATLAB函数模块，可以关联用户自编的MATLAB函数
MATLAB Function	类似于Interpreted MATLAB Function模块，但无须编写`.m`文件，可以将函数嵌入模块的编辑器，2020b版开始替代Fcn模块
S-Function	S-函数模块，可以将S-函数嵌入模块，描述动态系统。第14章将专门介绍

4. 信号路由模块组

Signal Routing模块组提供了大量信号路由方面的模块，常用的模块在表13-8中列出。

表13-8 常用的信号路由模块

模块名称	模块解释与主要参数
Mux	混路器模块，可以将多路标量、向量型信号组成向量型信号
Demux	分路器模块，将向量型信号分解成多路标量或向量型信号
Switch	开关模块，由控制信号选择两路输入信号哪路连通。还有两种特殊的变形：Multiport Switch（多路开关）模块和Manual Switch（手动开关，仿真进程中双击切换）
Selector	选路器模块，从向量型信号提取其中若干几路，传给输出端子

13.2.4 Simulink模型的建模与仿真举例

这里给出两个简单模型的例子，演示Simulink的建模方法，并演示简单的仿真方法。

例13-2 试搭建如图13-7所示的控制系统Simulink仿真模型。

解 分析图13-7中给出的反馈控制系统框图可见，若想建立起仿真框图，则在Simulink模型中需要以下的模块：

(1) 传递函数模块。控制器$1+0.3/s$与受控对象$1/(s^4+4s^3+6s^2+4s+1)$都是传递函数模块，需要将Continuous模块组中的Transfer Fcn模块复制到模型窗口，并依次修改其传递函数参数，使其与图13-7中的要求保持一致。另外，该模型中出现了两个Transfer Fcn模块，因此在模型建立

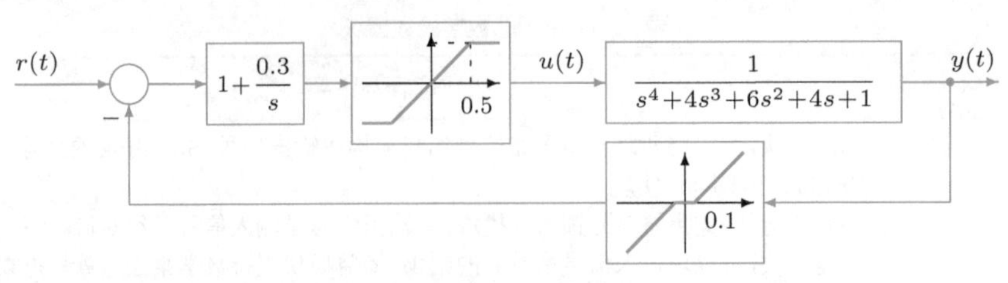

图 13-7　反馈控制系统的框图

时，Simulink会自动将重名的模块改成Transfer Fcn1或其他的模块名。用户也可以手工修改模块名。具体的方法是单击模块名进入编辑状态，然后修改模块名。应该确保该模块名在模型中独一无二，否则不被接受。

(2) 非线性模块。框图中需要两个非线性模块，Saturation和Dead Zone，应该从Discontinuities模块组中将这两个模块复制到模型窗口中，并根据需要设置其参数。

(3) 输入与输出模块。输入模块可以选择为单位阶跃输入，从Sources模块组中将Step模块复制到模型窗口；输出模块可以选择为示波器与输出端子，可从Sinks模块组中将Scope和Out1模块复制到模型窗口。

(4) 加法器模块。可以从Math Operations模块组中将Sum模块复制到模块组中。

将这些模型复制到模型窗口并修改参数，再按图13-7中给出的形式连接各个模块，则可以搭建起反馈控制系统的仿真模型。在这个模型中，由于默认的模块输入端在左侧，输出端在右侧，构造反馈回路比较麻烦，需要事先翻转Dead-Zone模块。当然，还有变通的方法。可以从Sum模块的第二输入端反向引线至系统的输出端，再将Dead-Zone模块拖动到连线上，则可以直接将模块嵌入连线上，无须手工翻转。这样，就可以建立起如图13-8所示的仿真模型。

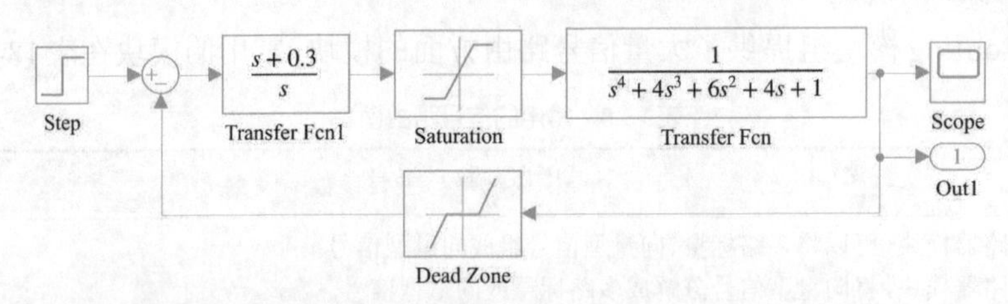

图 13-8　非线性控制系统的仿真模型(文件名：c13mmod1.slx)

例 13-3　物理学中的物体垂直下抛运动方程为 $v(t)=v_0+gt$，其中，t 为时间，$v(t)$ 为物体的瞬时速度，$v_0=1\,\mathrm{m/s}$ 为初速度，$g=9.81\,\mathrm{m/s^2}$ 为重力加速度，试研究时间 t 与位移 $x(t)$ 之间的关系。

解　速度 $v(t)$ 与位移 $x(t)$ 之间的关系为 $v(t)=x'(t)$，所以原方程可以改写成 $x'(t)=v_0+gt$。引入一个积分器模块，并假设其输出端为位移 $x(t)$，则其输入端自然就是 $x'(t)$，这两个信号称为关键信号。

有了关键信号，就可以搭建如图13-9所示的Simulink模型。其中，初速度 $v_0=1$ 由Constant模块给出，时间 t 由Clock模块提取，经过增益为 $g=9.81$ 的Gain模块放大，得出 gt，二者通过加法器模块相加，就得到方程等号右边的表达式。由于方程左边是由积分器输入端的关键信号 $x'(t)$ 表示的，所以方程右边的信号可以直接馈入积分器，就构造出可以描述微分方程的Simulink模型。

先给 g 变量赋值，再启动仿真过程，则可以直接得出仿真结果。由于使用了输出端子，在默认设置下会自动将一个结构体变量out返回到MATLAB的工作空间。仿真结果的所有信息均在out

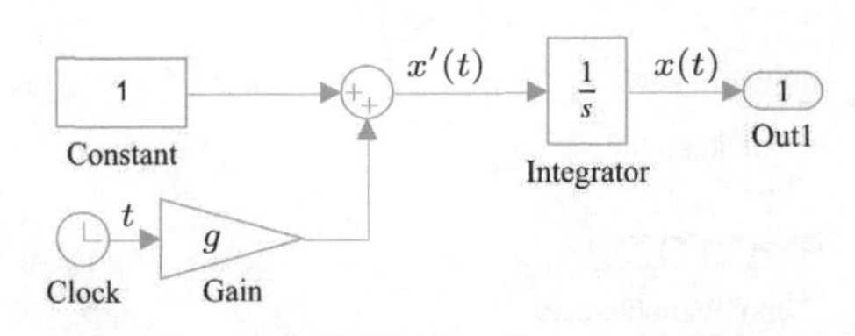

图13-9 抛体仿真的Simulink模型(文件名:c13mmove.slx)

结构体中返回。如果想绘制仿真结果的曲线,则需要给出下面的命令。可以看出,尽管建模与仿真比较容易,但提取仿真结果比较麻烦,需要有更好的方法获得仿真数据。

```
>> plot(out.tout, out.yout{1}.Values.Data)
```

由于结构体仿真结果结构比较复杂，所以可以编写下面的函数绘制仿真结果曲线或提取仿真结果。该函数的调用格式为[t,y]=sl_polt(out,v)。其中，out为仿真结果结构体变量,v为向量,表示需要处理哪几路输出。如果不给出v,则处理所有的输出信号。如果该函数不返回变元,则直接绘制仿真曲线;如果返回变元,则不绘图。

```
function [t0,yy0]=sl_plot(out,varargin)
t=out.tout; y=out.yout; sigs=1:length(y); yy=[];
if nargin==2, sigs=varargin{2}; end  %如果指定第二输入变元,则有选择地绘图
for i=sigs, yy=[yy, out.yout{i}.Values.Data]; end   %提取输出结果
if nargout>0, t0=t; yy0=yy; else, plot(t,yy), end   %返回变元或绘图
```

13.3 Simulink参数设置

为能够比较好地利用Simulink进行建模与仿真,建议对Simulink的参数做必要的设置,包括仿真问题求解器参数的设置与输入、输出的参数设置。本节主要介绍这些重要参数的设置方法,并介绍模型参数的预设计方法。

13.3.1 求解器参数设置

由于动态系统的主要形式是微分方程，而第10章介绍微分方程求解时，介绍了微分方程数值解法与求解控制参数问题。单击Simulink工具栏的图标,可以打开如图13-10所示的对话框,允许用户设置仿真参数。

从对话框左边的列表可见，对话框提供的设置是关于Solver（求解器）的，即模型的求解器参数。该对话框允许设置起始、终止仿真时间，也允许用户选择求解算法。由Solver（求解器）列表框选择算法，默认的算法是auto（自动，Simulink自动设置成ode45算法）。此外，用户还可以设置相对误差限与绝对误差限参数。参照第10章的介绍，将相对误差限设置为3×10^{-14},将绝对误差限设置为eps。这样,可以获得在双精度数据结构下的最精确结果。

13.3.2 输入、输出参数设置

单击Simulink工具栏的图标，并在图13-10左侧列表中选择Data Import/Export（数据导入/导出）标签,则得出如图13-11所示的对话框,允许用户设置输入、输出的形式。注意对话框下部的Single simulation output(单一仿真输出)复选框的默认设置是选中状态,这可能会使得用户使用起来比较麻烦，因为仿真结束后，MATLAB工作空间会自动生成out变

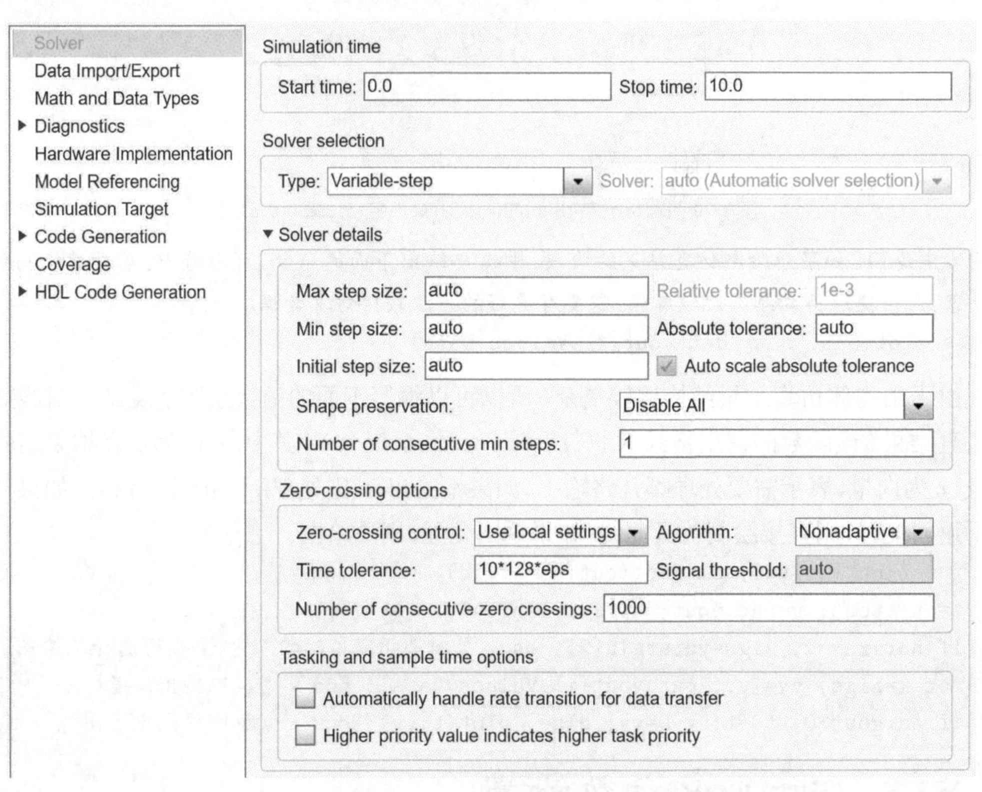

图13-10　求解器参数设置对话框

量，该变量是结构体变量，如果想由结果绘制仿真曲线比较麻烦，例如，需要给出例13-3中介绍的烦琐命令。

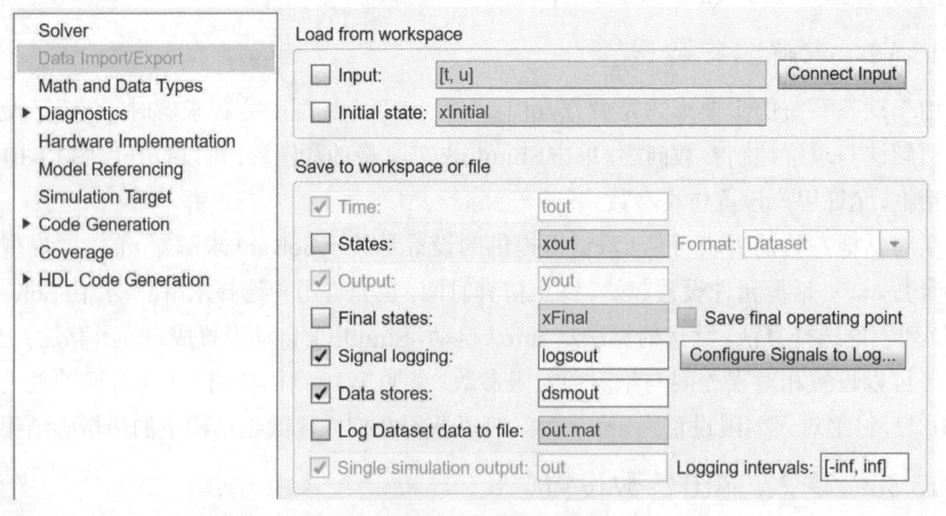

图13-11　输入、输出参数设置对话框

对一般用户而言，建议反选该选项，并将Format（格式）列表框的内容从默认的Dataset（数据集）改成Array（数组），这样，仿真结束后会在MATLAB工作空间中自动生成两个变量：tout和yout，使用`plot(tout,yout)`这样的简单命令就可以直接绘制仿真的结果曲线。

如果需要系统的内部状态信号，则可以选中States（状态）复选框。

13.3.3 模型参数预设置

在Simulink建模过程中，允许在模块参数中使用变量名，不过在实际仿真之前，这些变量名必须首先在MATLAB工作空间中赋值，否则仿真过程无法进行。如果使用变量较多，仿真之前逐一赋值可能会很麻烦，所以可以用变量预赋值的方法将变量写入模型。这样，每次打开模型就可以先自动赋值。

单击工具栏（图13-5）中Model Settings（模型设置）下拉式按钮，则展开如图13-12（a）所示的模型设置菜单。选择其中的Model Properties（模型属性）工具，则打开如图13-12（b）所示的模型预设置对话框，在Callback（回调）标签页下选择PreLoadFcn项目，则可以在右侧的Model pre-load function（模型预加载函数）编辑框中填写所有需要赋值的变量。这样，以后每次打开该模型之前，参数可以自动赋值。这使得建模与仿真过程变得更简洁。

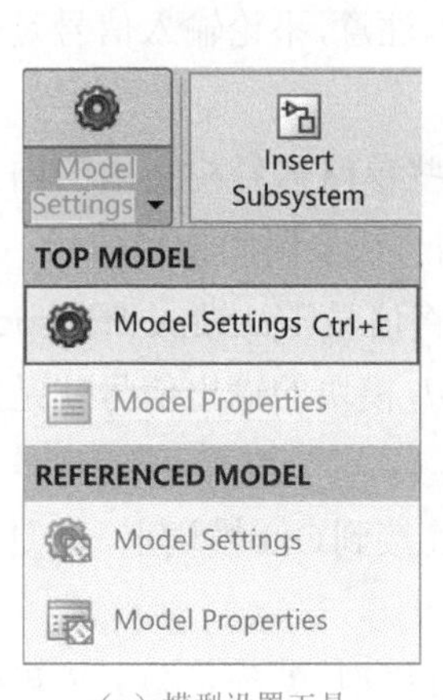

（a）模型设置工具

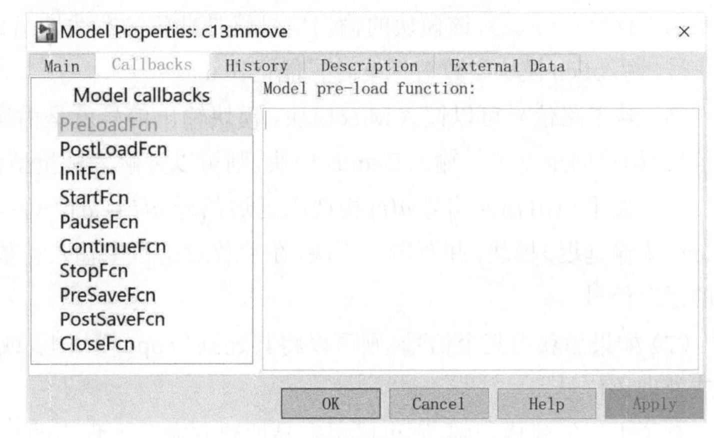

（b）模型预设置对话框

图13-12 模型参数的预设置

例13-4 考虑例13-3中的仿真模型。由于每次打开仿真模型之前需要给g变量赋值，比较麻烦。试对该模型进行参数的预设置。

解 打开如图13-12所示的对话框，在Model pre-load function（模型预加载函数）编辑框中填写`g=9.81`命令，并存储该模型。这样，以后再打开模型就会对g进行自动赋值，使模型可以正常运行。

13.4 基于Simulink的微分方程建模与求解

常微分方程是连续动态系统的数学基础，所以，微分方程的Simulink建模与求解方法是相当重要的。第10章曾经介绍过微分方程的数值求解方法，不过在求解之前需要将微分方程变换成一阶显式微分方程组的标准型，这对某些复杂微分方程而言是不可能的。所以，需要引入Simulink建模的方法，用框图描述微分方程，最终求解方程。本节主要探讨微分方程的Simulink建模的一般规则，并通过例子演示一般微分方程的建模与求解方法。还介绍微分方程组、隐式微分方程与延迟微分方程的建模方法。

13.4.1 Simulink建模规则

微分方程的Simulink建模是有规律可循的。在实际微分方程建模时，通常进行如下操作绘制框图。

（1）如果想定义$x(t)$和$x'(t)$两个信号，则可以引入一个积分器模块，并人为地令其输出端为$x(t)$信号，则其输入端自然为$x'(t)$信号。用这样的方法可以定义出微分方程建模必备的关键信号。

（2）如果两个信号相等，则可以将两个信号直接连接起来。在建模过程中通常采用这种方法闭合仿真回路。

（3）假设已知信号$u(t)$，则可以在后面连接一个Gain模块，并双击该模块输入放大倍数k，这样就可以构造出$ku(t)$信号。

（4）如果要对信号$v(t)$做非线性算术运算，例如，计算$(v(t)+v^3(t)/3)\sin v(t)$，则可以将信号$v(t)$输入Fcn或MATLAB Function模块。双击该模块，在弹出的参数对话框中填写`(u+u^3/3)*sin(u)`，该模块的输出信号就是期望的非线性函数。注意，不论输入信号是什么信号，输入Fcn模块参数对话框时只能记作u。

（5）若干路信号可以馈入Mux模块，模块输出信号就是由这些单路信号构造出的向量型信号；如果向量型信号输入Demux模块，则可以分解为标量型信号或多路向量型信号。

（6）如果想由输入信号$u(t)$构造出延迟信号$u(t-d)$，可以将信号$u(t)$馈入Transport Delay（传输延迟）模块，并双击该模块，在参数对话框中输入参数d，模块的输出信号就是期望的延迟信号。

（7）如果想获得某个信号，则可以将其连到Scope模块上，或连接到Out模块上，以便显示或处理该信号。

有了上述的建模规则，则可以很容易地建立微分方程组的仿真模型，无须对微分方程做预处理，构造标准型，直接由绘图的方法将微分方程组用Simulink的模块搭建出来，然后利用Simulink的仿真功能，得出微分方程的数值解。

13.4.2 底层建模方法

前面介绍了微分方程Simulink建模的一些规则，直接利用这些规则建立仿真模型的方法称为底层建模方法。这里将通过例子演示常微分方程的底层建模方法。

例13-5 试为下面给出的Lorenz微分方程建立Simulink仿真模型。

$$\begin{cases} x_1'(t) = -\beta x_1(t) + x_2(t)x_3(t) \\ x_2'(t) = -\rho x_2(t) + \rho x_3(t) \\ x_3'(t) = -x_1(t)x_2(t) + \sigma x_2(t) - x_3(t) \end{cases}$$

其中，$\beta=8/3, \rho=10, \sigma=28$。若其初值为$x_1(0)=x_2(0)=0, x_3(0)=\epsilon$，$\epsilon$为机器上可以识别的小常数。例如，取一个很小的正数$\epsilon=10^{-10}$。

解 若想为这里的微分方程建立Simulink模型，可以根据前面介绍的规则，在模型窗口中建立三个积分器，把关键信号定义出来。对这个具体例子而言，分别假定三个积分器的输出端为$x_1(t)$、

$x_2(t)$和$x_3(t)$，如图13-13(a)所示，则它们的输入端分别为$x_1'(t)$、$x_2'(t)$和$x_3'(t)$。双击积分器模块，可以将各个状态变量的初值写入积分器的参数对话框。

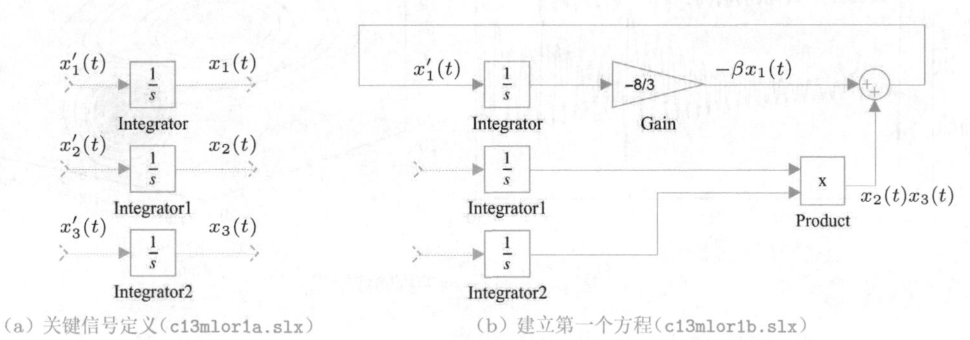

(a) 关键信号定义(c13mlor1a.slx)　(b) 建立第一个方程(c13mlor1b.slx)

图13-13 Lorenz方程的Simulink建模过程

将$x_1(t)$信号馈入增益模块，并将$-\beta$值写入该模块，则增益模块的输出端即为$-\beta x_1(t)$信号，将$x_2(t)$、$x_3(t)$信号馈入乘法器模块，则可以得出$x_2(t)x_3(t)$信号。把这两个信号用加法器加起来，就可以把第一个方程等号右边的表达式搭建起来。由于$x_1'(t)$信号是第一个积分器的输入端，所以可以把前面加法器得出的结果馈入第一个积分器的输入端，就可以建立起如图13-13(b)所示的第一个微分方程模型。

用类似的方法可以建立起后两个方程，得出的Simulink仿真模型如图13-14所示。可以看出，整个微分方程可以用这里介绍的底层方法建模，还可以用13.3节介绍的方法设置求解器参数和输入、输出参数。

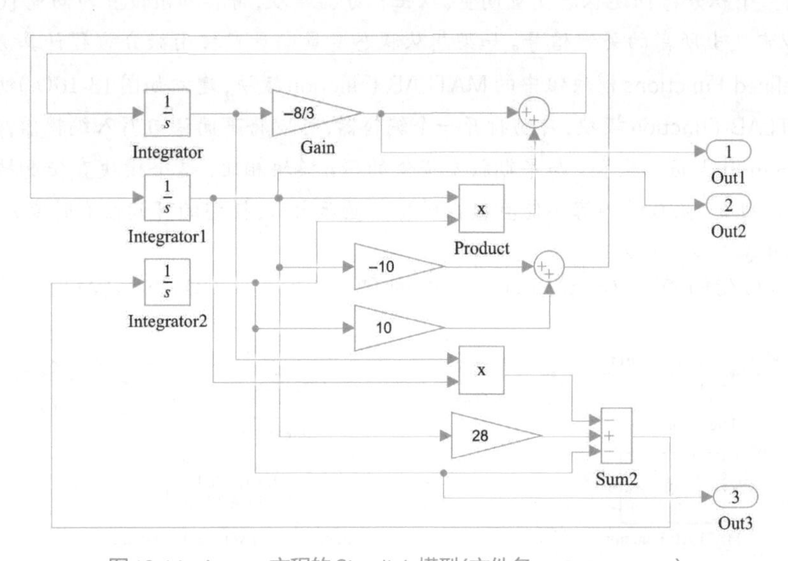

图13-14 Lorenz方程的Simulink模型(文件名:c13mlor2.slx)

启动仿真过程，就可以在MATLAB工作空间自动生成两个变量：列向量tout和矩阵yout，后者是一个3列矩阵，对应于三个输出端子。得到仿真结果后就可以由下面语句直接绘制状态变量的时域响应曲线和相空间曲线，如图13-15所示。

```
>> plot(tout,yout), figure, plot3(yout(:,1),yout(:,2),yout(:,3))
```

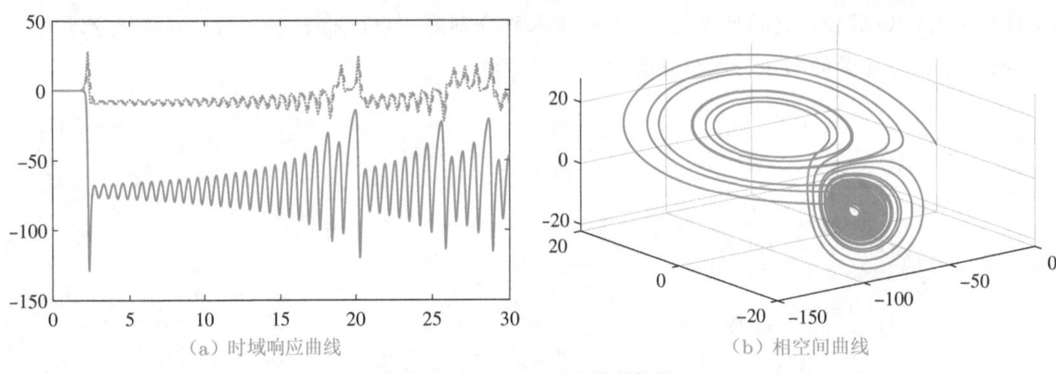

(a) 时域响应曲线　　(b) 相空间曲线

图13-15　Lorenz方程的数值解

13.4.3　向量化建模方法

从图13-14给出的Simulink模型看，这里介绍的底层建模方法相当麻烦，因为第10章介绍的命令式求解方法用匿名函数就可以简单地描述微分方程，然后调用ode45()函数直接求解方程。那么在Simulink下有没有更简洁的建模方式？

例13-5建议使用三个积分器描述三个状态变量，如果只使用一个积分器，并假设其输出端为状态变量向量$\boldsymbol{x}(t)$，则其输入端为$\boldsymbol{x}'(t)$，这样的建模方法称为向量化建模方法。向量化建模方法是描述微分方程的简洁方法。本节主要介绍向量化的建模方法。

例13-6　试用更简洁的建模方法重新搭建Lorenz方程的仿真模型。

解　使用一个积分器描述状态变量向量。双击积分器模块，将其初值设置为向量[0;0;1e-10]。这样，就可以定义出所需的关键信号。如果想从状态变量向量直接由微分方程计算$\boldsymbol{x}'(t)$，则可以使用User-Defined Functions模块组中的MATLAB Function模块，建立如图13-16(a)所示的仿真模型。双击MATLAB Function模块，自动打开一个编辑器，可以将下面语句写入编辑器，这样，该函数将自动嵌入Simulink仿真模型。与早期版本提供的Fcn模块相比，这个模块直接支持向量型输出信号，但不足之处是，函数的内容不能直接在模型上显示出来，模型的可读性有时变差。

```
function y = fcn(u)
y=[-8*u(1)/3+u(2)*u(3); -10*u(2)+10*u(3); -u(1)*u(2)+28*u(2)-u(3)];
```

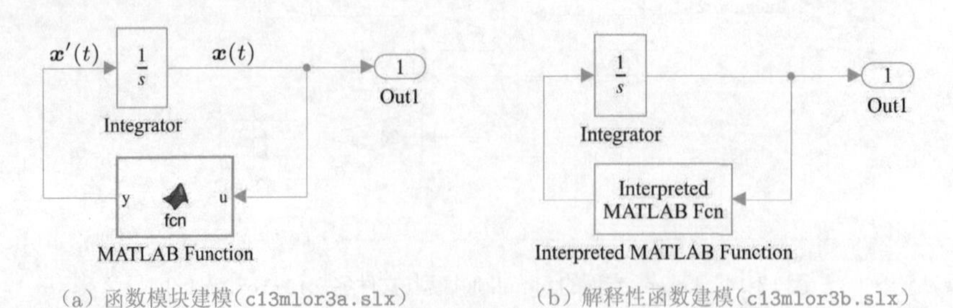

(a) 函数模块建模(c13mlor3a.slx)　　(b) 解释性函数建模(c13mlor3b.slx)

图13-16　向量化的Simulink模型

模型中的MATLAB Function模块如果用Interpreted MATLAB Function模块替代，则用户需要编写一个M-函数。

```
function y=c13mlor0(u)
y=[-8*u(1)/3+u(2)*u(3); -10*u(2)+10*u(3); -u(1)*u(2)+28*u(2)-u(3)];
```

然后将文件名c13mlor0写入Interpreted MATLAB Function模块，搭建如图13-16(b)所示的仿真模型。从效果上看，这两种建模方式难易程度相当，得出的结果完全一致。

13.4.4 标准微分方程建模的统一框架

从例13-6介绍的向量化建模方法看，建模方法相当规范、简洁，描述微分方程的难易程度与第10章介绍的命令式求解方法相当。不过，模型描述有如下两点不足：

(1)参数只能使用常数。如果β等参数变成其他的值，只能修改源模型或源程序，这是相当麻烦的。解决这类问题需要引入S-函数编程，后面将专门介绍。

(2)微分方程不能显含t。后面将专门探讨含t微分方程的建模与仿真方法。

如果微分方程显含t，可以将t和状态变量一起组成一个向量型信号，称为增广状态变量(augmented state variables)。不过这时增广状态变量的个数与状态变量导数的个数不同，所以不能像例13-6那样用MATLAB Function模块描述微分方程，只能采用Interpreted MATLAB Function模块描述这个函数。下面将通过例子演示建模方法，并给出微分方程标准型$\boldsymbol{x}'(t)=\boldsymbol{f}(t,\boldsymbol{x}(t))$的统一建模框架(unified modeling framework)。

例13-7 试求解下面微分方程的数值解[40]。

$$\begin{cases} y'(x)=-2xy(x)\ln z(x) \\ z'(x)=2xz(x)\ln y(x) \end{cases}$$

已知初值为$y(0)=\mathrm{e}, z(0)=1$，且该微分方程的解析解为$y(x)=\mathrm{e}^{\cos x^2}, z(x)=\mathrm{e}^{\sin x^2}$。试求解微分方程。

解 由给出的微分方程可见，自变量为x，而Simulink的模型是时间驱动的，即默认的自变量为t，因此，应该手工将自变量替换为t。这样，原始的微分方程可以改写为

$$\begin{cases} y'(t)=-2ty(t)\ln z(t) \\ z'(t)=2tz(t)\ln y(t) \end{cases}$$

引入向量$u(t)=[y(t),z(t),t]$，则可以由下面的函数描述等号右边的模型。

$$\boldsymbol{f}(\boldsymbol{u}(t))=\begin{bmatrix} -2u_3(t)u_1(t)\ln u_2(t) \\ 2u_3(t)u_2(t)\ln u_1(t) \end{bmatrix}$$

这样，可以编写下面的MATLAB函数，描述方程等号右边的函数表达式。

```
function y=c13m2d0(u)
y=[-2*u(3)*u(1)*log(u(2)); 2*u(3)*u(2)*log(u(1))];
```

可以由积分器构造关键信号，并由Mux模块构造增广状态变量$\boldsymbol{u}(t)$，可以构造如图13-17(a)所示的仿真模型。注意，由于$\boldsymbol{f}(\boldsymbol{u})$函数的输入、输出路数不同，所以应该双击Interpreted MATLAB Function模块，在如图13-17(b)所示对话框中，将Output dimension(输出维度)设置为实际的输出路数，在这个例子中其值为2。

对系统进行仿真，则可以得出仿真结果如图13-18所示。由下面语句绘制仿真结果与理论值曲线，可以得出最大误差为3.9608×10^{-12}。可见，这样得出的结果是很精确的。

```
>> y0=[exp(cos(tout.^2)), exp(sin(tout.^2))]; %计算理论值
   plot(tout,yout(:,1:2),tout,y0,'--')         %绘制方程的解与理论值
   yy=y0-yout(:,1:2); max(abs(yy(:)))          %求出最大的误差
```

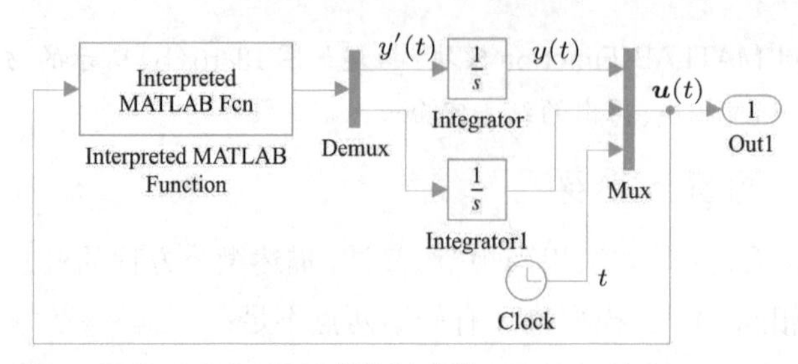

(a) Simulink模型(文件名:c13m2d.slx)

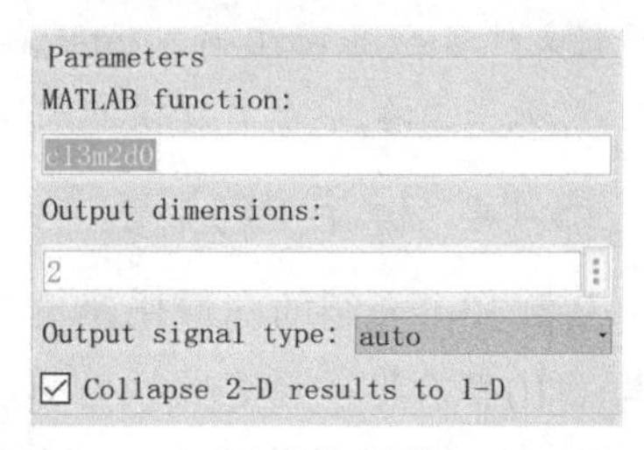

(b) 参数对话框

图13-17 仿真模型与参数设置

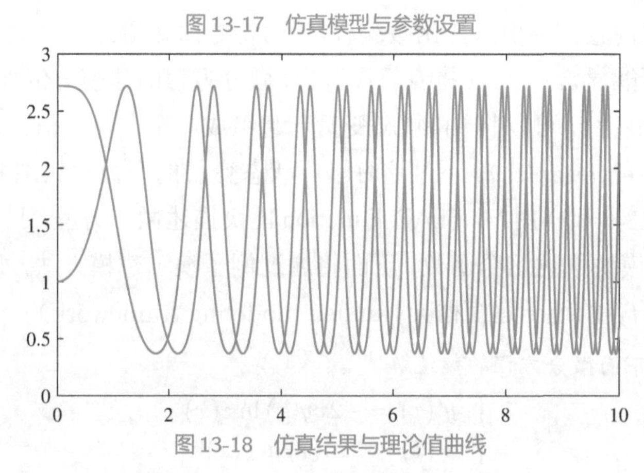

图13-18 仿真结果与理论值曲线

13.4.5 微分方程组建模

由Simulink描述微分方程的优势是无须将其事先变换出标准型的形式，可以和前面一样，用积分器定义关键信号，然后由Interpreted MATLAB Function模块描述微分方程。这里将通过例子演示微分方程组的建模与求解。

例13-8 用Simulink求解例10-14中的Apollo卫星的二元微分方程组。

解 由两组积分器构造关键信号$x(t)$、$x'(t)$、$x''(t)$和$y(t)$、$y'(t)$、$y''(t)$，并将$x(t)$、$x'(t)$、$y(t)$和$y'(t)$馈入Mux模块，构造向量型信号$\boldsymbol{u}(t)=[x(t),x'(t),y(t),y'(t)]$，这样，就可以由微分方程右侧的函数编写出下面的MATLAB函数。

```
function y=c13mapol0(u)
mu=1/82.45; mu1=1-mu;
r1=sqrt((u(1)+mu)^2+u(3)^2); r2=sqrt((u(1)-mu1)^2+u(3)^2);
y=[2*u(4)+u(1)-mu1*(u(1)+mu)/r1^3-mu*(u(1)-mu1)/r2^3;
   -2*u(2)+u(3)-mu1*u(3)/r1^3-mu*u(3)/r2^3];
```

将函数名嵌入Interpreted MATLAB Function模块，并设置函数模块的输出路数为2，则可以建立如图13-19所示的仿真模型。仿真该模型，可以得出与例10-14完全一致的结果。

13.4.6 隐式微分方程建模

Simulink提供的Algebraic Constraints模块可以求解代数方程，利用该模块可以搭建Simulink仿真模型，求解隐式微分方程。这里将通过例子演示隐式微分方程的建模与求解方法。

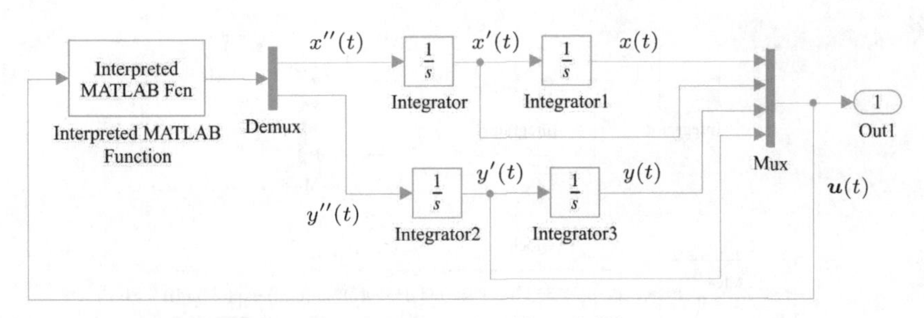

图13-19 Apollo卫星方程的Simulink模型(文件名:c13mapol.slx)

例13-9 试求解下面给出的隐式微分方程。

$$(y''(t))^3+3y''(t)\sin y(t)+3y'(t)\sin y''(t)=\mathrm{e}^{-3t},\ \ y(0)=1,\ \ y'(0)=-1$$

解 在前面的介绍中都给出$y''(t)$的显式表达式,而这里关于$y''(t)$的显式表达式不能得出,所以构造积分器链时,最左边积分器输入端信号未知,不能直接构造仿真闭环,这就给微分方程的Simulink建模带来麻烦。

求解这个方程,需要用两个积分器构成的积分器链先定义关键信号$y(t)$、$y'(t)$和$y''(t)$。这时,记$p(t)=y''(t)$,则可以构造出关于$p(t)$的代数方程。

$$p^3(t)+3p(t)\sin y(t)+3y'(t)\sin p(t)-\mathrm{e}^{-3t}=0$$

构造向量$\boldsymbol{u}(t)=[y(t),y'(t),y''(t),t]$,则上面的方程

$$u_3^3(t)+3u_3(t)\sin u_1(t)+3u_2(t)\sin u_3(t)-\mathrm{e}^{-3u_4(t)}=0$$

编写如下的MATLAB函数,并将其嵌入Interpreted MATLAB Function模块。

```
function y=c13mimp0(u)
y=u(3)^3+3*u(3)*sin(u(1))+3*u(2)*sin(u(3))-exp(-3*u(4));
```

将这个方程输入Algebraic Constraint模块,则其输出端可以直接馈入最左边积分器的输入端,这样仿真闭环就建立起来了。得出的Simulink模型如图13-20所示。

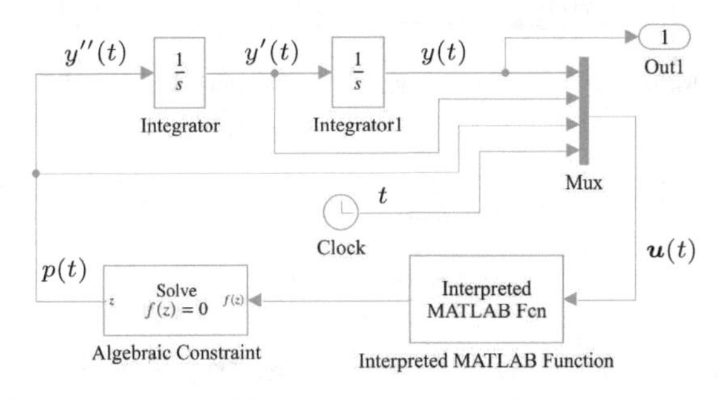

图13-20 隐式微分方程的Simulink模型(文件名:c13mimp.slx)

对该模型进行仿真,并与理论值比较,得出仿真结果的最大误差为5.8071×10^{-13}。可以看出,由这样的方法可以求解隐式微分方程。

```
>> err=max(abs(yout-exp(-tout)))
```

如果Interpreted MATLAB Function模块由Fcn模块取代,建立的模型如图13-21所示。可以看出,这样建立的模型可读性更强,也没有必要建立附加的MATLAB函数文件。

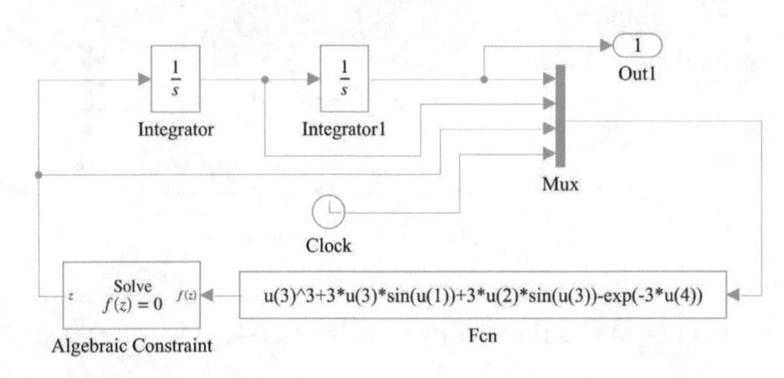

图13-21　隐式微分方程的Simulink模型(文件名:c13mimp2.slx)

13.4.7　延迟微分方程建模

由Simulink提供的Transport Delay模块可以提取信号的延迟信号，所以利用这样的信号可以构造延迟微分方程的Simulink仿真模型。本节将通过例子介绍一般延迟微分方程与中立型延迟微分方程的建模与仿真方法。

例13-10　试求解例10-19研究的延迟常数的延迟微分方程组。为方便起见，这里重新写出该微分方程模型。

$$\begin{cases} x'(t) = 1 - 3x(t) - y(t-1) - 0.2x^3(t-0.5) - x(t-0.5) \\ 4x(t) = y''(t) + 3y'(t) + 2y(t) \end{cases}$$

其中，$t \leqslant 0$时，$x(t) = y(t) = y'(t) = 0$，试求出该方程的数值解。

解　由第二个方程可见，$y(t)$可以由$x(t)$信号驱动传递函数$4/(s^2+3s+2)$得出，而$x(t)$、$y(t)$信号后面加Transport Delay模块生成延迟信号。根据第一个方程，可以构造$\boldsymbol{u}(t) = [x(t), y(t-1), x(t-0.5)]$向量，这样可以由Fcn函数描述第一个方程的等号右侧表达式，将其馈入积分器的输入端，可以构造出如图13-22所示的仿真模型。对该模型进行仿真，得出的仿真结果与例10-19完全一致。从建模难易程度看，与命令式求解方法相当。

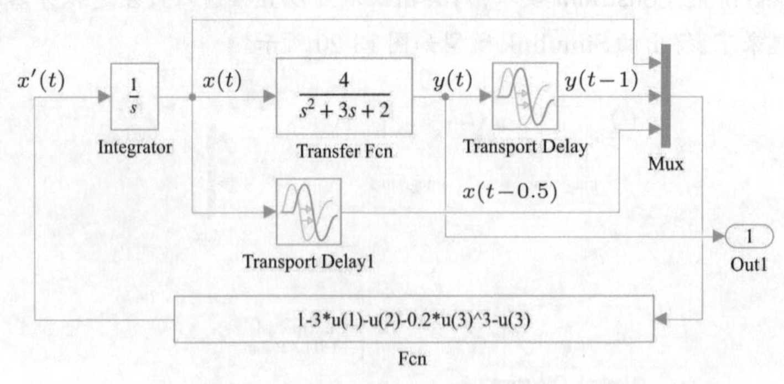

图13-22　延迟微分方程的Simulink模型(文件名:c13mdde1.slx)

例13-11　试用Simulink重新求解例10-21给出的中立型延迟微分方程。为叙述方便，这里重新给出原始问题：

$$\boldsymbol{x}'(t) = \boldsymbol{A}_1\boldsymbol{x}(t-0.15) + \boldsymbol{A}_2\boldsymbol{x}'(t-0.5) + \boldsymbol{B}u(t)$$

其中，输入信号$u(t) \equiv 1$，且已知矩阵为

$$\boldsymbol{A}_1 = \begin{bmatrix} -13 & 3 & -3 \\ 106 & -116 & 62 \\ 207 & -207 & 113 \end{bmatrix},\ \boldsymbol{A}_2 = \begin{bmatrix} 0.02 & 0 & 0 \\ 0 & 0.03 & 0 \\ 0 & 0 & 0.04 \end{bmatrix},\ \boldsymbol{B} = \begin{bmatrix} 0 \\ 1 \\ 2 \end{bmatrix}$$

解 由向量型积分模块先定义 $\boldsymbol{x}(t)$ 和 $\boldsymbol{x}'(t)$ 关键信号。由这两个信号连接Transport Delay模块，则可以得到延迟信号 $\boldsymbol{x}(t-0.15)$ 和 $\boldsymbol{x}'(t-0.5)$。由这些信号就可以搭建如图13-23所示的Simulink仿真模型。该模型可以得出与例10-21完全一致的结果。

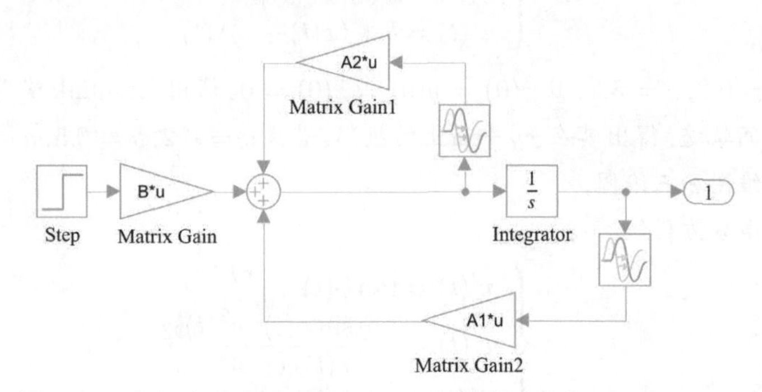

图13-23 中立型延迟微分方程的Simulink模型(文件名：c13mdde2.slx)

对这个具体例子而言，在建模过程中应该注意下面两点：

(1)增益模块默认的运算是点运算，而这里需要的是矩阵乘法，所以，建模时应该双击增益模块，从运算列表框中选择矩阵乘法运算。

(2)变量 $\boldsymbol{A}_1$、$\boldsymbol{A}_2$ 和 $\boldsymbol{B}$ 需要在仿真之前赋值。一种更好的赋值方法是使用13.3.3节介绍的预赋值方法，将这些矩阵的值输入给模型，以便打开模型时先给这些变量赋值。

13.5 习题

13.1 打开一个Simulink模型，并将该模型粘贴到Microsoft Word文档中。

13.2 考虑13.3节中介绍的求解器与输入、输出参数设置方法，试由建议的设置方法构造新的Simulink模板，以便以后在建模时直接打开该模板。

13.3 默认的Product(乘法器)模块有两个输入端，一个输出端子。试修改乘法器模块，使得它可以接受4路输入信号。

13.4 考虑Constant模块，若在其参数对话框填写向量[1,2,3]，并将其直接连接到示波器模块上，输出的信号是什么？

13.5 试判定图13-24(a)和图13-24(b)两个模型的输出信号是什么含义。有没有区别？

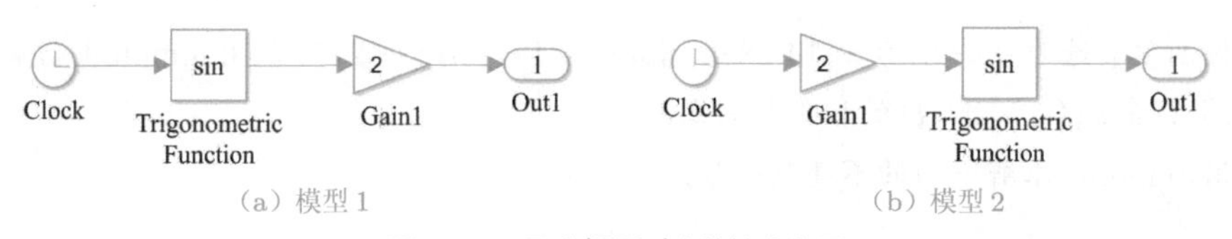

图13-24 两个框图对应的输出信号

13.6 试求解下面线性微分方程。

$$y^{(5)}+13y^{(4)}+64y'''(t)+152y''(t)+176y'(t)+80y(t)$$
$$=\mathrm{e}^{-2t}\left[\sin\left(2t+\frac{\pi}{3}\right)+\cos 3t\right]$$

已知，$y(0)=1, y'(0)=3, y''(0)=0, y'''(0)=0, y^{(4)}(0)=-1$，试用Simulink绘制方程解的函数曲线。

13.7 考虑如下著名的Rössler化学反应方程组。

$$\begin{cases} x'(t) = -y(t) - z(t) \\ y'(t) = x(t) + ay(t) \\ z'(t) = b + (x(t) - c)z(t) \end{cases}$$

选定 $a = b = 0.2, c = 5.7$，且 $x(0) = y(0) = z(0) = 0$。试用Simulink建模并绘制仿真结果的三维相空间轨迹，得出其在 xy 平面上的投影。若设 $a = 0.2, b = 0.5, c = 10$ 时，绘制出状态变量的二维图和三维图。

13.8 考虑下面的微分方程组[38]。

$$\begin{cases} y'(t) = \tan\phi(t) \\ v'(t) = -\dfrac{g\sin\phi(t)\gamma v^2(t)}{v(t)\cos\phi(t)} \\ \phi'(t) = -g/v^2(t) \end{cases}$$

其中，$g = 0.032, \gamma = 0.02$，初值为 $y(0) = 0, v(0) = 0.5, \phi(0)$ 分别取0.3782和9.7456，试用Simulink求微分方程的数值解。

13.9 某化学反应的数学模型为[68]

$$\begin{cases} y_1'(t) = -Ay_1(t) - By_1(t)y_3(t) \\ y_2'(t) = Ay_1(t) - MCy_2(t)y_3(t) \\ y_3'(t) = Ay_1(t) - By_1(t)y_3(t) - MCy_2(t)y_3(t) + Cy_4(t) \\ y_4'(t) = By_1(t)y_3(t) - Cy_4(t) \end{cases}$$

其中，$A = 7.89\times10^{-10}$，$B = 1.1\times10^7$，$C = 1.13\times10^3$，$M = 10^6$，$y_1(0) = 1.76\times10^{-3}$，$y_2(0) = y_3(0) = y_4(0) = 0, t\in(0, 1000)$，试用Simulink求出该刚性微分方程的数值解。如果进一步增加计算区间至 $t \in (0, 10^{13})$，试用Simulink求解该微分方程。

13.10 由Chua电路图可以得出无量纲的微分方程模型为[69]

$$\boldsymbol{x}'(t) = \begin{bmatrix} \alpha\big(x_2(t) - h(x_1(t))\big) \\ x_1(t) - x_2(t) + x_3(t) \\ -\beta x_2(t) \end{bmatrix}$$

其中，非线性函数为

$$h(a) = m_1 a + \frac{1}{2}(m_0 - m_1)\Big(|a + 1| - |a - 1|\Big)$$

若控制参数选为 $\alpha = 9, \beta = 14.2886, m_0 = -1/7, m_1 = 2/7$，试用Simulink仿真Chua电路，并得出 $x_1(t) \sim x_2(t)$ 的相平面曲线。

13.11 试用Simulink求解下面的不连续微分方程模型[47]。

$$y''(t) + 2Dy'(t) + \mu\,\mathrm{sign}(y'(t)) + y(t) = A\cos\omega t$$

其中，$D = 0.1, \mu = 4, A = 2, \omega = \pi$。初值 $y(0) = 3, y'(0) = 4$。

13.12 试用Simulink绘制并求解下面的微分方程，其中，$y(0) = 2, y'(0) = y''(0) = 0$。

$$y'''(t) + ty(t)y''(t) + t^2 y'(t)y^2(t) = \mathrm{e}^{-ty(t)}$$

13.13 试利用Algebraic Constraint模块求解多项式方程 $t^4 + 10t^3 + 31t^2 + 46t + 24 = 0$，并利用符号运算检验得出的结果。

13.14 试求解下面的基于状态延迟的简单微分方程[70] $x'(t)=-x(t-|x(t)|)$。其中，$t\leqslant 0$时的历史函数满足下面的分段函数，且解析解为$y(t)=t+1$。

$$y(t)=\begin{cases}-1, & t\leqslant -1\\ 3(t+1)^{1/3}/2-1, & -1<t\leqslant -7/8\\ 10t/7+1, & -7/8<t\leqslant 0\end{cases}$$

13.15 试用Simulink求解下面的切换线性微分方程。

$$\begin{cases}x_1'(t)=f(x_1(t))+x_2(t)\\ x_2'(t)=-x_1(t)\end{cases}$$

其中，$x_1(0)=x_2(0)=5$，且$f(x_1(t))$为分段函数，即

$$f(x_1(t))=\begin{cases}-4x_1(t), & x_1(t)>0\\ 2x_1(t), & -1\leqslant x_1(t)\leqslant 0\\ -x_1(t)-3, & x_1(t)<-1\end{cases}$$

13.16 试用Simulink求解下面的不连续微分方程[47]，初值$y(0)=0.3$。

$$y'(t)=\begin{cases}t^2+2y^2(t), & (t+0.05)^2+\left[y(t)+0.15\right]^2\leqslant 1\\ 2t^2+3y^2(t)-2, & (t+0.05)^2+\left[y(t)+0.15\right]^2>1\end{cases}$$

第 14 章 Simulink建模与仿真进阶

CHAPTER 14

前面介绍了Simulink建模、仿真的基础知识，有了这些基础知识，就可以对简单的仿真问题实现Simulink的建模与仿真分析。本章将继续介绍Simulink建模与仿真问题及解决方法，旨在提升读者的Simulink建模与仿真的水平。

14.1节介绍由MATLAB命令绘制仿真结果的方法，并演示并行仿真问题的求解方法。14.2节介绍一些建模、仿真的重要概念，如过零点检测、代数环及避免方法，还介绍Simulink模型的快速重启方法，提高模型的运行效率。14.3节介绍子系统的概念，并介绍子系统的封装方法，用户可以利用模块封装的方法构造可重用的仿真模块。14.4节介绍S-函数的基本格式与编程方法，理论上可以用S-函数处理任意复杂系统的建模问题。

14.1 基于命令的仿真方法

前面介绍的模型参数与模块参数可以通过模型设置对话框直接设置，仿真过程也可以通过Simulink界面直接启动。除此之外，MATLAB还提供了大量的函数，可以用命令设置模块参数，启动仿真过程。本节介绍相关的命令及使用方法，并介绍并行仿真方法。

14.1.1 仿真参数设置

MATLAB支持的常用建模函数与调用方法在表14-1中给出。本书不介绍模型绘制命令，有兴趣的读者可以参阅文献[16]。本节只通过例子演示`set_param()`函数的使用方法。

表14-1 Simulink模型的常用操作函数

函数名	函数调用格式与解释
new_system()	由new_system(模型名)创建逻辑模型，可以用h=gcs命令获得模型句柄
open_system()	由open_system(h)或open_system(模型名)打开模型
close_system()	由close_system(h)或close_system(模型名)关闭模型
add_block()	由h=add_block(模块原型,模块名)添加模块
add_line()	由h=add_line(起始模块及接口,终止模块及接口)连接两个模块
set_param()	set_param(h,参数名1,参数值1,参数名2,参数值2,$\cdots$)可以在模型中设置参数，参数值由字符串表示

`set_param()`函数可以设置的参数范围模型参数和模块参数。更顾名思义，模型参数是针对整个模型的，而模块参数是指模型中具体模块的参数。不同模块的模块参数是不同的，

这里暂不进一步介绍。常用的模型参数名和参数值与说明在表14-2中给出。

表14-2 Simulink常用的模型参数

参数名	参数值与说明
AbsTol	绝对误差限，默认值为'auto'，具体设置为10^{-6}，建议设置为eps
RelTol	相对误差限，默认值为10^{-3}。一般情况下这个误差限太大，很可能导致大的计算误差，因此建议将其修改成最小的允许值3×10^{-14}
FixedStep	固定的步长，默认值为'auto'
InitialState	初始状态
StopTime	终止仿真时间，默认值为10，可以设置为其他值；起始时间参数为StartTime，默认值为0
SaveFormat	返回变量格式，默认的选项为'Dataset'，建议修改为'Array'
OutputVariables	返回的变量名，默认值为'ty'，表示返回时间向量与输出矩阵，若还想要状态，则需要设置成'txy'
PreLoadFcn	预设值函数，还可以使用PostLoadFcn对模型做后处理
Solver	默认的算法是'VariableStepAuto'，即自动算法，如果需要，还可以将其修改成其他的算法，如第10章推荐的'ode45'、'ode15s'等

例14-1 例13-4介绍了变量的预设置方法，试通过命令实现同样的动作，并将相对误差限和绝对误差限分别设置为3×10^{-14}和eps。

解 可以先打开该模型，并用gcs命令获得模型窗口的句柄，然后由set_param()函数就可以如下修改模型的参数。

```
>> open_system('c13mmove'); %先打开仿真模型，否则不能修改内部参数
   set_param(gcs,'PreLoadFcn','g=9.81;','RelTol','3e-14','AbsTol','eps');
```

14.1.2 用MATLAB启动仿真过程

前面介绍的Simulink模型的仿真方法主要是依靠单击工具栏中的Run按钮实现的。这种方法使用简单、方便，但也有其明显不足。例如，若想将其嵌入最优化过程，不能每次仿真都靠单击按钮的方式启动仿真过程，应该使用命令式的运行方式。

如果按照13.3.2节推荐的方法设置输入、输出格式，则可以使用MATLAB提供的sim()函数，直接启动Simulink模型的仿真进程，得出仿真结果。该函数的调用格式为

$[\boldsymbol{t},\boldsymbol{x},\boldsymbol{y}]$=sim(模型名,tspan,模型参数)

其中，tspan描述仿真区间，其定义与ode45()函数中的定义是相仿的，通常取$[t_0,t_n]$或t_n（默认$t_0=0$）。遗憾的是，sim()函数不支持$t_0>t_n$的设置。返回的$\boldsymbol{t}$为时间向量，$\boldsymbol{x}$为内部状态变量信号构成的矩阵，$\boldsymbol{y}$为输出端子信号构成的矩阵。从效果上看，$\boldsymbol{t}$和$\boldsymbol{y}$与前面介绍的tout、yout一致。

例14-2 试用命令式方法重新求解例13-5中的微分方程。

解 例13-5构造了微分方程模型c13mlor2.slx，所以可以用下面的命令重新求解微分方程，并绘制微分方程曲线，得出的结果与例13-5完全一致。

```
>> [t,~,y]=sim('13mlor2',[0,30]); %不感兴趣的变量名可以用~占位
   plot(t,y), figure, plot3(y(:,1),y(:,2),y(:,3))
```

14.1.3 Simulink仿真的输入与输出数据结构

13.3.2节介绍过Single simulation output选项。如果选中该选项，则sim()函数只能返回一个变元，这个变元的数据结构为Simulink.SimulationOutput对象。在某些特定的场合下（如后面将介绍的并行仿真），只允许使用这种数据结构。类似地，输入信息支持使用Simulink.SimulationInput数据结构。这些数据结构是在MATLAB R2017a版本开始推出并使用的，新版本的默认设置也是直接使用这些对象描述的。本节将介绍这些数据结构及其使用方法。

Simulink.SimulationInput数据结构可以用一个变量描述整个仿真模型与参数。用该命令可以直接建立一个仿真输入对象。下面将通过例子演示该对象的创建方法。

例14-3 试用仿真输入对象描述例13-3中的Simulink模型。

解 直接调用Simulink.SimulationInput()函数就可以建立一个仿真输入对象in。调用该函数甚至没有必要先打开c13mmove.slx模型。

```
>> in=Simulink.SimulationInput('c13mmove') %创建仿真输入对象
```

建立仿真输入对象之后，in变量的显示如下：

```
  SimulationInput - 属性:
          ModelName: 'c13mmove1'
       InitialState: [0×0 Simulink.op.ModelOperatingPoint]
      ExternalInput: []
    ModelParameters: [0×0 Simulink.Simulation.ModelParameter]
    BlockParameters: [0×0 Simulink.Simulation.BlockParameter]
          Variables: [0×0 Simulink.Simulation.Variable]
          PreSimFcn: []
         PostSimFcn: []
         UserString: ''
```

从上面的显示可见，输入对象包含模块参数BlockParameters和模型参数ModelParameters等可调参数。

模型参数与变量值可以通过setModelParameter()和setVariable()函数直接修改，这些函数一次只能修改一个参数。变量是模型中使用的变量名，如例13-3模型中的g。模型参数是Simulink模型自带的参数，常用模型参数可以参见表14-2。

有了in变量，就可以用out=sim(in)命令对系统进行仿真，返回结构体型输出变元out。即使原模型反选了Single simulation output选项，也可以返回仿真结果的结构体变元。

例14-4 考虑例13-3中的仿真问题。如果在月球（重力加速度为$1.63\,\mathrm{m/s^2}$）表面抛物，并将终止仿真时间设置为20s，试求解月球抛物问题。

解 可以用setVariable()命令将变量g设置成1.63，再由setModelParameter()命令设置终止仿真时间（StopTime参数）。注意，现有版本中前一条命令设置具体的值，后一条命令只能设置字符串，在格式上是不统一的。设置完参数，就可以调用sim()命令进行仿真，并绘制仿真结果。

```
>> in=Simulink.SimulationInput('c13mmove');        %创建仿真输入对象
   in=in.setVariable('g',1.63);                    %修改变量值，只能是具体的值
```

```
in=in.setModelParameter('StopTime','20');          %终止仿真时间,只能是字符串
in=in.setModelParameter('SaveFormat','Array'); %设置yout的数据格式
out=sim(in); plot(out.tout,out.yout)               %已经将输出格式设置为Array
```

14.1.4 并行仿真

MATLAB提供的parsim()函数可以对若干个模型实现并行仿真。如果in为若干个模型构成的向量，则可以由out=parsim(in)命令直接进行并行仿真运算，仿真结果由向量out返回。这里给出例子演示并行仿真的方法,并比较并行仿真与普通仿真的运行效率。

例14-5 仍考虑例13-3中的仿真问题。已知各个星球的重力加速度由表14-3给出，试用并行仿真的方法计算20s之内物体在各个星球上的位移，并评价并行仿真效率。这里人为地增大了计算量,选择定步长算法,设定步长为$h = 0.00001$,并将模型另存为c14mmove.slx。

表14-3 各个星球的重力加速度

星球	地球	月球	水星	金星	火星	木星	土星	天王星	海王星
重力加速度/($\mathrm{m{\cdot}s^{-2}}$)	9.81	1.63	3.7	8.87	3.69	20.87	7.21	8.43	10.71

解 可以由上面给出的表格构造重力加速度向量$\boldsymbol{g}_0$，然后用循环结构建立9个模型，构造in模型向量。启动仿真过程,则自动开启并行运算机制。经实际运算,检测出总耗时为14.75s。

```
>> g0=[9.81,1.63,3.7,8.87,3.69,20.87,7.21,8.43,10.71]; %不同星球的重力加速度
   for i=1:length(g0)  %执行循环结构,建立模型数组in
      in1=Simulink.SimulationInput('c14mmove');     %创建仿真输入对象
      in1=in1.setVariable('g',g0(i)); in(i)=in1;  %修改变量的值,构造一组模型
   end
   tic, out=parsim(in); toc                          %并行仿真
```

如果由循环结构进行普通仿真，则耗时21.97s。可以看出，对运算量巨大的仿真问题而言，可以考虑采用并行仿真方法进行仿真。

```
>> tic, for i=1:length(g0), out(i)=sim(in(i)); end, toc
```

14.2 精确仿真与快速仿真

本节将介绍一些仿真理论方面的内容,包括过零点检测与代数环检测,并介绍相应的解决方法。此外,本节还介绍快速重启的仿真模式,提高不同参数下重复运行同一Simulink模型的仿真效率。

14.2.1 过零点检测

过零点(zero-crossing)在系统仿真与很多其他领域是一个很重要的概念。考虑一个信号$u(t)$，如果在第k步仿真时刻t_k，$u(t_k) > 0$，而下一步t_{k+1}时，$u(t_{k+1}) < 0$，则在(t_k, t_{k+1})时间段内，$u(t)$信号至少完成了一次零值的穿越，穿越点t_ξ就是过零点。如果想实现精确的仿真，必须将过零点t_ξ找出来，否则可能带来难以避免的仿真误差。现在给出一个演示过零点的例子,并介绍检测过零点必要性与代价。

例14-6 试绘制函数$y = |\sin t^2|$的曲线，$t \in (0, \pi)$。

解 选择计算步长$T = 0.02\,\text{s}$，则可以由下面的MATLAB语句绘制函数的曲线，得出的曲线如图14-1(a)所示。

```
>> t=0:0.02:pi; y=abs(sin(t.^2)); plot(t,y)
```

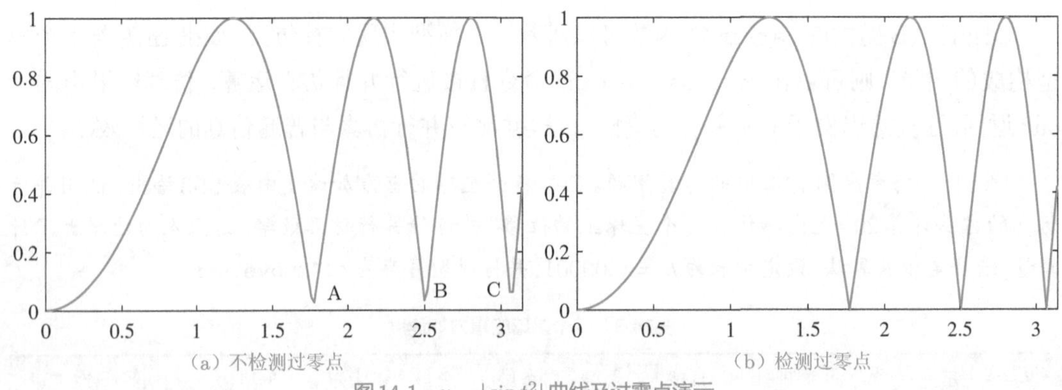

图14-1 $y = |\sin t^2|$曲线及过零点演示

显然，曲线上有些点处的值是错误的。例如，函数值接近0的几个点(A、B、C)处，函数值应该先下降到达0值，再逐渐上升，而不是在悬空的A点进行转换。如果能先通过求解方程将函数值等于0的点求出来，再将该点添加到t向量中，问题就能圆满解决。寻找A点的方法就是前面所说的过零点检测。

如果有一种机制能够找出过零点，例如，若使用下面的语句，利用前面给出的解方程方法找到过零点，再将其插入时间向量，则可以得出如图14-1(b)所示的曲线。可以看出，该曲线比较好地处理了过零点，所以该曲线是正确的。

```
>> f=@(x)abs(sin(x^2)); more_sols(f,zeros(1,1,0),[0,pi])
   t0=X(:); t0=t0(t0>0 & t0<pi);                    %寻找感兴趣范围内的过零点
   t=sort([t,t0']); y=abs(sin(t.^2)); plot(t,y) %检测过零点并绘图
```

在变步长的微分方程求解算法中，若误差限设置得足够小，则从效果上会自动检测过零点(虽然精度难以保证)；而在定步长算法中，并不能真正保证检测过零点，所以数值仿真结果难免出现类似图14-1(a)的现象。由此可见，变步长算法与较小的误差限是精确求解仿真问题的必备条件。

默认条件下Simulink绝大部分模块是会自动进行过零点检测的，准确检测出过零点是保证精确仿真的有利条件。从仿真性能的角度看，用户不应该对默认的过零点检测选项做更改。不过开启过零点检测的代价是仿真过程的速度减慢。这是因为在过零点附近，仿真系统会自动求解代数方程，导致整体的仿真速度变慢。如果对仿真精度要求不高，只想做大致的近似仿真，则可以取消过零点检测，加快仿真进程。

14.2.2 代数环处理

代数环(algebraic loop)是指在一个仿真模型中，某个或某些模块的输出信号取决于其输入信号，而输入信号同时又取决于其输出信号的现象。这需要在每步仿真过程中，求解一次代数方程。由于代数方程的求解是比较耗时的，带有代数环的仿真模型势必增加仿真过程的计算量。本节通过例子演示代数环的现象，然后给出一种有效的代数环避免方法。

例14-7 考虑图14-2(a)中给出的一个简单的线性反馈系统模型。试建立Simulink仿真模型，并观察其中的代数环。

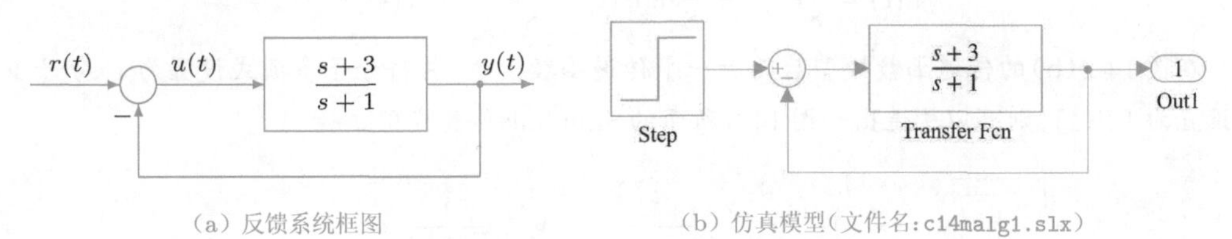

（a）反馈系统框图　（b）仿真模型（文件名：c14malg1.slx）

图14-2 简单反馈系统模型

解 对该模型而言，因为开环模块的分子阶次与分母阶次是相同的，所以计算输出信号$y(t)$，首先需要已知模块的输入信号$u(t)$，而想计算$u(t)=r(t)-y(t)$，又需要事先已知$y(t)$，这就出现了一个怪圈。这个怪圈就是所谓的代数环现象。在实际仿真中，如果遇到代数环，则需要在每步仿真过程中求解一次代数方程，解出满足代数方程的$u(t)$和$y(t)$信号。

由相应的模块可以绘制出如图14-2(b)所示的Simulink仿真框图。对这样的系统进行仿真，将在命令窗口中给出警告信息（为方便读者，这里由中文写出警告信息）："模型'c14malg1'含有一个代数环，可以用命令Simulink.BlockDiagram.getAlgebraicLoops('c14malg1')查看代数环信息，或使用sldebug('c14malg1')进行跟踪调试。如果想消除提示信息，可以将Algebraic loop选项设置成none。"

尽管模型中存在代数环，这里的提示毕竟是警告信息，不是错误信息，所以Simulink执行机制会自动在仿真进程中嵌入解代数方程的算法，得出问题的解。这样做只能会减慢总体的仿真时间。

对这个具体例子而言，可以直接计算出闭环模型$G_1(s)=G(s)/(1+G(s))$得出等效模型$(s+3)/(2s+4)$，再由$G_1(s)$模块建立Simulink仿真模型，完全消除代数环。然而，绝大部分系统的代数环是不能完全消除的，所以建议使用Simulink的机制运行仿真进程，如果只得出警告信息，则可以接受得到的仿真结果；如果Simulink因此给出错误信息，不能完成仿真进程，则有必要引入近似的方式消除代数环。

现在以图14-2(a)为例分析代数环产生的原因，再探讨近似消除代数环的方法。在该图描述的计算过程中，因为计算$y(t)$需要已知$u(t)$，而计算$u(t)$又同时需要$y(t)$，所以产生了代数环。如果消除这个"同时"的关系，在反过来计算$u(t)$时，不需要$y(t)$，而需要一个$y(t)$的近似信号，则可以消除代数环。如何生成$y(t)$的近似信号呢？给$y(t)$加一个微小的延迟是一个显然的选择，不过仿真实例证明这种方法可能引入更大的误差[16]。另一种方法是在$y(t)$后面接一个低通滤波器$1/(Ts+1)$，得出$y_1(t)$，在计算$u(t)$时使用$y_1(t)$而不是$y(t)$，则可以消除代数环。只要T的值远小于原系统的时间常数，代数环的作用可以完全忽略。

例14-8 试引入低通滤波器消除例14-7系统的代数环，并评价处理的效果。

解 由给出的等效传递函数可以反推回系统的微分方程

$$2y'(t)+4y(t)=u'(t)+3u(t),\quad y(0)=0.5$$

其中，$u(t)$为阶跃函数或Heaviside函数。这样，可以使用下面的方法直接求取微分方程的解析解。

```
>> syms t y(t); u=heaviside(t);
   y0=simplify(dsolve(2*diff(y)+4*y==diff(u)+3*u, y(0)==0.5))
```

可以得出输出信号的解析解为

$$y_0(t) = \frac{1}{8}\mathrm{e}^{-2t} + \frac{3}{8}\mathrm{sign}\,(t) - \frac{3}{8}\mathrm{e}^{-2t}\mathrm{sign}\,(t) + \frac{3}{8}$$

在图14-2(b)的传递函数模型后面加一个传递函数模块，并将分子多项式设置为1，分母多项式设置为 $[T,1]$，则可以构造出如图14-3所示的Simulink仿真模型。

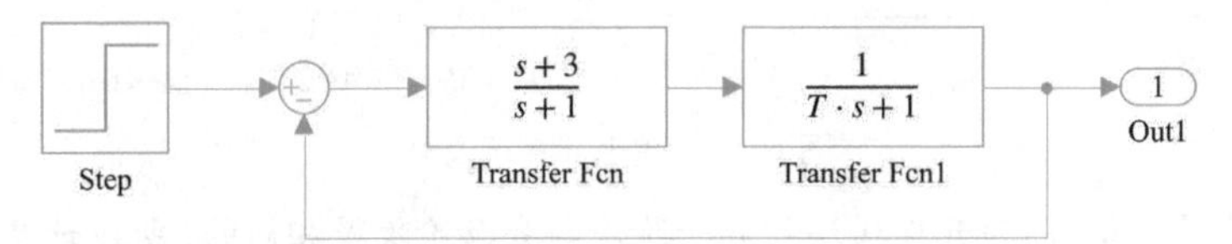

图14-3　人为引入低通滤波器的仿真模型(文件名：c14malg2.slx)

选择滤波常数 $T=10^{-6}$，对上面的模型进行仿真，并计算理论值，则可以得出仿真结果与理论值曲线，如图14-4所示。从显示的仿真结果看，二者似乎没有什么区别。

```
>> T=1e-6; tic, [t,~,y1]=sim('c14malg2'); toc  %尝试不同滤波参数进行仿真
   y0=exp(-2*t)/8+3*sign(t)/8-3*exp(-2*t).*sign(t)/8+3/8; %理论值计算
   plot(t,[y1 y0])           %理论值与数值解曲线比较，在初始时刻有误差
```

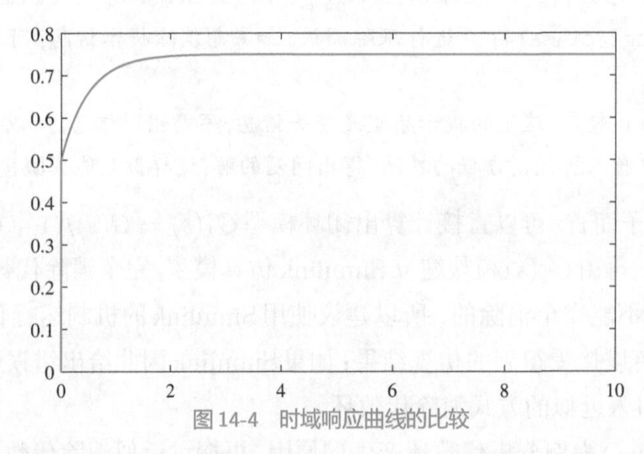

图14-4　时域响应曲线的比较

事实上，在初始时刻，二者是有显著区别的。由于原始模型直馈现象的存在，输入信号在 $t=0$ 时刻就会在输出信号中体现出来，这时输出信号的初值为0.5。如果采用低通滤波器，则这样的直馈现象被回避了，输出信号在极短时间内($t<10^{-5}$)由0平缓地变化到0.5，后续的响应与理论值很接近。这个过程是很短的，如果 T 足够小，这个过程是可以忽略不计的。除去这个短暂的时间段，可以得出最大误差为 4.5985×10^{-8}，计算点数为1358。

```
>> ii=t>1e-5; max(abs(y0(ii)-y1(ii))), length(t)
```

减小 T 值，则可以得出不同 T 值的仿真结果对比(见表14-4)。可以看出，不加低通滤波器(即表中的“直馈”)虽然导致代数环现象，耗时稍长，其仿真结果是最好的。一般情况下不必理会代数

表14-4　不同 T 值的仿真结果对比

滤波常数 T	直馈	10^{-5}	10^{-6}	10^{-8}	10^{-10}
最大误差	1.6875×10^{-14}	0.0671	4.5985×10^{-8}	4.5975×10^{-10}	4.4973×10^{-12}
计算点数	823	1501	1358	1219	1128
耗时/s	0.7232	0.3253	0.3112	0.3044	0.3245

环，让Simulink自行求解代数方程即可。在某些特定的场合下，Simulink求解出现困难时，可以考虑引入低通滤波器消除代数环。可以看出，如果T足够小，逼近的效果还是比较好的。

14.2.3 仿真过程的快速重启

不论用界面启动仿真进程还是用命令式启动仿真，用户会发现在仿真之前，Simulink模型的状态栏都提示Compiling，这是正常现象，默认设置下每次仿真都需要重新编译模型。如果解决某问题需要连续多次启用仿真进程，若每次都重新编译，整个过程是极其耗时的。如何避免重新编译呢？Simulink提供了“快速重启”(fast restart)的仿真模式。只要模型结构和不可调参数不发生变化，只是可调参数发生变化，则无须重新编译，将可调参数重新赋值后就可以直接仿真。可调参数的赋值一般应该在模型的工作空间(model workspace)完成，而不是在MATLAB工作空间实现。

对一般仿真而言，不必太注意快速重启，可以设置快速重启，也可以不设置。不过在大量重复调用仿真过程时，例如，在最优化过程中嵌入Simulink仿真过程时，则必须设置快速重启模式，这样可以大大加速最优化过程。

例14-9 考虑如图14-5(a)所示的PID控制系统模型，受控对象模型为$G(s)=1/(s+1)^5$，控制器模型为$G_\mathrm{c}(s)$有三个可调参数$\boldsymbol{x}=[K_\mathrm{p},K_\mathrm{i},K_\mathrm{d}]$，且驱动饱和为$|u(t)|\leqslant 5$，试设计PID控制器，使控制指标为最小。

$$J=\min_{\boldsymbol{x}}\int_0^{30} t|e(t)|\mathrm{d}t$$

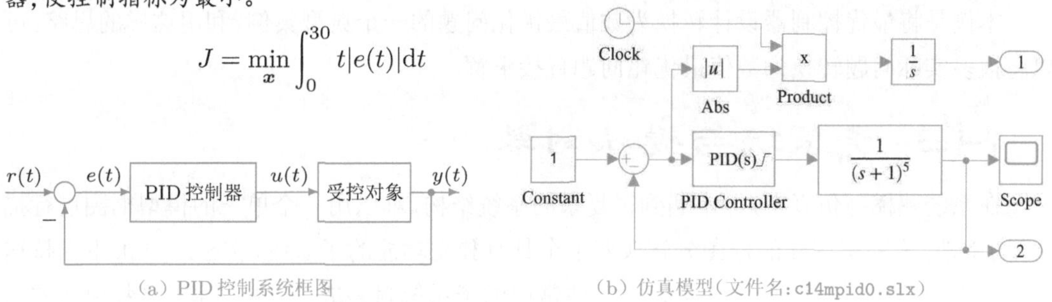

(a) PID控制系统框图　　(b) 仿真模型(文件名：c14mpid0.slx)

图14-5 PID控制系统与仿真模型

解 由于这个例子涉及非线性系统的设计，所以最优控制器设计问题用传统方法是不能求解的，不妨将其转换为数值最优化问题，利用MATLAB提供的强大的仿真与最优化问题求解方法直接求解。根据例子的叙述，可以建立如图14-5(b)所示的Simulink仿真模型，并描述了积分指标。其中，PID Controller模块可以设置驱动饱和(actuator saturation)与待定参数。有了仿真模型，则可以编写如下的M-函数描述目标函数。

```
function y=c14mpid(x)
W=get_param(gcs,'ModelWorkspace'); assignin(W,'Kp',x(1))
assignin(W,'Ki',x(2)); assignin(W,'Kd',x(3)); %修改模型工作空间参数
txy=sim('c14mpid0'); y=txy.yout(end,1);         %信号的最后一个值为目标函数
```

描述了目标函数，就可以调用fminsearch()这类求解函数对控制器参数寻优。注意，这里首先将该Simulink模型设置为快速重启模式。

```
>> open_system('c14mpid0');                  %打开PID控制Simulink模型
   set_param(gcs,'FastRestart','on') %设置快速重启过程，如果不执行将极其耗时
```

```
tic, [x,f0,key,c]=fminsearch(@c14mpid,rand(3,1)), toc
txy=sim('c14mpid0'); plot(txy.tout,txy.yout(:,2))
```

经过11.23 s的等待，可以得出最优的PID控制器参数为$K_\mathrm{p}=1.3363$，$K_\mathrm{i}=0.2752$，$K_\mathrm{d}=1.8133$，得出的闭环阶跃响应曲线如图14-6所示。可以看出，设计的控制器效果是令人满意的。可以测出，寻优过程总共运行了仿真模型344次，所以每次都略去编译过程将节省大量的时间。

如果上述语句执行前不设置快速重启模式，寻优过程将极其耗时，寻优过程为105.08 s，得出的结果完全一致。所以，设置快速重启仿真模式可能大大提升这类仿真问题的求解效率。

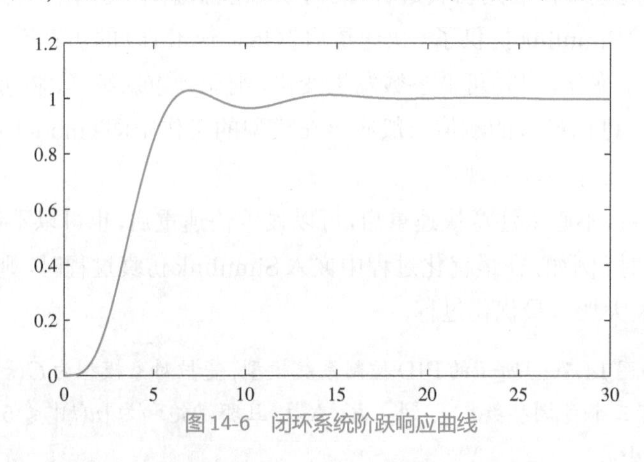

图14-6　闭环系统阶跃响应曲线

本例是将最优控制器设计转换为数值最优化问题的一个典型案例，利用这样的思路，可以将很多实际问题转换为数值最优化问题直接求解。

14.3　子系统与模块封装

在系统建模与仿真中，经常遇到很复杂的系统结构，难以用一个单一的模型框图进行描述。通常地，需要将这样的框图分解成若干个具有独立功能的子系统，在Simulink下支持这样的子系统结构。另外，用户还可以将一些常用的子系统封装成为一些模块，这些模块的用法也类似于标准的Simulink模块。更进一步地，还可以将自己开发的一系列模块做成自己的模块组或模块集。本节将系统地介绍子系统的构造及应用，并介绍模块封装的一般方法。

14.3.1　子系统

要创建新的子系统（subsystems），首先需要给子系统设置或指定输入和输出端。子系统的输入端由Sources模块组中的In表示，而输出端用Sinks模块组的Out表示。这些模块在Ports & Subsystems模块组中也给出，模块是完全相同的。在输入端和输出端之间，用户可以任意地设计模块的内部结构。另外，还可以在复杂模型中直接提取某些模块或子结构，在此基础上直接提取子系统模型。本节通过例子演示子系统搭建与子系统提取的方法。

例14-10　PID控制器是工业控制中使用最广的控制器类型[71]，其一般数学形式为

$$G_\mathrm{c}(s)=K_\mathrm{p}+\frac{K_\mathrm{i}}{s}+\frac{K_\mathrm{d}s}{K_\mathrm{d}s/N+1}\tag{14-1}$$

试建立一个PID控制器的底层模型，并由该模型制作PID控制器子系统。

解 PID控制器有1路输入信号与1路输出信号，两个信号之间用$G_c(s)$这个传递函数连接。所以，利用Simulink的底层模块可以直接建立起如图14-7(a)所示的PID控制器模型。

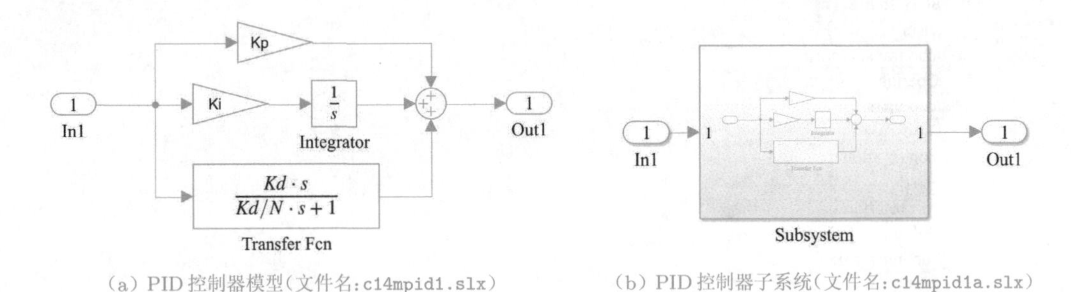

(a) PID控制器模型(文件名：c14mpid1.slx)　(b) PID控制器子系统(文件名：c14mpid1a.slx)

图14-7 PID控制器的模型与子系统

选中该模型的全部模块或在模型窗口中按Ctrl+A组合键(即"全选")，再由快捷菜单Create Subsystem from Selection(基于所选内容创建子系统)可以建立一个子系统模块，如图14-7(b)所示。可见，在子系统图标上由浅颜色标出该子系统内部结构的略图，这对复杂系统的Simulink建模与维护有一定的提示作用。

双击子系统模块，则可以打开一个新的模型窗口，显示图14-7(a)的子系统内部结构。用户可以在模型窗口内编辑和修改子系统模型。

14.3.2 封装模块的图标设计

前面介绍了子系统模块与处理方法。通常情况下，可以将大型系统中有共性的部分做成子系统，使得整个大系统的建模尽量简洁，这样利于大规模仿真模型的制作与维护，增加子系统模块的可重用性。

所谓封装(masking)模块，就是将其对应的子系统内部结构隐含起来，以便访问该模块时只出现参数设置对话框，模块中所需要的参数可以由这个对话框输入。

如果想封装一个用户自建模型，首先应该用建立子系统的方式将其转换为子系统模块，选中该子系统模块的图标，右击模块则打开快捷菜单，其Mask(封装)菜单项如图14-8所示。

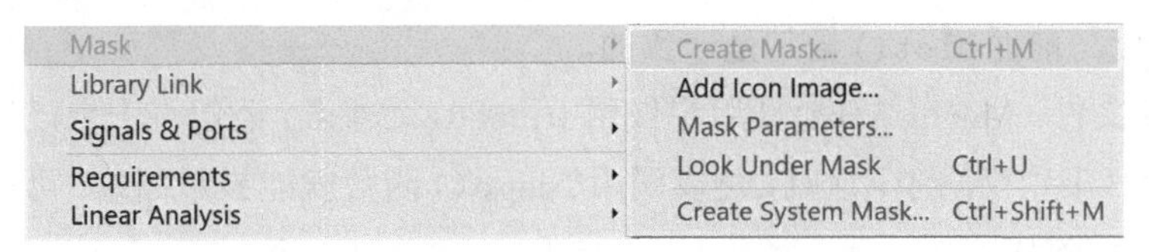

图14-8 模块封装快捷菜单

从该快捷菜单中选择Create Mask(创建封装)菜单项，则可以打开如图14-9所示的模块封装编辑程序界面。该界面上部有四个标签，Icon & Port(图标与端口)、Parameter & Dialog(参数和对话框)、Initialization(初始化)与Documentation(文档)，每个标签将对应一个标签页。当前的标签页用于封装模块的图标设计，可以将图标设计命令填写到右侧的Icon drawing commands(图标绘制命令)编辑框中。

一般情况下，可以使用下面三种方法绘制图标：

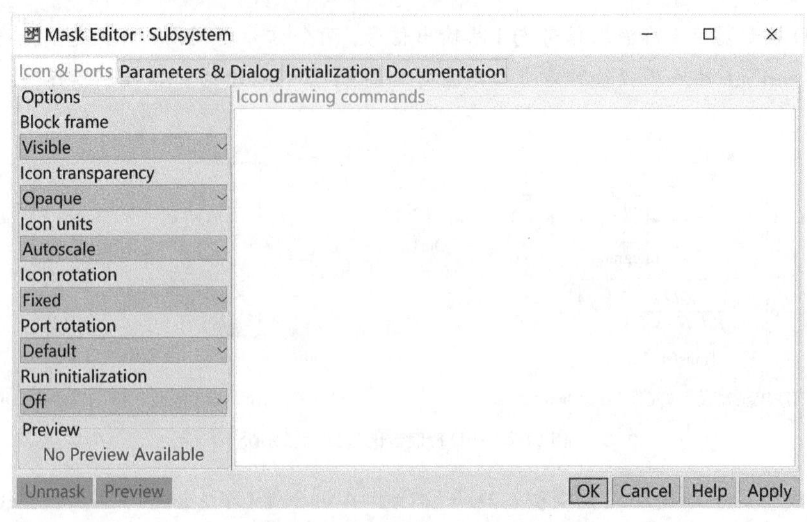

图14-9　模块封装编辑程序界面

（1）图形绘制。允许在该模块图标上绘制曲线或颜色填充片。由MATLAB的plot()函数画出线状的图形。注意，这里的plot()命令不是真正的MATLAB命令，它的调用格式为plot(x_1,y_1,x_2,y_2,$\cdots$)，不像MATLAB的plot()函数那样，支持曲线绘制选项。

此外，还可以由patch()函数绘制颜色填充片，其调用格式为

patch([x_1,x_2,$\cdots$,x_n,x_1],[y_1,y_2,$\cdots$,y_n,y_1],颜色)

其中，这里给出的两个向量描述的是封闭曲线的坐标，其内部用指定颜色填充。“颜色”可以为'red'（红色）这样的保留颜色，也可以为[r,g,b]这样的颜色分量。这三个分量的取值范围为$[0,1]$。

在绘制图形或文字时，还允许修改绘制的颜色。例如，若使用color(颜色)命令，则后续画图与文字都将按照设定的颜色给出。

（2）文字描述。使用disp()语句可以在图标上叠印文字，该命令允许文字的多行显示，用户可以在要显示文字字符串中用\n表示换行。比较新的版本还允许用户使用text()命令，在指定位置显示文字，其具体调用格式为text(x,y,字符串)，其中，(x,y)为显示字符串的坐标，其尺度与前面plot()语句是一致的。

（3）图像文件。MATLAB允许用户使用imread(文件名)语句将一个已知的图像文件读入MATLAB工作空间中，这时，可以调用image()函数就能显示图片。可以用这样的方式在图标上显示图片。

例14-11　试用上述的各种命令给封装的PID控制器模块设计图标。

解　如果想在图标上画出一个“笑脸”，则可以采用下面的MATLAB命令，分别绘制出四条曲线，其中外部画一个单位圆表示“脸”；绘制两个小圆，半径为0.1，圆心分别在$(-0.4,0.2)$和$(0.4,0.2)$处，表示眼睛；在底部画一个半椭圆，表示嘴。其中，右侧的眼睛用patch()命令绘制填充圆，颜色为红色。这时设计的图标如图14-10(a)所示。

```
t=linspace(0,2*pi,30); t1=linspace(0,pi,30);
plot(cos(t),sin(t),-0.4+0.1*cos(t),0.2+0.1*sin(t))
```

```
patch(0.4+0.1*cos(t),0.2+0.1*sin(t),[1,0,0]) %红色填充图
plot(0.6*cos(t1),-0.1-0.4*sin(t1))              %默认黑色曲线
```

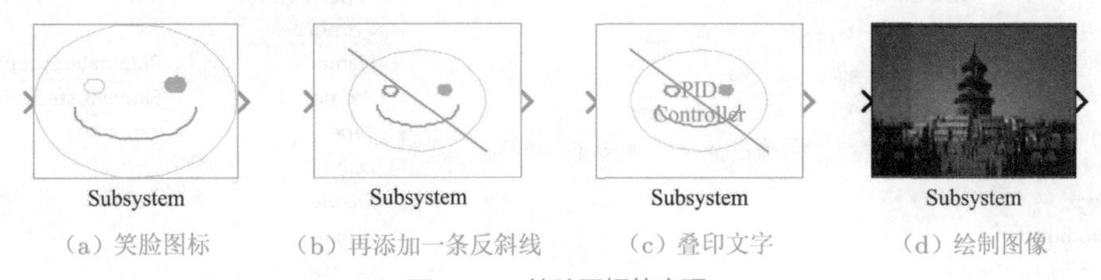

(a) 笑脸图标 (b) 再添加一条反斜线 (c) 叠印文字 (d) 绘制图像

图14-10 笑脸图标的实现

值得注意的是，这些语句若放在早期版本的Icon drawing commands(图标绘制命令)编辑框中将给出错误信息，因为赋值语句在编辑框中不能执行，而在较新版本中是可以正常执行的。

如果想在笑脸上加一条斜线，则可以直接加一行命令

```
plot([-1,1],[1,-1]), plot(-1.5,-1.5), plot(1.5,1.5)
```

这时，会自动在原来的笑脸上叠印一条斜线。另外，由于后两条语句的加入，坐标系范围被设置成$-1.5 \leqslant x, y \leqslant 1.5$。这样设置的图标如图14-10(b)所示。注意，在图标绘制时不能使用`hold on`命令。也不能使用`line()`语句，否则该语句不会绘图。`plot()`命令和MATLAB的`plot()`不一样，绘图时不清屏，直接将新的曲线叠印在现有的曲线上。

如果在前面的绘图命令后加一条指令`disp('PID\nController')`，则可以在图标上叠印文字，如图14-10(c)所示。若给出命令`image(imread('tiantan.jpg'))`，则会读入tiantan.jpg文件，并在图标上显示该图像，如图14-10(d)所示。可以看出，绘制图像后将掩盖全部的绘图命令。

14.3.3 模块封装

前面介绍的图标设计只是图标的外形处理，而封装模块的参数对话框设计才是模块封装的最重要的内容。子系统封装的目的是使得模块中的参数可以独立设置，不影响其他的模块，而独立设置一般是通过参数对话框实现的。就像已有的模块，例如，前面介绍的Transfer Fcn模块，如果双击该模块，就弹出一个参数对话框，提示用户输入传递函数分子、分母多项式。参数对话框的设计的目的是建立模块参数对话框与模块内部变量之间的联系。参数对话框的设计是模块封装的关键技术。本节先介绍参数对话框设计的一般方法，然后通过例子演示具体的设计方法。

选择图14-9封装对话框的Parameter & Dialog(参数和对话框)标签，则模块封装编辑器给出的形式如图14-11所示。该对话框窗口分为左、中、右三个区域，分别称为Controls(控件)区域、Dialog box(对话框)区域和Property editor(属性编辑器)区域。Controls区域提供了各种控件，包括常用的Edit(编辑框)、Check box(复选框)、Popup(弹出框，本书统一称为下拉式列表框)、Listbox(列表框)等常用控件，可以将所需的控件拖动到中间的区域，完成参数对话框的设计。下面通过例子演示参数对话框的设计方法。

例14-12 试为例14-11封装的PID控制器模块设计参数对话框。

解 在研究设计方法之前先介绍参数对话框的需求。由式(14-1)可见，PID控制器有四个参数，K_p、K_i、K_d和N，前三个参数可以由编辑框描述，后一个可以由下拉式列表框描述。

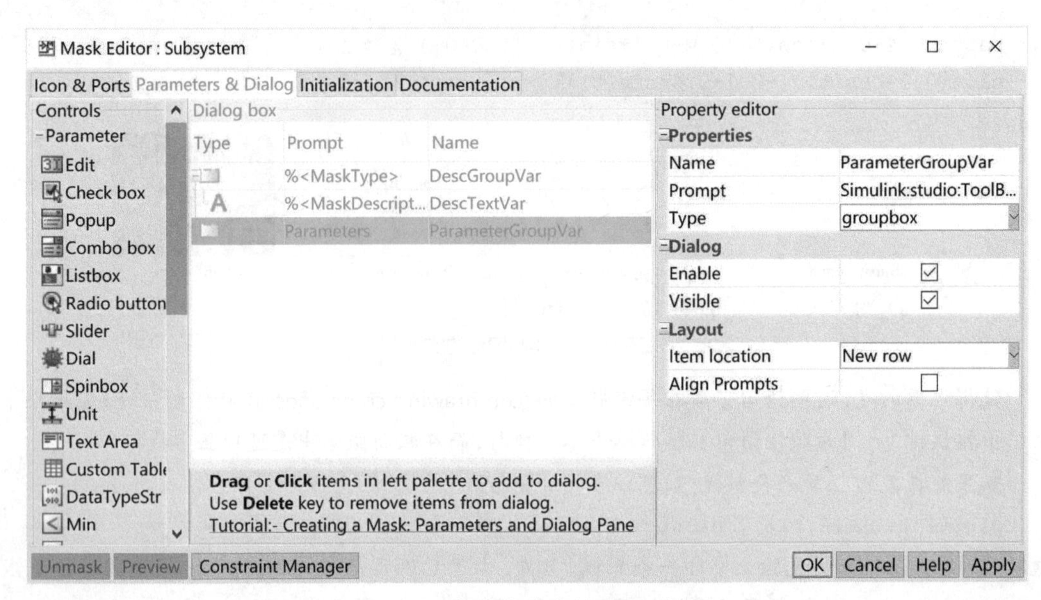

图14-11　参数对话框设计界面及分区

拖动左侧的Edit（编辑框）控件到中区的Parameters（参数）栏目下，就可以在参数对话框再添加一个编辑框。用类似的方法添加三个编辑框和一个下拉式列表框，如图14-12所示。选择第一个参数#1，可以在右侧的Name（名称）编辑框中填写变量名，在Prompt（提示）编辑框填写提示信息，再在Value（值）编辑框填写参数值，这样就可以完成第一个参数的设计。用类似的方法还可以设置其他三个参数，如图14-13所示。在设计下拉式列表框时，可以单击✎按钮，在弹出的编辑框中输入列表选项。

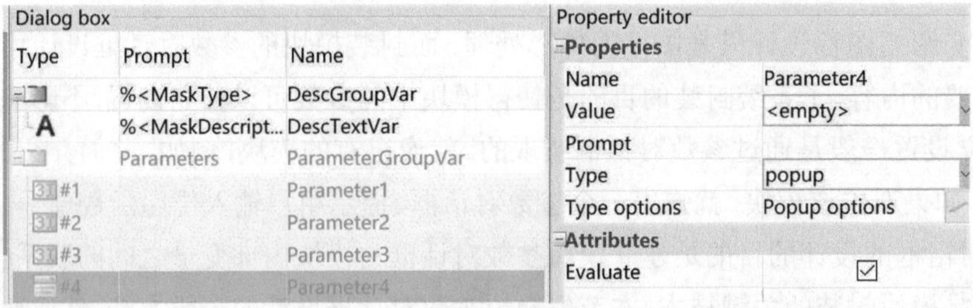

Dialog box

Type	Prompt	Name
	%<MaskType>	DescGroupVar
A	%<MaskDescript...	DescTextVar
	Parameters	ParameterGroupVar
#1		Parameter1
#2		Parameter2
#3		Parameter3
#4		Parameter4

Property editor

Properties	
Name	Parameter4
Value	<empty>
Prompt	
Type	popup
Type options	Popup options
Attributes	
Evaluate	☑

图14-12　参数对话框设计雏形

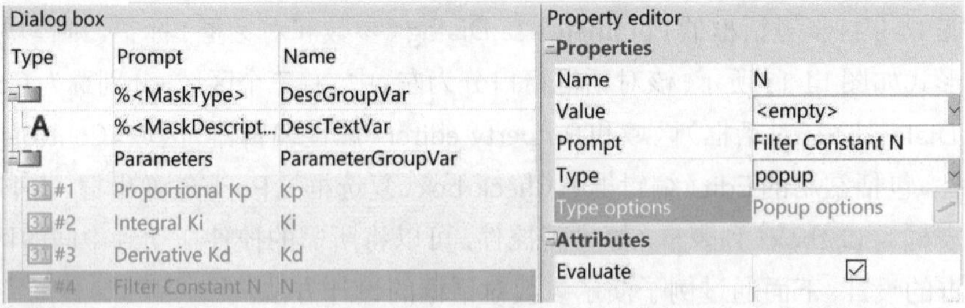

Dialog box

Type	Prompt	Name
	%<MaskType>	DescGroupVar
A	%<MaskDescript...	DescTextVar
	Parameters	ParameterGroupVar
#1	Proportional Kp	Kp
#2	Integral Ki	Ki
#3	Derivative Kd	Kd
#4	Filter Constant N	N

Property editor

Properties	
Name	N
Value	<empty>
Prompt	Filter Constant N
Type	popup
Type options	Popup options
Attributes	
Evaluate	☑

图14-13　参数对话框的设计

用户还可以在模块打开之前预先执行某些命令，这些命令可以由Initialization（初始化）标签设置。如果想在设计图标时使用初始化变量，则应该选择图14-9对话框左下角的Run

Initialization(运行初始化)列表框,将其从Off(关闭)改成On(打开),否则,绘制图标时将不能识别初始化变量。

设置完封装模块后,双击该模块图标,则打开如图14-14所示的模块参数对话框。

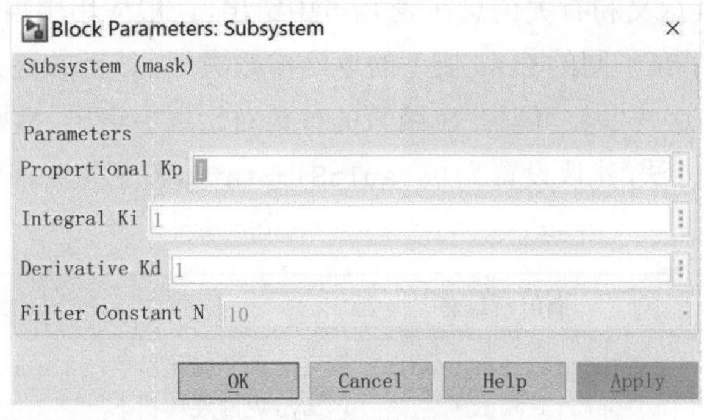

图14-14 封装模块的参数对话框

14.4 S-函数的编程与应用

在用Simulink建模过程中,读者可以发现有些数学模型是难以由底层模块搭建的,尤其是那些采用流程控制描述的模型名,所以应该引入编程的方法描述模块甚至整个仿真模型。事实上,前面已经使用过MATLAB Function和Interpreted MATLAB Function模块描述$\boldsymbol{y}=\boldsymbol{f}(\boldsymbol{u})$这样的数学关系。不过这种数学关系属于静态函数,有时在建模中需要描述微分方程或差分方程这样的动态关系,所以应该采用S-函数(S-function)的编程模式。此外,由于前面计算的静态函数建模不允许带有附加参数,也需要由S-函数描述。本节先介绍系统状态方程的数学描述,然后介绍S-函数的基本结构,并通过例子演示S-函数的编程方法。

14.4.1 系统的状态方程描述

以往探讨的状态方程模型或者为连续的,或者为离散的。在很多应用领域,可能涉及既包含连续状态变量、又包含离散变量甚至离散事件变量的状态方程模型,这样的系统又称为混杂系统(hybrid system)。

假设系统的状态为$\boldsymbol{x}(t)=[\boldsymbol{x}_{\rm c}(t),\boldsymbol{x}_{\rm d}(t)]$,其中,$\boldsymbol{x}_{\rm c}(t)$为系统的连续状态变量向量,$\boldsymbol{x}_{\rm d}(t)$为系统的离散状态变量向量。混杂系统的连续状态方程为

$$\boldsymbol{x}_{\rm c}'(t)=\boldsymbol{f}(t,\boldsymbol{x}(t),\boldsymbol{u}(t)) \tag{14-2}$$

系统的离散状态方程为

$$\boldsymbol{x}_{\rm d}(t+1)=\boldsymbol{g}(t,\boldsymbol{x}(t),\boldsymbol{u}(t)) \tag{14-3}$$

且系统的输出方程为

$$\boldsymbol{y}(t)=\boldsymbol{h}(t,\boldsymbol{x}(t),\boldsymbol{u}(t)) \tag{14-4}$$

14.4.2 S-函数的基本结构

有些算法较复杂的模块可以用MATLAB语言按照S-函数的格式编写。只要原始数学模型可以用混杂系统形式描述的都可以用S-函数直接描述。

S-函数的引导语句为

function [sys, x_0, str, ts, SSC] = *函数名* (t, $\boldsymbol{x}$, $\boldsymbol{u}$, flag, p_1, p_2, $\cdots$)

其中,“函数名”也是S-函数的文件名;输入变元t、$\boldsymbol{x}$和$\boldsymbol{u}$分别为时间、状态和模块的输入信号;`flag`为标志位,其意义和有关信息在表14-5中给出,一般应用中很少使用`flag`为4和9的条件。该表还解释了在不同的`flag`值下的返回参数类型;该函数还允许使用任意数量的附加参数p_1, p_2, $\cdots$,这些参数可以在S-函数的参数对话框中给出,后面将用例子演示。`SSC`描述状态创建与保存方法,建议设置为`DefaultSimState`,甚至忽略该变元。

表14-5　flag参数表与响应函数列表

取值	功能	调用函数名	返回参数
0	初始化	mdlInitializeSizes	sys为初始化参数,$\boldsymbol{x}_0$、str、ts如其定义
1	连续状态计算	mdlDerivatives	sys返回连续状态
2	离散状态计算	mdlUpdate	sys返回离散状态
3	输出信号计算	mdlOutputs	sys返回系统输出
4	下一步仿真时刻	mdlGetTimeOfNextVarHit	sys下一步仿真的时间
9	终止仿真设定	mdlTerminate	sys设置为空矩阵

由表14-5可见,S-函数的任务就是根据`flag`的取值调用响应函数的过程。这个过程比较适合于开关语句结构。S-函数的主程序框架是通用的。

```
function [sys,x0,str,ts,SSC]=文件名(t,x,u,flag,p1,p2,...)
switch flag
  case 0   %调用初始化响应函数
    [sys,x0,str,ts,SSC]=mdlInitializeSizes(输入变元);
  case 1       %计算连续状态变量的导数
    sys=mdlDerivatives(t,x,u,输入变元);
  case 2       %计算离散状态变量下一个时刻的值
    sys=mdlUpdate(t,x,u,输入变元);
  case 3       %计算模块的输出信号
    sys=mdlOutputs(t,x,u,输入变元);
  case 4       %下一步仿真时间
    sys=GetTimeOfNextVarHit(t,x,u,输入变元);
  case 9       %结束仿真过程的处理
    sys=mdlTerminate(t,x,u,输入变元);
  otherwise  %处理错误
    error(['Unhandled flag = ',num2str(flag)]);
end
```

值得指出的是,用户需要根据实际情况编写这些响应函数,“输入变元”也需要用户根据实际情况自己设定。此外,这里给的函数名只是建议,不一定非得这么选择。用户可以根据需要随意选择函数名,只要主调函数与后面的响应函数名字对应上即可。对于简单问题而言,甚至可以不编写响应函数,只须将响应函数的命令嵌入S-函数的主程序框架即可。后面将给出例子演示。

14.4.3 S-函数的运行机制

S-函数在Simulink框图中执行过程如下：在仿真开始时首先将`flag`的值设置为0，启动初始化过程，然后将`flag`设置成3，计算模块的输出信号，再分别设置`flag`值为2和1，更新连续和离散状态，完成一步仿真。在下一个仿真步长内，仍然将`flag`的值依次设置成3→2→1。在每个步长内都这样循环往复，直至仿真结束。

14.4.4 S-函数的响应函数

由于S-函数需要编写的主要是对`flag`变元做出响应的函数，所以，S-函数最普遍的格式是开关语句格式。用开关语句形成不同`flag`值响应的程序框架。有了程序框架，下面的主要任务就是介绍S-函数响应的编写方法。这里只是给出概略介绍，后面将通过例子演示响应函数的编写方法。

1. 参数初始设定

首先通过`sizes=simsizes`语句获得默认的系统参数变量`sizes`。得出的`sizes`实际上是一个结构体变量，其常用成员在表14-6中给出。可以根据实际要求设置`sizes`结构体的成员变量。

表14-6 常用的初始化参数

成员变量名	成员变量的解释
NumContStates	S-函数描述的模块中连续状态的个数
NumDiscStates	离散状态的个数
NumInputs	模块输入信号的路数
NumOutputs	模块输出信号的路数
DirFeedthrough	输入信号是否直接在输出端出现的标识，就是前面提及的直馈。这个参数的设置是很重要的，如果在输出方程中显含输入变量u，则应该将本参数设置为1。这个模块的设置对仿真进程中模块的排序是有影响的。没有直馈的排序靠前，有直馈的需要等其输入信号都计算出来之后才能计算
NumSampleTimes	模块采样周期的个数。S-函数支持多采样周期的系统

设置好结构体`sizes`之后，应该再通过`sys=simsizes(sizes)`语句赋给`sys`参数。除了`sys`外，还应该设置系统的初始状态变量x_0、说明变量`str`和采样周期变量`ts`，其中，`ts`变量应该为双列的矩阵，其中每行对应一个采样周期。连续模块的采样周期为0；对有单个采样周期的离散系统来说，该变量为$[t_1,t_2]$，其中，t_1为采样周期，参数t_2为偏移量，一般取为0。如果取$t_1=-1$，则该模块将继承输入信号的采样周期。

2. 状态的动态更新

模块的连续状态更新由`mdlDerivatives`函数设置，离散状态更新应该由`mdlUpdates`函数设置。这些函数的输出值，即相应的状态，均由`sys`变元返回。如果要仿真混杂系统，则需要写出这两个函数，分别描述连续状态和离散状态的更新情况。

3. 输出信号的计算

调用`mdlOutputs`函数就可以计算出模块的输出信号，系统的输出仍由`sys`变量返回。

14.4.5 S-函数举例

Simulink中提供了一个sfuntmpl.m的模板文件，可以从这个模板出发构建自己的S-函数，如果需要，则将该文件复制到工作目录中，以它为模板，就可以构建自己的S-函数。

其实，从前面的叙述看，S-函数的结构与编程方法还是很简单、规范的。用户可以根据需要选择模块的参数（如输入与输出的路数、连续与离散的状态变量个数等），并确定附加变量，则可以很容易地编写出S-函数程序，实现复杂模型的简洁建模方法。本节主要通过例子介绍S-函数的编程方法。

例14-13 已知连续系统的状态方程模型

$$\begin{cases} \boldsymbol{x}'(t) = \boldsymbol{A}\boldsymbol{x}(t) + \boldsymbol{B}\boldsymbol{u}(t) \\ \boldsymbol{y}(t) = \boldsymbol{C}\boldsymbol{x}(t) + \boldsymbol{D}\boldsymbol{u}(t) \end{cases}$$

其中，$\boldsymbol{A}$、$\boldsymbol{B}$、$\boldsymbol{C}$和$\boldsymbol{D}$为常数矩阵，维数分别为$n \times n$、$n \times p$、$q \times n$和$q \times p$。已知，系统的输入、输出路数分别为p和q。试用S-函数编写一个通用的连续状态方程模块。

解 连续状态方程模块可以直接使用Continuous模块组中的State-Space模块，这里只想用这个例子演示S-函数的编程方法。由前面模型已知，这个模型需要的附加参数为$\boldsymbol{A}$、$\boldsymbol{B}$、$\boldsymbol{C}$、$\boldsymbol{D}$矩阵和初始状态向量$\boldsymbol{x}_0$。这样，可以建立下面的S-函数主框架：

```
function [sys,x0,str,ts,SSC]=c14mss(t,x,u,flag,A,B,C,D,x0)
switch flag
   case 0, [sys,str,ts,SSC]=mdlInitializeSizes(A,B,C,D);
   case 1, sys=A*x+B*u;    %对简单问题无须编写响应函数,直接计算导数即可
   case 3, sys=C*x+D*u;    %直接计算输出即可,没有必要编写响应函数
   case {2,4,9}, sys=[];  %未使用的flag值
   otherwise, error(['Unhandled flag = ',num2str(flag)]);
end
```

由于系统是连续系统，所以没有必要给出case 2的响应，另外，由于状态变量导数与输出计算很简单，没有必要另行编写响应函数，将计算语句嵌入主框架即可。

连续状态的个数为n，若$\boldsymbol{A}$矩阵已知，则可以由size()函数读出；离散状态变量的个数为0；输入、输出的路数分别为p和q，也可以由size()函数读出；在这个S-函数的初始化过程中，比较关键的是直馈标识的设定。由输出分成$\boldsymbol{y} = \boldsymbol{C}\boldsymbol{x} + \boldsymbol{D}\boldsymbol{u}$可见，如果$\boldsymbol{D}$是非零矩阵，则$\boldsymbol{y}$显含$\boldsymbol{u}$，应该将直馈标识设置成1，否则设置成0。这样，可以编写如下的初始化函数：

```
%当flag为0时进行整个系统的初始化
function [sys,str,ts,SSC]=mdlInitializeSizes(A,B,C,D)
sizes = simsizes;                           %读入初始化参数模板
sizes.NumContStates=size(A,1);              %连续状态变量个数
sizes.NumDiscStates=0;                      %无离散状态
sizes.NumOutputs=size(C,1);                 %输出信号路数
sizes.NumInputs=size(B,2);                  %输入信号路数
sizes.DirFeedthrough=any(D(:)~=0);          %设置直馈标识
sizes.NumSampleTimes = 1;                   %单个采样周期
sys=simsizes(sizes);                        %根据上面的设置设定系统初始化参数
str=[]; ts=[0 0]; SSC='DefaultSimState';    %设置成默认的选项值
```

例14-14 试用Simulink建立一个例5-3分形树模型。为方便起见，这里重新给出分形树的数学模型。

$$\begin{cases} x_1=0, & y_1=y_0/2, & \gamma_i<0.05 \\ x_1=0.42(x_0-y_0), & y_1=0.2+0.42(x_0+y_0), & 0.05\leqslant\gamma_i<0.45 \\ x_1=0.42(x_0+y_0), & y_1=0.2-0.42(x_0-y_0), & 0.45\leqslant\gamma_i<0.85 \\ x_1=0.1x_0, & y_1=0.2+0.1y_0, & \text{其他} \end{cases}$$

其中，γ_i为$[0,1]$区间均匀分布的随机数。

解 如果想用S-函数建模，可以选择离散状态变量$z_1(k)=x_0$，$z_2(k)=y_0$，则认为将递推模型的$z_1(k+1)=x_1$，$z_2(k+1)=y_1$。这样，原来的表达式就是事实上的离散状态方程形式。该状态方程为切换状态方程，在不同的四个条件下分别写出四个不同的状态方程，例如，第三个条件下的离散状态方程为

$$\begin{bmatrix} z_1(k+1) \\ z_2(k+1) \end{bmatrix}=\begin{bmatrix} 0.42(z_1(k)-z_2(k)) \\ 0.2+0.42(z_1(k)+z_2(k)) \end{bmatrix}$$

为篇幅起见，这里不列出所有的状态方程的数学形式，其实，在实际编程时也不采用状态方程的数学形式。可以看出，这个问题的底层建模将极其麻烦，而特别适合MATLAB语句描述，可以使用`if ··· elseif`流程结构直接描述。

如果想用S-函数建模，应该明确模块的输入、输出信号和状态变量个数。显然，这里的离散状态变量个数为2，连续状态变量个数为0；模块的输入信号是γ_i，所以，有一路输入信号；输出信号是状态变量，所以有两路输出信号；此外，输出信号中不显含输入信号，所以直馈标志为0。从附加参数的角度看，初始状态可以任选，所以可以将z_0选作初始状态。这样，可以写出分形树的S-函数通用框架：

```
function [sys,z0,str,ts,SSC]=c14mtree(t,z,u,flag,z0)
switch flag
   case 0, [sys,str,ts,SSC]=mdlInitializeSizes;
   case 2, sys=mdlUpdates(z,u); %需要编写一个离散状态变量更新的函数
   case 3, sys=z;               %直接计算输出信号，没有必要编写响应函数
   case {1, 4, 9}, sys = [];    %未使用的flag值
   otherwise, error(['Unhandled flag = ',num2str(flag)]);
end
```

注意，由于输出方程为$\boldsymbol{y}=\boldsymbol{z}$，所以，不为其编写响应函数，直接将其嵌入`case 3`的响应即可。由于这个系统的连续状态变量个数为0，所以，也不用编写`case 1`的响应。

有了主程序框架，还需要用户编写出初始化的响应函数和离散状态变量更新函数。由于初始状态变量已经由附加变量z_0传入，所以无须将其写入初始化函数。这样，可以编写出如下的初始化函数。注意，在初始化函数编写时，首先由`simsizes()`函数读入初始化参数模板，然后根据需要对模板中的成员变量的值进行修改，修改完成后再调用`simsizes()`函数，返回`sys`变元。另外设置采样周期的值为-1，表示继承输入信号的采样周期值。

```
%当flag为0时进行整个系统的初始化
function [sys,str,ts,SSC]=mdlInitializeSizes
sizes = simsizes;                                   %读入初始化参数模板
sizes.NumContStates=0; sizes.NumDiscStates=2; %状态变量个数
sizes.NumOutputs=2; sizes.NumInputs=1; sizes.DirFeedthrough=0; %没有直馈
sizes.NumSampleTimes=1; sys=simsizes(sizes);  %设定系统初始化参数
```

```
str=[]; ts=[-1 0]; SSC='DefaultSimState';          %继承输入信号的采样周期
```

下面的程序是离散状态变量更新的响应函数。为方便起见，可以从状态变量中把x_0和y_0变量提取出来，再根据输入信号u(即γ_i)的值，由条件转移结构直接计算出新的状态变量向量，由sys返回。可以看出，这里介绍的编程方法更直接，没有必要非得得出离散状态方程的数学形式。

```
function sys=mdlUpdates(z,u)
x0=z(1); y0=z(2);  %暂存当前的状态变量
if u<0.05,      sys=[0; 0.5*y0];
elseif u<0.45,  sys=[0.42*(x0-y0); 0.2+0.42*(x0+y0)];
elseif u<0.85,  sys=[0.42*(x0+y0); 0.2-0.42*(x0-y0)];
else,           sys=[0.1*x0; 0.1*y0+0.2]; end
```

建立了S-函数模型c14mtree.m，则可以直接创建如图14-15(a)所示的仿真模型。其中，模块Uniform Random Number的最小值和最大值分别设置为0和1，采样周期的值可以任取，因为对这个具体例子而言，仿真结果与采样周期的值无关。双击S-Function模块，则弹出如图14-15(b)所示的对话框。将S-函数的文件名填入对话框，并将初始状态填入S-function parameters编辑框，则可以完成分形树的Simulink建模。

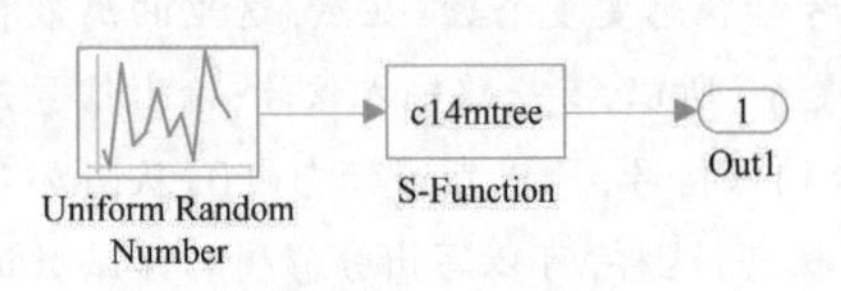

(a) 仿真模型(文件名:c14mtree1.slx)

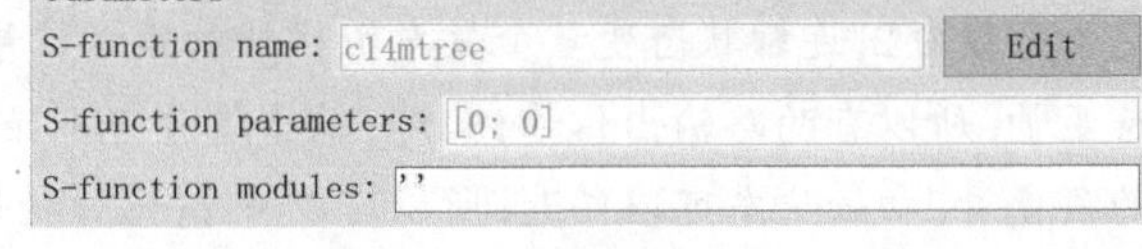

(b) S-函数参数对话框

图14-15 分形树的Simulink仿真模型

启动仿真过程，则由`plot(yout(:,1),yout(:,2),'.')`命令可以绘制出仿真结果，绘制的图形与例5-3得出的完全一致。

例14-15 跟踪微分器(tracking differentiator)数学模型为[72]

$$\begin{cases} x_1(k+1)=x_1(k)+Tx_2(k) \\ x_2(k+1)=x_2(k)+T\text{fst}(x_1(k),x_2(k),u(k),r,h) \end{cases} \tag{14-5}$$

式中，T为采样周期，$u(k)$为第k时刻的输入信号，r为决定跟踪快慢的参数，h为输入信号被噪声污染时，决定滤波效果的参数。fst函数值可以由下面的式子逐步计算：

$$\delta=rh,\quad \delta_0=\delta h,\quad y_0=x_1(k)-u+hx_2(k),\quad a_0=\sqrt{\delta^2+8r|y_0|} \tag{14-6}$$

$$a=\begin{cases} x_2(k)+y_0/h, & |y_0|\leqslant\delta_0 \\ x_2(k)+0.5(a_0-\delta)\,\text{sign}(y_0), & |y_0|>\delta_0 \end{cases} \tag{14-7}$$

$$\text{fst}=\begin{cases} -ra/\delta, & |a|\leqslant\delta \\ -r\,\text{sign}(a), & |a|>\delta \end{cases} \tag{14-8}$$

如果采用底层建模的方式建立其仿真模型是极其烦琐的[16]，试用S-函数建立其仿真模型。

解 如果想更新离散状态，正确的计算顺序是先依次计算δ、δ_0、y_0和a_0，再计算a，最后计算fst。不过这里因为涉及分段函数，由基于模块搭建的底层建模是很烦琐的，而用MATLAB编程方法处理分段函数是轻而易举的，所以，采用S-函数将比较容易地实现这种模型的创建。

从原问题的需求看，该模块有两个离散变量，没有连续变量。有一路输入信号$u(k)$，有两路输出信号，即模块的两个状态。该模块有一个采样周期T，没有直馈。模块有三个附加参数：r、h和T。根据这里给出的数学模型，可以直接写出下面的S-函数。

```
function [sys,x0,str,ts,SSC]=han_td(t,x,u,flag,r,h,T)
switch flag
   case 0, [sys,x0,str,ts] = mdlInitializeSizes(T);
   case 2, sys = mdlUpdates(x,u,r,h,T);
   case 3, sys = x;                                    %直接计算模块输出
   case {1, 4, 9}, sys = [];                           %未使用的flag值
   otherwise, error(['Unhandled flag = ',num2str(flag)]);
end
%当flag为0时进行整个系统的初始化
function [sys,x0,str,ts,SSC] = mdlInitializeSizes(T)
sizes = simsizes;                                      %读入初始化参数模板
sizes.NumContStates=0; sizes.NumDiscStates=2;          %状态变量个数
sizes.NumOutputs=2; sizes.NumInputs=1; sizes.DirFeedthrough=0; %没有直馈
sizes.NumSampleTimes=1; sys=simsizes(sizes);           %设定初始化参数
x0=[0; 0]; str=[]; ts=[T 0]; SSC='DefaultSimState'; %设置成默认的选项值
%在主函数的flag=2时，更新离散系统的状态变量
function sys = mdlUpdates(x,u,r,h,T)
sys = [x(1)+T*x(2); x(2)+T*fst(x,u,r,h)];
function f=fst(x,u,r,h)
delta=r*h; delta0=delta*h; b=x(1)-u+h*x(2); a0=sqrt(delta*delta+8*r*abs(b));
a=x(2)+b/h*(abs(b)<=delta0)+0.5*(a0-delta)*sign(b)*(abs(b)>delta0);
f=-r*a/delta*(abs(a)<=delta)-r*sign(a)*(abs(a)>delta);
```

因为输出信号比较容易计算，所以其计算语句直接嵌入主程序框架，未单独列写响应函数。这些分段函数由MATLAB语句实现比用模块搭建容易得多，也很容易查错。

将测试信号分为两段，$(0, 2\pi)$ 区间采用正弦信号，$(2\pi, 4\pi)$ 区间采用三角波信号，则可以编写下面的M-函数生成测试信号。

```
function y=c14han_fun(x)
if x<=2*pi, y=sin(x);                    %第一个周期生成标准正弦信号
elseif x<=2.5*pi, y=2*(x-2*pi)/pi; %本周期内生成三角波，分为三个部分
elseif x<=3.5*pi, y=1-2*(x-2.5*pi)/pi;
elseif x<=4*pi, y=-2+2*(x-3*pi)/pi; end
```

这样，可以构造如图14-16所示的跟踪微分器测试框图。该模型得出的仿真结果如图14-17所示，该图给出了原信号的跟踪信号及其一阶导数信号。可以看出，原信号跟踪效果比较好，与输入信号基本重合。导数跟踪也是比较快的，结果比较理想。

在描述复杂状态方程模型时，S-函数建模与仿真方法有天然的优势，其建模方便程度与可靠程度远远高于底层建模方法，建议读者广泛使用S-函数建模方法。

例14-16 试通过S-函数构造一个阶梯信号发生器。

解 这样的信号发生器信号不需要输入信号，也没有连续、离散状态。该模块也没有直馈，是

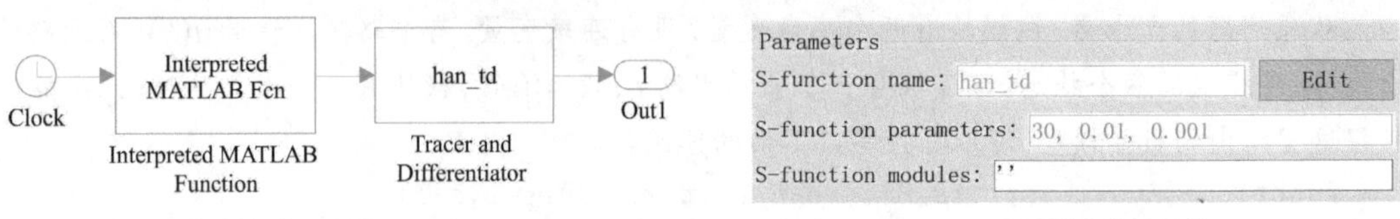

（a）仿真模型（文件名：c14mtd.slx）（b）S-函数参数对话框

图 14-16 跟踪微分器仿真模型

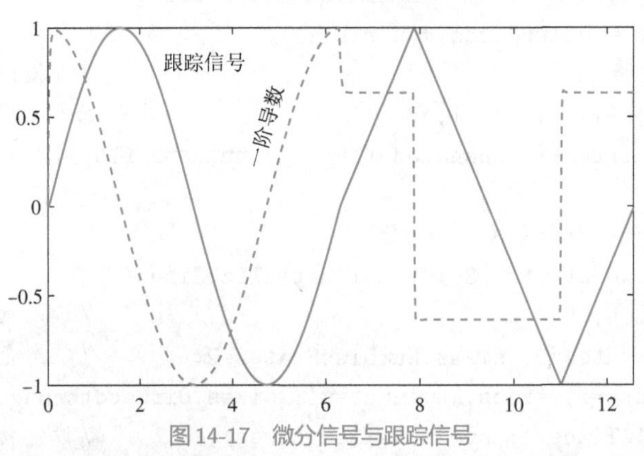

图 14-17 微分信号与跟踪信号

连续模块，有一路输出信号。因此在初始化过程中，可以输入这样的参数，填写两个向量tTime和yStep，描述阶梯信号的转折点，这样可以编写出如下的S-函数。因为模块没有连续和离散状态，所以编程不必考虑case 1和case 2，可以和case 4,9一样，将输出的sys设置成空矩阵。

```
function [sys,x0,str,ts,SSC]=multi_step(t,x,u,flag,tTime,yStep)
switch flag
   case 0, [sys,x0,str,ts,SSC]=mdlInitializeSizes;            %初始化
   case 3, sys=mdlOutputs(t,tTime,yStep);                      %计算输出信号
   case {1,2,4,9}, sys = [];                                   %未使用的flag值
   otherwise, error(['Unhandled flag = ',num2str(flag)]);
end
%当flag为0时，进行初始化处理
function [sys,x0,str,ts,SSC] = mdlInitializeSizes
S=simsizes;                                                    %调入初始化的模板
S.NumContStates=0; S.NumDiscStates=0;                          %无连续、离散状态
S.NumOutputs=1;    S.NumInputs=0;                              %系统的输入、输出路数
S.DirFeedthrough=0; S.NumSampleTimes=1; sys=simsizes(S);%初始化参数设定
x0=[]; str=[]; ts=[0 0]; SSC='DefaultSimState';
%当flag为3时，计算输出信号
function sys = mdlOutputs(t,tTime,yStep)
i=find(tTime<=t); sys=yStep(i(end));
```

14.4.6 S-函数模块的封装

S-函数模块可以直接封装为可重用模块。一般情况下，选中S-函数模块图标，右击模块获得快捷菜单，从中选择Mask选项，就可以采用前面介绍的方法直接对S-函数模块进行封装。因为S-函数自带附加参数，所以在设计封装对话框时为这些附加参数设计提示即可。下

面通过简单例子演示S-函数模块的封装方法。

例14-17 试封装例14-16给出的多阶梯信号源模块，并绘制模块图标。

解 分析例14-16中的S-函数可知，该模块带有两个附加参数，tTime和yStep，所以，模块封装时应该为这两个参数选择提示信息。因此可以按照图14-18所示的方法设计封装参数对话框。

Type	Prompt	Name
	%<MaskType>	DescGroupVar
A	%<MaskDescription>	DescTextVar
	Parameters	ParameterGroupVar
#1	Vector of time	tTime
#2	Vector of magnitude	yStep

图14-18 参数封装对话框

还应该在Initialization标签页填写下面初始化代码，为绘制图标准备数据。

```
ee=1e-5; n=length(tTime); tt=tTime(2:n)+ee;
y0=[yStep(1) yStep(1:n-1) yStep(2:n)];
[t0,ii]=sort([tTime,tt]); y0=y0(ii);
T=diff(t0); if isempty(T), T=10; else, T=T(end-1); end
t0=[t0 t0(end)+T]; y0=[y0 y0(end)];
```

这里的t_0、y_0向量可以直接用于绘制阶梯图。在Icon & Ports标签页下将Run Initialization设置为On，并在Icon drawing commands编辑框中填写如下命令，就可以在图标上绘制阶梯图标。

```
plot(t0,y0), dX=max(t0)-min(t0); dY=max(y0)-min(y0); %下面增加裕量
plot(min(t0)-0.08*dX,min(y0)-0.08*dY), plot(max(t0)+0.08*dX,max(y0)+0.08*dY)
```

可以创建如图14-19(a)所示的Simulink仿真框图。双击Multi-Staircase Signal Generator模块，并在其参数对话框中（如图14-19(b)所示）填写阶梯数据参数，则图标将自动显示阶梯信号。

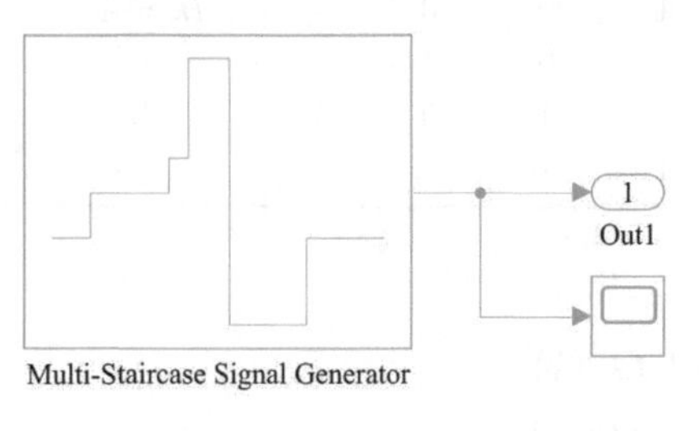

(a) 仿真模型（文件名：c14mmstep.slx）

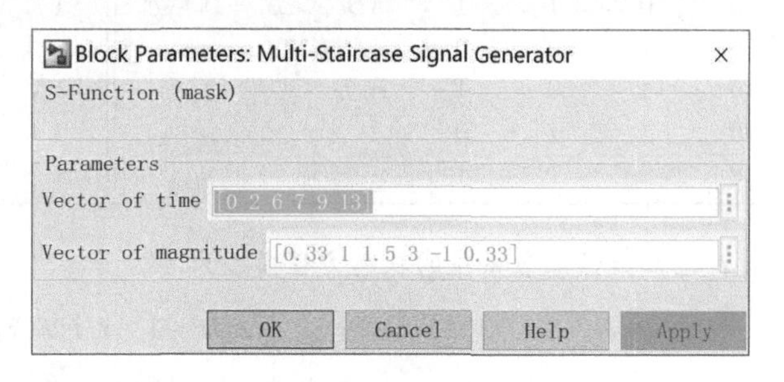

(b) 模型的参数对话框

图14-19 新封装的阶梯信号发生器与参数对话框

14.5 习题

14.1 考虑前面介绍的van der Pol方程，该方程有一个参数μ。试选择不同的μ值进行仿真，并绘制相平面图。比较普通仿真与并行仿真，并评价并行仿真的效率。

14.2 在温度单位中，摄氏温度C与华氏温度F之间的关系为

$$C=\frac{5}{9}(F-32),\quad F=\frac{9}{5}C+32$$

试建立一个单位转换模块，在对话框中给出列表框显示当前温度制式，通过模块计算出模块的输入信号另一种制式下的温度值。

14.3 已知van der Pol微分方程模型的数学模型为 $y''(t)+\mu(y^2(t)-1)y'(t)+y(t)=0$，若选择附加参数 μ 和 $\boldsymbol{x}(0)$，试编写一个S-函数，并封装该函数，构造一个可重用的Simulink模块。

14.4 已知Lorenz微分方程的数学模型为

$$\begin{cases} x_1'(t)=-\beta x_1(t)+x_2(t)x_3(t) \\ x_2'(t)=-\rho x_2(t)+\rho x_3(t) \\ x_3'(t)=-x_1(t)x_2(t)+\sigma x_2(t)-x_3(t) \end{cases}$$

若选择 β、ρ、σ 与 $\boldsymbol{x}(0)$ 为附加参数，试编写一个S-函数，并封装该函数，构造一个可重用的Simulink模块。

14.5 假设有分段线性的非线性函数，该函数在第 i 段，即 $e_i\leqslant x<e_{i+1}$ 段，输出信号 $y(x)=k_ix+b_i$，若已知各段的分界点 $e_1,e_2,\cdots,e_{N+1}$，且已知各段的斜率与截距 $k_1,b_1,\cdots,k_N,b_N$，试用S-函数的形式描述该分段线性的非线性函数，并封装该模块。

14.6 假设某可编程逻辑器件（programmable logical device, PLD）模块有6路输入信号，分别为 A、B、W_1、W_2、W_3、W_4，其中，W_i 为编码信号，它们的取值将决定该模块输出信号 Y 的逻辑关系，具体逻辑关系由表14-7给出。可见，如果直接用模块搭建此PLD模块很复杂，试编写一个S-函数实现这样的模块。

表14-7 习题14.6中的逻辑关系

W_1	W_2	W_3	W_4	Y	W_1	W_2	W_3	W_4	Y
0	0	0	0	0	1	0	0	0	$A\overline{B}$
0	0	0	1	AB	1	0	0	1	A
0	0	1	0	$\overline{A+B}$	1	0	1	0	$\overline{B}$
0	0	1	1	$AB+\overline{A}\overline{B}=A\odot B$	1	0	1	1	$A+\overline{B}$
0	1	0	0	$\overline{A}B$	1	1	0	0	$\overline{A}B+A\overline{B}=A\oplus B$
0	1	0	1	B	1	1	0	1	$A+B$
0	1	1	0	$\overline{A}$	1	1	1	0	$\overline{A}+\overline{B}=\overline{AB}$
0	1	1	1	$\overline{A}+B$	1	1	1	1	1

14.7 已知线性离散系统的状态方程模型为

$$\begin{cases} \boldsymbol{x}(k+1)=\boldsymbol{F}\boldsymbol{x}(k)+\boldsymbol{G}u(k) \\ y(k)=\boldsymbol{C}\boldsymbol{x}(k)+Du(k) \end{cases}$$

采样周期为 T，试编写通用的S-函数模块。若已知

$$\boldsymbol{F}=\begin{bmatrix} 0.2769 & 0.8235 & 0.9502 \\ 0.0462 & 0.6948 & 0.0345 \\ 0.0971 & 0.3171 & 0.4387 \end{bmatrix},\ \boldsymbol{G}=\begin{bmatrix} 0.3816 \\ 0.7655 \\ 0.7952 \end{bmatrix},\ \boldsymbol{C}=[1,0,0],\ D=0.3$$

试求出其阶跃响应曲线。如果在设计S-函数时，将`DirectFeedthrough`参数设置为0，观察该模块能否正常仿真，为什么。试用Simulink提供的离散状态方程模块检验仿真结果。

参考文献

[1] Wolfram S. The Mathematica book[M]. 5th ed. Champaign: Wolfram Media, 2003.

[2] Monagan M B, Geddes K O, Heal K M, et al. Maple 11 advanced programming guide[M]. 2nd ed. Waterloo: Maplesoft, 2007.

[3] 克利夫•莫勒. MATLAB之父：编程实践（修订版）[M]. 薛定宇，译. 北京：北京航空航天大学出版社，2018.

[4] Garbow B S, Boyle J M, Dongarra J J, et al. Matrix eigensystem routines — EISPACK guide extension[M]. New York: Springer-Verlag, 1977.

[5] Smith B T, Boyle J M, Dongarra J J, et al. Matrix eigensystem routines — EISPACK guide[M]. 2nd ed. New York: Springer-Verlag, 1976.

[6] Dongarra J J, Bunsh J R, Molor C B. LINPACK user's guide[M]. Philadelphia: Society of Industrial and Applied Mathematics, 1979.

[7] Numerical Algorithm Group. NAG FORTRAN library manual[EB/OL]. https://www.nag.co.uk/nag-fortran-library, 1982.

[8] Moler C B. MATLAB — an interactive matrix laboratory[R]. Technical Report 369, University of New Mexico, 1980.

[9] Xue D Y. Mathematics education made more practical with MATLAB[C]. Presentation at the First MathWorks Asian Research Faculty Summit, Tokyo, 2014.

[10] 薛定宇. 高等应用数学问题的MATLAB求解[M]. 4版. 北京：清华大学出版社，2018.

[11] 薛定宇. 薛定宇教授大讲堂（卷Ⅰ）：MATLAB程序设计[M]. 北京：清华大学出版社，2019.

[12] 薛定宇. 薛定宇教授大讲堂（卷Ⅱ）：MATLAB微积分运算[M]. 北京：清华大学出版社，2019.

[13] 薛定宇. 薛定宇教授大讲堂（卷Ⅲ）：MATLAB线性代数运算[M]. 北京：清华大学出版社，2019.

[14] 薛定宇. 薛定宇教授大讲堂（卷Ⅳ）：MATLAB最优化计算[M]. 北京：清华大学出版社，2020.

[15] 薛定宇. 薛定宇教授大讲堂（卷Ⅴ）：MATLAB微分方程求解[M]. 北京：清华大学出版社，2020.

[16] 薛定宇. 薛定宇教授大讲堂（卷Ⅵ）：Simulink建模与仿真[M]. 北京：清华大学出版社，2021.

[17] Atherton D P, Xue D. The analysis of feedback systems with piecewise linear nonlinearities when subjected to Gaussian inputs[M]. // Kozin F, Ono T. Systems and control, topics on theory and application. Tokyo: Mita Press, 1991, 23–38.

[18] 薛定宇，陈阳泉. 高等应用数学问题的MATLAB求解[M]. 2版. 北京：清华大学出版社，2008.

[19] Majewski M. MuPAD pro computing essentials[M]. 2nd ed. Berlin: Springer, 2004.

[20] Register A H. A guide to MATLAB object-oriented programming[M]. Boca Raton: Chapman & Hall/CRC, 2007.

[21] 吉米多维奇. 数学分析习题集[M]. 李荣涑，译. 北京：人民教育出版社，1979.

[22] Varberg D, Purcell E, Rigdon S. Calculus[M]. 9th ed. Upper Saddle River: Prentice Hall, 2006.

[23] Ďuriš F. Infinite series: convergence tests[D]. Katedra Informatiky, Fakulta Matematiky, Fyziky a Informatiky, Univerzita Komenského, Bratislava, Slovakia, 2009.

[24] Magalhaes Jr P A A, Magalhaes C A. Higher-order Newton–Cotes formulae[J]. Journal of Mathematics and Statistics, 2010, 6(2): 193–204.

[25] Forsythe G E, Malcolm M A, Moler C B. Computer methods for mathematical computations. Englewood Cliffs: Prentice-Hall, 1977.

[26] Valsa J, Brančik L. Approximate formulae for numerical inversion of Laplace transforms[J]. International Journal of Numerical Modelling: Electronic Networks, Devices and Fields, 1998, 11(3): 153–166.

[27] Valsa J. Numerical inversion of Laplace transforms in MATLAB[R]. MATLAB Central File ID: #32824, 2011.

[28] Callier F M, Winkin J. Infinite dimensional system transfer functions[M]. // Curtain R F, Bensoussan A, Lions J L. Analysis and optimization of systems: state and frequency domain approaches for infinite-dimensional systems. Berlin: Springer-Verlag, 1993.

[29] Higham N J. Functions of matrices: Theory and application[M]. Philadelphia: SIAM Press, 2008.

[30] 数学手册编写组. 数学手册 [M]. 北京：人民教育出版社，1979.

[31] Beezer R A. A first course in linear algebra, version 2.99[R/OL]. Washington: Department of Mathematics and Computer Science University of Puget Sound, 1500 North Warner, Tacoma, Washington, 98416-1043, http://linear.ups.edu/, 2012.

[32] Floudas C A, Pardalos P M, Adjiman C S, et al. Handbook of test problems in local and global optimization[M]. Dordrecht: Kluwer Scientific Publishers, 1999.

[33] 薛定宇. 控制系统计算机辅助设计——MATLAB语言与应用 [M]. 4版. 北京：清华大学出版社，2022.

[34] Polyanin A D, Zaitsev V F. Handbook of ordinary differential equations — Exact solutions, methods and problems[M]. Boca Raton: CRC Press, 2018.

[35] Govorukhin V. Ode87 integrator[R]. MATLAB Central File ID: #3616, 2003.

[36] Kierzenka J, Shampine L F. A BVP solver based on residual control and the MATLAB PSE[J]. ACM Transactions on Mathematical Software, 2001, 27(3): 299–316.

[37] Ascher U M, Mattheij R M M, Russel R D. Numerical solution of boundary value problems for ordinary differential equations[M]. Philadelphia: SIAM Press, 1995.

[38] Shampine L F, Gladwell I, Thompson S. Solving ODEs with MATLAB[M]. Cambridge: Cambridge University Press, 2003.

[39] 张化光，王智良，黄伟. 混沌系统的控制理论 [M]. 沈阳：东北大学出版社，2003.

[40] Felhberg E. Low-order classical Runge–Kutta formulas with stepsize control and their applications to some heat transfer problems[R]. Washington DC: NASA Technical Report TR R-315, 1969.

[41] Chicone C. An invitation to applied mathematics: Differential equations, modeling and computation[M]. London: Elsevier, 2018.

[42] Lapidus L, Aiken R C, Liu Y A. The occurrence and numerical solution of physical and chemical systems having widely varying time constants[M]. // Willoughby R A. Stiff differential systems. New York: Plenum Press, 1974.

[43] Enright W H. Optimal second derivative methods for stiff systems[M]. // Willoughby R A. Stiff differential systems. New York: Plenum Press, 1974.

[44] Burger M, Gerdts M. A survey on numerical methods for the simulation of initial value problems with sDAEs[M]. // Ilchmann A, Reis T. Surveys in differential–algebraic equations IV. Switzerland: Springer, 2017.

[45] Ascher U M, Petzold L R. Computer methods for ordinary differential equations and differential–algebraic equations[M]. Philadelphia: SIAM Press, 1998.

[46] Keskin A Ü. Ordinary differential equations for engineers — Problems with MATLAB solutions [M]. Switzerland: Springer, 2019.

[47] Hairer E, Nørsett S P, Wanner G. Solving ordinary differential equations I: Nonstiff problems[M]. 2nd ed. Berlin: Springer-Verlag, 1993.

[48] Bellen A, Zennaro M. Numerical methods for delay differential equations[M]. Oxford: Oxford University Press, 2003.

[49] Cryer C W. Numerical methods for functional differential equations[M]. // Schmitt K. Delay and functional differential equations and their applications. New York: Academic Press, 1972.

[50] Scott M R, Watts H A. A systematized collection of codes for solving two-point boundary-value problems[M]. // Lapidus L and Schiesser W E. Numerical methods for differential systems — Recent developments in algorithms, software, and applications. New York: Acamedic Press, 1976.

[51] Gladwell I. The development of the boundary-value codes in the ordinary differential equations — Chapter of the NAG library[M]. // Childs B. Codes for boundary-value problems in ordinary differential equations. Berlin: Springer-Verlag, 1979.

[52] Nelder J A, Mead R. A simplex method for function minimization[J]. Computer Journal, 1965, 7(4): 308–313.

[53] Henrion D. A review of the global optimization toolbox for Maple[OL]. https://homepages.laas.fr/henrion/Papers/mapleglobopt.pdf, 2006.

[54] Ackley D H. A connectionist machine for genetic hillclimbing. Boston, USA: Kluwer Academic Publishers, 1987.

[55] Bazaraa M S, Sherali H D, Shetty C M. Nonlinear programming — Theory and algorithms[M]. 3rd ed. New Jersey: Wiley-interscience, 2006.

[56] Floudas C A, Pardalos P M. A collection of test problems for constrained global optimization algorithms[M]. Berlin: Springer-Verlag, 1990.

[57] Bhatti M A. Practical optimization methods with Mathematica applications[M]. New York: Springer-Verlag, 2000.

[58] Chakri A, Ragueb H, Yang X-S. Bat algorithm and directional bat algorithm with case studies[M]. // Yang X-S. Nature-inspired Algorithms and Applied Optimization. Switzerland: Springer, 2018: 189–216.

[59] Hagan M T, Demuth H B, Beale M H. Neural network design[M]. Boston: PWS Publishing Company, 1995.

[60] Moore D S, McCabe G P, Craig B A. Introduction to the practice of statistics[M]. 6th ed. New York: W H Freeman and Company, 2007.

[61] Ross M S. Introduction to probability and statistics for engineers and scientists[M]. 4th ed. Burlington: Elsevier Academic Press, 2009.

[62] Battistini N. Outliers[R]. MATLAB Central File ID: #35048.

[63] Trujillo-Ortiz A. MOUTLIER1: Detection of outlier in multivariate samples test[R]. MATLAB Central File ID: #12252.

[64] Fischer R A. Statistical methods for research workers[M]. Edinburgh: Oliver and Boyd, 1925.

[65] 陆璇. 应用统计 [M]. 北京:清华大学出版社,1999.

[66] 李伯虎. 系统仿真或成第三种研究手段 [J]. 科学中国人,2012,1(5):47.

[67] Munro N. Multivariable control 1: the inverse Nyquist array design method[C]// Lecture notes of SERC vacation school on control system design. UMIST, Manchester, 1989.

[68] Hairer E, Wanner G. Solving ordinary differential equations Ⅱ: Stiff and differential–algebraic problems[M]. 2nd ed. Berlin: Springer-Verlag, 1996.

[69] Fortuna L, Frasca M. Chua's circuit implementations — Yesterday, today and tomorrow[M]. Singapore: World Scientific, 2009.

[70] Hartung F, Krisztin T, Walther H-O, et al. Functional differential equations with state-dependent delays: Theory and applications[M]. // Cañada A, Drábek P, Fonda A. Handbook of differential equations — Ordinary differential equations, Volume 3. Amsterdam: Elsevier, 2006.

[71] Åström K J, Hägglund T. PID controllers: theory, design and tuning [M]. Research Triangle Park: Instrument Society of America, 1995.

[72] 韩京清,袁露林. 跟踪微分器的离散形式 [J]. 系统科学与数学, 1999, 19(3):268–273.

MATLAB函数名索引

本书涉及大量的MATLAB函数与作者编写的MATLAB程序和模型，为方便查阅与参考，这里给出重要的MATLAB函数调用语句的索引，其中黑体字页码表示函数定义和调用格式页，标注∗的为作者编写的函数。文件名内部的∗表示多个名字类似的函数或模型。第三方可免费下载的函数以‡符号标出，这些函数也由本书工具箱提供。